普通高等教育“十三五”规划教材

稀土元素化学

主　编　叶信宇
副主编　杨幼明　聂华平　杨凤丽　肖燕飞

冶 金 工 业 出 版 社
北 京

内容提要

本书共分10章，第1章介绍了稀土元素的概念、发现、存在及应用；第2章介绍了稀土的电子组态、能级构成及镧系收缩；第3章介绍了稀土金属的一般性质、稀土金属的制备及纯化；第4章阐述了稀土元素的光学和磁性性质；第5章和第6章介绍了三价稀土元素化合物、二价和四价稀土元素化学；第7章介绍了稀土的配合物化学；第8章和第9章是稀土从矿山到单一化合物的提取和分离概念、流程和方法介绍；由于钪元素的性质与其他稀土元素相差较大，单列在第10章。

本书可作为本科生和研究生的教学用书，也可作为有关人员学习稀土专业知识的参考资料。

图书在版编目(CIP)数据

稀土元素化学／叶信宇主编．—北京：冶金工业出版社，2019.3(2026.1重印)
普通高等教育“十三五”规划教材
ISBN 978-7-5024-7991-6

Ⅰ.①稀… Ⅱ.①叶… Ⅲ.①稀土族—高等学校—教材 Ⅳ.①O614.33

中国版本图书馆CIP数据核字(2018)第302430号

稀土元素化学

出版发行 冶金工业出版社　**电　话** (010)64027926
地　址 北京市东城区嵩祝院北巷39号　**邮　编** 100009
网　址 www.mip1953.com　**电子信箱** service@mip1953.com

责任编辑 张熙莹　美术编辑 彭子赫　版式设计 禹　蕊
责任校对 李　娜　责任印制 范天娇
北京印刷集团有限责任公司印刷
2019年3月第1版，2026年1月第7次印刷
787mm×1092mm 1/16；16印张；383千字；244页
定价56.00元

投稿电话 (010)64027932　投稿信箱 tougao@cnmip.com.cn
营销中心电话 (010)64044283
冶金工业出版社天猫旗舰店 yjgycbs.tmall.com
(本书如有印装质量问题，本社营销中心负责退换)

前　言

稀土元素由于具有十分优异的光、电、磁等性能，广泛应用于我们生活的方方面面。国内不少大学和研究院所开设有稀土的相关课程，但适合于本科生和研究生教学的稀土元素化学方面的教材十分缺乏。编者结合自己多年的教学经验和稀土元素化学方面的已有著作，编成本书，期望本书的出版能够在一定程度上满足稀土产业发展对稀土人才培养和学科发展的需要。

本书共分10章，涵盖了稀土元素的基本化学及物理性质、稀土金属的制备、稀土元素化合物的制备和性质、稀土配合物化学、稀土元素的提取和分离等内容。全书不仅介绍了稀土元素、化合物、提取和分离的理论基础知识，还收集了近年来相关领域的新进展、新成果，同时按照稀土元素的分组介绍了每组稀土金属及合金材料的制备，单列介绍了钪元素的性质和制备，方便读者查找，力求使读者对稀土元素的性质、制备、提取和分离有较详尽的了解。每章的后面附有复习思考题，方便读者复习和自学。

本书由叶信宇负责统稿和定稿，由叶信宇、杨幼明和聂华平审阅。叶信宇负责第1、2、4章，杨幼明负责第3、5、6章，聂华平负责第7、8章和第9章除溶剂萃取部分的内容，杨凤丽参与负责第9章的溶剂萃取部分内容，肖燕飞负责第10章。编写过程中修正了部分参考资料中的图表，更新了部分物理量的单位，语言上力求通俗易懂。本书的出版得到了江西理工大学和侯得健、李家节、游维雄、刘遂军、焦芸芬等老师及刘松彬、刘水富、潘锡翔、周明、吴迪等一众研究生的大力支持和帮助，在此一并表示衷心的感谢！

鉴于编者水平所限，书中不足之处，恳请广大读者批评指正。

作　者

2018年10月

目　录

1 稀土元素

1.1 稀土元素的概念

稀土元素共有 17 个，位于元素周期表中第ⅢB 族，包含钪（Sc）、钇（Y）和所有的镧系元素（见图 1-1）。镧系元素又有镧（La）、铈（Ce）、镨（Pr）、钕（Nd）、钷（Pm）、钐（Sm）、铕（Eu）、钆（Gd）、铽（Tb）、镝（Dy）、钬（Ho）、铒（Er）、铥（Tm）、镱（Yb）、镥（Lu），原子序数从 57 ~ 71，共 15 个元素。稀土（rare earth），一般简写为 RE（有时也写为 R）；稀土元素（rare earth elements），多简写为 REE；镧系元素（lanthanide 或 lanthanoid），可简写为 Ln。

周期	ⅠA	ⅡA	ⅢB	ⅣB	ⅤB	ⅥB	ⅦB	Ⅷ			ⅠB	ⅡB	ⅢA	ⅣA	ⅤA	ⅥA	ⅦA	
1	1 H 氢 1.0079																	2 He 氦 4.0026
2	3 Li 锂 6.941	4 Be 铍 9.0122											5 B 硼 10.811	6 C 碳 12.011	7 N 氮 14.007	8 O 氧 15.999	9 F 氟 18.998	10 Ne 氖 20.17
3	11 Na 钠 22.9898	12 Mg 镁 24.305											13 Al 铝 26.982	14 Si 硅 28.085	15 P 磷 30.974	16 S 硫 32.06	17 Cl 氯 35.453	18 Ar 氩 39.94
4	19 K 钾 39.098	20 Ca 钙 40.08	21Sc 钪 44.956	22 Ti 钛 47.9	23 V 钒 50.9415	24 Cr 铬 51.996	25Mn 锰 54.938	26 Fe 铁 55.84	27 Co 钴 58.9332	28 Ni 镍 58.69	29 Cu 铜 63.54	30 Zn 锌 65.38	31 Ga 镓 69.72	32Ge 锗 72.59	33As 砷 74.9216	34 Se 硒 78.9	35 Br 溴 79.904	36 Kr 氪 83.8
5	37Rb 铷 85.467	38 Sr 锶 87.62	39 Y 钇 88.906	40 Zr 锆 91.22	41 Nb 铌 92.9064	42Mo 钼 95.94	43 Tc 锝 97.99	44 Ru 钌 101.07	45 Rh 铑 102.906	46 Pd 钯 106.42	47Ag 银 107.868	48Cd 镉 112.41	49 In 铟 114.82	50 Sn 锡 118.7	51Sb 锑 121.7	52 Te 碲 127.6	53 I 碘 126.905	54 Xe 氙 131.3
6	55Cs 铯 132.905	56 Ba 钡 137.33	57-71 La-Lu 镧系	72Hf 铪 178.49	73 Ta 钽 180.947	74 W 钨 183.8	75 Re 铼 186.207	76 Os 锇 190.2	77 Ir 铱 192.2	78 Pt 铂 195.08	79Au 金 196.967	80Hg 汞 200.5	81 Tl 铊 204.3	82 Pb 铅 207.2	83 Bi 铋 208.98	84 Po 钋 (209)	85 At 砹 (210)	86 Rn 氡 (222)
7	87 Fr 钫 (223)	88 Ra 镭 (226.03)	89-103 Ac-Lr 锕系	104 Rf 𬬻 (261)	105Db 𬭊 (262)	106 Sg 𬭳 (263)	107Bh 𬭛 (264)	108 Hs 𬭶 (265)	109Mt 鿏 (268)	110 Ds 𫟼 (269)	111 Rg 𬬭 (272)	112Cn 鿔 (277)						

镧系	57 La 镧 138.905	58Ce 铈 140.12	59 Pr 镨 140.91	60Nd 钕 144.2	61 Pm 钷 (147)	62Sm 钐 150.4	63 Eu 铕 151.96	64 Gd 钆 157.25	65 Tb 铽 158.93	66 Dy 镝 162.5	67Ho 钬 164.93	68 Er 铒 167.2	69Tm 铥 168.934	70 Yb 镱 173.0	71 Lu 镥 174.96
锕系	89 Ac 锕 (227)	90Th 钍 232.0381	91Pa 镤 231.03588	92 U 铀 238.02891	93 Np 镎 (237)	94 Pu 钚 (239.244)	95Am 镅 (243)	96 Cm 锔 (247)	97 Bk 锫 (247)	98 Cf 锎 (251)	99 Es 锿 (252)	100Fm 镄 (257)	101 Md 钔 (258)	102 No 锘 (259)	103 Lr 铹 (260)

图 1-1 元素周期表

钇和镧系元素在化学性质上极为相似，有共同的特征氧化态（Ⅲ），钇的离子（Ⅲ）半径在镧系元素钬与铒的离子（Ⅲ）半径附近，共生于同一矿物中，人们自然地把它们放在一起。钪和镧系元素也有共同的特征氧化态，在一些方面有共同点，有人也把它与钇和镧系元素放在一起。不过钪的化学性质不像钇那样相似于镧系元素，在镧系矿物中很少发现钪，所以在一般生产工艺中不把钪放在稀土元素之中。

稀土元素从 18 世纪末开始被陆续发现，限于当时的技术水平，只能用稀土硫酸复盐等溶解度的微小差异艰难地制得少量不溶于水的氧化物，当时人们常把不溶于水的固体氧化物称为土，如氧化镁称为苦土，氧化锆称为锆土，又由于发现的稀土矿物较少，因而得名稀土。这个名称一直沿用至今，但稀土元素总量上并不“稀”，性质上也不“土”，是比一些普通元素在地壳中丰度还高的金属元素。

根据钇和镧系元素的化学性质、物理性质和地球化学性质的相似性和差异性，以及矿物处理的需要，常把它们划分为轻稀土元素和重稀土元素两组。以钆为分界，镧至铕为轻稀土元素，钆至镥为重稀土元素，钇属于重稀土一组。又根据元素在矿物中的含量和配分情况（一般在轻稀土矿物所有元素中铈的含量较高，在重稀土矿物所有元素中钇的含量较高），把轻稀土元素称为铈组，把重稀土元素称为钇组。由于早期采用硫酸复盐沉淀进行分离，根据稀土硫酸复盐溶解度的差异，可把稀土元素分为难溶的铈组、微溶的铽组、可溶的钇组。根据 P204（二（2-乙基己基）磷酸）等酸性磷类萃取剂对稀土萃取能力的大小，可分为轻稀土、中稀土、重稀土。具体见表 1-1，但是没有严格的界限。

表 1-1 稀土元素的分组

<table>
<tr><td>57
镧
La</td><td>58
铈
Ce</td><td>59
镨
Pr</td><td>60
钕
Nd</td><td>62
钐
Sm</td><td>63
铕
Eu</td><td>64
钆
Gd</td><td>65
铽
Tb</td><td>66
镝
Dy</td><td>67
钬
Ho</td><td>68
铒
Er</td><td>69
铥
Tm</td><td>70
镱
Yb</td><td>71
镥
Lu</td><td>39
钇
Y</td></tr>
<tr><td colspan="6">轻稀土（铈组）</td><td colspan="9">重稀土（钇组）</td></tr>
<tr><td colspan="5">铈组（硫酸复盐难溶）</td><td colspan="4">铽组（硫酸复盐微溶）</td><td colspan="6">钇组（硫酸复盐易溶）</td></tr>
<tr><td colspan="4">轻稀土
（P204 弱酸度萃取）</td><td colspan="3">中稀土
（P204 低酸度萃取）</td><td colspan="8">重稀土
（P204 中酸度萃取）</td></tr>
</table>

注：由于稀土矿中一般不含 Pm 元素，因此本表中没有列入 Pm，可将其归到轻稀土中。

1.2 稀土的发现与存在

1.2.1 稀土的发现历史

稀土元素性质十分相似，分离困难，又由于早期科技水平的限制，从 1794 年首先分离出新“土”（氧化物）时起，一直到 1972 年从沥青铀矿中提取稀土的最后一个元素 Pm 为止，从自然界中取得全部稀土元素经历了 170 多年之久。

在稀土矿物中首先得到的是钇土。1787 年，业余矿物学家、瑞典陆军中尉阿伦尼乌斯（C. A. Arrhenius）在瑞典首都斯德哥尔摩附近的伊特比（Ytterby）村发现一种黑石（后称为硅铍钇矿）。1794 年由加多林（J. Gadolin，先后为芬兰 Abo 大学、Turku 大学的教授）从此矿物中分离出一种大约 38% 的新的“土”性氧化物，称之为钇土。

随后，在 1803 年，德国人克莱普罗斯（M. H. Klaproth）、瑞典人贝采里乌斯（J. J. Berzelius）和希辛格尔（W. Hisinger）各自从重矿石（即铈硅矿）中发现了另一新“土”，命名为铈土。

当时曾把铈土和钇土都认为是单一元素，但研究中发现它们制备方法不同、性质也不同，事实表明它们是混合氧化物。到 1907 年人们从镱土中分离出镥的氧化物，才把 14 个稳定的镧系元素及钪和钇完全分离和鉴别出来。铈土和钇土的分离过程如图 1-2 和图 1-3 所示。

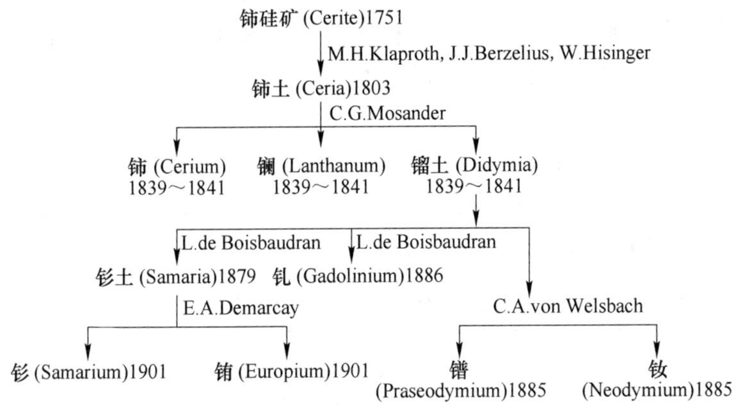

图 1-2 铈硅矿中稀土元素的发现过程

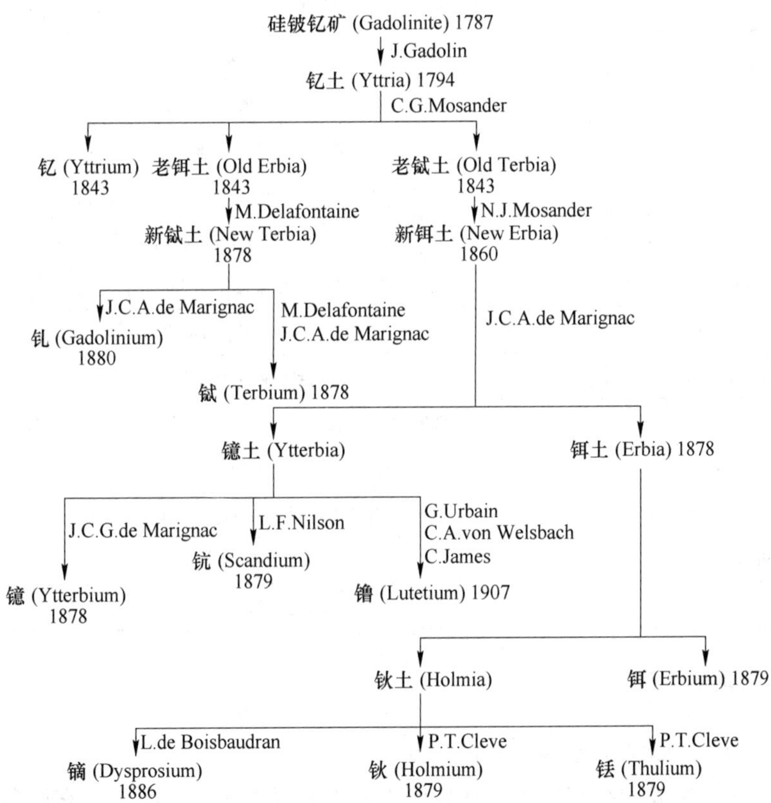

图 1-3 硅铍钇矿中稀土元素的发现过程

61 号元素钷是放射性元素，寿命最长的同位素 ^{147}Pm 的半衰期只有 2.64 年，在自然界中是难以找到的，它是铀的裂变产物。1902 年，布劳恩（B. Braune）曾推测 Nd 和 Sm

间应有一个元素；1914 年，莫塞莱（H. G. Meseley）发现 X 射线光谱与原子序数的对应关系，确认了 61 号元素的存在；1926 年，霍普金斯（B. S. Hopkins）等在 X 射线光谱中找到了 61 号元素；到 1947 年马林斯基（J. A. Marinsky）和格伦丹宁（L. E. Glendenin）等从铀的裂变产物中发现了 $^{147}Pm^{3+}$ 离子的存在，人们终于找到 61 号元素，并将它命名为钷。1972 年在天然铀矿提取物中发现 ^{147}Pm（半衰期 2.64 年），从此钷不再是人造元素。

17 个稀土元素的名称各有它们自己的含义，见表 1-2。61 号元素最初命名为 Illinium 和 Florentium，后来取名为“Promethium”，是由希腊神话中普罗米修斯演变而来，这个命名已被国际理论和应用化学联合会所接受。

表 1-2 稀土元素的名称由来

元素	名称由来
钪 Scandium（Sc）	由地名斯堪的纳维亚（Scandinavia）而取名
钇 Yttrium（Y）	来自小镇名 Ytterby
镧 Lanthanum（La）	希腊字意为隐藏起来的
铈 Cerium（Ce）	纪念当时发现的谷神星 Ceres（火星与木星轨道间小行星）
镨 Praseodymium（Pr）	希腊字意指绿色的孪生物
钕 Neodynium（Nd）	希腊字意指新的孪生物
钷 Promethium（Pm）	以希腊神话中 Prometheus 命名
钐 Samarium（Sm）	从铌钇矿 Samarskite 中提取而得名
铕 Europium（Eu）	以欧洲 Europe 命名
钆 Gadolinium（Gd）	由芬兰化学家 Gadolin 而来
铽 Terbium（Tb）	来自小镇名 Ytterby
镝 Dysprosium（Dy）	希腊字意难以发现
钬 Holmium（Ho）	取自发现者的故乡瑞典首都斯德哥尔摩古代的拉丁名称 Holmia
铒 Erbium（Er）	来自小镇名 Ytterby
铥 Thulium（Tm）	由斯堪的纳维亚的古名 Thule 而来
镱 Ytterbium（Yb）	来自小镇名 Ytterby
镥 Lutetium（Lu）	取自巴黎的古名 Lutetia

1.2.2 稀土元素的存在

1.2.2.1 稀土元素在自然界中的分布

稀土元素在自然界中存在广泛，在地壳中，主要存在于岩石圈中，它们多数储存在花岗岩、伟晶岩、正长岩及与它们有关的矿床中。稀土的钇组元素和花岗岩岩浆结合得更紧密，倾向于出现在花岗岩类有关的矿床中，而铈组元素倾向于出现在不饱和的正长岩岩石中。这一地球化学特点有助于寻找稀土矿物资源。稀土元素在地壳中的储量约占地壳的 0.016%，约 153g/t，它们的丰度或称克拉克值（地壳中平均质量分数）至少和其他许多金属元素相当（见表1-3）。

表1-3 稀土元素和其他一些元素在地壳中的丰度

原子序数	元素名称	元素符号	丰度/%	原子序数	元素名称	元素符号	丰度/%
21	钪	Sc	5×10^{-4}	31	镓	Ga	15×10^{-4}
39	钇	Y	28.1×10^{-4}	41	铌	Nb	10×10^{-4}
57	镧	La	18.3×10^{-4}	32	锗	Ge	7×10^{-4}
58	铈	Ce	46.1×10^{-4}	55	铯	Cs	7×10^{-4}
59	镨	Pr	5.53×10^{-4}	72	铪	Hf	3.2×10^{-4}
60	钕	Nd	23.9×10^{-4}	42	钼	Mo	3.0×10^{-4}
61	钷	Pm	4.5×10^{-24}	92	铀	U	3.0×10^{-4}
62	钐	Sm	6.47×10^{-4}	81	铊	Tl	3.0×10^{-4}
63	铕	Eu	1.06×10^{-4}	73	钽	Ta	2.0×10^{-4}
64	钆	Gd	6.36×10^{-4}	74	钨	W	1.0×10^{-4}
65	铽	Tb	0.91×10^{-4}	48	镉	Cd	0.5×10^{-4}
66	镝	Dy	4.47×10^{-4}	51	锑	Sb	0.4×10^{-4}
67	钬	Ho	1.15×10^{-4}	83	铋	Bi	0.2×10^{-4}
68	铒	Er	2.47×10^{-4}	49	铟	In	0.1×10^{-4}
69	铥	Tm	0.20×10^{-4}	47	银	Ag	0.1×10^{-4}
70	镱	Yb	2.66×10^{-4}	80	汞	Hg	0.07×10^{-4}
71	镥	Lu	0.75×10^{-4}	76	锇	Os	0.05×10^{-4}
29	铜	Cu	0.01	46	钯	Pd	0.01×10^{-4}
28	镍	Ni	0.0080	44	钌	Ru	0.005×10^{-4}
3	锂	Li	0.0065	78	铂	Pt	0.005×10^{-4}
30	锌	Zn	0.0050	79	金	Au	0.005×10^{-4}
50	锡	Sn	0.0040	45	铑	Rh	0.001×10^{-4}
27	钴	Co	0.0030	75	铼	Re	0.001×10^{-4}
82	铅	Pb	0.0016	77	铱	Ir	0.001×10^{-4}

稀土元素的分布呈现如下特点：

（1）稀土元素总含量并不稀少。稀土元素在地壳中的总含量为153g/t，这个数值已超过了常见金属Cu（100）、Pb（16）、Zn（50）、Sn（40）等的含量。

（2）铈组元素含量远大于钇组元素含量。在地壳中铈组元素的分布量大于钇组元素的分布量。铈组元素总量约为101.36g/t，钇组总量约为47.07g/t。

（3）单一稀土元素在地壳中的平均含量分布不均，相差较大。Ce的含量最高，为46.1×10^{-6}，Pm的含量最低，为4.5×10^{-20}。铈接近于锌，钇、钕和镧接近于钴和铅，甚至丰度较低的铕也比银和铋的丰度大。稀土元素从La至Lu，在地壳中的分布呈波浪式下降趋势，通常是原子序数为偶数的稀土元素其分布量大于相邻的两个原子序数为奇数的稀土元素，即符合所谓的Oddo-Harkins（奥多-哈根斯）规则（见图1-4）。仅个别矿物稍有出入。

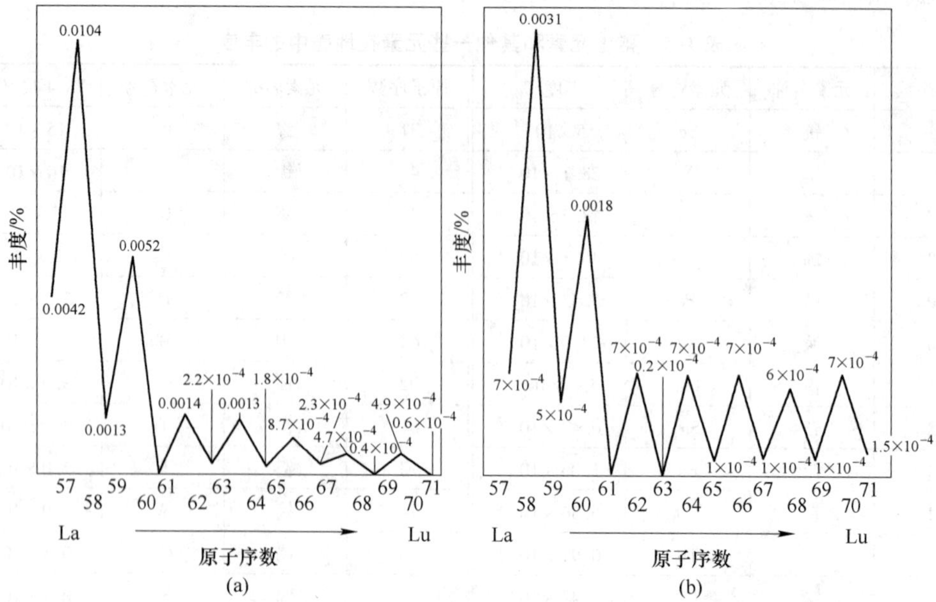

图 1-4 在页岩（a）、某稀土矿（b）中镧系元素的原子丰度

1.2.2.2 稀土元素在自然界中的同位素

在自然界中发现稀土的稳定同位素有 50 多种。多数稀土元素以不同质量的同位素的混合物存在于自然界中。镧、铈、钕、钐、钆、镥的天然同位素中有放射性同位素。在自然界中镨、铽、钬、铥和钇等各只有一种稳定的核素。各稀土元素的同位素质量和在自然界中各同位素的相对含量见表 1-4。

表 1-4 稀土元素的天然同位素

原子序数	同位素	相对含量/%	半衰期/a	原子序数	同位素	相对含量/%	半衰期/a
57	^{138}La	0.089	1.1×10^{11}	62	^{144}Sm	3.09	
	^{139}La	99.91			^{147}Sm	14.97	1.06×10^{11}
58	^{136}Ce	0.193			^{148}Sm	11.24	1.2×10^{13}
	^{138}Ce	0.250			^{149}Sm	13.83	4×10^{14}
	^{140}Ce	88.48			^{150}Sm	7.44	
	^{142}Ce	11.07	5×10^{15}		^{152}Sm	26.72	
59	^{141}Pr	100			^{154}Sm	22.71	
60	^{142}Nd	27.11		63	^{151}Eu	47.82	
	^{143}Nd	12.17			^{153}Eu	52.18	
	^{144}Nd	23.85	1×10^{15}	64	^{152}Gd	0.02	1.1×10^{14}
	^{145}Nd	8.30			^{154}Gd	2.15	
	^{146}Nd	17.22			^{155}Gd	14.73	
	^{148}Nd	5.73			^{156}Gd	20.47	
	^{150}Nd	5.62			^{157}Gd	15.68	

续表 1-4

原子序数	同位素	相对含量/%	半衰期/a	原子序数	同位素	相对含量/%	半衰期/a
64	^{158}Gd	24.87		68	^{168}Er	27.01	
	^{160}Gd	21.90			^{170}Er	14.88	
65	^{159}Tb	100		69	^{169}Tm	100	
66	^{156}Dy	0.052		70	^{168}Yb	0.135	
	^{158}Dy	0.090			^{170}Yb	3.03	
	^{160}Dy	2.29			^{171}Yb	14.31	
	^{161}Dy	18.88			^{172}Yb	21.82	
	^{162}Dy	25.53			^{173}Yb	16.13	
	^{163}Dy	24.97			^{174}Yb	31.84	
	^{164}Dy	28.18			^{175}Yb	12.73	
67	^{165}Ho	100		71	^{175}Lu	97.41	
68	^{162}Er	0.136			^{176}Lu	2.59	2.1×10^{10}
	^{164}Er	1.56		21	^{45}Sc	100	
	^{166}Er	33.41		39	^{89}Y	100	
	^{167}Er	22.94					

1.2.2.3 稀土元素的赋存状态

稀土元素在地球化学上紧密结合并共生于相同的矿物中，根据稀土元素在矿物中的赋存状态，主要可分为以下三种类型：

（1）稀土矿物。即形成独立稀土矿物，如氟碳铈矿、独居石等。

（2）含有稀土的矿物。以类质同晶方式置换矿物中 Ca、Sr、Ba、Mn、Zr、Th 等元素的形式分散在矿物中，如磷灰石、萤石、铀钛矿等。

（3）呈离子吸附状态。稀土以离子状态吸附于某些黏土矿物中，即被命名为离子吸附型稀土矿（有时简称离子型矿）或风化壳淋积型稀土矿。1969 年在我国赣南地区首先发现，随后在广东、福建、广西、湖南等省相继发现。

1.3 稀土元素资源的分布

世界稀土主要产于中国、巴西、越南、俄罗斯、印度、澳大利亚、格陵兰岛、美国、南非、加拿大等国家和地区，主要工业矿物为氟碳铈矿、独居石、磷钇矿、离子吸附型稀土矿等，前三种矿占西方稀土产量 95% 以上。据美国地质勘探局（United States Geological Survey，USGS）的统计（见表 1-5），2017 年世界稀土储量（按氧化物计）总量为 12000 万吨，其中中国为 4400 万吨，巴西、越南均为 2200 万吨，俄罗斯为 1800 万吨，排在前列；在生产量方面，中国年产量为 10.5 万吨，占世界生产总量的 80% 以上。

表1-5 世界稀土元素的生产和储量

国家和地区	2016年生产量/t	2017年生产量/t	储量/万吨
中国	105000①	105000①	4400
美国	—	—	140
澳大利亚	15000	20000	340
巴西	2200	2000	2200
加拿大	—	—	83
格陵兰岛	—	—	150
印度	1500	1500	690
马拉维	—	—	14
马来西亚	300	300	3
俄罗斯	2800	3000	1800
南非	—	—	86
泰国	1600	1600	—
越南	220	100	2200
总计（取整）	129000	130000	12000

① 按照国土资源部稀土矿开采总量控制指标统计。

我国稀土资源居世界首位，但经过长期的开发，资源消耗量大。我国以氟碳铈矿与独居石混合型矿、离子吸附型稀土矿、氟碳铈矿等矿种最为主要。包头市的氟碳铈矿与独居石混合型矿中，铕含量比美国芒廷帕斯矿高；南方离子吸附型稀土矿产出的混合稀土氧化物中，富含高价值的中重稀土，为世界所罕见。

我国稀土产业目前形成了“三大基地、两大体系”的格局。三大基地：以包头混合型稀土矿为原料的北方稀土生产基地，以江西等南方七省的离子吸附型稀土矿为原料的中重稀土生产基地和以四川冕宁氟碳铈矿为原料的氟碳铈矿生产基地。两大体系：以轻稀土为主的北方工艺体系和以中重稀土为主的南方工艺体系。

我国稀土资源呈现以下特点：

（1）储量分布高度集中（主要是轻稀土）。我国稀土矿产在华北、东北、华东、中南、西南、西北等六大区均有分布，但在华北区的内蒙古白云鄂博铁-铌-稀土矿区，其稀土储量占全国稀土总储量的80%以上，是我国轻稀土的主要生产基地。

（2）在地理分布上呈现出“北轻南重”的特点。轻稀土主要分布在北方地区，重稀土主要分布在南方地区，尤其是在南岭地区分布着可观的离子吸附型稀土矿，易采、易提取，已成为我国重要的中重稀土生产基地。此外，在南方地区还有海滨沉积型砂矿、磷钇矿；在赣南一些脉钨矿床（如西华山、荡坪等）伴生磷钇矿、硅铍钇矿、钇萤石、氟碳钙钇矿、褐钇铌矿等重稀土矿物，在钨矿选冶过程中可综合回收利用。

（3）共伴生稀土矿床多，综合利用价值大。在已发现的数百处矿产地中，2/3以上为共伴生矿产，颇有综合利用价值。但多数矿床物质成分复杂，多为难选矿石，如白云鄂博矿床中有70余种元素，170多种矿物，其中稀土、铌钽储量巨大，为世界罕见的大型稀土、稀有金属矿床。在铁矿石中共生的独居石、氟碳铈矿、氟碳钡铈矿等稀土矿物，虽然矿石结构构造复杂，但经过不断选冶试验研究，精矿品位和冶炼提取及回收率已有很大提高，成为我国轻稀土主要原料基地。

(4) 稀土矿产资源储量多、品种全。我国稀土储量基础接近1亿吨，而且还有较大的资源潜力。品种全，17个稀土元素除钷尚未发现天然矿物，其余16个稀土元素均已发现矿物、矿石。在所勘查和开发的矿床中，已通过选冶工艺从矿石矿物中提取出16个稀土金属，现已生产出几百个品种和上千个规格的稀土产品，不仅满足了国内需求，而且已大量出口，成为世界上最大的加工产品出口国。

1.4 稀土元素的应用

早在1890年，奥地利科学家韦尔斯巴赫（Carl Auer von Welsbach）发现可将棉纱浸取钍和铈的硝酸盐溶液，随即加热附着了99%的氧化钍和1%的氧化铈的混合物，会发出强光，他将其制成煤气灯纱罩，这是稀土元素应用的最早记录。

1903年，韦尔斯巴赫又发现稀土金属（以La、Ce等轻稀土为主）与铁的合金有发火性，发明了打火机，并于1907年开始生产，第二次世界大战后盛行。

第一次世界大战期间（1914~1918年），氟化稀土作为电弧碳精棒添加剂在印度开发成功，用于军用探照灯电极。第二次世界大战后开始用于放映电影。电弧碳棒由空心碳管电极组成，管中装有稀土氟化物和氧化物的混合物，当稀土元素被电弧激发后回到较低能级就能放出各色光。因稀土能级丰富，各色光都有，故混合在一起接近太阳光。采用氟化物和氧化物，主要是从挥发温度、使用安全因素考虑。

1944年，美国爱荷华大学Ames研究所的F. H. Spedding和A. H. Danne等人开发成功离子交换法（IX法），首次可制备较大量高纯稀土，但是存在无法连续操作、成本高、时间长等缺点。

1937年，W. Fischer首先公布了溶剂萃取分离法。1949年，J. C. Walf用TBP（磷酸三丁酯）从三价稀土离子中分离出四价铈离子，随后美国阿尔贡国立实验室的D. F. Peppard等人成功使用了P204（二（2-乙基己基）磷酸)-HCl体系的溶剂萃取法；20世纪50年代末期以后，Moly Corp. 公司将其用于工业生产，成功分离出矿石中含量很少的铕。

自高纯稀土元素被大规模分离出来，由于稀土元素具有一系列特殊、优异的性能，因此被广泛地应用在冶金、石油化工、玻璃陶瓷、原子能、功能材料以及纺织、医药、农牧业等国民经济各个领域，是现代高新技术产业、战略性新兴产业和尖端国防军工领域不可或缺的关键材料。

1.4.1 稀土在传统领域中的应用

1.4.1.1 冶金工业

1920年，德国人首先在生铁中加入稀土元素，1922年开始在钢铁中试验。稀土元素容易与氧和硫生成高熔点且在高温下塑性很小的氧化物、硫化物以及硫氧化合物等。钢水中加入千分之几的稀土，可起脱硫脱氧，改变夹杂物形态，产生净化、变质以及微合金化作用，改善钢的常温、低温韧性及断裂性，减少某些钢的热脆性，并能改善热加工性和焊接件的牢固性。同时由于稀土与某些杂质能够形成极微小的高熔点异质晶核，故利于晶粒细化。这种结晶和晶界情况的改善，提高了钢材的抗蚀和抗氧化能力。稀土处理钢广泛用于机车车辆、轨道、桥梁、船舶、集装箱、储罐以及石油工业各种构件与管件等方面。

稀土在铸铁中的作用除具有除气净化作用外，还可将铸铁中的石墨从片状变为球状或蠕虫状，起球化作用；并促使晶粒细化，改变有害杂质的分布状态，从而改变铸件的强度、冲击韧性等力学性能。稀土铸铁广泛用于钢锭模、轧辊、铸管和异型件，起到“以铸代锻”“以铁代钢”的效果。

稀土在有色金属中主要用于提高铝及铝合金、镁合金、铜及铜合金、钛合金及镍基、钴基、铬基、铌（锂）基等合金的强度、耐磨、耐热、耐蚀性以及改善其加工性能。如加入0.15%～0.25%稀土的铝导线，其电导率可提高1%～3%，达到并超过国际电工委员会的标准。在含铝20%、锡3%（或含2%镍）的高铅青铜中添加约1%稀土，可使其变成均质合金，并提高其耐磨性和机械强度。

20世纪80年代以来，稀土在钢中的应用研究得到稳步发展，稀土在钢中的作用机理和使用条件得到进一步认识。现在稀土已大量使用在生产高强度钢、合金结构钢、高合金钢和电热合金上。

1.4.1.2　石油化工

稀土在石油化工领域内主要用以制备分子筛型裂化催化剂，后者是石油化工用催化剂中最大的一个种类。石油精炼主要通过加稀土的催化裂化剂从石油或重油中制得汽油和柴油。与普通硅铝催化剂比较，稀土催化剂具有活性大、选择性强、稳定性高等优点，并具有较好的抗重金属污染性能；它比贵金属催化剂来源丰富，可大幅度降低生产成本。

将稀土分子筛裂化催化剂用于石油裂解，不仅使用寿命可提高2倍多，且原油转化率可由35%～40%提高到70%～80%，汽油转化率提高10%，出油率增加25%～50%。稀土催化剂还可用于合成性能与天然橡胶相近的异戊橡胶中，各单一稀土的催化活性以镨和钕为最佳。

1.4.1.3　玻璃陶瓷

稀土在玻璃工业中有三个应用：玻璃着色、玻璃脱色和制备特种性能的玻璃。

稀土离子中除La^{3+}、Gd^{3+}、Y^{3+}、Lu^{3+}呈无色外，其他稀土离子都有不同程度吸收380～780nm光谱的特性，并呈现各自特征颜色，可用于玻璃着色；单独或配合使用能使玻璃着成各种色彩，用于工艺美术品、镜头滤光片、信号灯、特种眼镜片等方面。如铈钛氧化物能使玻璃变黄，添加氧化钕的玻璃呈鲜红色，高品位的氧化镨可使玻璃变成绿色等。

稀土又可使玻璃脱色。在玻璃生产中加入少量二氧化铈，可使玻璃脱色。

镧系光学玻璃具有高折射、低色散性能特点，可用于制造高级照相机、摄像机、望远镜、显微镜等高级光学仪器的镜头；在玻璃中添加少量稀土，还可制作许多特种玻璃，如能通过红外线、吸收紫外线、防护X射线及耐酸和耐热的玻璃等。

稀土在日用陶瓷中的应用是作陶瓷颜料，减少破裂并使其具有光泽。含稀土陶瓷颜料的主要工业应用是利用镨黄（ZrO_2-Pr_6O_{11}-SiO_2）作瓷釉光亮的纯黄色瓷砖釉料。这种颜色在温度高达1000℃下仍是稳定的，可用于一次和二次烧成工艺。氧化铈用作搪瓷制品的白色遮光剂，素坯上涂一层25%氧化铈的釉料，然后在900℃下烧制，与传统的遮光剂相比，使用氧化钸时呈暖白色。在二次烧成工艺中，氧化钸同其他着色氧化物一起磨细加入釉料中，可使瓷的色彩更为光亮。

稀土氧化物可以制造耐高温透明陶瓷（应用于激光等领域）、耐高温坩埚（冶金）。以氧化钇、氧化镝为主再配以其他稀土制得的高温透明陶瓷及红色、绿黄色玻璃，对于远红外光透光率可达80%，可用于制作激光窗、高温透镜、自动制导火箭的红外窗，且在高温（1900～2000℃）高真空下，不与铼、钨、铌、钽金属作用。

1.4.2 稀土在新材料方面的应用

美国国防部和日本防卫厅把35种化学元素列为国家战略元素，其中就有16个稀土元素。目前，稀土永磁、储氢、荧光、汽车尾气净化催化、抛光这5种新材料已经成为世界稀土消费的主流。稀土在我国新材料领域用量增长迅速，从2001年的6300t REO（以稀土氧化物计）增加到2013年的53429t REO；新材料领域的稀土消费占稀土总消费的比例从2001年的27.9%增加到2013年的62.8%。在日本，2013年稀土新材料的稀土消费占稀土总消费量的88.9%，其中消费稀土最多的领域是稀土永磁材料，约占总消费量的29.4%。在美国，2015年稀土消费量达到17000t，稀土应用的主要领域是石化和机动车尾气净化用催化剂，约占稀土总消费量的60%。

1.4.2.1 稀土磁性材料

A 永磁材料

稀土永磁材料按开发应用的时间顺序可分为第一代（1：5型 $SmCo_5$）、第二代（2：17型 Sm_2Co_{17}）、第三代（$Nd_2Fe_{14}B$）。它们的特点是具有很高的磁晶各向异性和很大的饱和磁化强度，具备优异的综合性能：剩余磁感应强度大，矫顽力和最大磁能积高。20世纪80年代，$Nd_2Fe_{14}B$ 型稀土永磁体问世，因其优异的性能和较低的价格很快在许多领域取代了 Sm_2Co_{17} 型稀土永磁体，但它的居里温度还远低于钐-钴永磁体。NdFeB永磁体已广泛地用于能源、交通、机械、医疗、计算机、家电等领域，用于制造计算机硬盘驱动器、扬声器、核磁共振成像仪、混合动力汽车和各种电机等。

近年来，全球的钕铁硼永磁材料产业中心逐渐往我国转移。在国内，我国稀土永磁材料的产业中心则由浙江、山西、北京、天津往稀土资源地——内蒙古、四川、江西发展。我国是世界稀土消费第一大国，也是永磁材料消费稀土最多的国家。在2005～2015年期间，稀土在永磁材料领域应用的平均年增长率在13%左右，预计2020年稀土在永磁材料领域的需求将达到近10万吨REO。

B 超磁致伸缩材料

20世纪70年代初，美国海军防卫研究所Clark博士首先发现Tb、Dy、Fe合金在室温下具有超大的磁致伸缩系数。2003年，国内研究开发了“一步法”新工艺，将熔炼—定向凝固—热处理等工序在一台设备上连续完成，可用来制备大直径、高性能、低成本的稀土超磁致伸缩材料，现已成功生产出直径70mm、长250mm的 $TbDyFe_2$ 超磁致伸缩棒材。又以提拉法无污染磁悬浮冷坩埚技术生产 $Tb_{0.3}Dy_{0.7}Fe_{1.9}$ 单晶，超磁致伸缩系数为 $2000\times10^{-6}\sim2400\times10^{-6}$。

稀土超磁致伸缩材料具有磁致伸缩应变大、能量密度高、频带宽、换能效率高、响应速度快、可靠性好等优点，成为制备成声纳、振动传感器、微距器、快速反应阀门和机械制动器、主动性防震装置和脉冲印刷机等的核心材料，广泛应用于军事、海洋开发、探矿、勘测、航天及家用领域。

1.4.2.2 稀土发光材料

稀土发光材料，是单一稀土高纯化合物的主要应用领域，如高纯氧化钇、氧化铕、氧化铈、氧化铽等。稀土发光材料的优点是吸收能力强、转换效率高，可发射从紫外到红外的光谱，且物理化学性质稳定。经过多年的快速发展，稀土发光材料已成为信息显示、照明光源、光电器件等领域的支撑材料之一。稀土发光材料种类繁多，目前已形成了四大主流产品，即灯（照明）用三基色荧光粉、信息显示用荧光粉、长余辉荧光粉和特种荧光粉。

在稀土三基色荧光粉的应用上，红粉都是用 $Y_2O_3:Eu^{3+}$；在蓝粉和绿粉上，日本、韩国主要采用磷酸盐体系蓝粉和绿粉，即 $(BaSrCaMg)_{10}(PO_4)_6Cl_2:Eu^{2+}$ 和 $LaPO_4:Ce^{3+},Tb^{3+}$；而欧美和我国主要采用铝酸盐体系蓝粉和绿粉，即 $BaMgAl_{10}O_{17}:Eu^{2+}$ 和 $CeMgAl_{11}O_{19}:Tb^{3+}$。在 LED 荧光粉应用方面，主要品种有 $YAG:Ce^{3+}$（黄色）、$Ca(Sr)AlSiN_3:Eu^{2+}$（红色）、β-$SiAlON:Eu^{2+}$（绿色）及 $K_2SiF_6:Mn^{4+}$（红色）、$K_2GeF_6:Mn^{4+}$（红色）等，满足了白光 LED 器件不断追求高光效、高显色性及低色温、广色域的需求。

稀土激光材料是与激光同时诞生的。1960 年在红宝石中发现激光，同年就发现用掺钐的氟化钙（$CaF_2:Sm^{2+}$）可输出脉冲激光。1964 年找出的室温下可输出连续激光的掺钕的钇铝石榴石晶体（$Y_3Al_5O_{12}:Nd^{3+}$），已成为目前广泛应用的固体激光材料，它具有硬度大，优异的光学、力学性能、化学性稳定等特点，在室温下可以获得连续大功率输出的激光，广泛用于测距、激光雷达、通信、水下显示和微型加工等。

1.4.2.3 稀土储氢材料

实现商业化应用的储氢合金主要以 AB_5 型稀土系合金为主。以 La、Ce 等轻稀土为主的混合稀土金属在 AB_5 稀土储氢合金中是主要组分，约占 33%（质量分数）。由于 AB_5 型稀土系储氢合金具有较高的放电容量和高倍率放电性能以及较好的活化性能和循环稳定性，因而成为 MH-Ni 电池使用的主要负极材料，广泛应用于镍氢电池、储氢系统、氢化制粉、驱动器、热泵和制冷等领域。镍氢电池与传统的镍镉电池相比，其能量密度提高 2 倍，且无污染，被称为绿色能源。

近年来，稀土储氢材料的主要发展趋势是通过调整可与氢形成稳定氢化物的元素 A（如 La、Mm（多金属）、Ti、Zr、Mg、V 等）和难与氢形成氢化物但具有氢催化活性的金属 B（如 Ni、Co、Fe、Mn 等）组成，以及调整制造工艺等，改进储氢复合金属粉末的性能。主要的性能，如储氢量已经达到 1.4%（质量分数）；实际放电容量 270～340mA·h/g（理论放电容量 372mA·h/g）；循环寿命（60%）800～1000 次。由于钕铁硼产业迅猛发展，发展稀土储氢合金有利于 Ce、La 等轻稀土元素的平衡应用。

1.4.2.4 稀土催化材料

稀土催化材料在汽车尾气净化（新材料领域）和石油化工（传统领域）方面用量巨大，稀土催化材料还可用于燃料电池和天然气催化燃烧等领域。稀土汽车尾气净化催化剂所用的稀土主要以氧化铈、氧化镨和氧化镧的混合物为主，其中氧化铈是关键成分。大中型城市汽车尾气排放已成为主要的大气污染源。世界汽车尾气净化催化剂市场的需求量以每年7%的速度在不断增长。稀土汽车尾气催化剂因其价格低，热稳定性和化学稳定性好，活性较高，寿命长，抗Pb、S中毒，而受到重视。汽车尾气中的主要污染物为CO、HC、NO_x，在一定条件下，稀土催化剂可以同时净化CO、HC和NO_x。此外在催化剂载体中加入La、Ce、Y等稀土元素还能提高载体的高温热稳定性、力学性能、抗高温氧化性能。

将稀土催化材料应用于氢能源、移动源及固定源脱氮、烟气脱硫、有机工业废气净化、室内空气净化、污水处理等领域，节约能源，保护环境，将成为稀土催化的新兴领域。

1.4.2.5 稀土抛光材料

稀土抛光粉作为研磨抛光材料以其粒度均匀、硬度适中、抛光效率高、抛光质量好、使用寿命长以及清洁环保等优点，已经广泛用于平板玻璃和光电玻璃等领域。目前国外稀土抛光粉生产厂家主要集中在日本、法国、美国、英国和韩国，其中以日本的生产企业为最多，在生产技术研究和市场应用开发等方面都有着较明显的优势。

稀土抛光材料的应用领域正朝着集约、精密和高档的方向发展，LCD、玻璃光盘和精密光学等领域将会是主要的应用领域，特别是在TFT-LCD的应用领域最为广泛，包括小尺寸的手机屏、数码相机/摄像机显示屏等、中尺寸的有平板电脑、笔记本电脑等，大尺寸有桌面显示器、液晶电视等。

1.4.3 稀土在其他领域中的应用

近年来，稀土在精细陶瓷方面的研究及应用越来越广，概括起来可分为功能陶瓷和高温结构陶瓷两大类。稀土氧化物在精细陶瓷中的应用，主要是作为添加剂来改进陶瓷的烧结性、致密度、显微结构和相组成等，以满足在不同场合下使用的质量和性能要求。用稀土纳米陶瓷做成的发动机的工作温度可比现有合金材料的发动机提高200~300℃，热效率提高20%~30%。

1986年，缪勒和柏诺兹在$LaBa_2CuO_4$（居里温度$T_c=35K$）超导材料上取得历史性的突破。由于稀土氧化物La-Ba-Cu-O系超导体的发现及其以后的研究，超导材料的T_c有了很大提高。我国在高温超导Y-Ba-Cu-O体系的制备技术、应用技术及应用基础研究方面也取得了不同程度的进展，RE-Ba-Cu-O超导体的T_c为80~90K，此外我国还合成了碱金属系稀土掺杂超导体，如（Sr，Nd）CuO_2和$Sr_{1-x}Y_xCuO_2$。超导材料应用广泛，可用作超导电磁体用于磁悬浮列车，也可用于发电机、发动机、动力传输、微波等方面。

磁致冷材料是用于致冷系统的具有磁热效应的物质。目前一种新型磁致冷材料$Gd_5Si_4Ge_2$已被开发出来，其优点是磁热效应大，且使用温度可以从30K左右调整到290K。美国已成功开发出第一台室温磁致冷样机。用磁致冷材料代替传统制冷剂，不仅可以减少环境污染，还可以节约电能，且致冷材料可以重复使用，是冰箱和空调机中制冷机的潜在应用材料。

稀土磁光存储材料是稀土与过渡金属的非晶态薄膜RE-TM（RE=Gd，Dy；TM=Fe，Co）。这种材料可被用作磁光盘MO，可随机读写信息，容量极大，可达2.6GB，读写速度快。磁光存储材料在信息时代发挥着重要作用。巨磁阻材料的研究也引起了人们极大的兴趣。磁阻即对某种材料施加磁场后其电阻率发生改变。巨磁阻材料与传统磁阻材料相比，其电阻率的改变要大于10%。

稀土金属在核工业中主要用于反应堆的结构材料和控制材料。钐、铕、钆、镧具有高的热中子俘获截面，因而用于反应堆的控制材料中。钇的热中子吸收截面接近于铌，仅有1.2barn，所以是原子能反应堆中很有前途的结构材料。钇还可作为合金的添加剂，用以改善反应堆结构材料的力学性能。所以稀土金属也是核工业中重要材料之一。

稀土农用是我国独立开创的稀土应用领域。稀土农用研究在我国始于20世纪70年代初，从80年代中期大面积推广。稀土在氮、磷均衡营养供应的条件下，对一些作物有增产刺激作用，增产机理在于稀土可促进、协调作物对矿质养分的吸收，刺激酶活性。特别是以镧、铈为主的硝酸盐，多年在农田施用，增产效果稳定、明显，平均增产幅度可达8%～10%（其中粮食作物为5%～10%，蔬菜、水果为8%～15%）。

复习思考题

1-1 试写出稀土元素的原子序数、符号、名称、分组方法及其命名依据。

1-2 稀土元素电子排布有何特点，它与稀土元素间化学性质的相似性及相异点有何关系？

1-3 稀土元素在自然界的存在与分布如何？

1-4 稀土元素有哪些重要应用领域，它们与现代科学技术的发展有何关系？

2 稀土元素体系的能量和镧系收缩

2.1 稀土元素的自由原子和离子体系的能量

2.1.1 稀土元素自由原子和离子的基态电子组态

2.1.1.1 电子组态

原子是由一个原子核和若干个核外电子组成的体系，电子围绕原子核在不同的轨道中运动。1926 年，奥地利物理学家薛定谔提出描述核外电子运动状态的表达式，它是一个二阶偏微分方程：

$$\frac{\partial^2\varphi}{\partial x^2}+\frac{\partial^2\varphi}{\partial y^2}+\frac{\partial^2\varphi}{\partial z^2}-\frac{8\pi^2 m}{h^2}(E-V)\varphi=0$$

式中，h 为普朗克常数；m 为微粒子质量；E 是粒子总能量（动能与势能总和）；V 是电子在该势能场下运动的势能；x，y，z 是微粒子的空间坐标；$\varphi(x,\ y,\ z)$ 是描述电子运动的数学表达式，称为波函数或轨道函数。

在量子力学中，引入 3 个量子数 n、l、m 表示波函数，即 $\varphi_{(n,l,m)}(x,\ y,\ z)$。量子数 n、l、m 分别称为主量子数、角量子数、磁量子数。由 n 和 l 决定的一种原子（或离子）中的电子排布方式，称为电子组态。电子组态用符号 $nl^a n'l'^b\cdots$ 来表示，a 和 b 分别代表占据能量为 ε_{nl} 和 $\varepsilon_{n'l'}$ 的单电子数，例如镧的一种电子组态为 $1s^2 2s^2 2p^6 3s^2 3p^6 3d^{10} 4s^2 4p^6 4d^{10} 5s^2 5p^6 5d^1 6s^2$，表示占据能量为 ε_{1s} 的单电子状态的电子数为 2，占据能量为 ε_{2s} 的单电子状态的电子数为 2，占据能量为 ε_{2p} 的单电子状态的电子数为 6，以此类推。

2.1.1.2 镧系元素自由原子的基态电子组态

依据能量最低原理，镧系元素自由原子基态的电子组态主要有 $[Xe]4f^n 6s^2$ 和 $[Xe]4f^{n-1}5d^1 6s^2$ 两种类型，其中 $[Xe]=1s^2 2s^2 2p^6 3s^2 3p^6 3d^{10} 4s^2 4p^6 4d^{10} 5s^2 5p^6$，即为氙的组态，$n=1\sim14$。镧、铈、钆的原子的基组态是 $[Xe]4f^{n-1}5d^1 6s^2$，但镥的基组态是 $[Xe]4f^{14}5d^1 6s^2$，其余元素的原子组态为 $[Xe]4f^n 6s^2$。各元素原子的基组态见表 2-1。

表 2-1 镧系元素和钪、钇的基态原子和离子电子组态

原子序数	元素	元素符号	电子组态[①]			
			原子	M^{2+}	M^{3+}	M^{4+}
57	镧	La	$[Xe]5d^1 6s^2$	$5d^1$	$[Xe]$	—
58	铈	Ce	$[Xe]4f^1 5d^1 6s^2$	$4f^2$	$4f^1$	$[Xe]$
59	镨	Pr	$[Xe]4f^3 6s^2$	$4f^3$	$4f^2$	$4f^1$
60	钕	Nd	$[Xe]4f^4 6s^2$	$4f^4$	$4f^3$	$4f^2$

续表 2-1

原子序数	元素	元素符号	电子组态①			
			原子	M^{2+}	M^{3+}	M^{4+}
61	钷	Pm	[Xe]$4f^5 6s^2$	—	$4f^4$	—
62	钐	Sm	[Xe]$4f^6 6s^2$	$4f^6$	$4f^5$	—
63	铕	Eu	[Xe]$4f^7 6s^2$	$4f^7$	$4f^6$	—
64	钆	Gd	[Xe]$4f^7 5d^1 6s^2$	$4f^7 5d^1$	$4f^7$	—
65	铽	Tb	[Xe]$4f^9 6s^2$	$4f^9$	$4f^8$	$4f^7$
66	镝	Dy	[Xe]$4f^{10} 6s^2$	$4f^{10}$	$4f^9$	$4f^8$
67	钬	Ho	[Xe]$4f^{11} 6s^2$	$4f^{11}$	$4f^{10}$	—
68	铒	Er	[Xe]$4f^{12} 6s^2$	$4f^{12}$	$4f^{11}$	—
68	铥	Tm	[Xe]$4f^{13} 6s^2$	$4f^{13}$	$4f^{12}$	—
70	镱	Yb	[Xe]$4f^{14} 6s^2$	$4f^{14}$	$4f^{13}$	—
71	镥	Lu	[Xe]$4f^{14} 5d^1 6s^2$	—	$4f^{14}$	—
21	钪	Sc	[Ar]$3d^1 4s^2$	—	[Ar]	—
39	钇	Y	[Kr]$4d^1 5s^2$	—	[Kr]	—

①只列出价层电子，即给出［Xe］壳层外的电子。

各镧系元素的原子采取［Xe］$4f^n 6s^2$ 和［Xe］$4f^{n-1} 5d^1 6s^2$ 中的何种组态为基组态，取决于这两种组态的能量高低。图 2-1 给出了各元素原子以［Xe］$4f^n 6s^2$ 为基准，［Xe］$4f^{n-1} 5d^1 6s^2$ 组态的相对能量位置。镧、铈、钆的电子组态［Xe］$4f^{n-1} 5d^1 6s^2$ 的能量低于相应的［Xe］$4f^n 6s^2$ 组态，所以镧、铈、钆的基态原子电子组态为［Xe］$4f^{n-1} 5d^1 6s^2$。铽的［Xe］$4f^9 6s^2$ 组态的能量与［Xe］$4f^8 5d^1 6s^2$ 组态能量相当，因此铽的基态原子的电子组态是不确定的，可取为［Xe］$4f^n 6s^2$ 或［Xe］$4f^{n-1} 5d^1 6s^2$，但多取［Xe］$4f^9 6s^2$。镥的基态电子组态为［Xe］$4f^{14} 5d^1 6s^2$，其余元素的基态电子组态为［Xe］$4f^n 6s^2$。

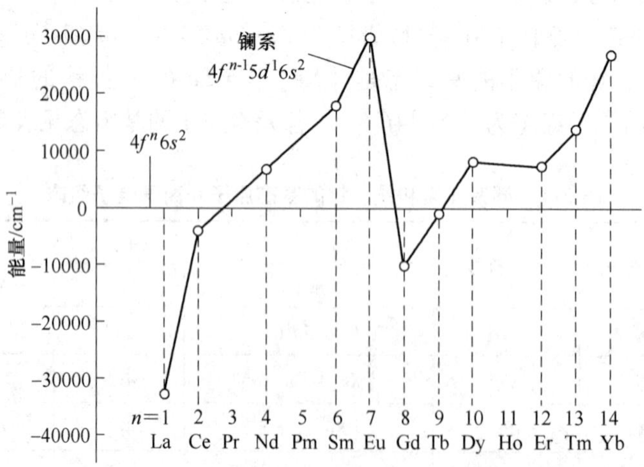

图 2-1　镧系原子 $f^n s^2$ 和 $f^{n-1} d^1 s^2$ 组态的近似相对位置

2.1.1.3　镧系元素的氧化态

镧系离子的主要价态有三价、二价和四价，三价态是特征氧化态。三价态离子的基态电子组态为［Xe］$4f^n$($n = 0 \sim 14$)，二价态和四价态离子的基态电子组态各为［Xe］$4f^{n+1}$和［Xe］$4f^{n-1}$，各元素不同价态离子的基态电子组态也列在表 2-1 中。

由于能量相等的轨道上全充满、半充满或全空的状态比较稳定，而三价态的镧、钆、镥的基态电子组态分别为［Xe］$4f^0$、［Xe］$4f^7$ 和［Xe］$4f^{14}$，因此它们是比较稳定的。在镧和钆右侧的三价离子（Ce^{3+}、Pr^{3+}、Tb^{3+}）比稳定状态多一个或两个电子，它们可被氧化为四价态；在钆和镥左侧的三价离子（Sm^{3+}、Eu^{3+}、Yb^{3+}）比稳定状态少一个或两个电子，它们可被还原为二价态，所以，铈、镨、铽容易出现四价态，钐、铕、镱容易出现二价态。

2.1.2　镧系原子和离子在基组态时的能级

2.1.2.1　镧系原子和离子在基组态时体系的状态

根据原子结构理论，多电子的自由原子和离子都有一定的电子组态。一种电子组态不是指原子的一种状态，而是一组状态。同样镧系原子和离子在基组态时，有一种或多种能量相同的状态。多数的镧系原子和离子的基组态中，在 $4f$ 的单电子能位上占有电子，因此它们状态数要比其他元素在开壳层的 nd、np、ns 的单电子能位上占有相同电子数时有较多的状态数，如 nd^2 的状态数为 45，$4f^2$ 却有 91 个能量相同的状态。表 2-2 列出了 Ln^{3+} 在基组态时的状态数，当 Ln^{3+} 的基组态中含 f^n 和 f^{14-n}($n = 0 \sim 7$) 时，它们的状态数相同，例如 f^2 和 f^{12} 都具有 91 个状态。同时它们的状态数随 f^n 和 f^{14-n} 数的增加而增加，如 f^1 时状态数为 14，f^7 时状态数为 3432。

表 2-2　Ln^{3+} 离子的 f^n 组态的谱项

Ln^{3+}	组态	谱　项	谱项数	J 能级数	状态数
Ce^{3+}、Yb^{3+}	f^1、f^{13}	^{2}F	1	2	14
Pr^{3+}、Tm^{3+}	f^2、f^{12}	$^{1}SDGI\,^{3}PFH$	7	13	91
Nd^{3+}、Er^{3+}	f^3、f^{11}	$^{2}PD_{2}F_{2}G_{2}H_{2}IKL\,^{4}SDFGI$	17	41	364
Pm^{3+}、Ho^{3+}	f^4、f^{10}	$^{1}S_{2}D_{4}FG_{4}H_{2}I_{3}KL_{2}N\,^{3}P_{3}D_{2}F_{4}G_{3}H_{4}I_{2}K_{2}LM$ $^{5}SDFGI$	47	107	1001
Sm^{3+}、Dy^{3+}	f^5、f^9	$^{2}P_{4}D_{5}F_{7}G_{6}H_{7}I_{5}K_{5}L_{3}M_{2}NO$ $^{4}SP_{2}D_{3}F_{4}G_{4}H_{3}I_{3}K_{2}LM\,^{6}PFH$	73	198	2002
Eu^{3+}、Tb^{3+}	f^6、f^8	$^{1}S_{4}PD_{6}F_{4}G_{8}H_{4}I_{7}K_{3}L_{4}M_{2}N_{2}Q$ $^{3}P_{6}D_{5}F_{9}G_{7}H_{9}I_{6}K_{6}L_{3}M_{3}NO$ $^{5}SPD_{3}F_{2}G_{3}H_{2}I_{2}KL\,^{7}F$	119	295	3003
Gd^{3+}	f^7	$^{2}S_{2}P_{5}D_{7}F_{10}G_{10}H_{9}I_{9}K_{7}L_{5}M_{4}N_{2}OQ$ $^{4}S_{2}P_{2}D_{6}F_{5}G_{7}H_{5}I_{5}K_{3}L_{3}MN$ $^{6}PDFGHI\,^{8}S$	119	327	3432

2.1.2.2　影响镧系原子和离子能级的因素

电荷为 $+Ze$ 的原子核和 n 个电子（质量为 m，电荷为 e）组成的体系，在核静止条件下，体系的薛定谔方程式中的哈密顿算符的形式为：

$$\hat{H} = \sum_{i=1}^{n} \frac{h^2}{8\pi^2 m}\Delta_i - \sum_{i=1}^{n} \frac{Ze^2}{r_i} + \sum_{i>j=1}^{n} \frac{e^2}{r_{ij}} + \sum_{i=1}^{n} \zeta(r_i) s_i l_i$$

式中，第一项求和为 n 个电子动能算符，Δ_i 是作用于第 i 个电子的空间坐标（r_i，θ_i，φ_i）上的拉普拉斯算符，h 为普朗克常数；第二项求和为电子与电荷为 $+Ze$ 的核作用的势能算符；第三项求和为电子间相互作用能算符；第四项求和为电子自旋-轨道相互作用能算符，ζ 是自旋-轨道耦合常数。

哈密顿算符中第一、第二项对给定组态的原子和离子的各状态的能量作用都是相同的，但后两项将使简并的能级发生分裂，图 2-2 是 Pr^{3+} 的基组态 $4f^2$ 的简并能级分裂的情况。

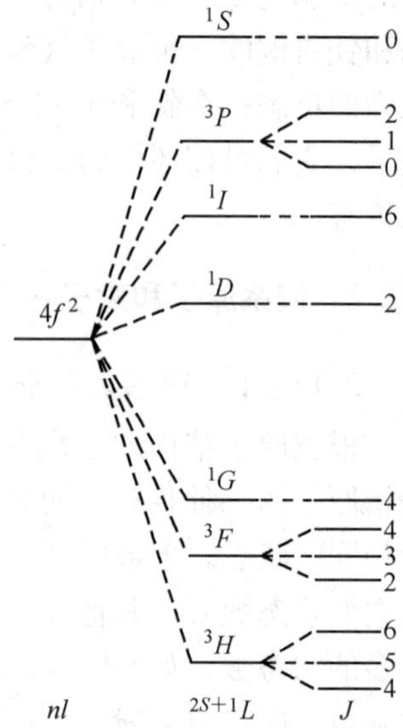

图 2-2　在电子-电子相互作用能算符和电子自旋-轨道运动相互作用能算符微扰下的 f^2 组态的能级

在原子结构理论中，电子间相互作用和自旋-轨道相互作用对原子和离子体系的影响，对于下述两种极限情况采用的方案是：（1）当电子间的相互作用能远大于自旋-轨道相互作用能时，采用罗素-桑德斯（Russell-Saunders）耦合方案：即把每个电子的 s 合并成 $S(\boldsymbol{S}=\sum \boldsymbol{s})$，$l$ 合并成 $L(\boldsymbol{L}=\sum \boldsymbol{l})$，然后再将 S 和 L 合并成 $J(\boldsymbol{J}=\boldsymbol{L}+\boldsymbol{S})$。（2）当自旋-轨道相互作用能远大于电子间相互作用能时，采用 j-j 耦合方案，即先把 s 和 l 合并成 j，然后再将 j 合并成 J。

对于镧系元素，虽说电子间相互作用大于自旋-轨道相互作用，但由于自旋-轨道耦合常数较大，它们的自旋-轨道作用能与电子间的相互作用能粗略地说是同数量级的，如 Pr^{3+} 的情况，见表 2-3。镧系元素的情况居于上述提到的两种极限情况之间，它们的处理方案应采用居于上述两种方案间的中间耦合方案。

表 2-3　$Pr^{3+}(4f^2)$ 的能级

支　谱　项	光谱数据/cm^{-1}	支　谱　项	光谱数据/cm^{-1}
$^3H_4$	0.00	$^1D_2$	17334.39
$^3H_5$	2152.09	$^3P_0$	21389.81
$^3H_6$	4389.09	$^3P_1$	22007.46
$^3F_2$	4996.60	$^1I_6$	22211.54
$^3F_3$	4615.24	$^3P_2$	23160.61
$^3F_4$	6854.75	$^1S_0$	50090.29
$^1G_4$	9921.24		

图 2-3 所示为 f^2 组态的能量对电子间相互作用能和自旋-轨道相互作用能的相对量（ζ），在图的左边 $\zeta=0$，代表纯的罗素-桑德斯耦合得到的能级，右边 $\zeta=1$，代表 j-j 耦合得到的能级。Pr^{3+} 的 ζ 接近 0.1，说明不能采用 j-j 耦合方案，采用纯的罗素-桑德斯耦合方

案，也不能得到精确的结果。采用中间耦合方案，可以得到接近于实际结果。虽然用中间耦合方案处理镧系元素的结果较好，但计算起来较为复杂。对于轻镧系元素来说，罗素-桑德斯耦合方案处理结果虽有一定的误差，但还是适合的。长期以来，镧系元素仍采用罗素-桑德斯耦合方案。

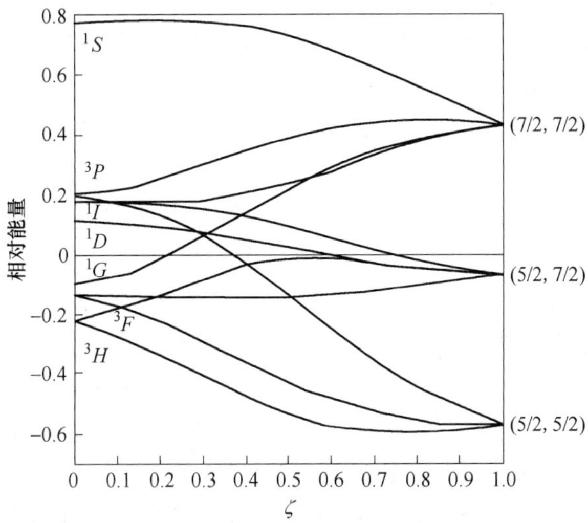

图 2-3 f^2 组态能级的电子-电子间相互作用能和电子自旋-轨道运动相互作用能的相对值

2.1.2.3 光谱项与光谱支项

在原子结构理论中，以罗素-桑德斯耦合方案微扰处理给定电子组态的体系时，在考虑电子之间的库仑斥力后，体系状态发生变化，能量发生分裂：

$$E = E^0 + \Delta E_i^{(1)}$$

式中，E^0 是未微扰简并态的能量；$\Delta E_i^{(1)}$ 是微扰后的能量修正值，它取决于该状态的总轨道角动量量子数和电子总自旋角动量量子数，用光谱项来标记。

光谱项表达式为^{2S+1}L，L 的数值用 S，P，D，…大写字母表示，对应关系如下：

L	0	1	2	3	4	5	6	7	8
字母	S	P	D	F	G	H	I	K	L

$2S+1$ 为谱项多重性，它放在 L 的左上角，当 $L>S$ 时，它表示一个光谱项所含光谱支项的数目；当 $L<S$ 时，一个光谱项则有 $2L+1$ 个光谱支项，这时 $2S+1$ 不代表光谱支项的数目，但习惯上仍把 $2S+1$ 称为多重性。

给定组态的情况，上述提到的未微扰简并态的能量 E^0 是相同的，微扰以后 $\Delta E_i^{(1)}$ 有不同值，即有不同的光谱项。同一谱项的状态仍保持简并。例如 Pr^{3+} 的基组态（[Xe]$4f^2$），其简并态数为 91，微扰后所属某一光谱项的简并态数如下：

光谱项	^1S	^1D	^1G	^1I	^3P	^3F	^3H
简并态数	1	5	9	13	9	21	33

其他镧系元素三价离子的光谱项列在表 2-2 中。

当电子的自旋-轨道耦合作用进一步对体系微扰时，以光谱项标志的能量进而变化，可以变为 $2S+1$ 或 $2L+1$ 个不同能位，简并态进一步发生分裂。体系的总能量为：

$$E = E^0 + \Delta E_i^{(1)} + \Delta E_i^{(2)}$$

式中，$\Delta E_i^{(2)}$ 为电子的自旋-轨道耦合作用微扰后的能量修正值，它用光谱支项来标志。

光谱支项：$^{2S+1}L_J$，其中 J 为总角动量量子数，J 放在 ^{2S+1}L 的右下角，例如 Pr^{3+} $(4f^2)$ 的 ^3H 谱项下有 $^3H_4$、$^3H_5$、$^3H_6$ 的光谱支项。

同一组态、同一谱项的各支谱项的能量不同、状态数也不同，有 $2J+1$ 个状态，如 Pr^{3+} $(4f^2)$ 的 $^3H_4$、$^3H_5$、$^3H_6$ 的状态数各为 9、11、13。

判断原子和离子的基态光谱项（基谱项）和光谱支项（基支谱项），可根据洪特（Hund）规则。一个原子在同一组态时，S 值最大的最稳定；若不止一个谱项有最大的 S 值，则 S 值最大和 L 值也最大的是最稳定的；L 和 S 值相同时，电子少于和等于半充满时 $J=L-S$ 最稳定，电子多于半充满时，$J=L+S$ 最稳定。

根据洪特规则，可以方便地确定基组态时的基谱项和基支谱项，如 Pr^{3+} $(4f^2)$ 的基谱项为 ^3H，基支谱项为 $^3H_4$。但在一些未充满壳层的情况下，洪特规则有例外，如气态的铈原子的基组态为 $[Xe]4f^1 5d^1 6s^2$，它的基谱项不是 $^3H_4$，而是 ^1G。

对于其他支谱项的位置，还必须计算该组态时电子间相互作用和自旋-轨道相互作用能后才能确定。

2.1.2.4 镧系元素的原子和离子的基谱项和基支谱项

根据原子结构理论的有关原理，$Pr^{3+}(4f^2)$ 和 $Gd^{2+}(4f^7 5d^1)$ 的基谱项和基支谱项推导如下：

（1）Pr^{3+} 的基组态 $[Xe]4f^2$，其中 $[Xe]$ 为封闭壳层，对 L、S 值均无贡献，因此只考虑 $4f^2$ 对 L、S 值的贡献。

画出基态的电子配布图：

m_l	3	2	1	0	−1	−2	−3
	↑	↑					

根据洪特规则，先后求出 S、L、J 值。

首先求最大的 M_S 值：

$$M_{S\text{最大}} = \sum_1^n m_s = 1/2 + 1/2 = 1$$

或

$$M_{S\text{最大}} = \sum_1^n m_s = (-1/2) + (-1/2) = -1$$

$$S = |M_{S\text{最大}}| = 1$$

其次求出 $M_{S\text{最大}}$ 时的 M_L 值：

$$M_{L\text{最大}} = \sum_1^n m_l = 2 + 3 = 5$$

$$L = |M_{L\text{最大}}| = 5$$

根据推出的 S 和 L 值，基谱项为 ^3H。

最后求出 J 值，f^2 属于未充满的支壳层，因此 $J = |L - S| = |5 - 1| = 4$。基支谱项为 $^{2S+1}L_J = {}^3H_4$。

（2）Gd^{2+} 的基组态 [Xe]$4f^7 5d^1$，只需求 $4f^7 5d^1$ 对谱项的贡献。

先画出基态电子 $5d$、$4f$ 的电子排布图：

m_l	2	1	0	−1	−2		3	2	1	0	−1	−2	−3
	↑						↑	↑	↑	↑	↑	↑	↑

根据洪特规则求出 S、L 值：

$$S = |M_{S最大}| = |1/2 + 7/2| = 4$$

$$L = |M_{L最大}| = |2 + 0| = 2$$

基谱项为 ^9D。

最后求出 J 值：　　$J = |L - S| = |2 - 4| = 2$

基支谱项为 $^9D_2$。

根据上述的推导方法，得到了镧系元素的原子和各价态离子的基谱项和基支谱项，结果列入表 2-4 中，其中铈原子的基支谱项与推导出的不符。

表 2-4　镧系自由原子（离子）的基态光谱支项

原子序数	符号	组态（谱项）			
		Ln^0	Ln^+	Ln^{2+}	Ln^{3+}
57	La	$4f^0 5d^1 6s^2 (^2D_{3/2})$	$4f^0 6s^2 (^1S_0)$	$4f^0 6s^1 (^2S_{1/2})$	$4f^0 (^1S_0)$
58	Ce	$4f^1 5d^1 6s^2 (^1G_4)$	$4f^1 5d^1 6s^1 (^2G_{7/2})$	$4f^2 (^3H_4)$	$4f^1 (^2F_{5/2})$
59	Pr	$4f^3 6s^2 (^4I_{9/2})$	$4f^3 6s^1 (^5I_4)$	$4f^3 (^4I_{9/2})$	$4f^2 (^3H_4)$
60	Nd	$4f^4 6s^2 (^5I_4)$	$4f^4 6s^1 (^6I_{7/2})$	$4f^4 (^5I_4)$	$4f^3 (^4I_{9/2})$
61	Pm	$4f^5 6s^2 (^6H_{5/2})$	$4f^5 6s^1 (^7H_2)$	$4f^5 (^6H_{5/2})$	$4f^4 (^5I_4)$
62	Sm	$4f^6 6s^2 (^7F_0)$	$4f^6 6s^1 (^8F_{1/2})$	$4f^6 (^7F_0)$	$4f^5 (^6H_{5/2})$
63	Eu	$4f^7 6s^2 (^8S_{7/2})$	$4f^7 6s^1 (^9S_4)$	$4f^7 (^8S_{7/2})$	$4f^6 (^7F_0)$
64	Gd	$4f^7 5d^1 6s^2 (^9D_2)$	$4f^7 5d^1 6s (^{10}D_{5/2})$	$4f^7 5d^1 (^9D_2)$	$4f^7 (^8S_{7/2})$
65	Tb	$4f^9 6s^2 (^6H_{15/2})$	$4f^9 6s^1 (^7H_8)$	$4f^9 (^6H_{15/2})$	$4f^8 (^7F_6)$
66	Dy	$4f^{10} 6s^2 (^5I_8)$	$4f^{10} 6s^1 (^6I_{17/2})$	$4f^{10} (^5I_8)$	$4f^9 (^6H_{15/2})$
67	Ho	$4f^{11} 6s^2 (^4I_{15/2})$	$4f^{11} 6s^1 (^5I_8)$	$4f^{11} (^4I_{15/2})$	$4f^{10} (^5I_8)$
68	Er	$4f^{12} 6s^2 (^3H_6)$	$4f^{12} 6s^1 (^4H_{13/2})$	$4f^{12} (^3H_6)$	$4f^{11} (^4I_{15/2})$
69	Tm	$4f^{13} 6s^2 (^2F_{7/2})$	$4f^{13} 6s^1 (^3F_4)$	$4f^{13} (^2F_{7/2})$	$4f^{12} (^3H_6)$
70	Yb	$4f^{14} 6s^2 (^1S_0)$	$4f^{14} 6s^1 (^2S_{1/2})$	$4f^{14} (^1S_0)$	$4f^{13} (^2F_{7/2})$
71	Lu	$4f^{14} 5d^1 6s^2 (^2D_{3/2})$	$4f^{14} 6s^2 (^1S_0)$	$4f^{14} 6s (^2S_{1/2})$	$4f^{14} (^1S_0)$

镧系元素特征氧化态即三价态时的基谱项和基支谱项在镧系中的变化有如下的一些规律：

（1）基组态为 f^n、f^{14-n} 时，有相同的谱项和相同的基谱项。从表 2-2 和表 2-5 可以看出，镧至钆和镥至钆的谱项有对应关系。

表 2-5　三价镧系离子的基谱项

基组态	基谱项	基组态	基谱项
$4f^0$，$4f^{14}$	^1S	$4f^7$	^8S
$4f^1$，$4f^{13}$	^2F	$4f^6$，$4f^8$	^7F
$4f^2$，$4f^{12}$	^3H	$4f^5$，$4f^9$	^6H
$4f^3$，$4f^{11}$	^4I	$4f^4$，$4f^{10}$	^5I

（2）基谱项中 L 值在镧系中变化，从镧至钆和从钆至镥有对应关系，其中 L 值按 $S(0)$、$F(3)$、$H(5)$、$I(6)$、$I(6)$、$H(5)$、$F(3)$、$S(0)$ 的次序变化。当以镧系元素的原子序数与三价离子的基谱项的 L 值作图（见图 2-4）时，在镧系元素的 1/4、1/2、3/4 处断折。

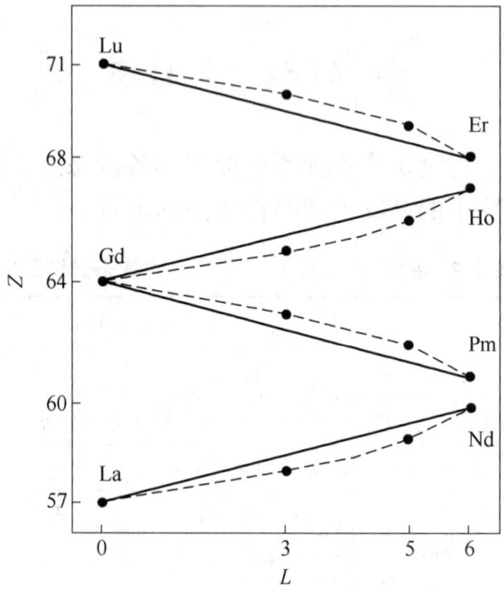

图 2-4　三价镧系离子基态 L 值与原子序数 Z 的关系

（3）基谱项的多重性 $2S+1$ 值在该系列中的变化，也是从镧至钆和从钆至镥而对称变化，S 值与原子序数的关系如图 2-5 所示。

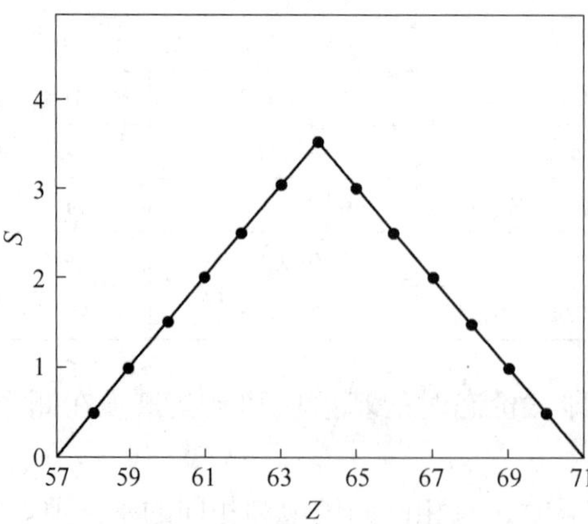

图 2-5　三价镧系离子基态 S 值与原子序数 Z 的关系

（4）基支谱项中 J 值，也有从镧至铕和从钆至镥的对应的变化关系，如图 2-6 所示。

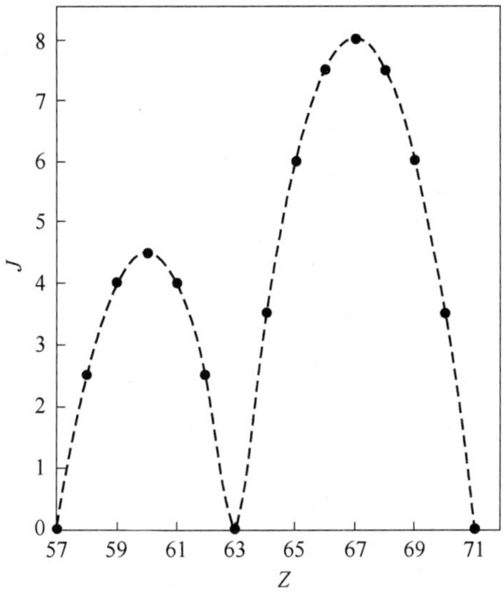

图 2-6 三价镧系离子基态的 J 值与原子序数 Z 的关系

上述的三价镧系离子的基组态、基谱项和基支谱项在镧系中从镧至钆（或铕）和从钆至镥的周期性变化的这种离子内部结构的特征，正是镧系元素分为轻镧系元素（镧至钆）和重镧系元素（钆至镥）的内在原因，是镧系元素化合物性质在该系列中变化的某些规律性（如四分组效应等）的内在特性的反映。

2.2 镧系收缩

镧系元素的三价离子半径，从镧至镥随原子序数增加而减小的现象，称为镧系收缩。

镧系元素随原子序数增加核电荷增加，电子逐一填入 $4f$ 壳层，$4f$ 壳层是内层，而外层 $5s$、$5p$ 保持不变。由于 $4f$ 电子云不是全部分布在 $5s$、$5p$ 壳层的内部，对所增加的核电荷不能完全屏蔽，因而对外层的 $5s^2$、$5p^6$ 的电子的引力也相应增加，使电子云更靠近核，造成了离子半径逐渐的减小（见表 2-6 和图 2-7）。

表 2-6 稀土离子半径

元素	RE^{3+}/pm			RE^{2+}/pm	RE^{4+}/pm
	数据 1	数据 2	数据 3		
Sc	68	74.5	87		
Y	88	90.0	103		

续表 2-6

元 素	RE^{3+}/pm			RE^{2+}/pm	RE^{4+}/pm
	数据 1	数据 2	数据 3		
La	106.1	103.2	120		
Ce	103.4	101	117		92
Pr	101.3	99	115		90
Nd	99.5	98.3	114		
Pm	(97.9)	97			
Sm	96.4	95.8	110	111	
Eu	95.0	94.7	109	109	
Gd	93.8	93.8	108		
Tb	92.3	92.3	106		84
Dy	90.8	91.2	105		
Ho	89.4	90.1	103		
Er	88.1	89.0	102		
Tm	86.9	88.0	101	94	
Yb	85.8	86.8	100	93	
Lu	84.8	86.1	99		

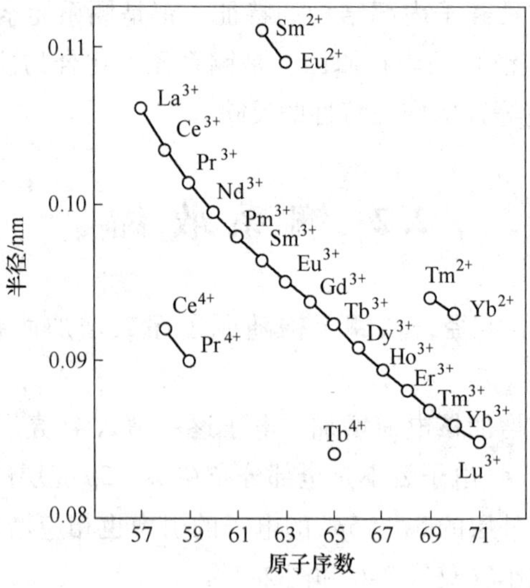

图 2-7 三价镧系离子半径与原子系数的关系

镧系离子的电子配布为 $1s^2$、$2s^2$、$2p^6$、$3s^2$、$3p^6$、$3d^{10}$、$4s^2$、$4p^6$、$4d^{10}$、$4f^n$、$5s^2$、$5p^6$。原子实的有效核电荷 Z^* 可以近似表示为：$Z^* = Z - \delta$，其中 Z 为原子的核电荷，δ 为屏蔽常数。

如 La^{3+} 的原子实的核电荷为 57，有 46 个电子，对外层电子来说，内层的每一电子对 δ 贡献为 1，因而 $Z^* = 57 - 46 = 11$ 单位的正电荷。

Ce^{3+}原子实有47个电子，其中一个是f电子，对外层的s、p电子来说，每一f电子对δ贡献为0.85，所以$Z^* = 58 - 46 - 0.85 = 11.15$单位正电荷。其他镧系元素的原子实的有效核电荷列入表2-7中。

表2-7 RE^{3+}的原子实的有效核电荷

元　素	有效核电荷	元　素	有效核电荷
La^{3+}	11	Tb^{3+}	12.20
Ce^{3+}	11.15	Dy^{3+}	12.35
Pr^{3+}	11.30	Ho^{3+}	12.50
Nd^{3+}	11.45	Er^{3+}	12.65
Pm^{3+}	11.60	Tm^{3+}	12.80
Sm^{3+}	11.75	Yb^{3+}	12.95
Eu^{3+}	11.90	Lu^{3+}	13.10
Gd^{3+}	12.05		

镧系三价离子随原子序数递增，其原子实的有效核电荷也依次增加，因此对外层的$5s^2$、$5p^6$电子的引力也逐一增大，离子半径相应地逐渐减小，这就引起了镧系收缩的结果。图2-8表明了Ln^{3+}原子实的有效核电荷与离子半径倒数的关系。

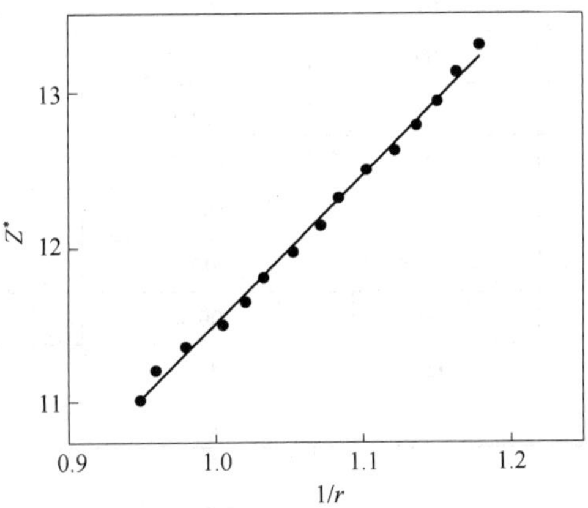

图2-8 原子实的有效核电荷Z^*与三价离子半径倒数$1/r$之间的关系

镧系收缩的影响，使镧系元素的同族、上一周期的元素钇的三价离子半径位于镧系元素系列中（在铒附近）。钇的化学性质与镧系元素非常相似，和镧系元素共生于同一矿物中，彼此分离困难。在稀土元素分离中，把钇归于重稀土一组。

由于镧系收缩，也使镧系元素后的第三过渡系元素的离子半径接近于第二过渡系同族元素（如Zr^{4+} 80pm，Hf^{4+} 81pm；Nb^{5+} 70pm，Ta^{5+} 73pm；Mo^{6+} 62pm，W^{6+} 65pm），因此，锆-铪、铌-钽、钼-钨等三对元素化学性质相似，它们在矿物中共生，并且分离困难。

镧系离子半径的递减，使一些配体与镧系离子的配位能力递增，金属离子的碱度随原子序数增大而减弱，氢氧化物开始沉淀的pH值渐降，这些随原子序数递变的化合物性质也是镧系收缩的后果之一。

镧系离子半径虽依次减小，但并不规则，相邻元素间半径减小的最大差值是在第 1 个 f 电子填充后的 Ce^{3+} 与 La^{3+} 之间，在填充第 7 个 f 电子后的元素中，填充第 8 个 f 电子的 Tb^{3+} 与 Gd^{3+} 间也出现最大的差值。

镧系离子半径数据由于测定和推算的方法不同，得到数据也不相同。从有效离子半径等数据中看出离子半径与该离子的配位数有关系，配位数越大，半径越大（见表 2-8），所以引用镧系离子半径时要注意到上述情况。关于镧系离子半径，不但三价镧系离子的半径随原子序数增大而减少，二价和四价镧系元素也是如此。对于同一元素，随着价态的增加，离子半径减小。如 Ce^{3+} 和 Ce^{4+} 的半径各为 101pm 和 87pm，Eu^{2+} 和 Eu^{3+} 的半径各为 117pm 和 94.5pm（配位数为 6）等。

表 2-8 不同配位数时的三价离子半径 （pm）

元素	配位数 = 6	配位数 = 7	配位数 = 8	配位数 = 9	配位数 = 12
La	103.2	110	116.0	121.6	136
Ce	101	107	114.3	119.6	134
Pr	99	—	112.6	117.9	—
Nd	98.3	—	110.9	116.3	129
Pm	97	—	109.3	114.4	—
Sm	95.8	102	107.9	113.2	124
Eu	94.7	101	106.6	112.0	—
Gd	93.8	100	105.3	110.7	—
Tb	92.3	98	104.0	109.5	—
Dy	91.2	97	102.7	108.3	—
Ho	90.1	—	101.5	107.2	—
Er	89.0	94.5	100.4	106.2	—
Tm	88.0	—	99.4	105.2	—
Yb	86.8	92.5	98.5	104.2	—
Lu	86.1	—	97.7	103.2	—

复习思考题

2-1 镧系原子、离子电子组态有何特点，f 轨道上电子为 0、7、14 时较稳定造成的影响有哪些？

2-2 何为洪特规则，试推导 $4f^5$、$4f^{13}$ 的基态光谱支项。

2-3 镧系元素基谱项/支项的变化规律有哪些？

2-4 什么是镧系收缩，请定量计算三价中稀土元素的半径变化。

2-5 镧系收缩造成了哪些影响？

3 稀土金属

3.1 稀土金属的一般性质

3.1.1 稀土金属的化学性质

稀土元素具有典型的金属特性，多数呈银灰色，其化学活性很强，从Sc到Y到La活泼性递增；从La到Lu活泼性递减。它们的氧化还原电位较负，从-2.52V(镧)至-1.88V(钪)；电离能较低，它们的第一电离能接近于碱土金属，第一至第三电离能比其他过渡元素低；它们的电负性在钙或镁附近，这足以说明它们是活泼的金属。有关数据见表3-1。稀土金属是强还原剂，有较大的氧化物生成热（见表3-2），它能将铁、钴、镍、铜、铬等金属氧化物还原为金属。稀土金属能与周期表中绝大多数元素作用，形成非金属的化合物和金属间化合物。稀土金属还能分解水，溶解在常用的矿物酸中。稀土金属不与碱作用。

表3-1 稀土金属的一些性质

元素	氧化还原电位 $(RE = RE^{3+} + 3e)/V$	电离能/$kJ \cdot mol^{-1}$			电负性
		I_1	I_2	I_3	
La	-2.52	538.18	1067.29	1850.87	1.08
Ce	-2.48	527.85	1047.02	1930.00	1.06
Pr	-2.47	523.03	1018.07	2084.40	1.07
Nd	-2.44	529.78	1034.48	2142.30	1.07
Pm	-2.42	535.57	1051.85	—	1.07
Sm	-2.41	543.29	1068.25	2287.05	1.07
Eu	-2.41	547.15	1085.62	2402.85	1.01
Gd	-2.40	592.51	1167.65	1987.90	1.11
Tb	-2.39	564.52	1111.68	2113.35	1.10
Dy	-2.35	572.24	1126.15	2209.85	1.10
Ho	-2.32	580.93	1138.70	2223.15	1.10
Er	-2.30	588.65	1151.24	2180.90	1.11
Tm	-2.28	596.37	1162.82	2296.70	1.11
Yb	-2.27	603.51	1174.40	2441.45	1.06
Lu	-2.25	506.24	1341.35	2045.80	1.14
Sc	-1.88	631.11	1235.2	2389.34	1.20
Y	-2.37	615.67	1181.16	1980.18	1.11

表 3-2 稀土金属氧化物的生成热

氧化物	$-\Delta H_{298K}$/kJ·mol^{-1}	氧化物	$-\Delta H_{298K}$/kJ·mol^{-1}
Y_2O_3	1905.8	Tb_2O_3	1827.6
La_2O_3	1793.3	Dy_2O_3	1865.2
Ce_2O_3	1820.0	Ho_2O_3	1880.7
Pr_2O_3	1827.6	Er_2O_3	1897.8
Nd_2O_3	1807.9	Tm_2O_3	1890.3
Sm_2O_3	1815.4	Yb_2O_3	1814.6
Gd_2O_3	1815.4	Lu_2O_3	1894.5

3.1.1.1 稀土金属与非金属作用

稀土金属在空气中的稳定性随原子序数增加而增加。镧、铈、铕在空气中易失去光泽，被腐蚀；钕、钐、钆及其他重稀土金属在空气中可长时间的保持金属光泽。当加热至200℃以上时，稀土金属都能迅速地被氧化，生成氧化物 RE_2O_3（铈、镨、铽则生成 CeO_2、Pr_6O_{11}、Tb_4O_7）。金属铈具有自燃性质，铈氧化为 Ce_2O_3 后很容易再氧化成 CeO_2。致密的铈在320℃下能燃烧，放出的热量足以使氧化铈熔化。稀土金属氧化物的生成热较高（见表3-2），说明稀土金属具有很强的正电性和氧化合的能力。

稀土金属与卤素在200℃以上能强烈地反应，生成相应的卤化物（REX_3，X = F，Cl，Br，I）。它们与 F_2 的作用最强烈，Cl_2 次之，I_2 最弱。主要是生成 REX_3 型的化合物；Eu 和 Sm 还可以生成 REX_2 型，Ce 还可以生成 REX_4 型的化合物，但都属不太稳定的中间化合物。除氟化物外、稀土卤化物均有很强的吸湿性，且易水解生成 REOX 型卤氧化物。稀土金属与硫族元素、氮、磷、碳、硅、硼等在一定温度下都能直接形成二元化合物。在硫族元素的沸点温度下稀土金属与之反应生成 RES、RE_2S_3、RE_3S_4、RES_2 等硫化物，RESe、RE_2S_3、$RESe_2$、RE_2Se_4 等硒化物，RETe、RE_2Te_3、$RETe_2$ 等碲化物。在1000℃以上与氮、磷生成 REN 和 REP 化合物。在高温时与碳形成 RE_4C_3、RE_2C_3、REC_2 等碳化物。在高温下与硼生成 REB_n(n=2，3，4，6，12）的硼化物。以上化合物的具体制备条件详见第5章。

在室温时，稀土金属能吸收 H_2，在250～300℃时迅速与 H_2 作用，生成 REH_n(n=2，3）的氢化物。在真空、高温（1000℃以上）时，氢化物则分解，完全排除氢。

3.1.1.2 稀土金属与金属作用

稀土金属能与绝大部分主族金属和过渡族金属形成金属间化合物。这些金属包括 Be、Mg、Al、Ga、In、Tl、Cu、Ag、Au、Zn、Cd、Hg、Sb、Bi、Sn、Co、Ni、Fe 等，例如：与 Mg 生成 REMg、$REMg_2$、$REMg_4$ 等化合物，稀土金属微溶于 Mg；与 Al 生成 RE_3Al、RE_3Al_2、REAl、$REAl_2$、$REAl_3$、RE_3Al_4 等化合物；与 Co 生成 $RECo_2$、$RECo_3$、$RECo_5$、RE_2Co_7、$RECo_4$ 等化合物；与 Ni 生成 LaNi、$LaNi_5$、La_3Ni_5 等化合物；与 Cu 生成 YCu、YCu_2、YCu_3、YCu_4、$NdCu_4$、CeCu、$CeCu_2$、YCu_4、YCu_6 等化合物；与 Fe 生成 $CeFe_3$、$CeFe_2$、Ce_2Fe_3、YFe_2 等化合物；但 La 与 Fe 只生成低共溶体，镧铁合金的延展性很好。

由于稀土的原子体积较大，故一般不与其他金属形成固溶体。稀土金属与碱金属及 Ca、Ba 等均不生成互溶体系；与 W、Mo 不能生成化合物；在 Zr、Hf、Nb、Ta 中溶解度很小，一般只生成低共溶体。

有的金属间化合物具有特殊性能，如与铁族金属的化合物具有永磁性能，$SmCo_5$ 和 Sm_2Co_{17} 是优良的磁性材料；与镍形成的化合物具有强烈的吸氢性能，$LaNi_5$ 是优良的储氢材料，与镁等有色金属形成化合物可改善合金的力学性能。

3.1.1.3 稀土金属与水、酸作用

稀土金属能分解水，在冷水中作用缓慢，在热水中作用较快，并迅速地放出氢气：

$$2RE + 6H_2O \longrightarrow 2RE(OH)_3 + 3H_2$$

稀土金属能与稀盐酸、硫酸、硝酸作用，生成相应的盐。在氢氟酸和磷酸中不易溶解，这是由于产生难溶的氟化物和磷酸盐膜所致。

3.1.2 稀土金属的物理性质

镧系金属物理性质变化有一定规律性，但铕和镱却明显异常。在金属中，铕和镱原子参与金属键的电子数与其他镧系元素不同，这是其性质异常的重要原因。

3.1.2.1 晶体结构

在常温、常压条件下，稀土金属有四种晶体结构，如图 3-1 所示。（1）图 3-1（a）是六方密集结构，密置层按照 ABAB…方式重复堆积，钪、钇、钆和大多数重稀土金属都属于这种结构（见表 3-3）。（2）图 3-1（b）是立方密集（面心）结构，密置层按照 ABCABC…方式重复堆积，铈和镱属这种结构。（3）图 3-1（c）是双六方结构，以 ABAC…这种重复周期为四层的结构，属于这种结构有镧、镨、钕等。（4）唯有钐是图 3-1（d）所示的斜方结构，即 ABABCBCACA 重复周期为 9 层的结构。

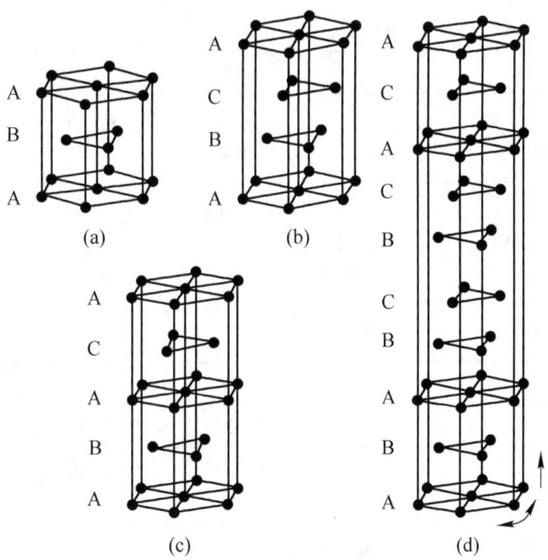

图 3-1 稀土金属的晶体结构

各元素的晶格参数和它们晶型的转变温度见表 3-3。当温度、压力变化时，多数稀土金属发生晶型转变。

表 3-3　稀土金属的晶体结构及有关参数

元素	晶型	转变温度/℃	转变 ΔH/J	晶格参数/nm			离子半径 RE^{3+}/nm
				a	*c*	*c/a*	
Sc	六方 体心	1335	4008.3	0.33088	0.52680	1.592	0.0732
Y	六方 体心	1478	4974	0.36482 0.408	0.57318	1.571	0.0893
La	双六方 立方密集 体心	310 865	280.3 3150.5	0.17740 0.426	1.2171	1.6125	0.1061
Ce	立方密集 双六方 立方密集 体心	−178 约 100（加热） 约 10（冷却） 726	2928.9	0.485 0.368 0.5160 0.412	1.192	1.619	0.1034
Pr	双六方 体心	795	3179.8	0.36721 0.413	1.1832	1.611	0.1013
Nd	双六方 体心	863	2983.2	0.36583 0.413	1.17966	1.612	0.0995
Pm	双六方 体心	890					0.0979
Sm	斜方 六方 体心	727（冷却） 734（加热） 926	3112.9	0.36290 0.36630	2.6207 0.58448	1.605 1.596	0.0964
Eu	体心			0.45827			0.0950
Gd	六方 体心	1235	3912.0	0.36336 0.405	0.57810	1.59	0.0938
Tb	六方 体心	1289	5033.5	0.36055	0.56966	1.580	0.0923
Dy	六方 体心	1381	3995.7	0.35915	0.56501	1.573	0.0908
Ho	六方			0.35778	0.56178	1.570	0.0894
Er	六方			0.35592	0.55850	1.569	0.0881
Tm	六方			0.35375	0.55540	1.570	0.0869
Yb	立方密集 体心	795	1748.9	0.54848			0.0858
Lu	六方			0.35052	0.55495	1.583	0.0848

在高温、常压下，镧、铈、镨、钕、钷、钐、钆、铽、镝、镱、钪和钇均转变为体心立方，其他稀土金属未发生晶型变化。此时稀土金属有两种晶型：体心立方和六方密集。

金属镧由双六方转变为体心立方时，存在着中间相的转变：双六方$\xrightarrow{310℃}$立方密集$\xrightarrow{865℃}$体心立方，钐也有类似现象：斜方$\xrightarrow{734℃}$六方$\xrightarrow{926℃}$体心。

在室温、高压或高温、高压时，稀土金属的结构，除了铕、铒、铥和镥外，其他都发生变化。图3-2所示是镧和钐的温度和压力变化时的相图。表3-4列出了不同条件下的稀土金属的晶型结构。

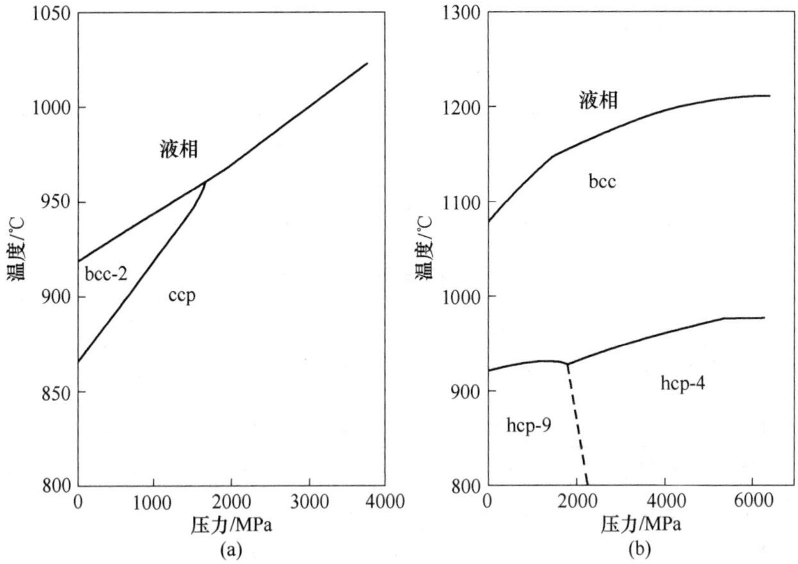

图3-2 镧（a）和钐（b）的相图

表3-4 稀土元素的晶型结构

元素	室温（1.013×10^{5}Pa）	低温（1.013×10^{5}Pa）	高温（1.013×10^{5}Pa）	室温高压	高温高压
La	双六方	—	立方密集 体心	六方密集	六方密集 体心
Ce	立方密集	立方密集 双六方	体心	立方密集	立方密集
Pr	双六方	—	体心	立方密集	立方密集
Nd	双六方	—	体心	立方密集	立方密集
Pm	双六方	—	体心	—	—
Sm	单斜	—	体心	双六方	体心
Eu	体心	体心	体心	—	—
Gd	六方	六方	体心	单斜	体心
Tb	六方	单斜	体心	单斜	体心
Dy	六方	单斜	体心	单斜	—
Ho	六方	—	六方	单斜	—

续表 3-4

元素	室温（1.013×10⁵Pa）	低温（1.013×10⁵Pa）	高温（1.013×10⁵Pa）	室温高压	高温高压
Er	六方	六方	六方	六方	六方
Tm	六方	—	六方	—	—
Yb	立方密集	六方	体心	—	—
Lu	六方	—	六方	—	—
Y	六方	—	体心	—	—
Sc	六方	—	体心	—	—

3.1.2.2 原子半径、原子体积和密度

常温、常压下，稀土金属的原子半径、原子体积和密度见表 3-5。

表 3-5 稀土金属的物理性质

元素	熔点 /℃	沸点 /℃	金属原子半径 /nm	原子体积 /$cm^3 \cdot mol^{-1}$	密度 /$g \cdot cm^{-3}$	电阻率（25℃）/$\Omega \cdot cm$	升华热（25℃）/$kJ \cdot mol^{-1}$	线膨胀系数（多晶）/$℃^{-1}$
Sc	1541	2836	0.16406	15.039	2.989	50.9	377.8	10.2×10^{-6}
Y	1522	3338	0.18012	19.893	4.469	59.6	424.7	10.6×10^{-6}
La	918	3464	0.18791	22.602	6.146	79.8	431.0	12.1×10^{-6}
Ce	798	3433	0.18247	20.696	6.770	75.3	422.6	6.3×10^{-6}
Pr	931	3520	0.18279	20.803	6.773	68.0	355.6	6.7×10^{-6}
Nd	1021	3074	0.18214	20.583	7.008	64.3	327.6	9.6×10^{-6}
Pm	1042	(3000)	0.1811	20.24	7.264	—	(348)	(11×10^{-6})
Sm	1074	1794	0.18041	20.000	7.520	105.0	206.7	12.7×10^{-6}
Eu	822	1529	0.20418	28.979	5.244	91.0	144.7	35.0×10^{-6}
Gd	1313	3273	0.18013	19.903	7.901	131.0	397.5	9.4×10^{-6}（100℃）
Tb	1365	3230	0.17833	19.310	8.230	114.5	388.7	10.3×10^{-6}
Dy	1412	2567	0.17740	19.004	8.551	92.6	290.4	9.9×10^{-6}
Ho	1474	2700	0.17661	18.752	8.795	81.4	300.8	11.2×10^{-6}
Er	1529	2868	0.17566	18.449	9.066	86.0	317.1	12.2×10^{-6}
Tm	1545	1950	0.17462	18.124	9.321	67.6	232.2	13.3×10^{-6}
Yb	819	1196	0.19392	24.841	6.966	25.1	152.1	26.3×10^{-6}
Lu	1663	3402	0.17349	17.779	9.841	58.2	427.6	9.9×10^{-6}

注：表中括号内数字为估计值。

镧系金属的原子半径，对于六方系晶体的金属来说，是指密堆积的平面原子间的距离和邻近平面的原子间距离的平均值。镧系金属的原子半径较三价离子的半径大得多。总体上，镧系元素的原子半径、原子体积随原子序数增加而减少，镧系金属的原子半径从镧的187.9pm减至镥的173.5pm，密度随原子序数增加而增加。钪、钇、镧三元素的原子半

径、原子体积随原子序数增大而增大，密度也增加。铈、铕、镱与其他镧系元素相比，有异常现象，其中铕和镱的原子半径特大，而铈的原子半径较相邻元素的小，如图 3-3 所示。这是由于多数镧系原子提供了 3 个价电子参与金属键，而铕、镱只提供 2 个价电子参与金属键，使它们的原子半径较其他镧系元素大；铈提供参与成键的电子数大于 3，因此它的半径则较相邻元素小。铈、铕、镱等参与成键的电子数与其他镧系元素不同，这是由于它们原子的基组态为 $4f^15d^16s^2$、$4f^76s^2$、$4f^{14}6s^2$，在成键以后，它们力求保持 $4f^0$、$4f^7$、$4f^{14}$的稳定结构，因此铈有可能提供 4 个价电子，铕、镱只提供 2 个价电子参与成键。因而铕和镱有较大的原子实，有效核电荷降低，原子半径较三价的金属原子有明显的增加。金属铈的价态并非是纯的三价，它的 4f 电子有部分离域，这是使它的原子半径较相邻金属原子半径为小的原因。由于镧系金属原子的电子随核电荷的增加而填充在第二内层的 4f 中，虽然原子实的有效核电荷也随之增加，但不像三价离子那么明显，所以镧系金属原子半径的收缩就不像三价镧系离子那么大了。

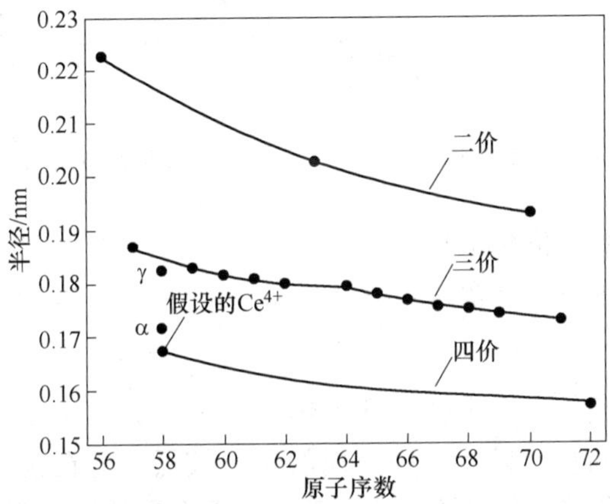

图 3-3 镧系元素和钡、铪的原子半径

在原子序数（包括 56 号的 Ba 和 72 号的 Hf）对原子半径的图中，2 个价电子参与金属键的 Ba、Eu 和 Yb，3 个价电子参与金属键的镧系元素及 4 个价电子参与金属键的 α-Ce、Hf，分别处在三条不同的平滑曲线上（见图 3-3）。各种晶型的金属铈原子的半径和相应的价态见表 3-6。

表 3-6 金属铈的半径和价态

相	半径/pm	价 态
理想的三价铈	184.6	—
β-Ce	183.21	3.04
γ-Ce	182.45	3.06
δ-Ce	182	3.06
α-Ce	173	3.67
α′-Ce	166.9	4.00
理想的四价铈	167.2	—

仔细观察镧系元素原子序数与原子半径关系可知，除了铈、铕和镱有异常现象外，镧、钆和镥也偏离了镨、钕、钐和铽、镝、钬、铒、铥的正常情况，如图 3-4 所示。原子序数与半径的关系中存在双双效应。当以 Ln^{3+} 基态的总轨道角动量对原子半径作图时，也出现了“斜 W”的关系。

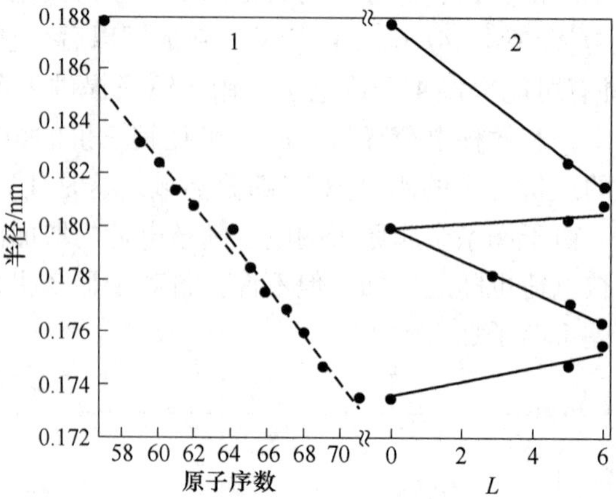

图 3-4　稀土金属原子半径与原子序数及三级离子基态总轨道角动量量子数 L 的关系

3.1.2.3　熔点、沸点和升华热

稀土金属的熔点、沸点、升华热数值见表 3-5 和图 3-5、图 3-6。

A　熔点

一般来说，金属熔点与原子化热（升华热）数值相关。原子化热的数值较大，金属的熔点较高；原子化热的数值较小，则金属的熔点较低。但在钪、钇和镧系元素的系列中，它们的熔点与原子化热数值并无对应关系。镧系金属的熔点明显比钪、钇的低，尤其是轻镧系金属。接近于镧系末端的重镧系金属与第一、二过渡金属熔点变化的倾向相当。轻镧系金属的熔点较低的原因，曾以镧系原子的 $4f$ 电子和 s、d 价电子的杂化作用给予解释。

在镧系中，除了铕和镱外，金属的熔点随原子序数增加而增加。铕和镱的熔点较相邻元素的低得多，这与它们的原子化热较低是相符的，这种异常现象也反映了铕、镱与其他镧系元素的金属价态差异的特征。

稀土金属的熔点与原子序数的关系如图 3-5 所示。

B　稀土金属的沸点和升华热

镧系金属的沸点和升华热与原子序数的关系是不规则的，如图 3-6 所示。这种“锯齿”形的变化可定性地理解为镧系金属在固态时的价态是 3 价或 2 价，气相时电子组态为 $4f^n5d6s^2$ 或 $4f^{n+1}6s^2$，按此把它们划分成三种类型。对于镧、铈、钆、镥来说，固态金属是 3 价（γ-Ce 稍大于 3 价），气相时电子组态为 $4f^n5d6s^2$，作为一种 3→3 价态的变化，它们的沸点和升华热较高（约 3400℃ 和约 420kJ/mol），铕和镱在固态时的价态是 2 价，气相的基组态为 $4f^{n+1}6s^2$，它们的沸点接近于 1400℃，升华热接近 148kJ/mol，作为一种 2→2 价态变化，这与碱土金属相近；其余的镧系元素在固态时是 3 价，气相的基组态为

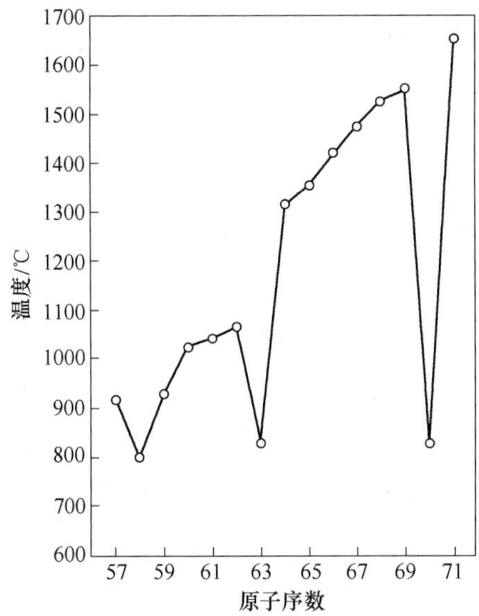

图 3-5 稀土金属的熔点与原子序数的关系

$4f^{n+1}6s^2$，作为一种 3→2 价态变化，在两个半周期中随原子序数的增加由气相的三价态的镧或钆向二价态的铕或镱接近，二价态的倾向增加，沸点和升华热减少，因此镧系金属的沸点和升华热产生锯齿形的改变。由于半充满和充满壳层的稳定性，增加的一个电子填入 $5d$ 壳层，这就使 Gd 和 Lu 的沸点和升华热较 Eu 和 Yb 有较大的增加。

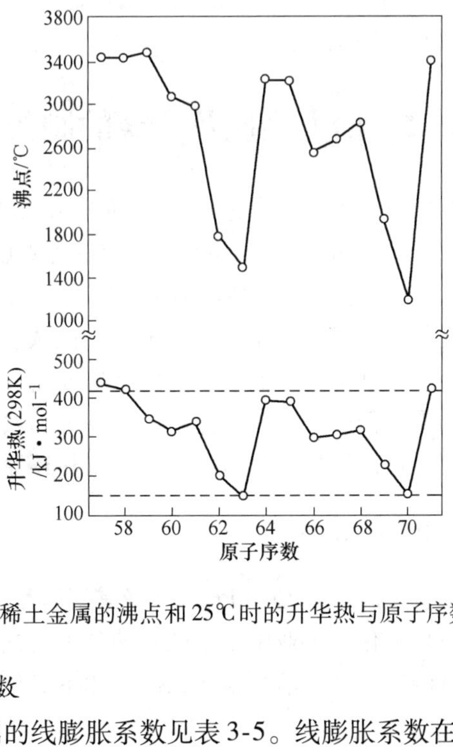

图 3-6 稀土金属的沸点和 25℃时的升华热与原子序数的关系

3.1.2.4 线膨胀系数

在 25℃时，稀土金属的线膨胀系数见表 3-5。线膨胀系数在镧系中变化与其他物理性质一样，铕和镱的线膨胀系数比相邻元素的数值高得多，如图3-7所示。热膨胀系数在镧系元素的两个半周期中从铈→铕和钆→镱增加。

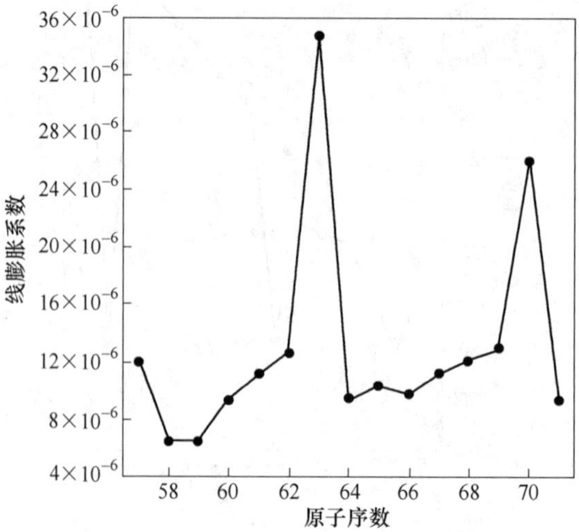

图3-7　25℃时稀土金属的线膨胀系数与原子序数的关系

3.1.2.5　电阻率和磁性

常温时，稀土金属的电阻率为50～130μΩ/cm，比铜、铝的电阻率高1～2个数量级，并有正的温度系数。在常温时，稀土金属的电导率较低，但在低温时有的金属具有超导性质，如镧在低于5K时变为超导体。一些稀土的铟和铂合金也发现有超导性质。

稀土金属的磁性将在第4章中叙及。

3.2　稀土金属及合金的制备

目前，商品化的稀土金属有除Pm以外的16种，按其熔点和沸点不同，可分为三组，La至Nd熔点较低，但沸点很高；Sm、Eu、Yb和Tm熔点和沸点较低，但蒸气压高；Gd、Tb、Dy、Ho、Er、Lu和Y、Sc熔点及沸点高。稀土金属的制备方法有两种：金属热还原法和熔盐电解法。金属热还原法能够生产全部稀土金属，但从经济成本考虑，更适合生产熔点和沸点均高的重稀土金属，和蒸气压高、变价的金属Sm、Eu、Yb、Tm。熔盐电解法原理上可以制得全部稀土金属，但生产上考虑能耗、设备等因素，只用于生产熔点低、沸点高的轻稀土金属。稀土合金可以采用熔盐电解法、金属热还原法生产。

3.2.1　低熔点、高沸点轻稀土金属的制备

低熔点、高沸点的轻稀土金属La、Ce、Pr、Nd及其混合稀土金属制备可以采用金属热还原法，考虑到低成本、规模化，工业中采用的是熔盐电解法。20世纪90年代前稀土熔盐电解多用氯化物熔盐电解工艺，目前，氟化物熔盐体系氧化物电解工艺已成为主流生产工艺。

3.2.1.1 稀土氯化物的熔盐电解

稀土氯化物的熔点较高、黏度较大、导电性较差、易吸湿和水解，在高温下有一定挥发性，对稀土金属自身有良好的溶解性能，因而通常选择二元或多元的氯化物熔体作为稀土氯化物熔盐电解质。KCl 是电解质的重要成分，其分解电压比稀土氯化物的要高（见表 3-7），不会与 RE^{3+} 在阴极上共同析出，能够克服单一氯化稀土的性能缺点，电解质稳定且经济便宜。

表 3-7 某些氯化物的理论分解电压 （V）

金属离子	600℃	800℃	1000℃	金属离子	600℃	800℃	1000℃
Sm^{2+}	3.787	3.661	3.559	Y^{3+}	2.758	2.643	2.548
Ba^{2+}	3.728	3.568	3.412	Ho^{3+}	2.729	2.610	2.511
K^{+}	3.658	3.441	3.155	Er^{3+}	2.715	2.589	2.488
Sr^{2+}	3.612	3.469	3.333	Tm^{3+}	2.682	2.553	2.447
Cs^{+}	3.599	3.362	3.078	Yb^{3+}	2.670	2.542	2.434
Rb^{+}	3.595	3.314	3.001	Lu^{3+}	2.616	2.478	2.356
Li^{+}	3.571	3.457	3.352	Mg^{2+}	2.602	2.460	2.346
Ca^{2+}	3.462	3.323	3.208	Sc^{3+}	2.514	2.375	2.264
Na^{+}	3.424	3.240	3.019	Th^{4+}	2.399	2.264	2.208
La^{3+}	3.134	2.997	2.876	U^{4+}	2.078	1.974	1.953
Ce^{3+}	3.086	2.945	2.821	Mn^{2+}	1.902	1.807	1.725
Pr^{3+}	3.049	2.911	2.795	Zn^{2+}	1.552	1.476	—
Pm^{3+}	3.006	2.884	2.784	Cd^{2+}	1.331	1.193	1.002
Nd^{3+}	2.994	2.856	2.736	Pb^{2+}	1.215	1.112	1.039
Sm^{3+}	2.975	2.861	2.763	Fe^{2+}	1.207	1.118	1.050
Eu^{3+}	2.936	2.828	2.815	Co^{2+}	1.079	0.977	0.900
Cd^{3+}	2.913	2.807	2.709	Ni^{2+}	1.003	0.875	0.763
Tb^{3+}	2.858	2.758	2.657	Ag^{+}	0.870	0.826	0.784
Dy^{3+}	2.802	2.690	2.599				

稀土氯化物电解一般在高于稀土金属熔点 50 ~ 100℃ 的二元或三元氯化物熔体中进行，采用石墨作阳极，用不与氯化物熔体和熔融稀土金属相互作用的钼作阴极。在直流电场作用下，稀土氯化物熔体电离的稀土阳离子和氯阴离子分别在阴极、阳极上放电，其过程如下。

A 电极过程

整个阴极过程大致分成三个阶段：

（1）在比稀土金属平衡电位更正的区间，即阴极电位为 -1 ~ -2.6V，阴极电流密度为 10^{-4} ~ $10^{-2}A/cm^2$ 范围内，电位较正的杂质阳离子放电析出，如：

$$2H^+ + 2e \longrightarrow H_2 \qquad Fe^{2+} + 2e \longrightarrow Fe$$

在此区间内，某些变价稀土离子也会发生不完全放电反应，如：

$$Sm^{3+} + e \longrightarrow Sm^{2+} \qquad Eu^{3+} + e \longrightarrow Eu^{2+}$$

而被还原的低价离子，又会被流动中的熔盐带入阳极区而被重新氧化，造成空耗电流，因此要求尽量避免比稀土金属电位更正的阳离子以及变价元素进入电解质中，以提高产品质量和电流效率。

(2) 在接近于稀土金属平衡电位的区间，即阴极电位为约 -3V，阴极电流密度在 $10^{-2} \sim 10A/cm^2$ 范围内（视 $RECl_3$ 含量和温度而定），稀土离子在阴极放电，直接被还原成金属：

$$RE^{3+} + 3e \longrightarrow RE$$

但是析出的稀土金属又可能部分熔于氯化稀土，即发生二次反应：

$$RE + 2RECl_3 \longrightarrow 3RECl_2$$

而使电流效率降低。熔解稀土金属的二次反应随温度的增高而加剧。

有研究认为，在上述电位区间内碱金属离子还可能还原为碱金属低价离子，后者将还原 RE^{3+} 为金属微粒，分散或熔解于电解质中，造成金属损失率的进一步上升。碱金属离子还原成低价离子的副反应为：

$$2M^+ + e \longrightarrow M_2^+$$

(3) 在比稀土平衡电位更负的区间，即阴极电位为 -3 ~ -3.5V，而阴极附近的稀土离子浓度逐渐变稀，电流密度处于其极限扩散电流密度值时，阴极极化电位迅速上升，当达到碱金属的析出电位时，在阴极区将发生碱金属离子的放电反应，导致碱金属的阴极析出：

$$M^+ + e \longrightarrow M$$

在正常电解的条件下，一般控制避免阴极过程的第（3）阶段出现。

电解 $RECl_3$ 时，Cl^- 在石墨阳极上进行氧化反应：

$$Cl^- \longrightarrow [Cl] + e \qquad 2[Cl] \longrightarrow Cl_2 \uparrow$$

除氯离子以外，凡析出电位比 Cl^- 更负的阴离子（如 SO_4^{2-}、OH^- 等）都将在阳极上同时优先放电，生成不利于电解过程的氧、硫、氧化物和水等。因此电解质必须纯净，应尽力避免多种阴离子的存在。

B 工艺过程

图 3-8 所示为稀土氯化物熔盐电解的原则工艺流程。无水稀土氯化物与经过烘干的氯化钾按预定比例（$RECl_3$ 一般占电解质量的 35% ~50%）配制成电解质之后，加入电解槽中。通常用交流或直流电弧熔化电解质，靠电解直流电在电解质中产生的焦耳热来维持电解所需的温度，并借调节电压和加料速度以控制电解温度。

随电解的进行，定时加入氯化稀土，并随时补充因挥发损失而造成不足的 KCl，使电解质熔体的体积维持不变。电解析出的液体金属定期从槽中取出，并注入加热至 500 ~ 550℃的铸模中冷却成锭。稀土金属经剥去表面盐层及清洗、包装后可作成品出售。电解产生的废气含有氯气，用排风机通过烟罩排至氯气回收系统，以防污染环境、腐蚀设备。经多次使用的废电解质，连同出炉泥渣（有时包括定期更换的废阳极）和表皮盐壳一道，送湿法回收 $RECl_3$ 和 KCl 之后，再返回电解使用。

C 电解槽

目前国内外使用的稀土氯化物电解槽有多种槽型与槽体结构，但工业生产中一般根据

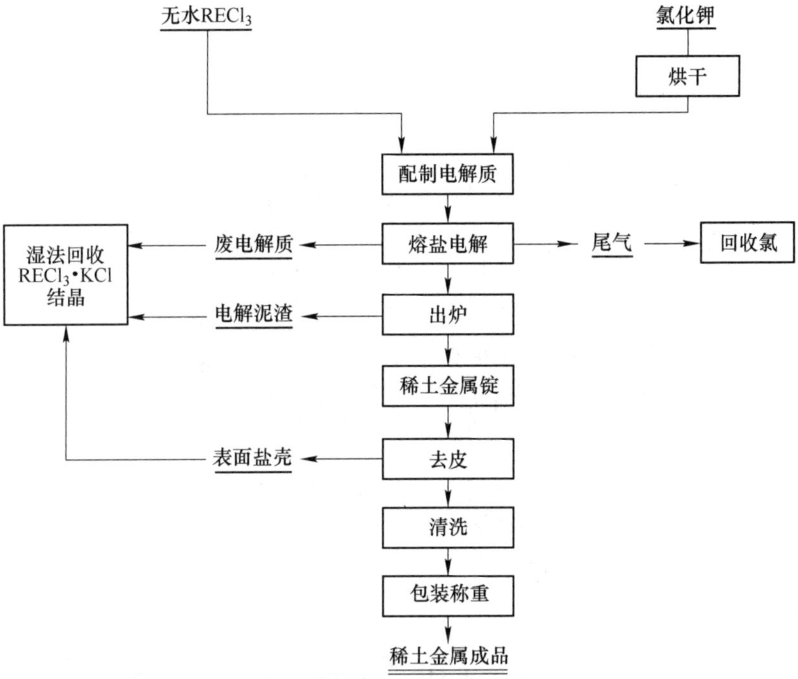

图 3-8 稀土氯化物熔盐电解的原则工艺流程

生产规模的不同，采用两种结构的电解槽，即石墨坩埚电解槽和陶瓷电解槽（又称耐火砌体电解槽）。800A 石墨电解槽、10kA 陶瓷电解槽分别如图 3-9 和图 3-10 所示。石墨电解槽适于小规模生产，可以获得较高的电流效率和金属回收率，但生产能力低，一般单槽的工作电流不超过 1000A；由于槽的容量小，散热比较严重，因此槽电压较高，单位产品的电能消耗较大。陶瓷电解槽适于大规模工业生产，主要优点是产能大、生产率高，工作电流达 2300A 以上，最高已达 50000A，同时由于散热较少、槽电压低，电能消耗较小；但存在槽温波动较大，金属出槽时因电解质剧烈搅动而引起的金属氧化损失（生成 REOCl）、电解质熔体与空气接触面大等问题，槽子的电流效率还不够高，仅 22% ~27%。

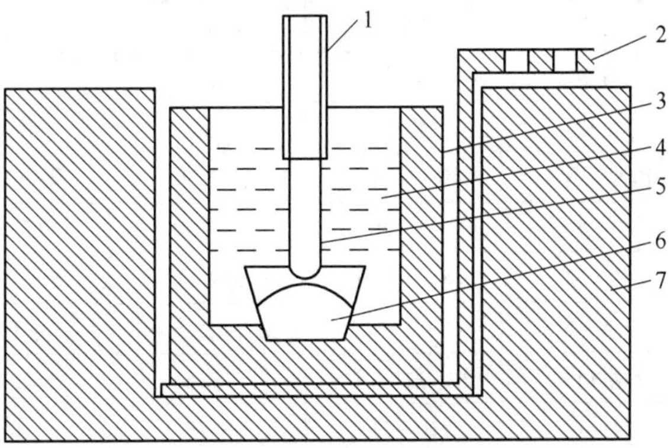

图 3-9 800A 石墨电解槽

1—瓷保护管；2—阳极导电板；3—石墨坩埚；4—电解质；5—钼阴极；6—稀土金属；7—耐火砖

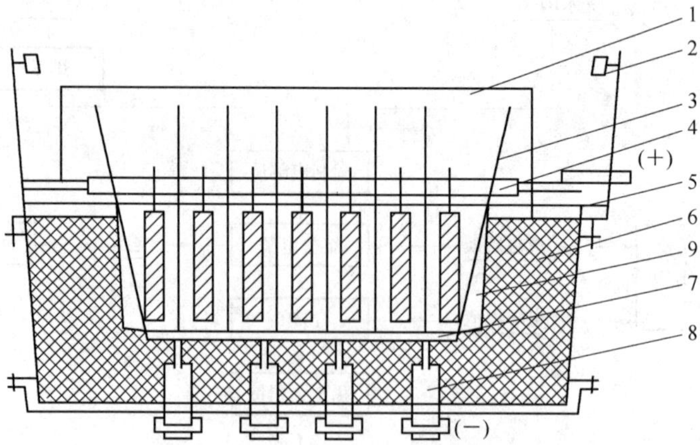

图 3-10 10kA 陶瓷电解槽示意图

1—风罩；2—阳极升降支架；3—上插阴极；4—阳极框；5—石墨阳极；6—高铝砖；7—金属室；8—阴极导电棒；9—炉膛

D 工艺要求、条件和指标

工业电解氯化稀土的原料主要是无水稀土氯化物。为了获得较高的电解技术经济指标，电解原料对其中的杂质含量提出如下要求（质量分数）：Th < 0.03%，S < 0.5%，F < 0.05%，Pb < 0.01%，SO_4^{2-} < 0.01%，PO_4^{2-} < 0.005%，H_2O < 0.5%，水不熔物 < 1.5%。

表 3-8 列出了电解混合稀土金属和单一稀土金属铈的具有代表性的工艺条件和主要技术经济指标。电解工艺条件，一般依稀土金属的种类、生产规模及槽型结构的不同而不同。

表 3-8 稀土氯化物电解工艺条件及技术经济指标

工艺条件或技术经济指标	槽型及生产规模				
	电解混合稀土金属			电解铈	
	800A 石墨坩埚	3000A 陶瓷槽	10000A 陶瓷槽	800A 石墨坩埚	3000A 陶瓷槽
结构材料	石墨	高铝砖	高铝砖	石墨	高铝砖
阳极材料	石墨	石墨	石墨	石墨	石墨
阴极材料	钼棒	钼棒	钼棒	钼棒	钼棒
电解质组成	$RECl_3$-KCl	$RECl_3$-KCl	$RECl_3$-KCl	$CeCl_3$-KCl	$CeCl_3$-KCl
$RECl_3$（质量分数）/%	20 ~ 50	35 ~ 50	35 ~ 50	25 ~ 57	35 ~ 50
电解温度/℃	约 870	850 ~ 870	~ 890	850 ~ 900	870 ~ 910
极距/cm	3.5 ~ 5			~ 6.5	
槽气氛	敞口	敞口	敞口	敞口	敞口
平均槽电压/V	14 ~ 18	10 ~ 11	8 ~ 9	16	10 ~ 11
J_k/A · cm^{-2}	约 5	约 2.4	约 2.4	约 5	2.3
直收率/%	约 90	约 80	80 ~ 90	89.4	—

续表 3-8

工艺条件或技术经济指标	槽型及生产规模				
	电解混合稀土金属			电解铈	
	800A 石墨坩埚	3000A 陶瓷槽	10000A 陶瓷槽	800A 石墨坩埚	3000A 陶瓷槽
电流效率/%	约 50	约 40	20 ~ 30	约 76	63
金属纯度/%	约 98	约 98	约 98	98.5 ~ 99	98.5 ~ 99
电耗/$kW \cdot h \cdot kg^{-1}$	30 ~ 35	27 ~ 30	22 ~ 27	约 14	约 15
$RECl_3$ 单耗/$kg \cdot kg^{-1}$	2.7 ~ 2.9	约 3.1	2.9 ~ 3.1		3 ~ 3.1

3.2.1.2 稀土氧化物-氟化物的熔盐电解

稀土氯化物电解生产稀土金属电流效率低、产品质量差。自 20 世纪 60 年代起，各国开始研究稀土氧化物在氟化物中的电解，并在 20 世纪 90 年代逐步取代氯化物体系，实现了工业化生产。目前我国已开发出 25kA 的氧化钕电解槽。

A 电解质组成

稀土氧化物是一种稳定、难熔、导电性差的化合物，不能直接用以电解析出金属。实践证明，稀土氧化物在稀土氟化物熔体中有较大的溶解度（达 2% ~4%），稀土氟化物在电解中可以充当稀土氧化物的良好溶剂，且其分解电压高（见表 3-9），高温稳定。为降低电解质的熔点和黏度，提高导电性能，通常选择稀土氟化物电解质体系为 REF_3-LiF。LiF 的缺点是沸点较低（1681℃），蒸气压较高，且与稀土金属的作用比较强烈。为减少电解质的挥发损失和金属溶解损失，有时在体系中加入 BaF_2 代替部分 LiF，以降低 LiF 的用量。

表 3-9 固体或熔融氟化物的理论分解电压

金属离子	$E_{理论}$/V				金属离子	$E_{理论}$/V			
	500℃	800℃	1000℃	1500℃		500℃	800℃	1000℃	1500℃
Eu^{2+}	5.834	5.602	5.453	5.101	Y^{3+}	5.097	4.876	4.735	4.407
Ca^{2+}	5.603	5.350	5.182	4.785	Ho^{3+}	5.068	4.847	4.706	4.376
Sm^{2+}	5.617	5.385	5.236	4.884	Na^{+}	5.119	4.818	4.529	3.781
Sr^{2+}	5.602	5.364	5.203	4.768	Mg^{2+}	5.013	4.476	4.567	3.994
Li^{+}	5.564	5.256	5.071	4.495	Lu^{3+}	5.025	4.804	4.662	4.336
Ba^{2+}	5.547	5.310	5.154	4.803	Er^{3+}	5.025	4.804	4.662	4.333
La^{3+}	5.408	5.174	5.020	4.648	Eu^{3+}	5.010	4.790	4.648	4.316
Ce^{3+}	5.335	5.097	4.938	4.555	Tm^{2+}	5.010	4.789	4.648	4.320
Pr^{3+}	5.329	5.109	4.965	4.621	K^{+}	5.017	4.674	4.355	3.630
Nd^{3+}	5.245	5.004	4.843	4.458	Yb^{3+}	4.793	4.573	4.431	4.104
Sm^{3+}	5.213	4.992	4.85	4.517	Sc^{3+}	4.701	4.495	4.363	4.076
Gd^{3+}	5.198	4.977	4.836	4.504	Th^{4+}	4.565	4.355	4.220	3.962
Tb^{3+}	5.140	4.920	4.778	4.447	Zr^{3+}	4.458	4.255	4.133	3.785
Dy^{3+}	5.111	4.891	4.749	4.419	Be^{2+}	4.407	4.247	4.073	4.058

续表 3-9

金属离子	$E_{理论}$/V				金属离子	$E_{理论}$/V			
	500℃	800℃	1000℃	1500℃		500℃	800℃	1000℃	1500℃
Zr^{4+}	4.242	4.045	3.964	—	Zn^{2+}	3.265	3.068	2.912	2.439
U^{4+}	4.217	4.015	3.881	3.626	Ga^{3+}	3.055	2.923	—	—
Hf^{4+}	4.134	3.939	3.860	—	Fe^{2+}	3.094	2.905	2.780	2.529
Ti^{3+}	4.009	3.828	3.712	3.499	Ni^{2+}	2.890	2.697	2.573	2.338
$(Al^{3+})_2$	3.867	3.629	3.471	3.275	Pb^{2+}	2.865	2.654	2.525	2.350
V^{3+}	3.557	3.398	3.284	3.087	Fe^{3+}	2.832	2.640	2.513	2.354
Cr^{2+}	3.400	3.227	3.115	2.883	Ag^{+}	1.647	1.597	1.551	1.509
Cr^{3+}	3.267	3.076	2.954	2.954					

稀土氧化物直接分解的分解电压较高，见表 3-10，在 1000℃时各稀土氧化物的分解电压值波动于 2.40 ~ 2.65V 之间。但由于阳极石墨在电解中强烈的去极化作用，使其分解电压大幅下降，例如 La_2O_3 在 1000℃时的实际分解电压为 1.40V，即比理论分解电压低 1.15V。

表 3-10 固体或熔融氧化物的理论分解电压

金属离子	$E_{理论}$/V			金属离子	$E_{理论}$/V		
	500℃	1000℃	1500℃		500℃	1000℃	1500℃
Zr^{2+}	4.904	4.381	3.947	U^{2+}	2.456	2.213	1.963
Ca^{2+}	2.881	2.626	2.354	Ti^{2+}	2.299	2.062	1.838
La^{3+}	2.840	2.550	2.317	Ti^{3+}	2.272	2.046	1.828
Ac^{3+}	2.882	2.687	2.503	Ce^{4+}	2.171	1.954	1.734
Pr^{3+}	2.838	2.608	2.370	Ti^{4+}	2.000	1.776	1.557
Nd^{3+}	2.836	2.642	2.334	Si^{4+}	1.863	1.647	1.412
Th^{2+}	2.786	2.557	2.325	Ta^{5+}	1.815	1.583	1.356
Th^{4+}	2.784	2.539	2.296	V^{2+}	1.807	1.590	1.382
Ce^{3+}	2.772	2.526	2.280	Mn^{2+}	1.705	1.515	1.305
Be^{2+}	2.764	2.505	2.309	Nb^{5+}	1.655	1.439	1.245
Sm^{3+}	2.738	2.507	2.260	Na^{+}	1.616	1.256	—
Mg^{2+}	2.686	2.366	1.905	In^{3+}	1.196	0.926	0.660
Sr^{2+}	2.659	2.409	2.105	Ge^{2+}	1.166	1.052	—
Y^{3+}	2.677	2.459	2.250	W^{4+}	1.144	0.946	0.780
Sc^{3+}	2.602	2.367	2.127	Sn^{4+}	1.090	0.842	0.566
Hf^{4+}	2.552	2.308	2.074	Fe^{3+}	1.066	0.855	0.645
Ba^{2+}	2.508	2.224	2.021	Mo^{4+}	1.064	0.859	0.662
U^{4+}	2.568	2.342	2.110	Fe^{2+}	1.095	0.920	0.767
Al^{3+}	2.468	2.188	1.909	Mn^{4+}	0.983	0.806	—

续表 3-10

金属离子	$E_{理论}$/V			金属离子	$E_{理论}$/V		
	500℃	1000℃	1500℃		500℃	1000℃	1500℃
Cd^{2+}	0.922	0.538	0.036	Cu^{+}	0.578	0.400	0.229
Ni^{2+}	0.897	0.677	0.476	Te^{4+}	0.332	0.084	-0.176
Co^{2+}	0.898	0.676	0.448	Cu^{2+}	0.439	0.215	0.078
Pb^{2+}	0.742	0.505	0.318	Ir^{3+}	0.123	-0.053	-0.204

B 电极过程

稀土氧化物-氟化物电解的阴极过程与稀土氯化物电解相似。即主要过程为 RE^{3+} 在阴极上放电，析出稀土金属。同时也存在变价离子的不完全放电与空耗电流，稀土金属与 O_2、C 和 CO_2 的相互作用和二次反应以及稀土金属的少量溶解或被分散于熔体的一些损失过程。

阳极过程主要是发生氧离子的放电反应：

$$2O^{2-} - 4e \longrightarrow O_2$$

$$2O^{2-} + C - 4e \longrightarrow CO_2$$

$$O^{2-} + C - 2e \longrightarrow CO$$

当电解质熔体中缺少 O^{2-}，或产生阳极效应时，也会发生 F^- 的放电反应：

$$nF^- + mC - ne \longrightarrow C_mF_n$$

正常电解时放出的阳极气体为 CO_2 与 CO 的混合物。电解温度在 900 ~ 1000℃以上，因有利于布多尔反应进行，阳极气体主要含 CO，CO_2 含量极少。但若是 CeO_2 电解，则 CO_2 在阳极气体中的含量会增加。由于有时存在 F^- 的放电反应，故排出的废气也含有少量氟碳化合物。

C 电解工艺

电解工艺基本与氯化物体系稀土熔盐电解相同。不同之处在于：氯化物体系原料为氯化稀土，氟化物体系原料是氧化稀土；阳极产物不同，氯化物体系产物是 Cl_2，氟化物体系产物是 CO_2 与 CO；氯化物体系电解质溶于水，而氟化物体系电解质不溶于水。

D 电解槽

稀土氧化物-氟化物电解的特点之一是其电解温度较高，电解质腐蚀性强。目前国内较多采用6000A 圆形石墨整体电解槽，槽体内底部设置钼或钨质容器以盛液体金属。槽型采用内热式，即电解温度以直流电产生的焦耳热来维持。槽体上部装有多块圆弧状石墨阳极。通过阳极圆形中心，垂直插入一钼（或钨）质棒状阴极。槽体周围砌有绝热材料和耐火砖。

近年来稀土氧化物-氟化物电解已有很大发展，国外建造的生产混合稀土金属的大型电解槽的工作电流达 25kA，电解槽型示意图如图 3-11 所示。这是一种矩形钢制密闭槽，内衬耐火材料。液体金属在用难熔金属制成的阴极上析出，并用真空泵从槽内吸走。电解进行时槽壁上会形成一层渣皮，可防止里衬受到侵蚀。阳极由 8 块石墨板组成。电解槽的其他主要工艺参数为：电压 12V，电解温度 1000℃，槽池尺寸 280cm × 195cm × 65cm，槽体外廓尺寸500cm×330cm×375cm，槽子重2.4t，金属回收率90%～93%，电流效率75%，电能耗量10.6kW·h/kg，日产金属600kg。我国也建有10kA和25kA拼接式电解槽，阴极为多根钨棒，阳极为石墨块，被固定在电解槽槽壁内侧；采用虹吸出炉方式抽取槽内液态金属。

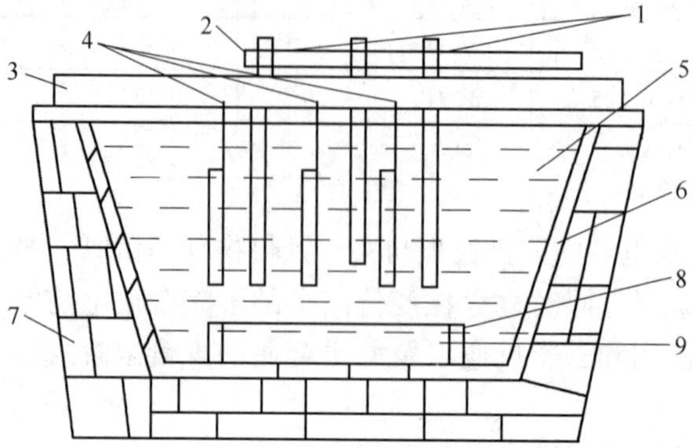

图3-11 万安级氟化物体系稀土氧化物电解槽剖面示意图

1—钨阴极；2—固定架接电源负极；3—固定架接电源正极；4—石墨阳极；5—熔融盐电解质；6—砌筑石墨砖；7—耐火砖；8—钼制容器；9—熔融稀土金属

E 典型工艺条件及技术经济指标

表3-11列出了由稀土氧化物-氟化物熔盐体系电解制取镧、铈、钕、钆等单一稀土金属及混合稀土金属的典型工艺条件和主要技术经济指标。可以看出，稀土氧化物电解的电流效率普遍较稀土氯化物的更高，电能消耗更小，产品质量也较好，如各杂质的含量为O_2 0.01%～0.04%，Mo（或W）、Si、Li均小于0.01%，F 0.03%～0.04%、C≤0.05%（大多来自电解原材料）。

表3-11 某些稀土氧化物-氟化物电解工艺条件及技术经济指标

电解工艺条件及技术经济指标		镧	铈	镨	钕	钆	镨-钕混合金属	混合稀土金属
电解质组成（质量分数）/%	REF_3	60	73	50（摩尔分数）	89～83	50（摩尔分数）	50（摩尔分数）	50
	LiF	27	15	50（摩尔分数）	11～17	50（摩尔分数）	50（摩尔分数）	30
	BaF_2	13	12					20
电解温度/℃		946	约900	1030	1050±20	1370	1115	950
工作电流/A		159	600	50	2200	95	60	980
阴极电流密度/$A \cdot cm^{-2}$		15	32.0	6.0	7.0	31.4	9.6	8.0
阳极电流密度/$A \cdot cm^{-2}$		6.2	5.23	0.3	1.0～1.5	1.0	0.6	1.0
槽电压（平均值）/V		12	11	19.0	10	27.0	24.0	8.5
电解槽气氛		惰气	敞口	惰气	敞口	惰气	惰气	敞口
平均加料速度/$kg \cdot h^{-1}$			1.02					0.864

续表 3-11

电解工艺条件及技术经济指标	镧	铈	镨	钕	钆	镨-钕混合金属	混合稀土金属
电解持续时间/min	180	200	66	连续电解	42	84	600
直流电消耗/$kW \cdot h \cdot kg^{-1}$	12.9	7.8		8.6			
稀土氧化物利用率/%	60	~100		≥97			98
电流效率/%	57	90	88	60~65	53	55	37①

注：采用经过处理的氟碳铈矿作电解原料。

3.2.2 高熔点、高沸点稀土金属的制备

高熔点、高沸点稀土金属指的是 Gd、Tb、Dy、Ho、Er、Lu、Y、Sc。理论上，这些稀土金属也可采用熔盐电解法制备，但由于电解温度高、电解质损耗大，电解槽加工材料及辅助工件难以满足高温下操作要求，在工业实践中未得以实现。

高熔点、高沸点稀土金属主要采用金属热还原法生产。有研究报道采用中间合金法制备，但因流程长，蒸馏时间长，实际成本高而未使用。

3.2.2.1 稀土氟化物的钙热还原法

钙热还原法适用于制备除蒸气压较高的稀土金属外所有的致密稀土金属，但目前主要用于生产熔点和沸点均高的重稀土金属。原料为无水稀土氟化物和蒸馏的金属钙粒。使用钽或钨制坩埚，在惰性气氛中于高温还原。

稀土氟化物的钙热还原反应如下：

$$2REF_3 + 3Ca \longrightarrow 2RE + 3CaF_2$$

还原反应在 1400~1750℃下进行，随稀土金属的不同而异。由于反应的标准吉布斯自由能负值很大，故在还原过程中，只要把反应物料加热至开始反应的温度，反应即可自发进行。

稀土氟化物钙热还原法的基本特点是，还原作业必须在高于稀土金属和还原渣熔点的温度下进行，使金属与渣保持熔化状态，靠密度差而分层，以实现金属与渣的分离。在还原过程中，反应产生的热量通常不足以维持金属和渣呈熔融状态，故还需外部加热。

钙热还原稀土金属工艺流程如图 3-12 所示。为保证氟化物还原比较彻底，还原剂的用量一般应大于理论需要量的 10%~20%。因 CaF_2 的熔点（1418℃）较高、蒸气压小，所以反应进行比较平衡，还原过程易于控制。还原是在抽真空后充入纯惰气（压力约 66.5kPa）的感应电炉或电阻炉中进行的。将由 REF_3 和钙粒或钙屑组成的炉料，装入炉内由薄钽片制成的坩埚中。为了获得含氧量低的金属，氟化物先通过熔化或真空烧结以除去吸附气体，其含氧量应不超过 0.1%；还原剂钙也需经过蒸馏提纯。还原过程的最终温度应控制在高于稀土金属或渣的熔点 50~100℃，使金属与渣获得良好分

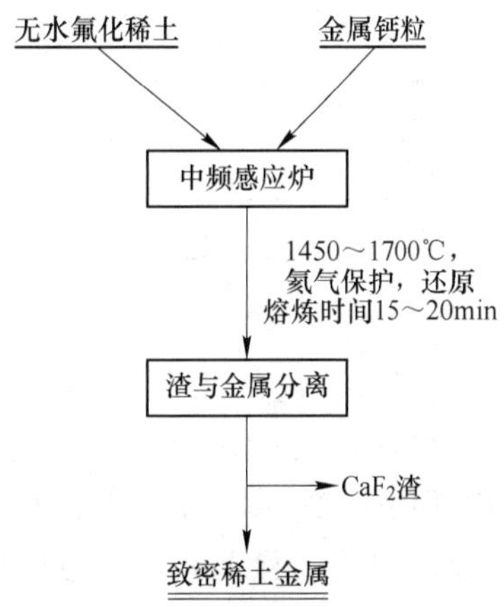

图 3-12 钙热还原稀土金属工艺流程

离。钇的还原温度为1580℃左右。对于钆、铽、镝等金属的还原，保持1450～1550℃的还原温度已经足够。此时反应进行很快，熔渣显著地轻于稀土金属，浮于金属上方，故还原后保温15min便能使金属与渣良好分层。还原钇时，由于钇的密度较小，而黏度较大，金属与渣的分离较差，其回收率要比还原其他重稀土金属低约5%。还原钪时，钪的密度小于渣，故金属浮于熔渣上方。

在正常操作条件下，钙还原稀土金属的回收率可达97%～99%。熔渣冷却后变脆，很易与金属锭分开。金属含钙为0.1%～2%，含氧0.03%～0.1%，含钽约0.03%。将金属锭在原真空炉内进行熔炼，或通过自耗熔炼，可除去杂质钙。

稀土氟化物不易吸湿，制备方便；其渣氟化钙与重稀土金属的熔点相近，流动性好，易与金属分离；还原剂钙易制，且便于提纯。故此法在生产钇、钆、铽、镝、钬、铒、镥等重稀土金属方面获得了广泛应用。

中频感应炉是常用的还原设备，还原炉内设置了料仓、真空闸门和铸模室，使炉子可以半连续装料和更换铸模，从而使还原作业可以半连续地进行。还原过程开始前，将炉料装满上料仓并密闭。上料仓抽走空气后通入氩气，炉料落至下料仓，之后上料仓又重新准备接受新一批炉料。炉料从下料仓落入钽坩埚中。坩埚底呈圆锥形，并留有一直径为1.5cm的注液孔。注液孔周围不被加热而成为冷区，孔口被上一批流过并被凝固下来的金属塞满，成为狭窄的坩埚底。当装入坩埚上部的炉料按制度升温还原后，放下感应圈，熔化凝固在注液孔中的金属，熔体注入铜铸模，等全部铸模注满后，切断卸料室进行卸料。金属与渣从铸模中取出并分开，金属送真空重熔以除去还原剂钙，金属的直接回收率约为90%。

由于金属与渣分离不完全（还原钇时尤甚），渣中金属呈细料状，含量可达10%，甚至更高。为回收这部分金属，需将渣粉碎，并用盐酸处理，使稀土呈草酸盐形式从溶液中沉淀出来。

钙热还原法能按等级制取不同纯度的稀土金属，表3-12所列为钙热还原氟化钇所制不同等级金属钇的主要杂质含量。

表3-12　钙热还原 YF_3 所制金属钇的主要杂质含量　（%）

产品牌号	钙	铜	铁	钽、铌或钨（坩埚材料）	稀土
钇-1	0.01	0.03	0.01	0.02	0.1
钇-2	0.03	0.05	0.02	0.2	0.2
钇-3	0.05	0.1	0.03	0.3	0.5
钇-4	0.5	0.1	0.7	0.7	2.8
钇-5	1.6	0.1	1.0	1.0	3.8

为了获得较高的产品质量和金属回收率等技术经济指标，在稀土氟化物的钙还原中，必须严格控制原材料（包括氟化物、还原剂、保护气体等）的纯度、还原温度、还原剂用量和还原最终温度下的保温时间等工艺因素。

3.2.2.2　稀土氯化物的锂热还原法

目前，生产单一重稀土金属、钇和高纯镨、钕采用其氯化物的锂（或钙）热还原法。实践表明，用此法制得的稀土金属的质量比氟化物的钙热还原法更好。国外曾用高纯锂还原精制的无水氯化钇，获得了核纯级金属钇。因此虽然稀土氯化物的锂热还原法的成本较高（还原剂锂价格较贵），其应用受到一定限制，但仍受到稀土冶金界的关注。

根据锂热还原反应的吉布斯自由能变化，锂在低温下（呈液态）便可与呈固态的稀土氯化物相互作用，其反应为：

$$RECl_3 + 3Li \longrightarrow RE + 3LiCl$$

还原过程的最高温度为1000℃。此时稀土金属为固态，而LiCl分别在约700℃和1400℃下熔化和沸腾，故还原渣可以用排出之后并接着进行真空蒸馏的方法除去。这样还原炉就可采用电阻加热的方法，并降低了对设备材质的要求，从而具备了使用大型还原设备的可能。

作为还原物料，稀土氯化物缺点是吸湿性强，并有水解的倾向，这使得制取高质量的稀土氯化物的工艺技术相当复杂。但若用于还原的是稀土氯化物与KCl的二元氯化物，则基本上可以克服这些困难。

除锂以外，钠、钾等碱金属也可以还原稀土氯化物为稀土金属。但是由于钠和钾的沸点低，将使还原过程变得复杂，导致金属回收率大幅度降低（比锂热还原法低约10%）。

为制取纯度高的稀土金属，二元氯化物用真空蒸馏法净化，锂可以在还原设备中直接精炼。还原过程在水平或竖式还原炉内的反应器中进行，反应器用耐蚀钢制造。通常竖式还原设备在操作和运转上更为方便。它不仅可以净化还原剂锂，而且也能同时净化二元氯化物。制取高纯稀土金属的锂热法采用竖式还原炉。在还原剂过量达10%～20%的还原物料装炉以后，将炉子抽空至0.1Pa，二元氯化物在炉内升温到950℃进行蒸馏，并在炉子上方的冷凝器中冷凝。冷凝器用专门的加热元件加热升温，氯化物即可熔化并流入反应区。熔锂炉中的熔锂注入反应器的盛锂容器内，当容器加热到900℃时，纯净的锂蒸气被蒸发出来。将锂蒸气导入反应，在750℃下与氯化物熔体进行反应。还原结束后炉内抽空至0.1Pa，在950℃下用真空蒸馏法分离还原渣，LiCl同样冷凝在冷凝器中。还原产品为海绵状稀土金属，冷却后从设备中取出，经过真空重熔，可制得纯度颇高的稀土金属锭。

上述还原工艺由于在炉内对还原物料进行了蒸馏净化，因此生产的稀土金属所含有害杂质很少，这对制备纯稀土金属有重要意义。但是工艺和设备却比较复杂，致使产品成本相应增高。为了在保证还原产品质量的基础上简化还原工艺，降低生产成本，也采用过不预先在炉内净化还原物料，而用锂直接还原稀土氯化物的还原工艺。还原在真空炉中进行。稀土和钾的二元氯化物呈块状装入炉内衬有铌板的反应器中，炉子抽真空至0.1Pa之后加热到300℃。熔融锂由专门的熔化器落入反应器。还原反应在氩气气氛中于700℃温度下进行，还原最高温度为930℃。大部分还原渣被真空吸入铸模中，其余约20%的渣用真空蒸馏法分离除去。

锂热还原产品是活性很强的海绵稀土金属，为避免在大气下燃烧，在卸料前需进行钝化处理。即当蒸馏结束时，炉子在真空下冷却到550～600℃之后，在含有水蒸气和氧的工业氩气中冷却，以钝化金属的活性表面。进一步钝化可借助炉子冷却时产生负压而吸入的空气（或在炉子冷却到200℃时鼓入空气）来进行，即从反应器卸出。金属经真空电弧熔炼后其杂质含量（质量分数）为：氧0.3%～0.4%，氯0.01%，铁0.01%～0.03%，铌0.001%。虹吸和蒸馏出来的还原渣为锂和钾的二元氯化物，可送往电解回收和提取金属锂。

稀土氯化物的钙热还原法与锂热还原法相似，不另举例阐述。

3.2.2.3 中间合金法制取稀土金属

中间合金法制取稀土金属主要是通过添加合金化元素及助熔剂，降低还原产物的熔点以达到降低金属热还原温度目的。

以生产 Y-Mg 合金为例进行说明。以氟化稀土为原料，金属钙为还原剂，加入合金化元素镁，加入助熔剂氯化钙与产物氟化钙形成 $CaF_2 \cdot CaCl_2$ 渣。Y-Mg 合金的生成过程和反应：

$$2YF_3(s) + 3Ca(l) \longrightarrow 2Y(s) + 3CaF_2(s)$$

$$Y(s) + Mg(l) \longrightarrow Y\text{-}Mg(l)$$

$$CaF_2(s) + CaCl_2(l) \longrightarrow CaF_2 \cdot CaCl_2(l)$$

由热力学计算可知，在氟化钇的钙热还原系统中，虽然金属钙和镁同时存在，但只有钙才能作为 YF_3 的还原剂。镁因与氟的化学亲和力较小，对 YF_3 不能起还原作用。但镁与钇及其他稀土金属极易形成低熔合金。在 Y-Mg 合金中，随着镁含量的增加，合金熔化温度不断下降。当合金含镁为 15% 时，其初晶温度为 1200℃；合金含镁量增大到 21.5% 和 40.6%，其初晶温度将分别下降到 935℃ 和 780℃。CaF_2 与 $CaCl_2$ 也可组成熔点较低的二元系熔体。由 $CaCl_2$-CaF_2 系相图可知，含 43.8%（摩尔分数）$CaCl_2$ 和 56.2%（摩尔分数）CaF_2 的二元系熔体，其初晶温度为 904.4℃。

还原设备为一不锈钢制的反应罐，罐中有一盛还原剂钙和合金组分镁的钛坩埚。反应罐上部设有加料器，内装 YF_3 料和助熔剂 $CaCl_2$。反应罐可以抽成真空或充氩气。还原所需温度借外部加热的硅碳棒电炉予以维持。

还原及蒸馏过程如图 3-13 所示。以金属钇的制备为例说明，经过配料的钙与镁呈块装入置于反应器中的钛坩埚内，氟化钇和氯化钙装入料罐中，反应器预抽真空至 1.33Pa 后，缓慢加热至 350℃，充入氩气达 70 ~ 100kPa，继续升温至 800 ~ 900℃。待钙、镁全部熔化后，旋转加料器使 YF_3 和 $CaCl_2$ 缓慢加入反应坩埚，还原温度随之上升到 950℃，保温约 0.5h，取出坩埚并冷却后拿出还原产物。所得 Y-Mg 合金性硬脆，密度大，易于渣分离，易吸氧。

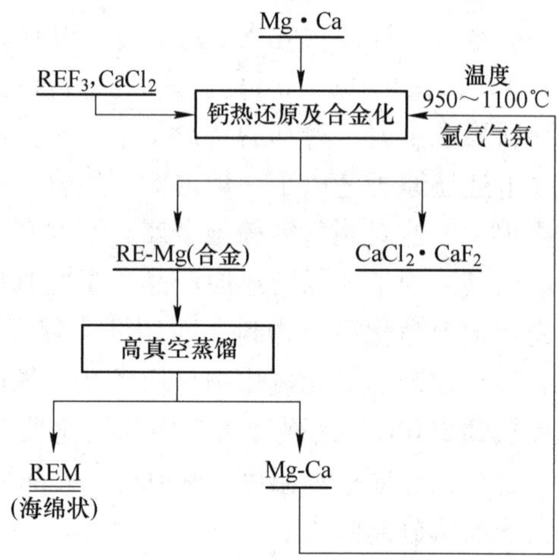

图 3-13 中间合金法生产稀土金属工艺流程

实践证明，当配料比 YF_3 : $CaCl_2$: Ca : Mg = 1.5 : 1.3 : 0.68 : 0.29 时，还原过程只要维持 950℃ 即可使渣与合金处于熔融状态，此时合金含镁约 24%。不同合金，还原温度不同，如制取 Dy-Mg 合金的还原温度为 970℃，Gd-Mg 合金为 980℃，Lu-Mg 合金为 1120℃。

该方法可用于金属钇的制备。钇和镁的蒸气压性质相差悬殊，所制 Y-Mg 合金可用真空蒸馏法除去镁而制得纯金属钇，镁蒸气通过冷凝回收可返回还原使用。但实际蒸馏过程镁蒸馏太慢，劳动效率非常低，所得金属钇为海绵状，重熔仍需耗能。

3.2.3 高蒸气压、变价稀土金属的制备

前已述及，Sm、Eu、Yb 和 Tm 因能生成稳定的二价卤化物，用钙、锂还原其卤化物的方法实际上得不到金属。这些金属在工业上用镧（铈）热还原法生产。此法的实质是在真空条件下，利用蒸气压低的稀土金属镧、铈或铈组混合稀土金属来还原这些金属的氧化物；并且利用这些金属具有高蒸气压的性质，同时将它们蒸发出来。这种方法也称做还原蒸馏法，是生产蒸气压较高的 Sm、Eu、Yb 和 Tm 的唯一可行的工业生产方法。

各个稀土金属的沸点、蒸发速度和蒸气压与温度之间的关系见表 3-13。

表 3-13 稀土金属的沸点、蒸发速度和蒸气压与温度之间的关系

金属	蒸气压为 1.33Pa 时的温度/℃	蒸气压为 133.3Pa		沸点/℃
		温度/℃	蒸发速度/$g \cdot (cm^2 \cdot h)^{-1}$	
La	1754	2217	53	3470
Ce	1744	2174	53	3470
Pr	1523	1968	56	3130
Nd	1341	1759	60	3030
Sm	722	964	83	1900
Eu	613	837	90	1440
Gd	1583	2022	59	3000
Tb	1524	1939	60	2800
Dy	1121	1439	71	2600
Ho	1197	1526	69	2600
Er	1271	1609	68	2900
Tm	850	1095	83	1730
Yb	471	651	108	1430
Lu	1657	2098	61	3330
Y	1637	2082	43	2930

由于镨、钕金属的蒸气压很低，而其还原金属氧化物的能力颇强，因此除镧、铈以外，镨、钕也可以作为钐、铕、镱等氧化物还原剂。但因镨、钕价格较贵，故通常用富镧铈混合稀土金属或铈组混合稀土金属代之。

工业上最成熟的是镧热还原氧化钐制取金属钐，其化学反应及物料相态变化如下：

$$Sm_2O_3(s) + 2La(l) \longrightarrow 2Sm(g) + La_2O_3(s)$$

在高温及真空条件下，蒸气压很低的液态金属 La 与固态被还原金属氧化物形成中间相，并与起始被还原出的金属 Sm 形成合金；反应产物得到气态金属钐，根据吕·查德里原则，降低系统的压力有利于反应向体积增大的方向进行。由于 La 与 Sm 合金化及 Sm 蒸气压高并逸出反应区，使得反应向右进行。在反应开始阶段，反应速度限制性环节是被还原出来的金属 Sm 从中间合金中蒸馏出来的速度；而后炉料形成较厚的固态渣，限制性环节则是扩散速度。

镧热还原氧化钐可在真空感应电炉或真空碳管电阻炉中进行，但用前者较好，因为其

还原产品可以完全排除杂质碳的污染。

还原-蒸馏工艺流程如图 3-14 所示。

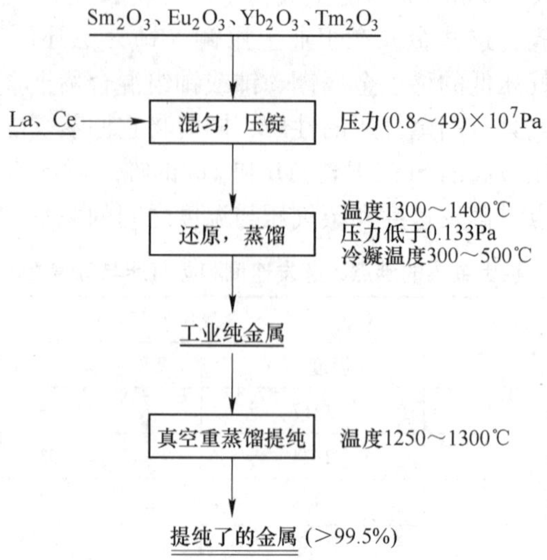

图 3-14 还原-蒸馏工艺流程

以金属钐的制取为例说明，将氧化钐粉末与经过重熔除气的金属镧屑（过量 15% ~ 20%）混匀后，在压力机上压制成锭（块）。压锭装入置于真空炉内的钼或钽制坩埚中，坩埚上方装有冷凝钐蒸气的钼质（或钽质、铌质，或陶瓷）冷凝筒。还原开始时，炉内预抽空到约 0. 1Pa，按升温制度加热至 1300 ~ 1400℃，并在最高温度下保温足够的时间。在炉子升温和保温过程中，炉内始终维持小于 0. 1Pa 的真空度，以便获得高的金属纯度和产率。为避免产品受炉内气氛的影响，也可在炉子加热前向经过抽空的炉室通入氩气，并保持 133. 3Pa 的炉内残压。炉中冷凝筒的温度一般保持为 300 ~ 500℃，可得到粗大的金属钐晶体，温度过低时，冷凝的金属呈粉末状态。

还原结束后，炉子在真空下冷却到室温。所得金属钐在 1250℃ 和氩气保护下重熔铸锭，可制得纯度大于 99. 5% 的纯金属钐锭，钐锭中氮、氧、氢、碳等杂质的含量不大于 0. 01%（质量分数）。

镧热还原法生产金属钐也可用价格便宜的氧化钐富集物为原料，以代替纯氧化钐，此时钐的纯度可达约 99%，钐的成本明显降低。

用铈或铈组混合稀土金属代替镧还原氧化钐，曾经获得过好的结果，其过程与镧热还原法相似。但因金属铈有很强的着火性，故用铈作还原剂其工艺操作比较复杂，在工业生产上应用范围不广。

3.2.4 稀土中间合金的制备

稀土中间合金（如 DyFe）既可用于生产金属材料（如钕铁硼磁性材料），也可用于生产单一稀土金属，如 DyMg 合金蒸发 Mg 获得金属 Dy。不同的稀土合金有不同的制备方法，同一种稀土合金也可以有不同的制备方法，本节主要介绍熔盐电解法、金属热还原法（硅热还原法、碳热还原法）。

3.2.4.1 熔盐电解法制取稀土中间合金

熔盐电解直接制备稀土合金，主要采用液体阴极电解法、电解共析法和固体自耗阴极电解法三种方法。

A 液体阴极电解法

液体阴极电解法，即稀土金属在液体阴极上析出，并与阴极生成易熔稀土合金。液体阴极可以应用低熔点的镁、铝、锌、镉等。液体阴极电解最早在制取熔点较高的重稀土金属钇中获得应用。此时电解析出的金属钇与作为阴极的液体镁组成低熔点的钇-镁合金，使电解过程可在低于钇熔点数百度的温度下进行。所制 Y-Mg 合金经蒸馏除镁后，用重熔法制得钇锭。

液体阴极电解法可在二元或三元氯化物或氧化物-氟化物体系中进行。电解原理与前述电解制取稀土金属的原理基本相同，不同点是阴极为液态的可合金化的金属元素，RE^{3+} 在液态金属阴极上放电还原出稀土金属，稀土金属与阴极熔合生成稀土合金。熔盐电解槽的槽体及阳极与单一稀土熔盐电解的相同。为使阳极区同阴极区隔开，防止阳极气体对析出金属和合金的氧化作用，采用由槽底支承的氧化镁圆筒作为阴极室，同时限制漂浮着的液体金属阴极的位置。

以电解制取钇-镁中间合金为例，主要工艺条件和技术经济指标列于表 3-14。液态阴极电解制取 Y-Mg 合金的温度较低，电流效率较高。但是由于电解使用了大量的金属熔体作为阴极，得出的合金产品中其含钇量不可能很高。

表 3-14 电解制取 Y-Mg 合金的条件和技术经济指标

使用的阴极	熔 体 镁
电解质组成	LiF：YF_3 =3：1（摩尔比）
Y_2O_3 加入量	7%（质量分数）电解质
电解温度/℃	760
阴极电流密度/$A \cdot cm^{-2}$	0.5
表观电流效率/%	60
合金含钇量/%	48.8

B 电解共析法

共析出是指两种或两种以上的金属离子在阴极上共同析出，从溶解在电解质熔体中的稀土与合金元素的化合物中，电解共沉积稀土与合金元素的熔融金属，随后组成液体合金。熔盐电解稀土混合金属就是共析出的典型实例，共析出可以制备如钇镁等稀土合金。

采用电解共析法可制取多种稀土中间合金，其中比较成熟的是在 LiF-YF_3 体系中，从 Y_2O_3 和 Al_2O_3 的混合物电解共析 Y-Al 合金和在 YCl_3-$MgCl_2$-KCl 体系中电解共析 Y-Mg 合金。共析法较液体阴极法具有规模大、产量高、能连续生产、可制取高稀土含量的合金等优点。

以生产比较成熟和具有代表性的钇-铝合金为例。在 1025℃下，电解质组成（质量分数）为 80% YF_3-20% LiF，电解槽的槽体和阳极均由石墨制成。槽底的阴极为含 Y 91%、Al 9%（质量分数）的 Y-Al 低共熔合金。电解槽用石墨电阻加热器加热至所需温度。制取合金的工艺过程如下：将含20% LiF-80% YF_3（质量分数）的电解质放入石墨坩埚中熔化，随后向坩埚内加入Y-Al低共熔合金。当达到电解温度时，把含14%~17%（质量分数）Al_2O_3的钇、铝氧化物粉末混合料加入槽内，其加入量约为电解质的3%。电解开始后约每隔1min加料一次，长时间连续电解，需适量补充电解质。控制电解温度为1025℃，阴极电流密度为约0.6A/cm^2，可获得含Y 90%（质量分数）的Y-Al合金，合金收得率为70%~90%。

该法除能制备含Y 90%以上的Y-Al中间合金外，还可在原电解铝工艺不变的基础上，大规模生产稀土含量为0.1%~0.5%的应用合金。除氯化物体系外，也可应用多元氟化物体系由其氧化物电解制取钇-镁、富钇-镁合金。此外近来应用共析法电解制取富钕-钴、富钕铁等中间合金也取得了成功。

C 固体自耗阴极电解法

固体自耗阴极电解法是指稀土金属在自耗棒状阴极上析出，并与阴极材料（预定的合金元素）生成液体合金，固体阴极则逐渐消耗。主要用于制取各种单一或混合稀土金属与钴或铁的合金以及某些稀土金属（如钆、钇等）与铬或镍等的合金，作为生产若干稀土功能材料的中间原料。此法的特点是阴极由铁族金属Fe、Co、Ni或Cr的自耗棒组成。稀土金属沉积在铁族金属的阴极上，通过相互间的原子扩散而生成稀土合金。电解工作温度低于阴极铁族金属的熔点，而高于稀土金属与铁族金属之间形成的低共熔物的熔点。随着在阴极上不断形成液体合金并下滴入池，固体阴极逐渐消耗。与稀土金属电解一样，此种电解可在氟盐或氯盐体系中进行。

a 氯化物体系自耗阴极电解制取钕铁合金

Nd-Fe-B合金是20世纪80年代发展起来的新一代永磁材料。生产Nd-Fe-B合金的原料不仅能用金属钕，也可直接使用Nd-Fe合金。自耗阴极熔盐电解是生产Nd-Fe合金的重要方法。此法可在氟盐和氯盐两种电解质中进行。

氯盐体系的电解质为$NdCl_3$和KCl的熔体。电解使用圆形石墨电解槽。用纯铁棒作自耗阴极。由Nd-Fe系相图可知，在质量组成为80% Nd-20% Fe处，合金的熔点约为800℃，为此制取这种成分的Nd-Fe合金，其电解过程可在850℃下进行。电解温度较低，给Nd-Fe生产带来很大方便。

在电解条件下，温度对金属原子的扩散速度起主要作用，随着电流密度J_k的增高，阴极表面温度不断上升，这就加快了合金化的扩散过程，故使电流效率明显提高。同时钕也有某些变价性质，当电解时金属钕溶于电解质熔体之后，它能还原Nd^{3+}生成低价钕离子，其反应为：

$$2Nd^{3+} + Nd \longrightarrow 3Nd^{2+}$$

而Nd^{2+}被循环到阳极区，又将重新氧化成三价钕离子：

$$Nd^{2+} - e \longrightarrow Nd^{3+}$$

所以电解质对金属钕的溶解量，取决于$NdCl_3$在电解质中的含量。$NdCl_3$含量高，钕在电解质中的溶解损失增大，电流效率低；但$NdCl_3$含量过低，电解质中的K^+可能同时放电，也将导致输入电流的损失。

氯化物体系电解制取Nd-Fe合金的典型工艺条件如下：电解温度850~870℃，阴极电流密度11A/cm^2，电解质中$NdCl_3$的质量分数为14%。在此条件下制得的Nd-Fe合金含

Nd 约 83%（质量分数），电流效率为 37%，钕的回收率为 90%。所制钕-铁合金适于生产 Nd-Fe-B 高效永磁材料。

b 氟化物体系自耗阴极电解制取稀土-钴合金

氟化物体系自耗阴极电解制取稀土-钴合金所用电解质为 LiF 和各稀土氟化物（制取 Pr、Nd-Co 合金时还含有 BaF_2）。其组成及固液相温度见表 3-15。电解槽为石墨坩埚，置于绝热砖砌成的壳体内。阴极用钴棒制成，阳极为弧形石墨块。

表 3-15 氟化物体系电解质的初始组成和固液相温度

电解质初始组成（质量分数）/%	固液相温度/℃	电解质初始组成（质量分数）/%	固液相温度/℃
$35LiF\text{-}65LaF_3$	768	$27LiF\text{-}73SmF_3$	690
$35LiF\text{-}65CeF_3$	745	$27LiF\text{-}73GdF_3$	625
$32LiF\text{-}68PrF_3$	733	$11LiF\text{-}89DyF_3$	701
$37LiF\text{-}63NdF_3$	721	$15LiF\text{-}85YF_3$	825
$20LiF\text{-}35BaF_2\text{-}45(Pr, Nd)F_3$	715	25LiF-75 铈组氟化物	678
34.5LiF-68.5 铈组氟化物	733		

电解操作温度低于钴的熔点，而高于钴与稀土金属的低共熔体的熔点，一般随稀土种类的不同，波动于 635～1090℃之间。

此法制得的中间合金含稀土量较高，达 60%～80%，电流效率可达 64%～95%（Sm-Co 合金除外）。由于 Sm^{2+} 的稳定性，迄今难以采用电解或金属热还原其卤化物的方法制取金属钐。因此应用此法直接制取用于永磁材料生产的钐与钴或钐与铁的合金，具有特殊意义。

3.2.4.2 金属热还原法制备稀土中间合金

A 硅热还原法制取稀土硅铁合金

稀土硅铁合金主要用于炼制各种优质新钢种的添加剂、铸铁的孕育剂和某些实用合金的球化剂或蠕化剂。用它代替混合稀土金属和铈铁作添加剂，不但价格低廉，而且可以避免在储存时氧化和加入到液体金属时着火，从而可使稀土金属的利用率提高 1 倍左右。

硅热还原法制取稀土硅铁合金，是在有碱性熔剂（石灰）存在的条件下，通过电弧炉产生的高温，用硅铁中的硅还原和熔炼稀土氧化物或稀土富渣，以制得稀土硅铁合金。

由于稀土金属与氧的亲和力大于硅、铝与氧的亲和力，故在通常条件下硅、铝还原稀土氧化物至稀土金属的反应不能正向进行（反应的 $\Delta_r G$ 为正值）。但是当还原产物为稳定的 $RESi_2$ 时，则硅、铝还原稀土氧化物的反应能自动进行（反应的 $\Delta_r G$ 为负值）。

硅热还原法制取稀土硅铁合金的基本反应为：

$$2RE_2O_3 + 11Si \xlongequal{} 4RESi_2 + 3SiO_2$$

$$REO_2 + 3Si \xlongequal{} RESi_2 + SiO_2$$

在适当碱度下，生成的 SiO_2 与碱性熔剂 CaO 将进行下列造渣反应：

$$SiO_2 + CaO \xlongequal{} CaO \cdot SiO_2$$

在大量 CaO 存在下，也可能出现 Si 还原 CaO 接着生成 CaSi 的反应：

$$2CaO + Si = 2Ca + SiO_2$$

$$Ca + Si = CaSi$$

CaSi 也可与硅铁合金中的硅一道作为还原剂，还原并进行造渣：

$$RE_2O_3 + CaSi + 4Si = 2RESi_2 + CaO \cdot SiO_2$$

硅热还原法冶炼稀土硅铁合金工艺流程如图 3-15 所示。生产稀土硅铁合金的原料可以是稀土的氧化物、盐类、稀土富渣和精矿，还原剂是含 Si 75% 的硅铁合金，入炉石灰含 CaO >85%，配料时碱度控制为 3.0～3.5，以便使出炉前熔渣的碱度保持为 2.6～3.0。对于使用含 8%～14% RE_2O_3 的稀土富渣原料，加入石灰量约为富渣量的 0.6～0.7 倍。还原作业在炉体可倾动的标准炼钢电弧炉中进行。炉子采用碳质炉衬和碳砖炉底，以防含氟成分的严重腐蚀。开炉时首先用 220V 电压起弧，电流平稳后即放入炉料，富渣及石灰交错加入。当炉料熔化 80% 以上，温度达 1300℃时，将硅铁还原剂加入，并迅速升温至硅铁熔化。熔炼温度升至 1300～1350℃后，通入 0.2～0.4kPa 的压缩空气或水蒸气搅拌熔体，以使熔体与熔渣之间充分接触，加速还原反应的进行。搅拌停止后继续送电升温，待合金中的稀土品位合格后，控制炉温至 1350～1400℃，使渣与合金良好分层，并有较好的流动性，然后分别将熔渣和合金放出。为获得合格的合金产品，保证较高的稀土回收率，在冶炼过程中应控制好碱度、配料比、温度等重要工艺参数。出炉合金按不同要求，其稀土含量波动于 23%～35% 之间，主要为铈组稀土金属。合金中含硅一般不超过 46%，含铁不超过 27%。

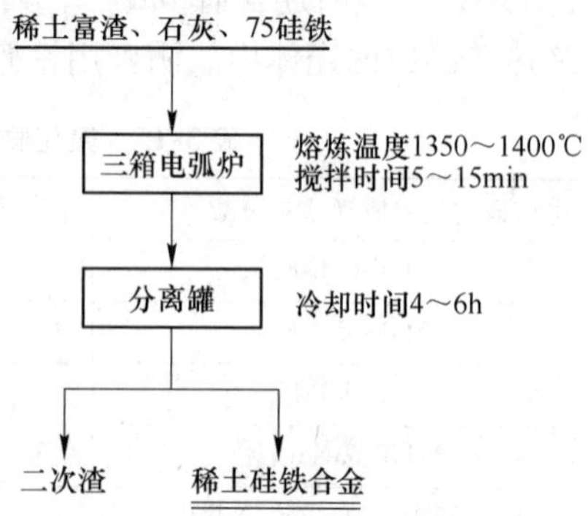

图 3-15　硅热还原法冶炼稀土硅铁合金工艺流程

按照类似的冶炼工艺，用硅热还原法或碳化钙-硅热还原法可制取稀土硅铁钙合金和钇基重稀土硅铁合金，并已取得重要应用。

碳化钙-硅热还原法是 20 世纪 90 年代发展起来的，使用矿热炉可连续作业，属于无渣冶炼新工艺，能耗低，稀土回收率高。但原料需使用高品位稀土精矿（60%），经制球干燥后使用。还原剂 C 含量需高达 82% 以上，灰分小于 7%，挥发分少，粒度为 10mm 左右。原料硅石中 SiO_2 >98%、Al_2O_3 <4%、P_2O_5 <0.5%，钢屑无锈渍。

碳热还原反应较为复杂，在 1800℃下，最终的冶炼反应可表达为：

$$(CaO) + 2C(s) \longrightarrow CaC(l) + CO(g)\uparrow$$

$$CaC(l) + SiO_2(l) \longrightarrow [CaSi]_{Fe}(l) + 2CO(g)\uparrow$$

$$2[CaSi]_{Fe}(l) + (RE_2O_3)(l) + 3C(s) \longrightarrow 2[RESiCa]_{Fe}(l) + 3CO(g)\uparrow$$

$$(RE_2O_3)(l) + 7C(s) \longrightarrow 2REC_2(s) + 3CO(g)\uparrow$$

$$REC_2(s) + (SiO_2)(l) \longrightarrow [RESi]_{Fe} + 2CO(g)\uparrow$$

$$(SiO_2)(l) + 3C(s) \longrightarrow SiC(s) + 2CO(g)\uparrow$$

$$SiC(s) + (SiO_2)(l) \longrightarrow [Si](l) + (SiO)(l) + CO(g)\uparrow$$

$$(SiO)(l) + (REC)(l) \longrightarrow [RESi]_{Fe} + CO(g)\uparrow$$

$$[Si](l) + REC_2 + (SiO_2)(l) \longrightarrow [RESi]_{Fe} + 2CO(g)\uparrow$$

理论上该反应不产生熔渣，铁的作用不仅能够有效地破坏高熔点碳化物，还能起到合金化作用。该工艺能生产稀土含量30%～40%的低钛硅铁合金，质量好，不易粉化。稀土直收率可达90%，能耗低于9000kW·h/t。工业上主要使用设备是1800kW·A和4000kW·A的矿热炉。

B 铝热还原法制取稀土铝合金

稀土铝合金作为提高铝材综合性能的添加剂，其用量已日渐增多。稀土铝合金也可用铝热还原法制取，此法由于避免了二次重熔造成的稀土烧损（烧损量可达10%）和减少了中间环节，生产成本明显降低。

用铝直接还原稀土氧化物为稀土金属从热力学上看是不可能的。但是若在过程中设法使稀土改变，呈铝-稀土合金状态，并使RE_2O_3和生成的反应产物Al_2O_3溶解于低熔点的化合物熔体中，则因还原条件发生变化，还原反应有可能顺利进行。基于这一原理，在生产中曾经实践过多种铝热还原制取稀土铝合金的方案，现介绍主要的两种。

a 以冰晶石为熔剂的铝热还原

以冰晶石为熔剂，在石墨坩埚中熔化铝的同时加入RE_2O_3，在不断搅拌下进行铝的热还原，可以产出稀土含量大于10%的稀土铝合金，稀土收率可达85%以上。大部分铝合金在稀土10%处均有共晶或似共晶结构，在此成分处的合金熔点最低（约1000℃）。稀土含量大于10%后，合金中的金属化合物数量增加，合金熔点也显著增高。故此工艺使用的还原温度与合金中的稀土含量和回收率有关，并随稀土氧化物的不同而异。如还原铈和铈组氧化物，温度控制1000℃即可获得含稀土金属不低于10%的合金，稀土回收大于85%；还原La_2O_3或Nd_2O_3则需1100℃才能获得满意结果。

提高还原温度可以相应提高合金中的稀土含量。但温度高于1100℃，冰晶石会发生分解，造成熔剂的大量损失，并产生有毒的HF气体和黏性很大的渣，导致恶化环境、渣与合金分离困难，稀土收率也相应降低的结果。故用此法制备稀土铝合金，其稀土品位以约10%为宜。

此法适于制取熔点低于1000℃的单一轻稀土金属和铈组混合金属与铝的中间合金。实践表明，用此工艺制取La、Ce、Nd等金属与Al的合金，具有明显的经济效果。此外在1300℃以上也能制得Gd-Al合金。

因冰晶石的熔点高，用此法生产稀土-铝合金其还原温度都在1000℃以上，因此铝的过热烧损比较严重，这是其缺点。此法产出渣的主要成分（质量分数）为：RE_2O_3 6.71%，Al_2O_3 33.14%，NaF 49.71%。它可用作电解铝厂的电解质，供生产出稀土含量大于0.5%的稀土-铝成品合金。

b 在氯化物和氟化物熔体中的铝热还原

在氯化物和氟化物熔体中的铝热还原设想用碱金属氟化物为稀土氧化物的配合剂，以改变原料中稀土存在的状态；用碱金属氯化物为熔剂，以降低体系的熔点和改善其物理化学性质；在熔化铝的过程中直接添加RE_2O_3，以制取稀土铝合金。其特点是由于采用了氟化物与氯化物的混合熔体，可使还原温度下降到740～850℃，并且起到了保护介质的作用，故可减少铝的烧损。此外用于还原的稀土化合物，可以是氧化物，也可是氢氧化物、氯氧化物或碳酸盐，因此还原工艺的适应性较强。此法还能通过调节原料的加入量来控制合金中的稀土含量。稀土一次合金化的回收率可达70%以上。

3.2.5 稀土合金材料的制备

稀土合金材料一般采用稀土金属（或中间合金）与合金元素配制混熔对掺法生产，此法成熟，方便易行，但是能耗大、成本高。由于稀土材料多，在此不作介绍。

如果冶炼直接制取稀土合金，则能简化合金制造的工艺过程，节省能耗，在经济上与混熔（对掺）法相比，有着明显的优势。在冶炼稀土合金时，可以制备稀土合金材料。

以钙还原扩散法制取钐-钴永磁合金为例。

在金属钴存在下，用钙或氢化钙还原氧化钐以制取钐-钴合金的方法，自 20 世纪 70 年代工业化之后已日趋成熟，并获得了广泛应用。德国、日本、前独联体所属国家等均采用此法大量生产钐-钴合金。

此法的实质是在与金属钐有较大亲和力的金属钴存在下，进行氧化钐的钙热还原反应，其特征是还原产生固态钐-钴合金粉末：

$$Sm_2O_3(s) + 10Co(s) + 3Ca(l) = 2SmCo_5(s) + 3CaO(s)$$

但是上述还原过程实际上是由下列两个反应（阶段）组成的：

$$Sm_2O_3(s) + 3Ca(l) = 2Sm(s) + 3CaO(s)$$

$$Sm(s) + 5Co(s) = SmCo_5(s)$$

尽管 CaO 和 Sm_2O_3 的标准生成吉布斯自由能值相差很小（仅 47kJ/molO_2），但是由于钐与钴反应生成 $SmCo_5$ 合金（实际为钐与钴的金属间化合物）的吉布斯自由能的负值较大，同时在高于 1100℃ 的高温下金属钐能加速扩散与钴作用生成 $SmCO_5$，因而有钴存在时以钙还原 Sm_2O_3 的反应能保证向右进行，直至完全生成钐-钴合金为止。

钙热还原 Sm_2O_3 常以 CaH_2 代替 Ca 作还原剂。CaH_2 性脆，很易破碎成粉末，故与 Sm_2O_3 粉末能均匀混合。还原过程中 CaH_2 在一定的温度和负压下，很易分解成单质钙和氢气：

$$CaH_2 \longrightarrow Ca + H_2\uparrow$$

分解的钙活性很强，它与 Sm_2O_3 的相互作用以及随后生成 $SmCo_5$ 合金的反应在 850℃ 便可剧烈进行，但是为了保证钐呈液态并加速其扩散过程，还原过程保持 1100 ~ 1150℃ 的高温是必要的。其总反应可表示为：

$$Sm_2O_3 + 10Co + 3CaH_2 = 2SmCo_5 + 3CaO + 3H_2\uparrow$$

还原过程中析出的氢气应从反应区及时排出，以利于还原的彻底进行。

为了提高还原过程的单位热效应，在还原物料中经常添加氧化钴，因为 Co_3O_4 与 Ca 的交互反应将产生大量反应热，此时还原反应为：

$$Sm_2O_3 + (10-3n)Co + nCo_3O_4 + (4n+3)CaH_2 = 2SmCo_5 + (4n+3)CaO + (4n+3)H_2\uparrow \ (n=0 \sim 10/3)$$

在上述还原反应中，除还原剂钙和中间还原出的钐为液相外，大部分还原物料和还原产物均为固相。还原反应以及生成 $SmCo_5$ 金属化合物的反应均为固-液的多相反应。因此扩散在整个还原过程中起重要作用，影响扩散过程进行的某些工艺条件如温度、原料粒度、混合均匀程度及还原剂的活性等，均为还原过程的重要动力学因素。这种与扩散过程紧密相关的还原方法被称为还原扩散法。

还原扩散法制取 $SmCo_5$ 合金粉末的工艺过程如图 3-16 所示。

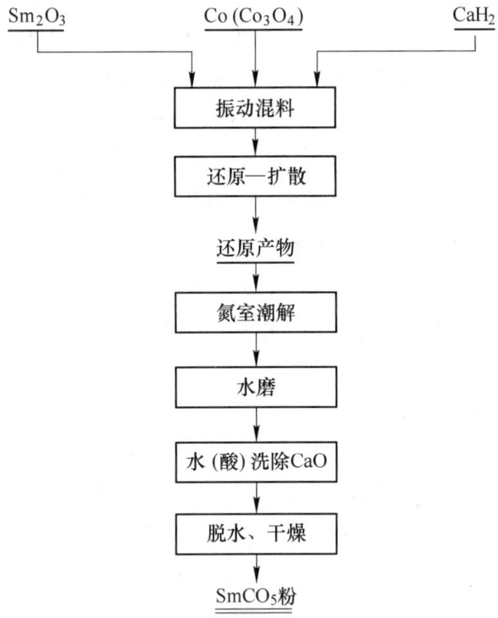

图 3-16 还原扩散法制取钐-钴合金粉工艺流程

还原在真空感应电炉或真空电阻炉中进行。按化学当量比配制的炉料经过混合装于钢制容器，并送真空炉中，在1150℃和1.3Pa的真空下经历3h保温。还原产物为$SmCo_5$与CaO的烧结块，经冷却出炉后，置于潮湿的氮气室中进行潮解。此时过剩的钙被氧化，而氧化钙被水解，烧结块散落成粉末。散粉用水磨法磨至小于5×10^{-3}mm后，先用大量水最终用弱醋酸液洗涤以除去CaO。洗粉经脱水后，在不高于50℃的真空干燥箱中干燥，所得最终产品为$SmCo_5$粉末。此合金粉经磁场取向压型、烧结、充磁工艺过程后可制成钐-钴永磁体，合金粉产品也可直接销售。

生产合金粉末时钐的回收率为90%～93%。用此合金粉制备永磁体，在相同化学成分下其性能不比熔炼法所制永磁材料差。此法与传统的合金熔炼法相比，缩减了制取金属钐、钐的熔炼和粗破碎三个工艺程序，因而成本较低。其缺点是当粉末颗粒较粗，而细磨、水洗处理不好时，粉末中杂质氧、钙的含量增高。

还原扩散法原则上也可用于制取其他稀土-钴永磁合金粉，但目前大多还未取得实际应用。

3.2.6 金属的纯化

金属热还原或熔盐电解得到的稀土金属含有不同成分和不同浓度的杂质，需要进一步纯化，方能得到纯金属。纯化的方法有真空熔炼、蒸馏或升华等，高纯金属还采用区域熔炼、电传输、电解精炼的方法，或上述方法的联合法等。稀土金属适宜的提纯方法主要由其蒸气压、熔点和反应活性三个主要物化性质决定，其中最主要的是蒸气压。目前没有一种方法能适用于所有单一稀土金属的提纯，也没有一种方法对某种稀土金属中所有杂质均有提纯效果。

（1）真空熔炼法，也叫真空重熔法。真空熔炼法用于大多数稀土金属除去Ca、F、H及C等蒸气压高的杂质。该方法是把稀土金属加热至1450～1900℃（在金属熔点以上的100～1000℃）进行熔炼，把杂质挥发出去。熔炼的温度取决于稀土金属的蒸气压，对于较易挥发的金属采用低温熔炼，以减少金属损耗；熔炼的时间取决于纯化金属的量。熔炼在真空条件下进行。对于蒸气压低的稀土金属，真空熔炼法是作为其后进一步提纯的起始方法，也是目前普遍应用和处理量大的稀土金属的纯化方法。

（2）蒸馏（或升华）法。蒸馏（或升华）法是利用各元素蒸气压的差异在高真空条件下提纯金属的方法。此法对被提纯的金属最基本的要求是要有足够高的蒸气压，以获得可实际应用的蒸馏或升华速度，把金属蒸馏或升华出去，以除去杂质。Sc、Sm、Eu、Dy、Ho、Er、Tm、Yb等用此法成功进行了纯化。通过蒸馏法可以除去O、N、C、Ta等杂质。蒸馏时一些氧化物、氟化物和碳化物因蒸气压较低留在残渣中。对于中等挥发的金属（Y、Gd、Tb、Lu）的蒸馏或升华温度在1700℃左右，因为稀土氧化物在大于1650℃以上时挥发而不易除去。有报道在熔炼温度1850℃以上时制备出了纯度达99.999%以上的高纯金属Gd和Tb。蒸馏操作在真空条件下进行。此法往往用于真空熔炼以后的金属纯化，条件见表3-16、表3-17。表3-18、表3-19分别比较了金属Sm和Dy蒸馏前后的杂质含量。

表3-16　Sc、Dy、Ho、Er的真空熔炼条件

元　素	Sc	Dy	Ho	Er
真空熔炼温度/℃	1500	1440	1480	1540
时间/min	10	45	45	30
升华温度/℃	1425	1175	1220	1330
冷凝温度/℃	900	700	725	825
升华速度/$g \cdot h^{-1}$	1	2.5	2.1	2.1
蒸馏数量/kg	0.1	1	0.6	1

注：粗金属是由氟化物的钙还原后得到的产物。

表3-17　Y、Gd、Tb、Lu的真空熔炼和蒸馏的条件

元　素	Y	Gd	Tb	Lu
真空熔炼温度/℃	1850	1800	1750	1800
升华温度/℃	1725	1725	1575	1645
冷凝温度/℃	900	900	800	850
升华速度/$g \cdot h^{-1}$	1	1.5	1.5	1
蒸馏数量/kg	150	250	225	250

注：粗金属是Ca还原后得到的产物，操作是在惰性气氛中进行的。

表3-18　Sm蒸馏前后的杂质含量　（%）

项目	Mn	Si	Fe	Mg	Cu	Ta	La	Tm	Eu	Dy	Yb	其他稀土
原料	0.07	3×10^{-4}	1×10^{-3}	7×10^{-3}	1×10^{-3}	1×10^{-3}	0.05	0.01	0.01	1×10^{-3}	1×10^{-3}	3×10^{-4}
蒸馏物	1×10^{-4}	5×10^{-5}	5×10^{-5}	7×10^{-4}	3×10^{-5}	3×10^{-5}	2×10^{-5}	5×10^{-5}	3×10^{-4}	3×10^{-5}	3×10^{-5}	$<3\times10^{-5}$

表 3-19 Dy 蒸馏前后的杂质含量 (%)

项目	O	N	H	C	Fe	Cu	Ni	Mn	Cr	Zn	Pb	Bi	Ti
原料	0.4	0.07	0.057	0.039	7.3×10^{-3}	0.022	1.8×10^{-3}	1×10^{-3}	9×10^{-4}	1×10^{-3}	1.8×10^{-3}	1×10^{-3}	2×10^{-4}
蒸馏物	1×10^{-3}	7×10^{-4}	7×10^{-4}	1.6×10^{-3}	5×10^{-4}	2×10^{-5}	2×10^{-4}	2×10^{-4}	2×10^{-4}	2×10^{-4}	0	0	0

(3) 区域熔炼。主要原理是：溶解在金属固相和液相中的大多数杂质的浓度不同（其比值 $K=C_{固}/C_{液}$ 定义为杂质的分配系数），当金属棒的一端微小区域熔化并使熔区沿着金属棒向另一端移动时，使金属熔点降低的杂质，即 $K<1$ 的杂质，随着熔区向棒的另一端移动；而金属熔点升高的杂质，即 $K>1$ 的杂质，随着熔区向相反的一端移动；经过反复几次区域熔炼，就会使杂质在金属棒两端富集；对于 $K\approx1$ 的杂质，其区域熔炼效果很差。与真空熔炼和蒸馏或升华不同，区域熔炼不能去除杂质，仅只是杂质的“再分布”——富集在金属棒的两端。实践证明，稀土金属的区域熔炼对于“移动”金属杂质是有效的，对于“重新分布”间隙杂质 C、N、O 和 H 效果欠佳。区域熔炼和电传输法联合应用时，可获得满意的稀土金属提纯效果。该法有时还可作为稀土金属单晶生长的一种方法。

(4) 电传输法。电传输法又称固体电解法、固态电迁移法。此法的原理是在电场作用下使金属中杂质离子按顺序移动，移向金属两端，使金属得到提纯。方法是把正、负极固定在金属棒的两端，在真空和惰性气氛中，以直流电加热到金属熔点以下的 100～200℃时，进行长时间的电解（电解时间几天到几星期），使杂质向两极移动，金属的中间部分纯度较高，切去两端，即得高纯金属。

电传输的方法可用于金属 Sc、Y、La、Ce、Pr、Nd、Gd、Tb、Dy、Ho、Er 和 Lu 的纯化；Sm、Eu、Tm、Yb 由于蒸气压较高，纯化不宜采用此法。

电传输法是稀土金属提纯非常有效的方法，特别是对于占稀土金属中杂质总量 95% 以上的间隙杂质 C、H、O 和 N 的提纯是非常成功的，也是其他提纯方法无法比拟的。电传输法可得到纯度大于 99.99% 甚至 99.999% 的稀土金属。但它也存在着明显的缺点：精炼所需时间太长、产率很低、设备复杂昂贵、原料纯度要求高等。低纯度原料或因杂质富集后降低试样的熔点而完全熔化，导致失败。

(5) 电解精炼。稀土金属的电解精炼是在熔盐介质中进行的，即以 LiF 或 LiF-BaF_2 或 LiCl-LiF 和稀土氟化物为熔体，粗稀土金属为阳极，纯稀土金属为阴极，通过阳极溶解、阴极沉积的电化学过程提纯稀土金属的方法。其基本原理是控制阳极溶解电位，使电活性强的稀土金属优先溶解后在阴极沉积。而电性弱的金属杂质（如 Ta、W 和 Fe 等）不发生阳极溶解（但实际过程中也有杂质共溶解共沉积的现象），因而达到去除金属杂质的效果。

电解精炼应注意电解熔体的选择及其纯度；要尽量避免使用吸水性和腐蚀性都很强的 LiF、BaF_2、LiCl；稀土氟化物应经过蒸馏提纯，以防止熔体中存在电位偏正的杂质离子在阴极上优先析出而玷污阴极稀土金属。用此法进行的 Gd 和 Y 的精炼表明，熔盐电解对等金属杂质 Al、Fe、Ta 及间隙杂质 N、O 是很有效的，而对于熔体的玷污，H、F 的含量反而升高了很多，后经高真空电子束熔炼后达到 10×10^{-6}的水平。

熔盐电解精炼对电解质纯度和坩埚要求很高，阴极纯金属与黏附其上熔盐的完全剥离等都比较困难，因而该方法是稀土金属纯化诸方法中研究得较少的，存在着许多空白。但它是一种很有潜力的纯化方法，对去除电活性较稀土金属弱的金属杂质及一些间隙杂质都是很有效的。

复习思考题

3-1　稀土金属的化学性质有哪些？

3-2　稀土金属的物理性质有哪些，哪些有规律性？

3-3　稀土金属如何选择冶炼方法，金属热还原法和熔盐电解法各适合哪些金属？

3-4　金属热还原法分几种类型，各适合哪些金属或合金？

3-5　金属的纯化有哪几种方法，各主要去除哪些元素或物质？

3-6　根据电解质的成分，稀土熔盐电解有哪几种方法？写出不同方法的阴阳极电化学反应式。

3-7　熔盐电解法制备稀土合金主要有哪几种方法？

4 稀土元素的光谱与磁性

4.1 稀土元素的光谱

稀土元素具有未充满的4f壳层，并且4f电子受到外层的$5s^2$和$5p^6$电子的屏蔽作用，使得稀土元素具有极复杂的类线性的光谱。除了锕系元素外，光谱的复杂性是任何其他元素不能比拟的。稀土元素光学性质的研究，在理论上提供了稀土化合物的结构和价键方面的重要信息，在实用上已成为荧光和激光工作物质的一类重要元素。

4.1.1 三价稀土离子的能级图

4.1.1.1 三价稀土离子能级的复杂性

稀土离子未充满的4f壳层和它们自由离子体系的4f电子的不可忽略的自旋-轨道耦合作用，加上这些离子的4f、5d、6s电子有相近的能量，使它们的能级关系极其复杂。较低能量的$4f^n$、$4f^{n-1}5d^1$、$4f^{n-1}6s^1$、$4f^{n-1}6p^1$组态就产生了众多的能级，其中有些离子的能级数目是相当可观的，见表4-1。

表4-1 三价稀土离子的四个最低能级

RE^{2+}	RE^{3+}	n	基态	$4f^n$	能级数			总和	允许的跃迁
					$4f^{n-1}5d^1$	$4f^{n-1}6s^1$	$4f^{n-1}6p^1$		
	La^{3+}	0	$^1S_0$	1	—	—	—	1	—
La^{2+}	Ce^{3+}	1	$^2F_{5/2}$	2	2	1	2	7	8
Ce^{2+}	Pr^{3+}	2	$^3H_4$	13	20	4	12	49	324
Pr^{2+}	Nd^{3+}	3	$^4I_{9/2}$	41	107	24	69	241	5393
Nd^{2+}	Pm^{3+}	4	$^5I_4$	107	386	82	242	817	—
Pm^{2+}	Sm^{3+}	5	$^6H_{5/2}$	198	977	208	611	1994	306604
Sm^{2+}	Eu^{3+}	6	$^7F_0$	295	1878	396	1168	3737	—
Eu^{2+}	Gd^{3+}	7	$^8S_{7/2}$	327	2725	576	1095	4723	—
Gd^{2+}	Tb^{3+}	8	$^7F_6$	295	3006	654	1928	5883	—
Tb^{2+}	Dy^{3+}	9	$^6H_{15/2}$	198	2725	576	1095	4594	—
Dy^{2+}	Ho^{3+}	10	$^5I_8$	107	1878	396	1168	3549	—
Ho^{2+}	Er^{3+}	11	$^4I_{15/2}$	41	977	208	611	1837	—
Er^{2+}	Tm^{3+}	12	$^3H_6$	13	386	82	242	723	—
Tm^{2+}	Yb^{3+}	13	$^2F_{7/2}$	2	107	24	69	202	3773
Yb^{2+}	Lu^{3+}	14	$^1S_0$	1	20	4	12	37	217

稀土离子（Ⅲ）可能存在的组态有 $4f^n$、$4f^{n-1}5d^1$、$4f^{n-1}6s^1$、$4f^{n-1}6p^1$ 等，不同组态的中心相对位置标示在图 4-1 中。其中 $4f^n$ 组态的能量是最低的，因此在光谱性质研究中也是最重要的，下一个激发态是 $4f^{n-1}5d^1$。

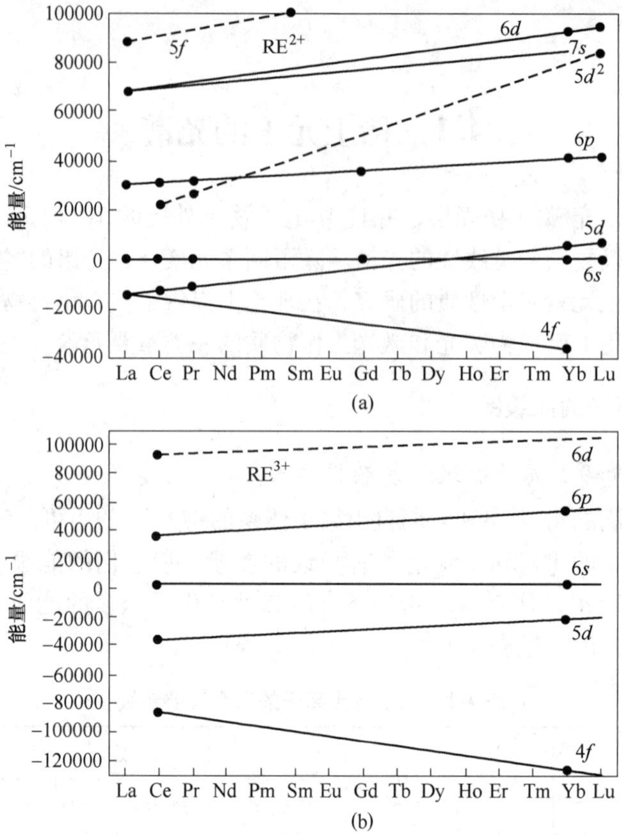

图 4-1　离子的低组态中心的相对位置

（a）二价离子；（b）三价离子

4.1.1.2　稀土离子能级图

首先得到三价稀土离子能级位置的科学家是 Dieke，他根据三价稀土离子在 $LaCl_3$ 晶体中的光谱性质，计算得到了三价稀土离子的 4f 轨道能级分布图，又称为能级图，如图 4-2 所示。图中把基态能级的数值定为零，其他 J 能级的数值相当于该 J 能级和基态能级之能量差，即从基态跃迁到激发态所需的能量，单位为波数（cm^{-1}）。如图 4-2 中 Ce^{3+} 的 $^2F_{7/2}$ 能级的数值为 2257cm^{-1}，即是 $^2F_{7/2}$ 和基态 $^2F_{5/2}$ 间的能量差。Pr^{3+} 的 $^3P_2$ 能级数值为 23160cm^{-1}，相当于从 Pr^{3+} 离子 $^3P_2$ 能级跃迁回基态 $^3H_4$ 时释放的能量，其他依次类推。图中横线的宽度表示晶体场分裂强度的大小。通常 $4f^n$ 组态内的电子跃迁是被宇称选择定则严格禁戒的，但稀土离子邻近环境的对称性、所在格位及不同对称性的格位数目都会影响宇称选律。当稀土离子处于偏离反演对称中心的位置时，晶体场势能展开式中出现奇次项，将少量相反宇称的波函数（如 5d）混入 4f 波函数中，使晶体中的宇称禁戒选律放宽，$4f^n$ 组态内部的电子跃迁获得一些强度。在不同基质中 $4f^n$ 的能级位置有所差别，但这种差别通常在几百波数以内，该能级图能够反映不同基质中三价稀土离子 $4f^n$ 组态能级的共同特点。图 4-2 给出的能量范围小于 $50000cm^{-1}$，但三价稀土离子能级远不止这些，目前已知的能级有 1900 多个。

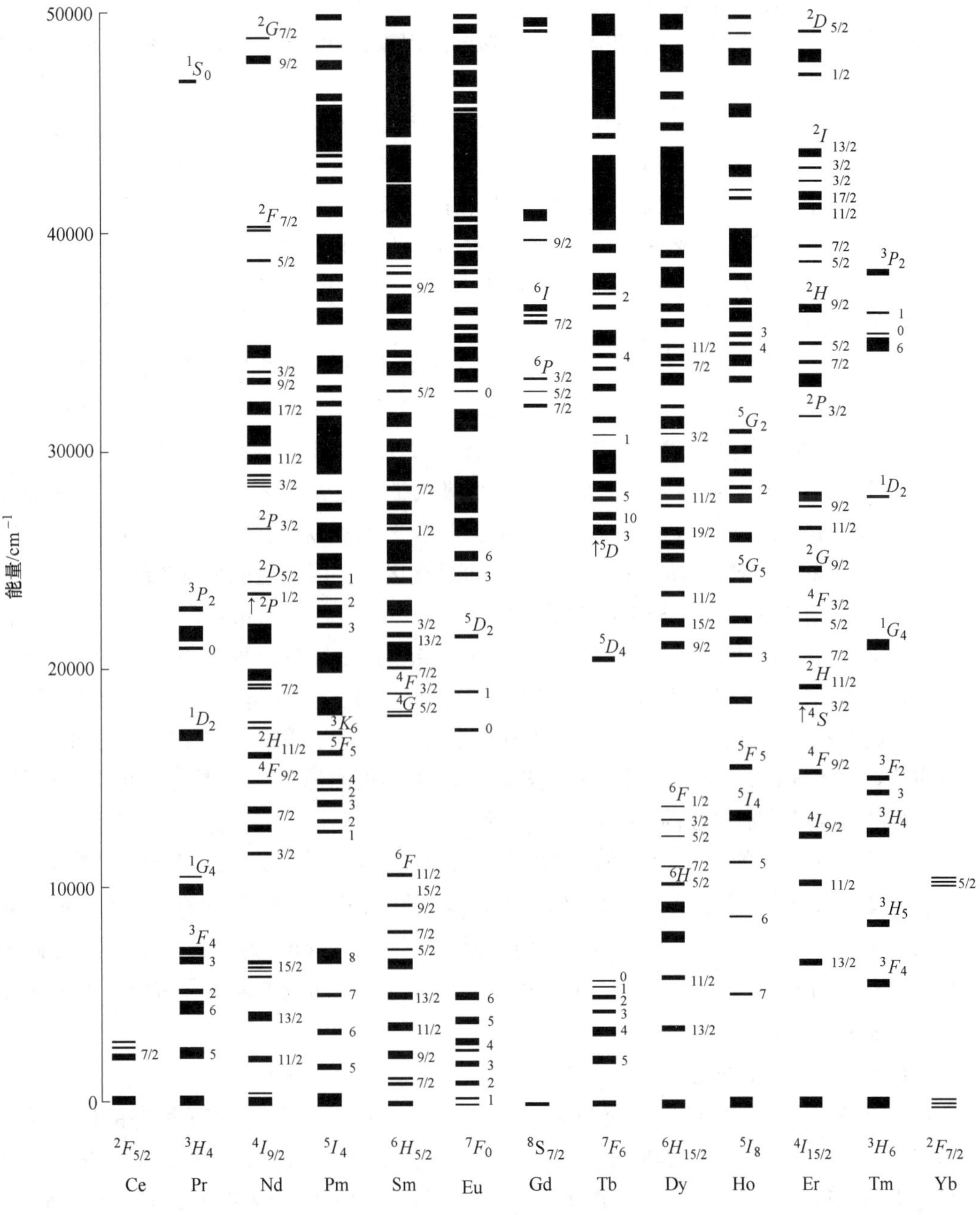

图 4-2 三价稀土离子在 $LaCl_3$ 晶体中的能级

4.1.2 稀土离子的吸收光谱

稀土离子吸收光谱的产生可归因于三种情况：来自 $4f^n$ 组态内的能级间的跃迁，即

$f \to f$ 跃迁；组态间的能级跃迁，即 $f \to d$ 跃迁；电荷跃迁，配体向金属离子的电荷跃迁。

4.1.2.1 $f \to f$ 跃迁光谱

$f \to f$ 跃迁吸收光谱指 f^n 组态内的不同能级跃迁所产生的光谱。它的特点是：

（1）$f \to f$ 跃迁是宇称选择定则禁阻的，因此不能观察到气态稀土离子的 $f \to f$ 跃迁光谱。由于配体场微扰作用，溶液和固体化合物虽能观察到相应的光谱，但对于 $d \to d$ 跃迁来说，也是相当弱的。

（2）$f \to f$ 跃迁光谱是类线性光谱。由于处于内层的 $4f$ 电子受到外层 $5s^2$、$5p^6$ 电子的屏蔽，因此受外界环境的影响较小，使得自由离子 $f \to f$ 跃迁光谱是类原子的线性光谱，甚至在溶液和固体化合物中也是这样的，尤其在低温条件下更为明显。这一点与 d 区过渡元素的 $d \to d$ 跃迁光谱有所区别，d 区过渡元素离子的 d 电子是外层电子，易受环境的影响，因而谱带变宽。稀土离子的 $f \to f$ 跃迁谱带的分裂为 $100cm^{-1}$ 左右，而过渡元素的 $d \to d$ 跃迁的光谱分裂带在 $1000 \sim 3000cm^{-1}$。

（3）谱带的范围较广。在近紫外、可见区和近红外区内都能得到稀土离子（Ⅲ）的光谱，其中 Sc^{3+}、Y^{3+}、La^{3+}、Lu^{3+} 是封闭壳层结构，在 200 ~ 1000nm（50000 ~ $10000cm^{-1}$）的范围内无吸收，所以它们是无色的；Ce^{3+}、Eu^{3+}、Gd^{3+}、Tb^{3+} 虽在 200 ~ 1000nm 范围内有特征吸收带，但大部分或全部吸收带均在紫外区内，Yb^{3+} 的吸收带在近红外区出现，所以 Ce^{3+}、Eu^{3+}、Gd^{3+}、Tb^{3+} 和 Yb^{3+} 也是无色的。Pr^{3+}、Nd^{3+}、Pm^{3+}、Sm^{3+}、Dy^{3+}、Ho^{3+}、Er^{3+}、Tm^{3+} 有的吸收带在可见光区内，因而它们是有色的。

f^n 和 f^{14-n} 组态有相同或相近的颜色，$La^{3+} \sim Gd^{3+}$ 的颜色变化和 $Gd^{3+} \sim Lu^{3+}$ 的情况相似，只有 Pm^{3+} 和 Ho^{3+} 例外。如 $Pr^{3+}(4f^2)$ 和 $Tm^{3+}(4f^{12})$ 呈绿色，$Nd^{3+}(4f^3)$ 和 $Er^{3+}(4f^{11})$ 呈微红色，$Pm^{3+}(4f^4)$ 和 $Ho^{3+}(4f^{10})$ 呈粉红黄色，$Sm^{3+}(4f^5)$ 和 $Dy^{3+}(4f^9)$ 呈黄色。稀土离子颜色的这种“规律性”变化并不是内在的联系，因为 f^n 和 f^{14-n} 的离子颜色虽相似，但谱带位置并不相同，物质的颜色只是未被该物质吸收的那些光波混合的结果。此外，Sm^{2+}、Eu^{2+}、Yb^{2+} 分别呈红褐色、黄色和绿色。

稀土离子（Ⅲ）的 $f \to f$ 跃迁吸收光谱，主要是基态向激发态跃迁造成的，其中 Sm^{3+}、Eu^{3+} 除了基态（Sm^{3+} 的 $^6H_{5/2}$、Eu^{3+} 的 $^7F_0$）向激发态跃迁外，还存在由第一、第二激发态（Sm^{3+} 的 $^6H_{7/2}$、Eu^{3+} 的 $^7F_1$、$^7F_2$）向更高能态的跃迁。Sm^{3+}、Eu^{3+} 的这种有别于其他离子（Ⅲ）情况，是由于 Sm^{3+} 的 $^6H_{7/2}$ 和 Eu^{3+} 的 $^7F_1$、$^7F_2$ 态与基态的能差较少，常温下部分离子集居于上述能态的原因。

4.1.2.2 $4f \to 5d$ 跃迁光谱

稀土离子另一种重要的跃迁吸收是 $4f \to 5d$ 跃迁。对稀土离子 $4f5d$ 组态的研究始于 1965 年，Sugar 测定了自由态 Pr^{3+} 离子的光谱，并由 Racah 参数和自旋轨道耦合参数根据荧光光谱拟合得到了其能级。稀土离子的 $4f \to 5d$ 跃迁光谱不同于 $4f \to 4f$ 跃迁光谱。$4f^n \to 4f^{n-1}5d^1$ 跃迁是组态间的跃迁，这种跃迁是宇称选择定则允许的，因而 $4f \to 5d$ 的跃迁是较强的，摩尔消光系数一般在 $50 \sim 800mol^{-1} \cdot cm^{-1}$ 内，甚至更大；由于 $5d$ 能级易受周围离子的配体场影响，相对于 $f \to f$ 跃迁，谱带变宽。

一般来说，具有比全空或半充满的 f 壳层多一个或 2 个电子的离子易出现 $4f^n \to 4f^{n-1}$

$5d^1$ 跃迁，如 $Ce^{3+}(4f^1)$、$Pr^{3+}(4f^2)$ 和 $Tb^{3+}(4f^8)$ 等离子，它们的 $4f^{n-1}5d^1$ 的能级比其他三价镧系离子的能量低，因此相对较容易观测到 $4f^n \rightarrow 4f^{n-1}5d^1$ 跃迁吸收光谱。表 4-2 给出了三价铈、镨、铽的氯化物和溴化物的第一个 $4f \rightarrow 5d$ 跃迁吸收带。

表 4-2 室温时在无水乙醇中稀土三氯化物和三溴化物的第一个 $4f \rightarrow 5d$ 跃迁的吸收带

元素及化合物		σ/cm^{-1}	$\varepsilon_{最大}/mol^{-1} \cdot cm^{-1}$	$\sigma(-)$(带的半宽度)$/cm^{-1}$
$RECl_3$	Ce	33000	1200	1.5×10^3
	Pr	44.2	1400	1.3×10^3
	Tb	43.8	700	0.8×10^3
$REBr_3$	Ce	22.0	800	1.3×10^3
	Pr	43.8	1500	1.5×10^3
	Tb	43.3	500	0.9×10^3
$CeCl_6^{3-}$		30.3	1600	0.8×10^3
$CeBr_6^{3-}$		29.15	1600	1.05×10^3
$TbCl_6^{3-}$		36.8	28	1.2×10^3
		42.75	1500	0.65×10^3
$TbBr_6^{3-}$		36.0	弱	0.9×10^3

不仅三价稀土离子具有 $4f \rightarrow 5d$ 跃迁，有些能稳定存在的二价稀土离子，如 Eu^{2+}、Sm^{2+}、Yb^{2+} 等也能观察到 $4f \rightarrow 5d$ 跃迁。二价稀土离子的电子结构与原子序数比它大 1 的三价稀土离子的电子结构相同，例如，二价钐离子的组态和三价铕离子的组态都是 $4f^6$，因此，二价稀土离子的光谱项情况可以从相同组态的三价离子得出。但是由于电子数相同、中心核电荷不同，使得二价稀土离子相应光谱项的能量都比三价离子低，降低约 20%。同样 $4f^{n-1}5d$ 的组态也相应大幅度下降，导致一些二价离子的 $5d$ 组态的能级位置比三价状态时 $5d$ 能级位置低得多。

4.1.2.3 电荷跃迁光谱

稀土离子除了具有 $4f \rightarrow 4f$ 和 $4f \rightarrow 5d$ 跃迁吸收外，还存在电荷跃迁。所谓电荷跃迁是指电子从配体的分子轨道（如氧和卤素等的 p 轨道）迁移到稀土离子未充满的 $4f$ 轨道，从而产生较宽的电荷迁移吸收带，其宽度可达 3000 ~ 4000cm^{-1}，谱带位置随环境的改变位移较大。人们最早对 Eu^{3+} 离子的电荷迁移带研究的比较多，因为在某些基质中，Eu^{3+} 离子的电荷迁移带激发能量可以有效地转移到 Eu^{3+} 离子的荧光发射中。比如三基色节能灯用红色荧光粉 $Y_2O_3:Eu^{3+}$，$Eu^{3+}-O^{2-}$ 之间的电荷迁移带能够非常有效地吸收 254nm 紫外光，进一步将吸收的能量转移到 Eu^{3+} 离子中，得到强的红光发射。目前已知 Sm^{3+}、Eu^{3+}、Tm^{3+}、Yb^{3+} 等三价离子和 Ce^{4+}、Pr^{4+}、Tb^{4+}、Dy^{4+}、Nd^{4+} 等四价离子具有电荷迁移带。

相比于 Eu^{3+} 离子，其他离子虽然也存在电荷迁移带，但是由于其他离子电荷迁移带能量位置通常比较高，故在光谱中不容易观察到。目前研究已经知道，在同一种化合物中环境对稀土离子的影响可以认为近似相同，配体和 $5d$ 能级有相同的化学键性质和能级劈裂以及相同的价带和导带变化，如果得到了自由状态下 Eu^{2+} 离子与其他二价离子的 $5d$ 轨道能级间的数量关系，就可以以 Eu^{3+} 离子的电荷迁移带为能量标准，预测其他三价离子的电荷迁移带能量。

稀土离子的电荷迁移带与同为宽带的 $4f \to 5d$ 跃迁谱带的区别在于：（1）$4f \to 5d$ 跃迁带取决于环境而发生劈裂，随环境对称性的改变，$5d$ 轨道类似于 d 过渡区离子的 d 轨道而发生劈裂，因此 $4f \to 5d$ 跃迁是有结构的，可分解为几个峰的宽带，而电荷迁移带无明显劈裂；（2）$4f \to 5d$ 跃迁吸收带的半宽度一般较小，约 $1300cm^{-1}$；而电荷迁移带的半宽度较大，约为 $3000 \sim 4000cm^{-1}$。

由于在稀土离子的激发光谱中，其 $4f \to 4f$ 跃迁都属禁戒跃迁的线带，强度较弱，不利于吸收激发光，成为稀土离子发光效率不高的原因之一。因此，利用稀土离子的电荷迁移带对激发光的吸收和对稀土激活离子的能量传递，是提高稀土离子发光效率的有效手段。

4.1.3　稀土离子的荧光性质

受紫外光、X 射线和电子射线等照射后发光，在照射停止后发光很快停止的物质称为荧光物质，所发出的光称为荧光。历史上人们曾以发光持续时间的长短把发光分为两个过程：把物质在受激发时的发光称为荧光，而把激发停止后的发光称为磷光。一般常以持续时间 $10^{-8}s$ 为分界，持续时间短于 $10^{-8}s$ 的发光被称为荧光，持续时间长于 $10^{-8}s$ 的发光称为磷光。现在，除了习惯上还保留和沿用这两个名词外，已不再用荧光和磷光来区分发光过程，因为任何形式的发光都以余辉的形式来呈现其衰减过程，而衰减时间可以极短（小于 $10^{-8}s$），也可能很长（十几小时或更长）。发光现象有着持续时间的事实，说明物质在接受激发能量和产生发光的过程中，存在着一系列的中间过程。镧系元素离子一般都可以产生不同强度和波长的荧光。

4.1.3.1　稀土荧光的产生

在紫外线等高能射线的激发下，处在溶液或化合物中的 RE^{3+} 吸收能量被激发，电子从基态跃迁到激发态，处于激发态的电子再从激发态返回到能量较低的能态时放出辐射能而发光，这种光即为荧光。但荧光能被检出，要求该激发态的寿命要比其他激发态的长，以至在体系的温度下，热平衡在激发态辐射发射前就达到，大多数情况下，这些激发态与下一个低能态的能量差在整个能级中相比是最大的。各离子的有关能级和它的辐射寿命见表 4-3。

表 4-3　计算的 RE^{3+}（水）激发态的寿命

离子	Nd^{3+}	Pm^{3+}	Sm^{3+}	Eu^{3+}	Gd^{3+}	Tb^{3+}	Dy^{3+}	Ho^{3+}	Er^{3+}
激发态	$^4F_{3/2}$	$^5F_1$	$^4G_{5/2}$	$^5D_0$	$^6P_{7/2}$	$^5D_4$	$^4F_{9/2}$	$^5S_2$	$^5S_{3/2}$
能量/cm^{-1}	11460	12400	17900	17277	32200	20500	21100	18500	18350
寿命/ms	0.42	0.65	6.26	9.67	10.9	9.02	1.85	0.37	0.66

稀土离子跃迁能级间的能量差不同，因而发出不同颜色的荧光。如 Y_2O_2S 中 Eu^{3+} 往往受激到 ^5D_J 能级，然后从 ^5D_J 跃迁到较低能级而辐射，产生荧光，$^5D_0 \to {}^7F_1$ 跃迁产生橙色

的荧光，$^5D_0 \to {}^7F_2$ 跃迁产生红色的荧光。

4.1.3.2 光学跃迁

稀土离子的荧光光谱也像吸收光谱一样，来自三个方面的跃迁：$f \to f$ 跃迁、$5d \to 4f$ 跃迁以及电荷跃迁。

（1）$f \to f$ 跃迁。电子在不同能级间的跃迁受到选择规则的限制，纯 f 组态内的电偶极跃迁是宇称选择规则禁阻的，而磁偶极跃迁是允许的，所以在宇称禁阻未消时，在荧光光谱中只能观察到磁偶极跃迁光谱。但当被激的 RE^{3+} 未处在晶格的对称中心时，由于晶体场的微扰，使 f 组态混入不同宇称状态，宇称选律在某种程度上被解除，因此电偶极跃迁成为可能，不但能观察到磁偶极跃迁光谱，也能观察到电偶极跃迁光谱。当被激的 RE^{3+} 处于晶格的对称中心时，对于电偶极跃迁来说，宇称选律是不能被解除的，一般来说，观察不到电偶极跃迁光谱。但由于晶体本身振动，使宇称选律在某种程度上被解除，有时也能观察到电偶极跃迁带，谱带强度比 RE^{3+} 未处在晶格对称中心时的相应谱带弱得多。

（2）$5d \to 4f$ 跃迁和电荷跃迁。$5d \to 4f$ 和电荷跃迁的荧光光谱与吸收光谱有相似的特点，它们的出现往往与稀土离子的电子壳层的填充情况有关。已见到 Ce^{3+}、Eu^{2+}、Tb^{3+} 等离子的 $5d \to 4f$ 跃迁的荧光光谱和 Eu^{3+} 的电荷跃迁光谱。从电子填充情况来看，当三价离子相互比较时，Gd^{3+}（$4f^7$，半充满）的激发态在较高能态，Tb^{3+}（$4f^8$，半充满加一个电子）的 $4f$ 壳层的电子容易放出一个电子成为稳定的 $4f^7$ 态，所以 $4f^8 \to 4f^7 5d^1$ 跃迁的能量较低，基组态的 Tb^{3+} 易激发到 $4f^7 5d^1$ 组态，因此可见到 $5d \to 4f$ 的荧光光谱。Ce^{3+}（$4f^1$，全空加一个电子）的情况也相似于 Tb^{3+}。Eu^{3+}（$4f^6$，半充满减去一个电子）的 $4f$ 壳层容易接受一个电子变为半充满态，所以电荷跃迁所需的能量较低，相应地也可见到电荷跃迁的荧光光谱。

上述两种荧光光谱的产生过程不完全相同。$5d \to 4f$ 荧光有两种跃迁过程：一是从 $5d$ 直接辐射跃迁而产生荧光，如 Ce^{3+}；另一是从 $5d$ 态逐步衰减到 f 组态的激发态，然后再跃迁到基态或较低能态而产生荧光。例如 Tb^{3+}，它受激至 $4f^7 5d^1$ 态，然后衰减至 f^8 组态的 $^5D_3$ 或 $^5D_4$ 能级，再辐射至基态，产生荧光。荧光能否产生还往往取决于晶体的性质。Eu^{3+} 的电荷跃迁荧光是从电荷跃迁态衰减至 f 组态的激发态，然后再辐射至基态而产生的。

无机化合物中稀土离子的荧光主要涉及前面的 $4f \to 4f$、$5d \to 4f$ 以及电荷迁移跃迁，但在稀土配合物中，荧光过程略有不同，配合物荧光的能量跃迁过程，一般可分三步来说明（跃迁过程标在图 4-3 中）：（1）先由配体吸收辐射能，从单重态的基态 S_0 跃迁至激发态 S_1，其激发能可以辐射方式回到基态 S_0（配体荧光），也可以非辐射方式传递给三重态的激发态 T_1 或 T_2；（2）三重态的激发能也可以辐射方式失去能量，回到基态（磷光），或以非辐射方式将能量转移给阳离子（图中是稀土离子）；（3）处于激发态的阳离子（稀土离子）的能量跃迁也有两种方式，以非辐射方式或辐射方式跃迁到较低能态，再至基态。当以辐射方式从高能态跃迁到较低能态时，就产生荧光。当一些稀土离子的激发态与配体的三重态相当或在三重态以下时，就可能由配体的三重态将能量转移给稀土离子，稀土离子从基态跃迁到激发态，然后处在激发态的离子，以辐射方式跃迁到低能态而发出荧光。

当一些配合物的配体不吸收紫外光时，其荧光的产生，可通过电荷跃迁或 $4f^n$ 或 $4f^n 5d$ 跃迁至相应的激发态，再以非辐射衰变至 $4f^n$ 组态的激发态，此激发态再向低能态跃迁时，也可产生荧光。

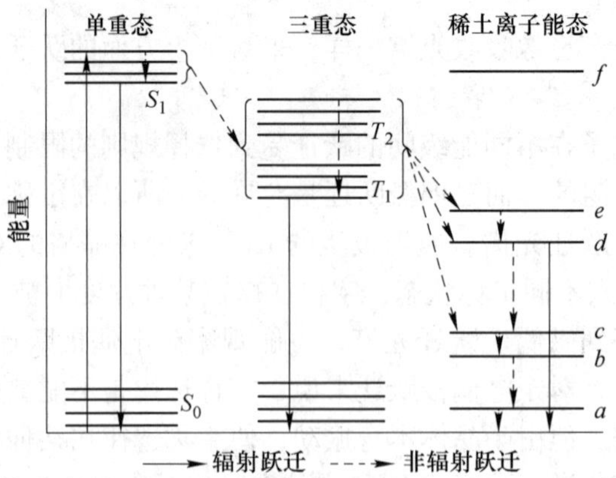

图 4-3　从配体激发态失去能量过程的能级示意图

4.1.3.3　稀土的荧光性能

稀土离子（Ⅲ）的荧光性能可大致分为三类：

（1）Sc^{3+}、Y^{3+}、La^{3+}、Lu^{3+} 四个元素没有 $4f \to 4f$ 跃迁，所以它们没有荧光。Gd^{3+}（$4f^7$），它的最低激发态的能级较高（约 $32000cm^{-1}$）不易产生荧光，如图 4-2 所示，但在能吸收较高能量的晶格中可观察到 Gd^{3+} 的荧光。

（2）Ce^{3+}、Eu^{3+}、Eu^{2+}、Tb^{3+}、Sm^{3+} 和 Dy^{3+} 这些离子的无机化合物或配合物能产生强荧光，能量转移效率较高。

（3）Pr^{3+}、Nd^{3+}、Ho^{3+}、Er^{3+}、Tm^{3+} 和 Yb^{3+} 产生弱荧光，这些离子谱项间能量差较小，非辐射可能性增加，致使荧光减弱。

4.1.4　谱带位移

镧系离子的 $4f$ 轨道在空间上被 $5s^25p^6$ 轨道所屏蔽，不太被配位场影响，所以以前认为稀土化合物是属于离子型化合物。但大量事实表明，该屏蔽作用并不是完全的，配位场的影响仍不可忽略。有一些镧系化合物并不是纯离子型的，而是有一定的共价性。这也可从它们的 $f \to f$ 跃迁的光谱谱线在配位场的作用下发生谱线位移而得到证明。在配位场作用下，$4f$ 轨道仍有一点伸展扩大，与相反宇称的 $5d$ 轨道混合而参与成键，从而有一定的共价性。由于这种电子云的扩大效应，使电子间的互斥减小，从而减小了多重项之间的间距，发生谱线向长波的位移，即红移。配体的性质、金属离子的性质以及中心原子与配位原子的距离及配位数均会对电子云扩大效应产生一定的影响，这里不作详细介绍。

4.1.5　谱带强度

4.1.5.1　跃迁强度与辐射类型

谱带的强度取决于能态间跃迁的可能性，即跃迁的振子强度。振子强度由下式表示：

$$f = \frac{2303mc^2}{N\pi e^2}\int \varepsilon_i(\sigma)\,d\sigma = 4.32\times 10^{-9}\int \varepsilon_i(\sigma)\,d\sigma$$

式中，f 是无量纲的量；ε_i 是在能量为 $\sigma(\mathrm{cm}^{-1})$ 时谱带的吸收率（摩尔消光系数），它可由比耳-兰伯特定律$\left(\varepsilon=\frac{1}{cl}\lg\frac{I_0}{I}\right.$；$c$ 为浓度，l 是光程，$\lg\frac{I_0}{I}$为吸收率或光密度$\left.\right)$计算出来；N 是阿伏伽德罗常数。

根据现代光学模型，光谱的产生基于辐射能被吸收和释放。辐射能的吸收和释放，原则上可以归结为下列类型的跃迁：电偶极（子）辐射跃迁、磁偶极（子）辐射跃迁、电四极（子）辐射跃迁。按照电偶极跃迁的选择定则，对于稀土离子的 f 组态，$l=3$，$f\to f$ 之间的跃迁 $\Delta l=0$ 则属于宇称禁戒的。然而，在实验上却可以观察到这些跃迁所产生的光谱，这可以解释为晶体场势的展开中由于奇宇称项或由于晶格振动的作用，使相反宇称的 $4f^{n-1}5d$ 混入 $4f^n$ 组态中，从而产生弱的强制的电偶极跃迁。

1962 年 Judd 和 Ofelt 同时从静态晶体场引起相反宇称的组态混杂出发，在一些近似假设的基础上，推导了电偶极的辐射跃迁几率表达式，后来这些推导和结论被简称为 J-O 理论。J-O 理论是研究稀土离子掺杂发光材料光学性质的重要理论方法之一，利用它可以对稀土离子的荧光分支比、辐射寿命、量子效率以及跃迁截面等参数进行计算。有了这些参数，甚至可以预测稀土离子在材料中的光学性质，而且这些光谱参数对评价稀土发光材料与激光材料都有指导意义的。根据 Judd-Ofelt 理论，电偶极跃迁振子强度的理论值 P_{ed} 可表示为：

$$P_{\mathrm{ed}}=\frac{8\pi^2 mc\sigma}{3h(2J+1)e^2}\cdot\frac{(n^2+2)^2}{9n}S_{\mathrm{ed}}$$

$$S_{\mathrm{ed}}=e^2\sum_{\lambda=2,4,6}\Omega_\lambda\left|\langle f^N(S,L)J\|U^{(\lambda)}\|f^N(S',L')J'\rangle\right|^2$$

式中，S_{ed} 为电偶极跃迁强度；m 为电子质量；c 为光速；σ 为跃迁能量；n 为折射率；h 为普朗克常数；e 为电子电量；$|\langle\|U^{(\lambda)}\|\rangle|$ 为约化矩阵元，从不同始态至终态之间跃迁的约化矩阵元可以从文献查得。

振子强度的实验值可以从吸收光谱按照下式用积分求得：

$$P_{\mathrm{exp}}=4.318\times10^{-9}\int\varepsilon(\sigma)\mathrm{d}\sigma$$

式中，ε 为摩尔消光系数。

根据上述公式，用最小二乘法拟合可得到电偶极跃迁的三个强度参数 $\Omega_\lambda(\lambda=2,4,6)$。需要说明的是，$P_{\mathrm{exp}}$ 不仅包括电偶极跃迁，当 P_{md} 的数值不能忽略时，也有可能包括磁偶极跃迁 P_{md}，即 $P_{\mathrm{exp}}=P_{\mathrm{md}}+P_{\mathrm{ed}}$。

在没有电偶极跃迁的情况下，磁偶极和电四极跃迁就变得重要起来。对于稀土离子来说，主要是电偶极跃迁光谱，大部分不含磁偶极跃迁光谱。

4.1.5.2 选择规则

不管是哪一种跃迁都要服从选择规则，否则跃迁是不可能的。多电子原子的选择规则见表 4-4，表中所指的数值是整个原子体系的量子数。选择规则的有效性决不是绝对的，有些限制将由于外场和内场的影响而放宽。$\Delta S=0$ 的选择规则只有相对的有效性，它取决于自旋-轨道耦合的强弱程度。由于自旋-轨道耦合的结果，$\Delta S\neq0$ 的禁律通常被解除。稀土元素有较强的自旋-轨道耦合，所以它们的能级间跃迁不完全服从 $\Delta S=0$ 的选择规则。

表 4-4　跃迁选择规则

跃迁类型	ΔJ	ΔM	宇称变化	ΔS	ΔL
电偶极	0，±1 $J_1+J_2\geqslant 1$	0，±1	有	0	0，±1
磁偶极	0，±1 $J_1+J_2\geqslant 1$	0，±1	无	0	0，±1
电四极	0，±1 $J_1+J_2\geqslant 1$	0，±1，±2	无	0	0，±1，±2

宇称选择规则一般是较严格的，但也不是绝对的。由于稀土离子的 $f\rightarrow f$ 跃迁是 f^n 组态内的跃迁，终态和始态的宇称相同，因而电偶极跃迁是禁止的，磁偶极跃迁是允许的。但由于在配合物或晶体中，金属离子的对称中心移动或晶格的振动运动，使相反宇称的不同组态混入 f^n 组态中，因而宇称选择规则就可能部分被解除，电偶极跃迁成为可能，这种跃迁称为诱导电偶极跃迁或强迫电偶极跃迁。它的强度虽比宇称规则允许的 $f\rightarrow d$ 电偶极跃迁弱，但往往比 f^n 组态内的磁偶极跃迁强 1 ~ 2 个数量级。

J 的选择规则虽然也是严格的，但也不是绝对的。实验表明在配体场中引起电偶极跃迁的上下两能级的 ΔJ 可以大于 1 个单位，甚至是 6 个单位。

下面以 Eu^{3+} 在不同晶体中的荧光光谱为例，说明 $f\rightarrow f$ 跃迁中电偶极跃迁的情况和产生的光谱。Eu^{3+} 的荧光光谱是 $^5D\rightarrow{}^7F$ 态间的跃迁，从电偶极跃迁的选择规则来看，它受宇称选择规则和自旋选择规则所限制，跃迁是不允许的。但由于 RE^{3+} 的自旋-轨道耦合程度较大，$\Delta S=0$ 的选择规则在一定程度上可以消除，不同多重性间跃迁是可能的。宇称禁律能否消除，取决于 Eu^{3+} 在晶格中的位置。

在岩盐结构的 $NaLuO_2$ 的晶格（见图 4-4）中，Eu^{3+} 占据部分 Lu 的位置，处在晶格的对称中心，电偶极跃迁是禁阻的，所以观察到的主要是磁偶极跃迁光谱，如图 4-5 所示。在 590nm 附近的 $^5D_0\rightarrow{}^7F_1$ 跃迁，发出橙色的荧光，在 610nm 附近的弱谱带是 $^5D_0\rightarrow{}^7F_2$ 的电偶极跃迁，这是由于晶格离子振动，使 Eu^{3+} 的对称性偏离，电偶极跃迁不能被绝对地禁阻，因此有时也观察到它的光谱。

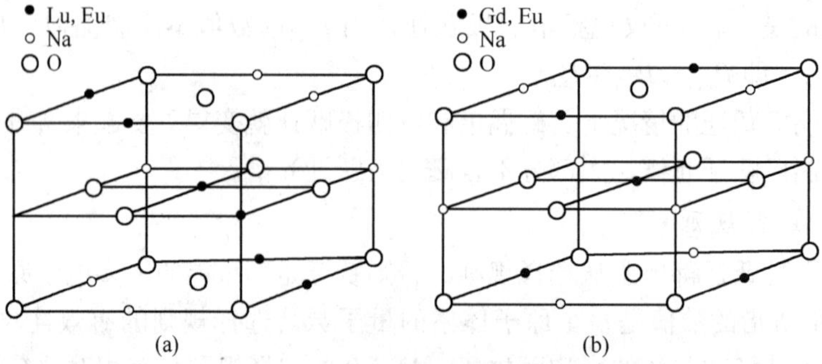

图 4-4　$Na(Lu,Eu)O_2$ 和 $Na(Gd,Eu)O_2$ 的晶体结构

(a) $Na(Lu,Eu)O_2$；(b) $Na(Gd,Eu)O_2$

在岩盐结构的 $NaGdO_2$ 晶格（见图 4-4）中，Eu^{3+} 占据部分 Gd 的位置，但此晶格没有对称中心，宇称选律可以消除，电偶极跃迁是可能的，因此在 $NaGdO_2$ 中，Eu^{3+} 的光谱不仅能观察到磁偶极跃迁的谱线，也能观察到电偶极跃迁的谱线，如图 4-5 中的 $^5D_0 \to {}^7F_2$ 的跃迁。电偶极的 $\Delta J \leqslant 6$ 的选择规则决定，始态的 $J=0$ 时，终态的 J 应为 2、4、6，所以 $^5D_0 \to {}^7F_2$ 的跃迁是电偶极跃迁（产生红色的荧光）。由于 $^5D_0 \to {}^7F_2$ 的电偶极跃迁强度比 $^5D_0 \to {}^7F_1$ 的磁偶极跃迁强，因此在 $NaGdO_2$ 中 Eu^{3+} 发出红色的荧光。

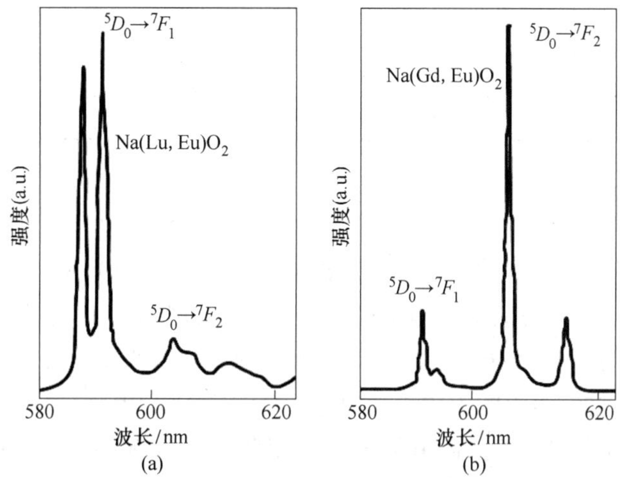

图 4-5 $NaLuO_2$ 基质（a）和 $NaGdO_2$ 基质（b）中 Eu^{3+} 的发射光谱

4.1.5.3 超灵敏跃迁

在理论上，$f \to f$ 跃迁的吸收强度是不大的，但某些 $f \to f$ 跃迁的吸收带的振动强度，随稀土离子周围环境的变化而明显增大，远远超过其他的跃迁。这种跃迁的选择定则遵循 $|\Delta J|=2$，$|\Delta L| \leqslant 2$，$\Delta S=0$，这个选择定则和电四极跃迁的选择定则相同，这种跃迁为超灵敏跃迁。对应于这些跃迁的谱线强度随着环境的不同可改变 2 ~ 4 倍，甚至可以比溶液中相应的跃迁强度高 200 倍以上。人们对这类特殊的跃迁进行仔细的研究发现，这类跃迁与稀土离子所处的局部对称性有关，例如 Y_2O_3:Eu^{3+} 中，Eu^{3+} 离子占据两个不同的对称性格位 C_2 和 S_6，Eu^{3+} 离子的 $^5D_0 \to {}^7F_2$ 跃迁符合超灵敏跃迁，C_2 对称性格位具有线性晶体场，可以观察到超灵敏跃迁；而 S_6 格位不具有线性晶体场，因此观察不到超灵敏跃迁。研究结果表明，只有稀土离子所处的局部对称性的晶场具有线性晶场项时才能发生这种跃迁。具有线性晶场项对称性的点群共有 10 个，它们是 C_1、C_2、C_3、C_4、C_6、C_{2v}、C_{3v}、C_{4v}、C_{6v} 和 C_s。根据超敏跃迁的选择定则 $\Delta J=2$，稀土离子中的超灵敏跃迁见表 4-5。

表 4-5 稀土离子的超灵敏跃迁的实例

离子	跃迁的 J 能级	波数范围/cm^{-1}
Pr^{3+}	$^3H_4 \to {}^3P_2$	22500
Nd^{3+}	$^4I_{9/2} \to {}^4G_{5/2}, {}^2G_{7/2}$	17300
Pm^{3+}	$^5I_4 \to {}^5G_2, {}^5G_3$	17700，18260

续表 4-5

离子	跃迁的 J 能级	波数范围/cm^{-1}
Sm^{3+}	$^6H_{5/2}\rightarrow{}^4F_{9/2},{}^6F_{1/2}$	17300，62000
Eu^{3+}	$^7F_0\rightarrow{}^5D_0,{}^5D_1,{}^5D_2$	
	$^7F_1\rightarrow{}^5D_1,{}^5D_2$	
Dy^{3+}	$^6H_{15/2}\rightarrow{}^6F_{11/2}$	7700
Ho^{3+}	$^5I_8\rightarrow{}^5G_8$	22100
	$^5I_8\rightarrow{}^3G_8$	27700
Er^{3+}	$^4I_{15/2}\rightarrow{}^2H_{11/2},{}^4G_{11/2}$	19200，26500
Tm^{3+}	$^3H_6\rightarrow{}^3H_4$	12600

4.1.6 谱带的精细结构

用高分辨能力的光谱仪对 RE^{3+} 溶液和晶体进行摄谱，在低温时，通常可发现其吸收和发射光谱是由若干组尖锐的谱线组成的。每组谱线的整个空间约为 $300cm^{-1}$ 或更小些，各组吸收带的距离约为 $1000cm^{-1}$，组中谱线间的距离在 $100cm^{-1}$ 或更低些，只有少数是 $200cm^{-1}$ 或更高些。这些组内的尖锐谱线即为光谱的精细结构。

人们认为，以球形对称的自由 RE^{3+} 的每一 J 能级，在配体场的影响下，其原有的对称性被破坏，消除了 $^{2S+1}L_J$ 项的 J 能级的（$2J+1$）重简并，J 能级分裂为若干 J_z 能级（此时 J 相同，J_z 不同），在符合选择规则的条件下，不同的 J_z 能级间的跃迁，就产生了光谱的精细结构。

J 能级的（$2J+1$）重简并消除程度，取决于 RE^{3+} 所处的配体场的对称性和强度。如 $J=4$，在 C_{3v} 对称性的配体场中，分裂为 6 个 J_z 能级，在 C_{2v} 对称性的配体场中，分裂为 9 个 J_z 能级。不同配体场中 J 能级分裂为 J_z 能级的数目可根据群论方法得到，已在表 4-6 中指出。其中 $J=0$ 或 1/2 时，在任何场中都不会发生分裂。

对谱带精细结构的分析，一般来说是不容易的，因为它相当复杂，尤其在溶液中，溶剂的影响，使谱带加宽，不易辨认出谱带的精细结构。在某些情况下，同样的分裂模型可能得出一种以上的配体场对称性。只在一些较简单的情况下，谱带的分析才是可能的。当跃迁是发生在两个能级中，其中有一能级的 J 值为 0 或 1/2 时，就有可能对谱带进行粗略的分析。

表 4-6 在配体场中不同 J 能级分裂后的亚能级数

<table>
<tr><td rowspan="2">配体的对称性</td><td>J</td><td>0</td><td>1</td><td>2</td><td>3</td><td>4</td><td>5</td><td>6</td><td>7</td><td>1/2</td><td>3/2</td><td>5/2</td><td>7/2</td><td>9/2</td><td>11/2</td><td>13/2</td><td>15/2</td></tr>
<tr><td>$2J+1$</td><td>1</td><td>3</td><td>5</td><td>7</td><td>9</td><td>11</td><td>13</td><td>15</td><td>2</td><td>4</td><td>6</td><td>8</td><td>10</td><td>12</td><td>14</td><td>16</td></tr>
<tr><td colspan="2">C_2、C_{2h}、C_{2v}、D_2、D_{2h}</td><td>1</td><td>3</td><td>5</td><td>7</td><td>9</td><td>11</td><td>13</td><td>15</td><td rowspan="3">1</td><td rowspan="3">2</td><td rowspan="3">3</td><td rowspan="3">4</td><td rowspan="3">5</td><td rowspan="3">6</td><td rowspan="3">7</td><td rowspan="3">8</td></tr>
<tr><td colspan="2">C_3、C_{3v}、C_{3h}、C_h、D_{3h}、D_{3d}、C_{6v}</td><td>1</td><td>2</td><td>3</td><td>5</td><td>6</td><td>7</td><td>9</td><td>10</td></tr>
<tr><td colspan="2">C_{4v}、C_{4h}、D_{4h}、D_{2d}、S_4</td><td>1</td><td>2</td><td>4</td><td>5</td><td>7</td><td>8</td><td>10</td><td>11</td></tr>
<tr><td colspan="2">T、T_h、T_d、O、O_h</td><td>1</td><td>1</td><td>2</td><td>3</td><td>4</td><td>4</td><td>6</td><td>6</td><td>1</td><td>1</td><td>2</td><td>3</td><td>3</td><td>4</td><td>5</td><td>5</td></tr>
</table>

根据稀土离子谱带的精细结构，可以得到物质的结构信息。具有 $4f^6$ 结构的 Eu^{3+} 离子

是用来研究晶体结构非常理想的离子，因为 Eu^{3+} 离子的荧光能级 $^5D_0$ 能级 $J=0$，不会在晶体场中劈裂，基态光谱项 ^7F 简单清晰。因此根据 Eu^{3+} 离子荧光光谱中的谱线数目，就可以了解其周围环境的对称性，这就是近些年利用稀土荧光探针来研究有机、无机、生物大分子等结构信息的依据。

当 Eu^{3+} 离子处于有严格反演中心格位时，将以允许的 $^5D_0 \rightarrow {}^7F_1$ 磁偶极跃迁为主，此时 Eu^{3+} 离子所处的环境为 C_1、C_{2h}、D_{2h}、C_{4h}、D_{4h}、D_{3h}、S_6、C_{6h}、D_{6h}、T_h、O_h 这 11 个点群，当 Eu^{3+} 离子处于 C_1、C_{2h} 和 D_{2h} 这三个对称性位置时，$^7F_1$ 能级完全解除简并，因此会劈裂成为 3 条谱线；当 Eu^{3+} 离子处于 T_h、O_h 对称性位置时，由于对称性高，$^7F_1$ 能级不劈裂，只有一条荧光谱线；当 Eu^{3+} 离子处于其余 6 个点群时，$^7F_1$ 能级劈裂为 2 个状态，因此产生两条谱线。

当 Eu^{3+} 离子处于偏离反演中心的位置时，由于 $4f$ 组态混入了相反宇称的组态，跃迁放宽，将以 $^5D_0 \rightarrow {}^7F_2$ 跃迁为主。当 Eu^{3+} 离子处于 C_s、C_n、C_{nv} 十种点群时，由于在晶场势展开项中包括线性晶场项，将出现 $^5D_0 \rightarrow {}^7F_0$ 的跃迁发射。由于 $^5D_0 \rightarrow {}^7F_0$ 跃迁只能观察到一条谱线，从而可以利用荧光光谱中 $^5D_0 \rightarrow {}^7F_0$ 发射峰数目了解 Eu^{3+} 离子在基质中的格位情况。Eu^{3+} 离子在不同点群中的光谱数目见表 4-7。

表 4-7 32 点群中 Eu^{3+}（f^6 组态）的 $^5D_0 \rightarrow {}^7F_J$ 的跃迁

晶系	点群		^7F_J（$J=0, 1, 2, 4, 6$）的能级数目					$^5D_0 \rightarrow {}^7F_J$ 的跃迁数目				
			0	1	2	4	6	0→0	0→1	0→2	0→4	0→6
三斜	C_1	1	1	3	5	9	13	1	3	5	9	13
	C_i	$\bar{1}$	1	3	5	9	13	0	3	0	0	0
单斜	C_s	m	1	3	5	9	13	1	3	5	9	13
	C_2	2	1	3	5	9	13	1	3	5	9	13
	C_{2h}	$\frac{2}{m}$	1	3	5	9	13	0	3	0	0	0
正交	C_{2v}	$mm2$	1	3	5	9	13	1	3	4	7	10
	D_2	222	1	3	5	9	13	0	3	3	6	9
	D_{2h}	mmm	1	3	5	9	13	0	3	0	0	0
四方	C_4	4	1	2	4	7	10	1	2	2	5	6
	C_{4v}	$4mm$	1	2	4	7	10	1	2	2	4	5
	S_4	$\bar{4}$	1	2	4	7	10	0	2	3	4	7
	D_{2d}	$\bar{4}2m$	1	2	4	7	10	0	2	2	3	5
	D_4	422	1	2	4	7	10	0	2	0	3	4
	C_{4h}	$\frac{4}{m}$	1	2	4	7	10	0	2	0	0	0
	D_{4h}	$\frac{4}{m}mm$	1	2	4	7	10	0	2	0	0	0
三方	C_3	3	1	2	3	6	9	1	2	3	6	9
	C_{3v}	$3m$	1	2	3	6	9	1	2	3	5	7
	D_3	32	1	2	3	6	9	0	2	2	4	6

续表 4-7

晶系	点群		^7F_J（$J=0,1,2,4,6$）的能级数目					$^5D_0\to{}^7F_J$ 的跃迁数目				
			0	1	2	4	6	0→0	0→1	0→2	0→4	0→6
三方	D_{3d}	$\bar{3}m$	1	2	3	6	9	0	2	0	0	0
	S_6	$\bar{3}$	1	2	3	6	9	0	2	0	0	0
六方	C_6	6	1	2	3	6	9	1	2	2	2	5
	C_{6v}	6mm	1	2	3	6	9	1	2	2	2	4
	D_6	622	1	2	3	6	9	0	2	0	0	3
	C_{3h}	$\bar{6}$	1	2	3	6	9	0	2	1	4	4
	D_{3h}	$\bar{6}m2$	1	2	3	6	9	0	2	1	3	3
	C_{6h}	$6/m$	1	2	3	6	9	0	2	0	0	0
	D_{6h}	$\frac{6}{m}mm$	1	2	3	6	9	0	2	0	0	0
立方	T	23	1	1	2	4	6	0	1	1	2	3
	T_d	$\bar{4}3m$	1	1	2	4	6	0	1	1	1	2
	T_h	m3	1	1	2	4	6	0	1	0	0	0
	O	432	1	1	2	4	6	0	1	0	0	0
	O_h	m3m	1	1	2	4	6	0	1	0	0	0

4.1.7　稀土的荧光材料及其应用

稀土化合物作为一类重要的荧光材料，已被广泛地应用。在荧光材料中，稀土离子既可作为基质的组成部分，也可作为激活离子。Y^{3+}、La^{3+}、Lu^{3+} 的化合物可作为荧光材料中的基质，因为它们在可见光区和紫外光区无吸收；Eu^{3+}、Tb^{3+} 等离子由于具有较强的荧光性能，可作为激活离子。稀土离子的荧光材料已用于荧光灯、X 射线增感屏、白光 LED 等器件中，部分代表性的荧光材料的组成和用途见表 4-8。

表 4-8　稀土荧光材料的组成和用途

荧光材料的组成	激发光源	发光颜色	用　途
$YVO_4:Eu^{3+}$	紫外光	红	高压汞灯
$Y_2O_3:Eu^{3+}$	紫外光	红	三基色节能灯
$BaMgAl_{10}O_{17}:Eu^{2+}$	紫外光	蓝	三基色节能灯
$MgAl_{11}O_{19}:Ce^{3+}, Tb^{3+}$	紫外光	绿	三基色节能灯
$Y_3Al_5O_{12}:Ce^{3+}$	蓝光	黄	白光 LED 照明或显示
$CaAlSiN_3:Eu^{2+}$	蓝光	红	白光 LED 照明或显示
$SrAl_2O_4:Eu^{2+}, Dy^{3+}$	阳光	黄绿	应急照明
$Lu_2SiO_5:Ce^{3+}$	高能射线	蓝光	核医学成像
$Sr_2P_2O_7:Eu^{2+}$	紫外线		照相复制用灯
$LaF_3:Yb^{3+}, Er^{3+}$	红外线	绿	固体指示装置（上转换材料）
$NaYF_4:Yb^{3+}, Er^{3+}$	红外线	绿	红外成像（上转换材料）

续表 4-8

荧光材料的组成	激发光源	发光颜色	用途
$Ca_2P_2O_7:Dy^{3+}$	电子射线	白	雷达显像管
$BaFCl:Eu^{2+}$	X 射线	蓝	X 射线增感屏
$Gd_2O_2S:Tb^{3+}$	X 射线	绿	X 射线增感屏

4.1.8 稀土的激光性能

激光具有很好的单色性、方向性和相干性，并且可以达到很高的亮度，可应用到工业、农业、医学和国防等领域。20 世纪 60 年代，首先发现了 Sm^{2+} 掺杂的 CaF_2、Nd^{3+} 掺杂的 $CaWO_4$ 或玻璃基体和 Nd^{3+} 掺杂的 $Y_3Al_5O_{12}$ 晶体可用于激光材料。70 年代以后，稀土激光材料得到了快速发展，除了一些铁族离子和一个锕系离子（U^{3+}）外，其他均是由稀土离子激活。这些激光材料多以 Sm^{2+}、Dy^{2+}、Tm^{2+} 等二价稀土离子和 Pr^{3+}、Nd^{3+}、Eu^{3+}、Tb^{3+}、Dy^{3+}、Ho^{3+}、Er^{3+}、Tm^{3+}、Yb^{3+} 等三价稀土离子作为激活剂，以晶体、不定型固体、金属有机化合物等为基体。

国内外现已广泛将 YAG:Nd 激光晶体和钕玻璃用于激光热核聚变、激光制导、目标指示、激光测距、激光打孔与焊接、激光医疗机、激光光谱仪，以及激光微区分析仪等方面，例如，使用激光眼科医疗机可进行虹膜打孔，使眼疾患者重见光明。随着集成光学和光纤通信的发展，需要有微型的激光器和放大器，发展了稀土类光纤激光材料。钕（Nd）的 1.33μm 和铒（Er）的 1.55μm 的激光波长跟光纤通信最佳的窗口相匹配，很适合作为低损耗传输的激光光源。在日本，使用掺铒的光纤放大器完成了无中继距离为 212km 的光纤通信实验，并完成了海底通信实验和 900km 的长距离实验。

4.1.8.1 稀土离子的激光形成机理

微观物质体系是由大量粒子组成的，这些粒子可通过各种形式交换能量。有些粒子被激发到高能态，另一些返回到低能态。在热平衡时，处于各个能级的粒子是按一定的统计规律分布的，即按玻耳兹曼定律分布的。一个原子在能级 ε_1 中的几率是 $g_1 e^{\frac{\varepsilon_1}{kT}}$，在能级 ε_2 中的几率是 $g_2 e^{\frac{\varepsilon_2}{kT}}$，其中 g_1、g_2 分别为处于能级 ε_1、ε_2 的状态数，即简并度，或称为统计权重；k 为玻耳兹曼常数：1.3805×10^{-23} J/K。因此，分别处于能级 ε_1 和 ε_2 的原（粒）子数 n_1 和 n_2 为：

$$n_2/n_1 = g_2/g_1 e^{-(\varepsilon_2-\varepsilon_1)/kT}$$

在 $T>0$，$\varepsilon_2>\varepsilon_1$ 时，$n_1/g_1>n_2/g_2$，这种粒子的分布称为粒子的正常分布。但在外界能源激励下，这种粒子正常分布的热平衡可能被破坏，使处于高能态 ε_2 的粒子数 n_2 大大地增加，以致达到：$n_2/g_2>n_1/g_1$，这时的粒子分布称为粒子的反转分布。

激光是一种光量子放大现象，是受激辐射放大的简称。为了获得光量子放大，首先要破坏粒子的正常分布，实现粒子的反转分布。但各种物质并非都能实现粒子的反转分布。能实现粒子反转分布的物质，也不是在该物质任何两个能级间都能实现的，而必须具备一定的条件（具有适当的能级和必要的能量输入系统）。处于反转分布的粒子体系在一定条件下就可能产生激光。在激光材料中，能实现粒子反转分布的物质为激活介质。

大多数稀土离子可作为激活介质。在稀土离子的4f电子组态中，具有较长激发态寿命的能级——亚稳态（平均寿命在$10^{-2}\sim10^{-5}$s，比一般激发态寿命的$10^{-8}\sim10^{-9}$s长），是实现粒子反转分布的条件。

现以Nd^{3+}为例，因为Nd^{3+}具有与稀土激光原理有关的大多数物理现象。它的基谱项分裂有几千波数的数量级（即$\varepsilon_1\geqslant kT$），可在室温下工作，当用$CaWO_4$为基体时，可得到特别低的阈值，在室温下典型数值是1～2J。Nd^{3+}还可掺入各种玻璃中，作为激光材料，所以钕是稀土元素中在激光工作物质中应用最广泛的一种重要材料。

Nd^{3+}的能级的跃迁情况可用图4-6说明（此图是Nd^{3+}的较低能级图）。当光照射时，Nd^{3+}中电子受激吸收，基态电子可跃迁到$^4F_{3/2}$或以上的能级，在高能级的电子可以较快地、无辐射地跃迁到平均寿命最长（2.3×10^{-4}s）的$^4F_{3/2}$态上，然后集中在$^4F_{3/2}$的电子再跃迁到^4I_J各态。在此过程中，由于$^4I_{13/2}$和$^4I_{11/2}$与基态$^4I_{9/2}$的能差较大（$^4I_{11/2}$与$^4I_{9/2}$能差约为2000cm^{-1}），在室温时，处于$^4I_{13/2}$、$^4I_{11/2}$的离子较少，因此受激后，在$^4F_{3/2}$态的离子比处在$^4I_{13/2}$或$^4I_{11/2}$的离子多，这样就可能在$^4F_{3/2}$与$^4I_{13/2}$或$^4F_{3/2}$或$^4I_{11/2}$的两个能态间实现粒子反转分布，因而就有可能产生激光。Nd^{3+}的$^4F_{3/2}$-$^4I_{11/2}$的跃迁代表了图4-7中指出的四能级激光的一个接近理想的实例。

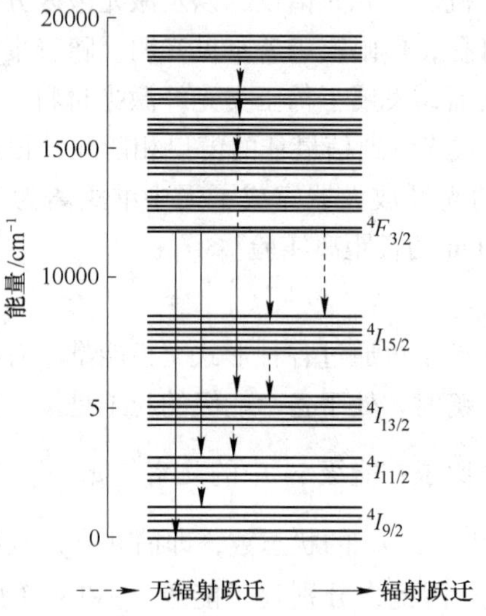

图4-6　Nd^{3+}的能级和辐射、无辐射跃迁

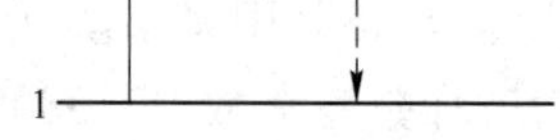

图4-7　四能级激光系统的示意图

4.1.8.2　稀土离子的激光性能

大多数稀土离子可作为激活离子，其激光光谱在500～3000nm的范围内（见图4-8）。这虽比气体和半导体激光器所产生的波长范围小，但较有机染料和其他类型激光器要大些。

稀土离子用于激光材料时，其能级系统主要有四能级系统、准四能级系统、三能级系统和准三能级系统，四能级系统更容易实现粒子数反转，其激光泵浦阈值较低，其示意图如图4-7所示。电子的跃迁过程是基态电子受激跃迁到能级3或能级4，在能级4的电子快速地、有效地再跃迁到亚稳态能级3，再由能级3返回到能级2，再至基态。由于激光

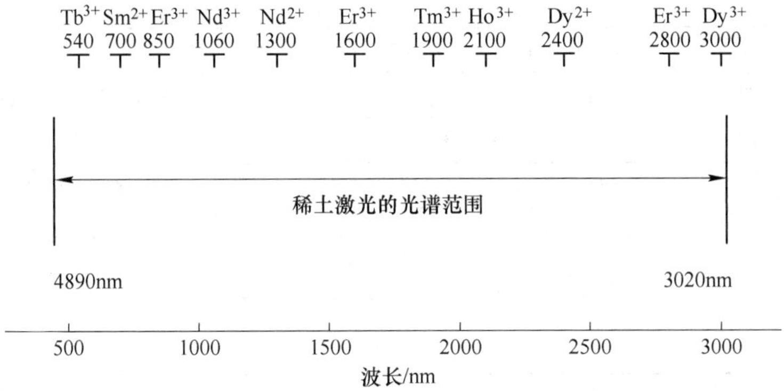

图 4-8 稀土激光的光谱范围和波长

跃迁的终点能级 2 是在基态上的激发态，在正常情况下，处于此态的离子较少，因此亚稳态 3 和能级 2 容易实现粒子反转分布，这样比基态作为终态的三级激光更为有利，因为基态为终态的话，需要一半以上的离子激发，才可能实现粒子的反转分布，所以采用上述跃迁过程，可以降低泵源的要求。

稀土离子为激光工作物质的类型有固体激光、液体激光和气体激光工作物质。在这些类型中稀土作为激活离子的实例见表 4-9 ~ 表 4-12。

表 4-9 整比化合物的稀土晶体激光

晶　体		激光跃迁	波长/nm	条件①
Pr^{3+}	$PrCl_3$	${}^3P_0 \to {}^3H_4$、${}^3H_6$、${}^3F_2$	489.2、616.4、645.2	P，≤65 ~ 300K
		${}^3P_1 \to {}^3H_5$	529.8	P，35K
	$PrBr_3$	${}^3P_0 \to {}^3F_2$	640	P，300K
Nd^{3+}	NdP_5O_{14}	${}^4F_{3/2} \to {}^4I_{11/2}$	1051	CW，300K
	$LiNdP_4O_{12}$	${}^4F_{3/2} \to {}^4I_{11/2}$	1048	CW，300K
	$NaNdP_4O_{12}$	${}^4F_{3/2} \to {}^4I_{11/2}$	1051	CW，300K
	$KNdP_4O_{12}$	${}^4F_{3/2} \to {}^4I_{11/2}$	1051	CW，300K
	$NdAl_3(BO_3)_4$	${}^4F_{3/2} \to {}^4I_{11/2}$	1065	CW，300K
Ho^{3+}	HoF_3	${}^5I_7 \to {}^5I_8$	2090	P，77K
	$LiHoF_4$	${}^5F_5 \to {}^5I_5$、${}^5I_6$、${}^5I_7$	2350、1486、978	P，≈90K
	$Ho_3Al_5O_{12}$	${}^5I_7 \to {}^5I_8$	2122、2129	P，90K
Er^{3+}	$LiErF_4$	${}^4S_{3/2} \to {}^4I_{9/2}$	1732	P，≈90K

① P—脉冲；CW—连续。

表 4-10 稀土玻璃激光

离子	跃　迁	波长/10^3μm	敏化剂	玻　璃
Nd^{3+}	${}^4F_{3/2} \to {}^4I_{9/2}$	0.921		硼酸盐、硅酸盐（77K）
	${}^4F_{3/2} \to {}^4I_{11/2}$	1.047 ~ 1.08	Mn^{2+}	硼酸盐、硅酸盐
			UO_2^{2+}	磷酸盐、锗酸盐、亚碲酸盐、铝酸盐、氟铍酸盐

续表 4-10

离子	跃　迁	波长/10^3 μm	敏化剂	玻　璃
Nd^{3+}	$^4F_{3/2}\rightarrow{}^4I_{13/2}$	1.32～1.37		硼酸盐、硅酸盐、磷酸盐
Ho^{3+}	$^5I_7\rightarrow{}^5I_8$	1.95～2.08	Yb^{3+}，Er^{3+}	硅酸盐
Er^{3+}	$^4I_{13/2}\rightarrow{}^4I_{18/2}$	1.54～1.55	Yb^{3+}	硅酸盐、磷酸盐
Tm^{3+}	$^3H_4\rightarrow{}^3H_6$	1.85～2.02	Yb^{3+}，Er^{3+}	硅酸盐
Yb^{3+}	$^2F_{5/2}\rightarrow{}^2F_{7/2}$	1.01～1.06		硼酸盐、硅酸盐

表 4-11　稀土配合物激光

离子	跃　迁	波长/nm	温度/℃
Nd^{3+}	$^4F_{3/2}\rightarrow{}^4I_{11/2}$	1057	30
Eu^{3+}	$^5D_0\rightarrow{}^7F_2$	611～613	-150～+30
Tb^{3+}	$^5D_4\rightarrow{}^7F_5$	547	30

表 4-12　钕惰性液体激光

溶　剂	跃　迁	波长/nm
$SOCl_2:SnCl_4$	$^4F_{3/2}\rightarrow{}^4I_{11/2}$	1055
	$^4F_{3/2}\rightarrow{}^4I_{13/2}$	1330
$POCl_3:SnCl_4$	$^4F_{3/2}\rightarrow{}^4I_{11/2}$	1051
$POCl_3:ZnC_{l3}$	$^4F_{3/2}\rightarrow{}^4I_{11/2}$	1051
$POCl_3:TiCl_4$	$^4F_{3/2}\rightarrow{}^4I_{11/2}$	1053
$PBr_3:AlBr_3,SbBr_3$	$^4F_{3/2}\rightarrow{}^4I_{11/2}$	1066

4.2　稀土元素的磁性

4.2.1　物质的磁性

4.2.1.1　物质的磁性来源

物质的磁性来自物质内部的电子和核的电性质。由于核的磁效应约比电子的磁效应小3个数量级，因此常予以忽略。原子、离子或分子的电子磁效应来自电子的轨道运动和自旋运动，因此它们的磁性是轨道磁性和自旋磁性的某种组合。轨道磁性是由轨道角动量所决定的，自旋磁性是由自旋角动量产生的，因此原子或离子的磁性取决于总轨道角动量L、总自旋角动量S和由它们组合的整个原子或离子的总角动量J。磁矩可由下式表示：

$$\mu_{eff}=g\sqrt{J(J+1)}\,\mu_B$$

式中，g为朗德（Lande）因子，$g=1+\dfrac{J(J+1)+S(S+1)-L(L+1)}{2J(J+1)}$。

磁矩通常以玻尔磁子（μ_B）或 B. M. 为单位：

$$1\mu_B=\frac{eh}{4\pi mc}=9.273\times10^{-21}\text{erg/G}=9.273\times10^{-24}\text{J/T}$$

式中，h为普朗克常数；e为电子电荷；m为电子质量；c为光速。

在一些原子或离子中，当电子的轨道—自旋耦合可忽略时，其原子或离子的有效磁矩可用下式表示：

$$\mu_{L+S}=\sqrt{L(L+1)+4S(S+1)}\,\mu_B$$

对于一些 d 区过渡元素来说，原子或离子的有效磁矩更符合于纯自旋磁矩，

$$\mu_S=\sqrt{4S(S+1)}\,\mu_B$$

稀土元素的原子或离子的轨道—自旋耦合是较大的，自旋耦合常数大于 kT（常温时 kT 等于约 200cm^{-1}），在常温下，所有的原子或离子实际上处于多重态的基组态上，因此它们的有效磁矩应由下式给出：

$$\mu_{eff}=g\sqrt{J(J+1)}\,\mu_B$$

4.2.1.2 稀土元素离子的磁矩

稀土离子（Ⅲ）基态的理论磁矩的计算实例如下：

（1）$Pr^{3+}(4f^2)$ 的磁矩。Pr^{3+} 的基支谱项为 $^3H_4$，则

$$g=1+\frac{J(J+1)+S(S+1)-L(L+1)}{2J(J+1)}=1+\frac{4(4+1)+1(1+1)-5(5+1)}{2\times4(4+1)}=\frac{4}{5}$$

$$\mu_{eff}=g\sqrt{J(J+1)}\,\mu_B=\frac{4}{5}\sqrt{4(4+1)}\,\mu_B=3.58\mu_B$$

（2）$Er^{3+}(4f^{11})$ 的理论磁矩。Er^{3+} 的基支谱项为 $^4I_{15/2}$，则

$$g=1+\frac{\frac{15}{2}\left(\frac{15}{2}+2\right)+\frac{3}{2}\left(\frac{3}{2}+1\right)-6(6+1)}{2\times\frac{15}{2}\left(\frac{15}{2}+1\right)}=\frac{6}{5}$$

$$\mu_{eff}=\frac{6}{5}\sqrt{\frac{15}{2}\left(\frac{15}{2}+1\right)}\,\mu_B=9.58\mu_B$$

除了 Sm^{3+}、Eu^{3+} 外，其他元素的实测数据与上式的计算结果基本一致，见表 4-13。

表 4-13 稀土离子的磁矩

RE^{3+} 离子	$4f$ 电子数	基态	S	L	J	g	磁矩（以 μ_B 计）	
							计算	实验
La	0	$^1S_0$	0	0	0	—	0.0	0.0
Ce	1	$^2F_{5/2}$	1/2	3	5/2	6/7	2.54	2.4
Pr	2	$^3H_4$	1	5	4	4/5	3.58	3.5
Nd	3	$^4I_{9/2}$	3/2	6	9/2	8/11	3.62	3.5
Pm	4	$^5I_4$	2	6	4	3/5	2.68	—
Sm	5	$^6H_{5/2}$	5/2	5	5/2	2/7	0.84	1.5
Eu	6	$^7F_0$	3	3	0	1	0.0	3.4
Gd	7	$^8S_{7/2}$	7/2	0	7/2	2	7.94	8.0
Tb	8	$^7F_6$	3	3	6	3/2	9.72	9.5
Dy	9	$^6H_{15/2}$	5/2	5	15/2	4/3	10.65	10.7
Ho	10	$^5I_8$	2	6	8	5/4	10.61	10.3

续表 4-13

RE^{3+}离子	4*f* 电子数	基态	*S*	*L*	*J*	*g*	磁矩（以 μ_B 计）	
							计算	实验
Er	11	$^4I_{15/2}$	3/2	6	15/2	6/5	9.58	9.5
Tm	12	$^3H_6$	1	5	6	7/6	7.56	7.3
Yb	13	$^2F_{7/2}$	1/2	3	7/2	8/7	4.54	4.5
Lu	14	$^1S_0$	0	0	0	0	0.0	0.0

Sm^{3+}、Eu^{3+}的实测磁矩总比它们的基态理论磁矩大，Eu^{3+}更为明显。其原因如下：

（1）体系的离子在不同能态上的分布应服从玻耳兹曼分布定律。当离子的基态能量与低激发态能量相差不大时，体系离子虽大部分处于基态，但亦可部分处于低激发态，因此仅由离子在基态的 *J* 值计算磁矩，就与实测磁矩有偏差。当离子的基态能量与低激发态能量相差较大时，可以粗略地认为体系离子基本上处于基态，因此根据基态的 *J* 值计算得到的理论磁矩与实测磁矩基本相符。Sm^{3+}和Eu^{3+}的基态$^6H_{5/2}$和$^7F_0$与低激发态$^6H_{7/2}$和$^7F_{1,2,3}$的能差较小（见图 4-2），即使在常温下，体系的离子也可能部分处于$^6H_{7/2}$和$^7F_{1,2,3}$的低激发态上，因此实测磁矩与单纯从基态的 *J* 值计算的磁矩显然不一致。按基态 *J* 值计算Sm^{3+}的磁矩为 $0.84\mu_B$，实测磁矩为 $1.55 \sim 1.56\mu_B$，Eu^{3+}的计算磁矩为 $0\mu_B$，实测磁矩为 $3.40 \sim 3.51\mu_B$。

（2）当上述的磁矩公式仅用于相邻 *J* 能级间距大于 *kT* 时，可忽略 *J* 能级间的相互作用。离子在磁场作用下，*J* 态能级的变化仅产生一级塞曼（Zeemamm）效应。对于 *J* 能级间距较大（$>kT$）的一些离子，忽略 *J* 能级间的作用，可服从上述磁矩公式，计算结果与实测值基本相符。但Sm^{3+}、Eu^{3+}的基态 *J* 能级与最低激发态能级间距较小，因此由于 *J* 能级间的相互作用，它们的磁矩不服从上述磁矩公式，这也造成Sm^{3+}、Eu^{3+}磁矩的基本理论值与实测值有较大的偏差。

4.2.1.3 磁化率

如果把一个物质放在强度为 *H* 的外加磁场中，物质内部的磁通量 *B* 为：$B = H + 4\pi I$，其中 *I* 称为磁化强度。磁导率定义为：B/H；磁化率定义为：$\kappa = I/H$。*I* 和 κ 的数值是对单位体积的磁矩而言的，所以 κ 也称为体积磁化率，它是无量纲的量。

磁化率还可用克磁化率χ_g和摩尔磁化率χ_M表示。克磁化率为：$\chi_g = k/\rho$（ρ 为物质的密度），单位为 cm^3/g。摩尔磁化率为：$\chi_M = \chi_g \cdot M$；（*M* 相应于一个金属原子的化合物的相对分子质量），单位为 cm^3/mol。

A 磁化率与温度的关系

顺磁物质的磁化率与温度的关系服从居里定律，即：

$$\chi_M \propto 1/T \quad 或 \quad \chi_M \propto C/T$$

式中，*C* 称为居里常数；*T* 为绝对温度。

它的实际意义是考虑抗磁性和与温度无关的顺磁性的效应后的磁化率$\chi_M^{校正}$与温度的关系，所以应是：

$$\chi_M^{校正} \propto C/T$$

按此式，$\chi_{M}^{校正}$ 对 $1/T$ 的图应是通过坐标原点的图形，但有些物质的 $\chi_{M}^{校正}$ 对 $1/T$ 的图形不通过坐标原点，因此要加以修正：

$$\chi_{M}^{校正} \propto \frac{C}{T-\theta}$$

此即为居里-外斯定律，θ 称为外斯常数。

B 磁化率与磁矩关系

由统计处理方法得到：

$$\chi_{M}^{校正} = \frac{N\mu^2}{3kT}$$

式中，N 为阿伏伽得罗常数；k 为玻耳兹曼常数。

与 $\chi_{M}^{校正} = C/T$ 相比较，则：$C = N\mu^2/(3k)$。在一定温度下：

$$\mu = \sqrt{3k/N} \cdot \sqrt{\chi_{M}^{校正} \cdot T} = 2.84 \sqrt{\chi_{M}^{校正} \cdot T}$$

因此测定出物质的磁化率就可算出顺磁物质的原子、离子或分子磁矩。

当用 $\chi_{M}^{校正} = \frac{C}{T-\theta}$ 代替 $\chi_{M}^{校正} = \frac{C}{T}$ 时，则

$$\mu = 2.84 \sqrt{\chi_{M}^{校正} \cdot (T-\theta)}$$

4.2.1.4 物质磁行为的主要类型

物质磁性行为分顺磁性、抗磁性、铁磁性和反铁磁性等几大类。

顺磁性物质具有正的磁化率，磁导率大于1。顺磁性是由电子轨道运动或自旋运动引起的原子或分子磁矩。在外加磁场作用下，使原子磁矩沿外磁场方向平行排列，以致使试样产生整体磁化。

所有物质都具有抗磁性。由于原子或离子中封闭壳层中的各电子的自旋磁矩和轨道磁矩相互抵消，因此没有净磁矩。在外加磁场中，由于磁场的诱导，产生了大小与磁场强度成正比，方向与所在磁场方向相反的、小的净轨道磁矩，其磁化率为负，即在磁场中物质有抗磁性。

顺磁物质可分为三种主要类型（见图4-9）：

（1）简单顺磁性物质。其磁化率服从居里或居里-外斯定律。

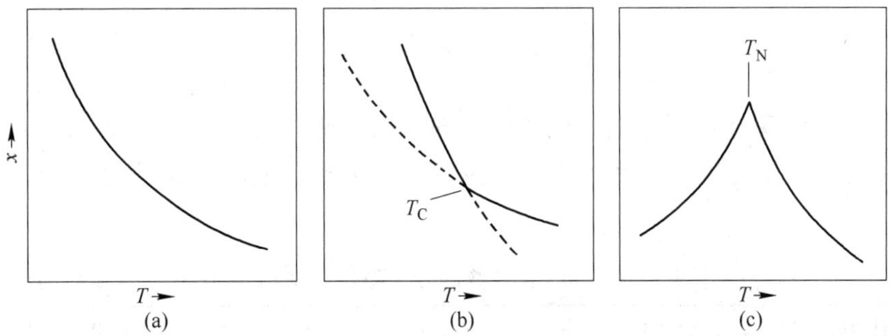

图4-9 磁化率与温度关系的示意图

（a）简单顺磁性；（b）由铁磁性转变为顺磁性；（c）由反铁磁性转变为顺磁性

(2) 铁磁性物质。在简单的铁磁性物质中，原子磁矩在晶体点阵上是有序的，在绝对零度时其所有磁矩都平行排列。当温度升高时，将减弱磁矩的有序作用，一直到居里温度（T_C）或高于以上温度时，原子磁矩的有序被破坏，整个原子体系变为顺磁性并服从居里或居里-外斯定律。由铁磁性变为顺磁性时的温度称为居里温度（T_C）。

(3) 反铁磁性物质。当原子磁矩在晶体点阵上是有序的，而彼此反平行排列使净磁矩为零时，物质表现反铁磁性，此时磁性与温度关系不服从居里或居里-外斯定律。当温度升高到尼尔温度（T_N）或高于该温度时，热运动阻止了这种反平行排列，整个原子体系变为顺磁性。物质由反磁性转变为顺磁性时的温度称为尼尔温度（T_N），在 T_N 以上物质具有简单顺磁性，在 T_N 以下磁化率随温度降低而下降。

4.2.2 稀土离子的磁性

稀土离子（Ⅲ）的电子结构决定了它们的磁性有如下特点：

(1) 除了 La、Lu、Sc、Y 外，其他稀土离子都含有成单电子，因此它们都有顺磁性，并且大多数三价离子磁矩比 d 过渡元素离子的大。

(2) RE^{3+} 不同于 d 过渡元素离子，其磁矩取决于基态 J 值的大小。在镧系中，磁矩随基态 J 的变化而变化。在磁矩与原子序数的关系中出现两个峰，峰值在 Nd^{3+} 和 Ho^{3+} 处，如图 4-10 所示。

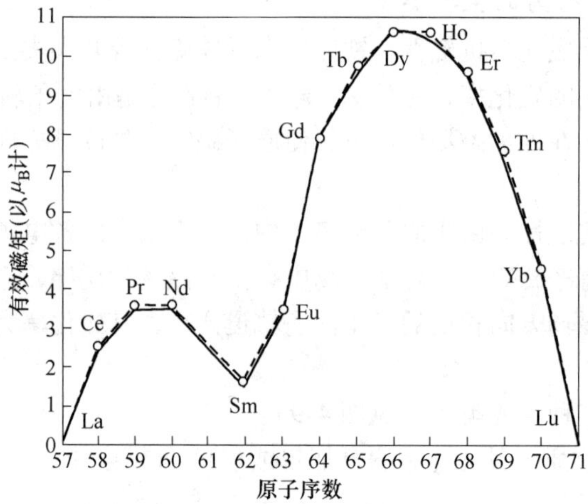

图 4-10 三价镧系离子的磁矩（室温）

(3) 由于稀土离子的成单电子处在离子的内层的 $4f$ 壳层中，受到 $5s^2$、$5p^6$ 壳层的屏蔽，因此受环境的影响较小，致使其化合物磁矩与离子（Ⅲ）的理论磁矩一致，见表 4-14。

表 4-14 稀土配合物的分子磁矩（以 μ_B 计）

RE^{3+} 离子	计算值	$RE_2(SO_4)_3 \cdot 8H_2O$	RE_2O_3	$[RE(EDTA)]^-$	$[RE(HEDTA)]^-$	$[RE(DCTA)]$	$RE(C_5H_5)_3$
La	0.00	—	—	—	—	—	—
Ce	2.54	2.37	—	—	—	—	—

续表 4-14

RE^{3+}离子	计算值	$RE_2(SO_4)_3·8H_2O$	RE_2O_3	$[RE(EDTA)]^-$	$[RE(HEDTA)]^-$	[RE(DCTA)]	$RE(C_5H_5)_3$
Pr	3.58	3.47	3.71	3.6	—	—	3.47
Nd	3.62	3.52	3.71	3.6	3.3	3.5	3.52
Pm	2.68	—	—	—	—	—	—
Sm	0.84	1.53	1.50	1.7	1.4	1.5	1.58
Eu	0.00	—	3.32	3.6	3.1	3.2	3.54
Gd	7.94	7.81	7.9	7.9	7.9	8.2	7.9
Tb	9.7	9.4	—	—	—	—	9.6
Dy	10.6	—	10.5	—	—	—	10.3
Ho	10.6	10.3	10.5	—	—	—	10.4
Er	9.6	9.6	9.5	—	—	—	9.4
Tm	7.6	—	7.2	—	—	—	7.0
Yb	4.5	4.4	4.5	—	—	—	4.3
Lu	0.00	—	—	—	—	—	—

非三价稀土离子的磁矩与等电子的三价稀土离子磁矩基本上相同或接近，但也有例外。在整比的 PrO_2 中 Pr^{4+} 的磁矩为 $2.48\mu_B$，与等电子的 Ce^{3+} 的磁矩 $2.56\mu_B$ 相近，但 Ce^{4+} 的磁矩不像 La^{3+} 那样，为 0 μ_B，这是一个例外。二价的 Sm^{2+}、Eu^{2+}、Yb^{2+} 的磁矩或磁化率基本与等电子的 Eu^{3+}、Gd^{3+}、Lu^{3+} 相近。例如，Eu^{2+} 在 20℃时的摩尔磁化率（$25800 \times 4\pi \times 10^{-12}$SI 单位）与 Gd^{3+} 的摩尔磁化率（$25700 \times 4\pi \times 10^{-12}$SI 单位）接近，$Yb^{2+}$ 的磁矩也和 Lu^{3+} 的磁矩一样，趋近于零。

4.2.3 稀土金属的磁性

稀土金属的磁性呈现如下特点：

（1）除了铕和镱外，其余稀土金属的有效磁矩与三价稀土离子的十分接近。铕和镱的有效磁矩与二价离子的接近，这证实了铕和镱金属的原子仅提供 2 个价电子参与金属键。

稀土金属的磁性主要与其未充满的 4f 壳层有关，金属的晶体结构也影响着它们的磁性变化。由于稀土金属的 4f 电子处在内层，且金属态的 $5d^1$、$6s^2$ 电子为传导电子，因此大多数稀土金属（除了 Sm、Eu、Yb 外）的有效磁矩与失去 $5d^1$、$6s^2$ 电子的三价离子磁矩几乎相同。各稀土金属的磁矩见表 4-15。

表 4-15 稀土金属的磁性能

金属	基态	$\mu_{eff理}$（以 μ_B 计）	$\mu_{实}$（以 μ_B 计）	$\chi_{原}$	T_N/K	T_C/K
La	$^1S_0$	0	0.49	0.093×10^3	—	—
Ce	$^2F_{5/2}$	2.54	2.51	2.43×10^3	12.5	—
Pr	$^3H_4$	3.58	3.56	5.32×10^3	25	—

续表 4-15

金属	基态	$\mu_{eff理}$（以 μ_B 计）	$\mu_实$（以 μ_B 计）	$\chi_原$	T_N/K	T_C/K
Nd	$^4I_{9/2}$	3.62	3.3	5.65×10^3	20.75	—
Pm	$^5I_4$	2.68	—	—	—	—
Sm	$^6H_{5/2}$	0.84	1.74	1.27×10^3	14.8	—
Eu	$^7F_0$	0	7.12	33.1×10^3	90	—
Gd	$^8S_{7/2}$	7.94	7.98	356×10^3	—	293.2
Tb	$^7F_6$	9.7	9.77	193×10^3	229	221
Dy	$^6H_{15/2}$	10.6	10.67	99.8×10^3	178.5	85
Ho	$^5I_8$	10.6	10.8	70.2×10^3	132	20
Er	$^4I_{15/2}$	9.6	9.8	44.1×10^3	85	19.6
Tm	$^3H_6$	7.6	7.6	26.2×10^3	51 ~ 60	22
Yb	$^2F_{7/2}$	4.5	0.41	0.071×10^3	—	—
Lu	$^1S_0$	0	0.21	0.0179×10^3	—	—
Y	$^1S_0$	0	1.34	0.186×10^3	—	—
Sc	$^1S_0$	0	1.67	0.25×10^3	—	—

由于 Eu 和 Yb 金属只提供两个传导电子，以保持 4*f* 壳层半充满和全充满的稳定性，所以它们的有效磁矩与相应的二价离子的磁矩一致，和原子序数比它们大 1 的相邻金属的磁矩相近。如 Eu 在 100K 以上时，其磁化率服从居里-外斯定律，$\theta=108$K，$\mu_{eff}=7.12\mu_B$。这与 Gd 的磁矩相近，但略有偏差。Yb 的磁矩也接近于 Lu 的磁矩，但并非为 Lu^{3+} 的 $^1S_0$ 态的磁矩值，而呈弱顺磁性，这可能是由于其个别原子处在 $^2F_{7/2}$ 基态上所致。有人假设在 260 个原子中有一个原子的 4*f* 壳层有一电子空穴（$4f^{13}$），即处在 $^2F_{7/2}$ 态，其余的原子处在无磁的 $^1S_0$ 态，就能使 Yb 呈弱的顺磁性。

（2）除了钪、钇、镧、镱和镥外，其余稀土金属都具有顺磁性，钪、钇、镧、镱和镥的磁性很低，基本上是反磁性的。铕、钆、铽、镝、钬、铥在低温时是铁磁性物质，唯有钆在室温 293K 以下时是铁磁性的，其他金属的居里温度在 273K 以下。铈、钕、钐、铽、镝、钬、铒、铥在低温时还具有反铁磁性质。

在常温下稀土金属均为顺磁物质，其中 La、Yb、Lu 的磁矩小于 1。随着温度的降低，它们会发生由顺磁性变为铁磁性或反铁磁性的有序变化。有序状态的自旋不是以简单的平行或反平行方式取向，而以蜷线型或螺旋型结构取向。它们的居里温度和尼尔温度低于常温，Gd 的居里温度最高，为 293.2K，其他金属的数值列在表 4-15 中。一些重稀土金属（如 Tb、Dy、Ho、Er、Tm 等）在较低温度时由反铁磁性转变为铁磁性，而 Gd 则是由顺磁性直接转变为铁磁性。

4.2.4　稀土金属与 3*d* 过渡金属化合物的磁性

稀土和其他金属可以形成各种金属间化合物，而只有稀土与非零磁矩的 3*d* 金属

（Mn、Fe、Co、Ni）化合物具有重要的磁性。它们当中有些化合物具有优良的磁性能，如 $RECo_5$、RE_2Co_{17}、$RE_2Fe_{14}B$ 的化合物，已是应用于工业上的重要永磁材料。

20 世纪 50 年代到 60 年代末，人们已能够采用粉末法、制粉法、等静压工艺、粉末冶金工艺等制备 $SmCo_5$ 稀土永磁体。$SmCo_5$ 磁体磁能积为 127.4 ~ 159.2kJ/m³（16 ~ 20MGOe），性能比铝镍钴提高了数倍，标志着第一代永磁材料问世。

为了进一步提高稀土永磁的性能，人们将目光转向了比 $RECo_5$ 磁化强度更高的 RE_2Co_{17}化合物。通过研制，Sm_2Co_{17}的磁能积可以达到 239kJ/m³（30MGOe），标志着第二代永磁材料问世。

前面两代稀土永磁材料的主要成分钐和钴价格较贵，所以人们开始去发掘铁基化合物。1983 年，日本住友特殊金属公司和美国通用汽车公司分别报道了一个含有钕、铁和硼的新型永磁体的制备和性能，从而产生了第三代稀土永磁材料——$Nd_2Fe_{14}B$ 钕铁硼磁体。钕铁硼磁体的磁能积理论值为 509kJ/m³（64MGOe），2006 年实验室样品已经达到 474kJ/m³（59.6MGOe），工业产品已超过 438kJ/m³（55MGOe）。

稀土永磁材料的内禀磁性是指它们的相应稀土过渡族金属间化合物主相的内禀磁性，以下章节给出和讨论已广泛应用的第一、第二和第三代稀土永磁材料的内禀磁性。

4.2.4.1 饱和磁化强度

图 4-11 给出了 $RECo_5$、RE_2Co_{17}、$RE_2Fe_{14}B$ 金属间化合物系列在 4.2K 时的饱和磁化强度值。由于轻稀土与 Fe 和 Co 的铁磁性耦合（磁矩平行排列），从而轻稀土化合物具有高的饱和磁化强度值；重稀土的耦合因是反平行的，使得饱和磁化强度值降低，特别是对于从 Gd 到 Ho 这些大磁矩的重稀土化合物。

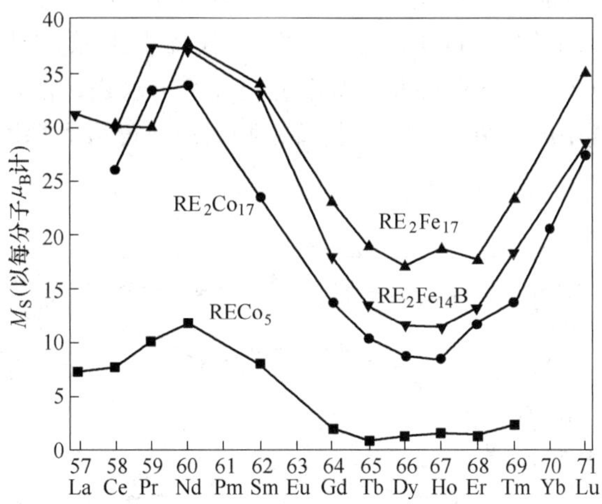

图 4-11 稀土过渡族金属间化合物在 4.2K 下的饱和磁化强度

图 4-12 给出了 $RECo_5$、RE_2Co_{17}、$RE_2Fe_{14}B$ 金属间化合物系列在室温下的饱和磁极化强度值。从图中可以看出 $Nd_2Fe_{14}B$ 的饱和磁极化强度最高，这表明它的磁能积的理论值最大，因为最大磁能积的理论值上限 $(BH)_{max}=\mu_0 M_S^2/4$。$SmCo_5$ 的饱和磁极化强度 $\mu_0 M_S=$ 1.05T，最大磁能积 $(BH)_{max}\leqslant$219kJ/m³（27.5MGOe）；Sm_2Co_{17}的饱和磁极化强度 $\mu_0 M_S=$ 1.25T，最大磁能积 $(BH)_{max}\leqslant$311kJ/m³（39.1MGOe）；$Nd_2Fe_{14}B$ 的饱和磁极化强度 $\mu_0 M_S=$

1.61T，最大磁能积 $(BH)_{max} \leqslant 516kJ/m^3$ (64.8MGOe)(见表4-16)。

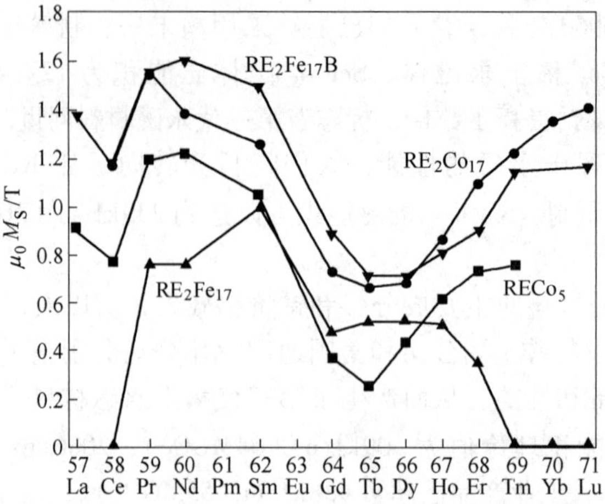

图4-12　稀土过渡族金属间化合物的室温饱和磁极化强度

4.2.4.2　居里温度

由于温度稳定性的需要，希望永磁合金具有足够高的居里温度，且越高越好。图4-13总结了稀土过渡族金属间化合物家族的居里温度。RE_2Co_{17}具有最高的居里温度（T_C = 800～950℃）；$RECo_5$ 的居里温度次之（$CeCo_5$ 除外）；RE_2Fe_{17}的居里点均小于180℃，对实用性永磁体太低。当硼加入二元REFe合金后形成三元的REFeB化合物，其居里温度在相应的 RE_2Fe_{17} 中大为增加，使得其中的 Nd_2Fe_{17} 和 Pr_2Fe_{17} 相成为永磁材料开发的对象，这也正是以 $Nd_2Fe_{14}B$ 为基的REFeB合金成为第三代稀土永磁材料的重要原因。但由于 $Nd_2Fe_{14}B$ 的居里温度（T_C =315℃）大大低于上两代稀土永磁，使得它的使用范围受到了一定的限制，如果将其中的部分Fe用Co代替，则居里温度可大幅度提高，从而满足更多的用途。

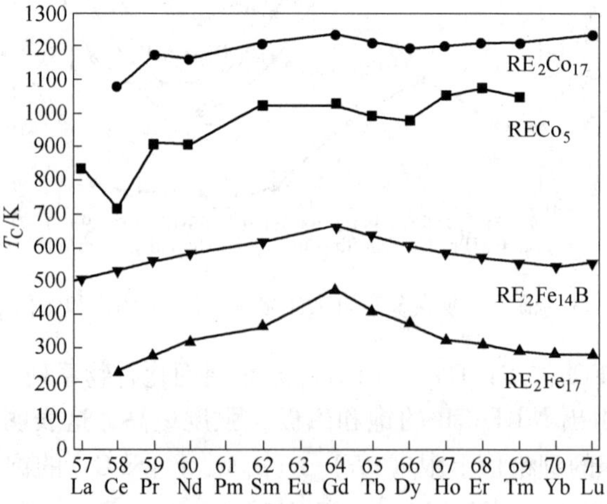

图4-13　稀土过渡族金属间化合物的居里温度

RE_2Fe_{17}的居里温度低，主要是由于该化合物中 Fe-Fe 的间距较短。引进间隙原子 N 可使得晶格膨胀，$RE_2Fe_{17}N_3$ 相对 RE_2Fe_{17}的体积膨胀率为 $\Delta V/V \approx 7\%$，居里温度增加了 381 ~437℃。

表4-16 列出了室温下 $SmCo_5$、$SmCo_{17}$和 $Nd_2Fe_{14}B$ 相对应的 Y、La 或 Lu 的化合物居里温度。可以看出，磁有序温度（居里温度）的贡献主要来自 Co 次晶格或 Fe 次晶格中的 Co-Co 交换作用或 Fe-Fe 交换作用。

表 4-16 室温下 $SmCo_5$、Sm_2Co_{17}和 $Nd_2Fe_{14}B$ 的内禀磁性数据

化合物	晶体结构	T_C/℃	T_C/K	$\mu_0 M_S$/T	$\mu_0 H_a$/T	$(\mu_0 M_S^2/4)$/kJ · m^{-3}
YCo_5	$CaCu_5$	630	903	1.06	13.0	223
$LaCo_5$	$CaCu_5$	576	840	0.91	17.5	164
$SmCo_5$	$CaCu_5$	727	1000	1.14	25.0 ~ 44.0	259
Y_2Co_{17}	Th_2Ni_{17}	913	1186	1.27	1.5	—
Lu_2Co_{17}	Th_2Ni_{17}	923	1196	1.4	易面	—
Sm_2Co_{17}	Th_2Zn_{17}	920	1193	1.25	6.5	310
$Y_2Fe_{14}B$	$Nd_2Fe_{14}B$	298	571	1.38	2.3	378
$La_2Fe_{14}B$	$Nd_2Fe_{14}B$	243	516	1.38	2.0	378
$Lu_2Fe_{14}B$	$Nd_2Fe_{14}B$	266	539	1.17	2.6	272
$Nd_2Fe_{14}B$	$Nd_2Fe_{14}B$	315	588	1.61	7.6	516

4.2.4.3 磁晶各向异性场

磁晶各向异性场是稀土永磁化合物第三个重要的基本磁性参数。在易单轴的化合物中，具有强磁晶各向异性的永磁材料可以期望获得高的矫顽力。$SmCo_5$、Sm_2Co_{17}、部分 Co 被 Fe 替代的 $Sm_2(Co,Fe)_{17}$和 $Nd_2Fe_{14}B$ 这 4 种化合物已经成为稀土永磁材料非常重要的“母体”。对每一种化合物，在很低场下磁化强度就在易磁化方向（c 轴）达到饱和，该 c 轴就是在无外磁场的情况下自发磁化强度所沿的方向。相反，在垂直 c 轴的平面里的任何方向（难磁化方向，或难轴），需要非常高的磁场才能使其达到饱和磁化。

沿着晶体难磁化方向达到饱和磁化的磁场强度通常被称为磁晶各向异性场，用 H_a（或 $B_a = \mu_0 H_a$）表示。在稀土过渡族金属间化合物中，可以将晶格分为过渡金属次晶格和稀土次晶格。化合物总的磁晶各向异性是两个次晶格各自的磁晶各向异性之和。由于 $3d$ 电子和 $4f$ 电子的不同特性，往往使得稀土次晶格对磁晶各向异性的贡献占主导地位。对于 Sm_2Co_{17}化合物，它是单轴各向异性的，磁晶各向异性场 H_a 为 5.2MA/m(65kOe)($\mu_0 H_a$ 为 6.5T)，但从 Y_2Co_{17}的易平面各向异性（$\mu_0 H_a = 1.5T$）可以断定 Co 次晶格是易面各向异性；在 $Nd_2Fe_{14}B$ 中，Fe 次晶格和 Nd 次晶格均为单轴各向异性，但后者对磁晶各向异性的贡献是前者的 3 倍；而对于 $SmCo_5$ 化合物，稀土次晶格和 Co 次晶格均有很强的磁晶各向异性。表 4-16 给出了室温下 $SmCo_5$、Sm_2Co_{17}和 $Nd_2Fe_{14}B$ 的磁晶各向异性场数据，同时还给出了相对应非磁性稀土化合物的数据，以反映过渡金属次晶格的贡献。为了便于查询，表 4-17 给出了 $RECo_5$、RE_2Co_{17}、RE_2Fe_{17}和 $Nd_2Fe_{14}B$ 的内禀磁性数据。

表 4-17 $RECo_5$、RE_2Co_{17}、RE_2Fe_{17}、$RE_2Fe_{14}B$ 的晶格常数和磁性参数

化合物结构	a/nm	c/nm	d_x/g·cm^{-3}	T_C/K	T_{sr}/K	M_S(4.2K)(以每分子 μ_B 计)	$\mu_0 M_B$ (4.2K) /T	$\mu_0 M_S$ (4.2K)/T	$\mu_0 H_a$ (4.2K)/T	$\mu_0 H_a$ (室温)/T	易磁化方向/(°)	
											4.2K	室温
$RECo_5$												
YCo_5 ($CaCu_5$)	0.4935	0.3964	7.618	987		8.33	1.16	1.06	16.0	13.0	0	0
$LaCo_5$	0.5105	0.3996	7.983	840		7.1	0.92	0.91		17.5	0	0
$CeCo_5$	0.4922	0.4016	8.568	737		7.4	1.02	0.77		21.0	0	0
$PrCo_5$	0.5013	0.3980	8.350	912	100	9.9	1.33	1.20		17.0	>0	0
$NdCo_5$	0.5020	0.3997	8.277	910	280,241	11.7	1.55	1.22		0.5	90	0
$SmCo_5$	0.5004	0.3969	8.587	1020		7.8	1.06	1.14		25.0~44.0	0	0
$GdCo_5$	0.4973	0.3969	8.828	1014		1.6	0.22	0.36		25.3	0	0
$TbCo_{5.1}$	0.4950	0.3979	9.033	980	409,400	0.68	0.09	0.24		—	90	90
$DyCo_{5.2}$	0.4897	0.4007	9.358	960	362,316	1.10	0.15	0.44		—	90	90
$HoCo_{5.5}$	0.4881	0.4006	9.826	1033	190	1.49	0.21	0.61		11.9	>	0
$ErCo_{5.9}$	0.4870	0.4002	10.403	1053		1.28	0.18	0.73		10.4	0	0
$TmCo_{6.0}$	0.4863	0.4017	10.547	1020		2.20	0.31	0.75				
RE_2Co_{17}												
Y_2Co_{17} (Th_2Ni_{17})	0.8341	0.8125	8.003	1186	1040	28.0	1.33			1.3	90	90
Ce_2Co_{17} (Th_2Zn_{17})	0.8370	1.2193	8.634	1078		26.1	1.23			1.4	0	0
Pr_2Co_{17}	0.8427	1.2265	8.478	1177	180	33.5	1.55				26	90
Nd_2Co_{17}	0.8407	1.2257	8.568	1157	175	33.9	1.58			2.0	7.5	90

续表 4-17

化合物结构	a/nm	c/nm	d_x/g · cm^{-3}	T_C/K	T_{sr}/K	M_S(4.2K)(以每分子μ_B计)	$\mu_0 M_B$ (4.2K) /T	$\mu_0 M_S$ (4.2K)/T	$\mu_0 H_a$ (4.2K)/T	$\mu_0 H_a$ (室温)/T	易磁化方向/(°)	
											4.2K	室温
Sm_2Co_{17}	0.8379	1.2212	8.740	1195		23.6	1.11	1.25		6.5	0	0
Gd_2Co_{17}	0.8365	1.2184	8.882	1218	950	13.7	0.65				90	90
Tb_2Co_{17}(Th_2Ni_{17})	0.8348	0.8125	8.938	1185		10.0	0.48				90	90
Dy_2Co_{17}	0.8328	0.8125	9.030	1166		8.4	0.40				90	90
Ho_2Co_{17}	0.8320	0.8113	9.094	1177		8.0	0.38				90	90
Er_2Co_{17}	0.8310	0.8113	9.147	1184		11.6	0.56		3.0	1.8	0	0
Tm_2Co_{17}				1181	13.6			7.0	1.8	0	0	
Yb_2Co_{17}	0.8309	0.8096	9.248			20.5	0.99		3.0	1.9		>0
Lu_2Co_{17}	0.829	0.812	9.290	1196	900	27.4	1.32				90	90
RE_2Fe_{17}												
Y_2Fe_{17}(Th_2Ni_{17})	0.8466	0.8300	7.267	324		35.2	1.59	0.84			90	90
Ce_2Fe_{17}(Th_2Zn_{17})	0.8491	1.2409	7.907	238		30.0	1.35	0.00			90	90
Pr_2Fe_{17}	0.8585	1.2463	7.711	283		30.0	1.32	0.76			90	90
Nd_2Fe_{17}	0.8578	1.2462	7.766	327		38.0	1.67	0.75			90	90
Sm_2Fe_{17}	0.8553	1.2443	7.901	368		34.0	1.51	1.00			90	90
Gd_2Fe_{17}	0.8538	1.2431	8.024	476		22.9	1.02	0.47			90	90
Tb_2Fe_{17}(Th_2Ni_{17})	0.8473	0.8323	8.134	408		18.6	0.84	0.52			90	90
Dy_2Fe_{17}	0.8467	0.8312	8.202	371		16.9	0.76	0.52			90	90
Ho_2Fe_{17}	0.8460	0.8277	8.282	325		18.7	0.85	0.51			90	90
Er_2Fe_{17}	0.8435	0.8281	8.357	305		17.5	0.80	0.34			90	90

续表 4-17

化合物结构	a/nm	c/nm	d_x/g·cm^{-3}	T_C/K	T_{sr}/K	M_S(4.2K)（以每分子μ_B计）	$\mu_0 M_B$（4.2K）/T	$\mu_0 M_S$（4.2K）/T	$\mu_0 H_a$（4.2K）/T	$\mu_0 H_a$（室温）/T	易磁化方向/(°)	
											4.2K	室温
Tm_2Fe_{17}	0.8406	0.8291	8.427	280	72	23.0	1.06	0			0	90
Yb_2Fe_{17}	0.8414	0.8249	8.508	275				0			90	90
Lu_2Fe_{17}	0.8401	0.8272	8.536	268		34.7	1.60	0			90	90
$RE_2Fe_{14}B$												
$Y_2Fe_{14}B$($Nd_2Fe_{14}B$)	0.8757	1.2026	6.98	571		30.6	1.55	1.41	1.2	2.0	0	0
$La_2Fe_{14}B$	0.8822	1.2333	7.40	516		31.0	1.50	1.38	1.3	2	0	0
$Ce_2Fe_{14}B$	0.8750	1.2090	7.76	533		30.0	1.52	1.17	3.0	3.0	0	0
Pr_2Fe_{14B}	0.8792	1.2177	7.43	565		37.6	1.76	1.56	32.0	8.7	0	0
$Nd_2Fe_{14}B$	0.8792	1.2177	7.62	588	135	37.7	1.86	1.60	35	7.5	32	0
$Sm_2Fe_{14}B$	0.8787	1.2105	7.78	618		33.3	1.57	1.50	40	—	90	90
$Gd_2Fe_{14}B$	0.8780	1.2075	7.90	660		18.0	0.90	0.89	1.8	2.5	0	0
$Tb_2Fe_{14}B$	0.8775	1.2070	7.90	629		13.2	0.65	0.70	30.1	22.0	0	0
$Dy_2Fe_{14}B$	0.8757	1.1990	8.07	593		11.4	0.58	0.71	16.7	15.0	0	0
$Ho_2Fe_{14}B$	0.8753	1.1988	8.12	574	58	11.2	0.57	0.81	18	7.5	22	0
$Er_2Fe_{14}B$	0.8734	1.1942	8.21	557	320	13.1	0.66	0.90	16	—	90	90
$Tm_2Fe_{14}B$	0.8728	1.1928	8.26	540	311	18.1	0.93	1.15	17	—	90	90
$Yb_2Fe_{14}B$	0.871	1.192	8.35	524	115	—	—		25	—	90	0
$Lu_2Fe_{14}B$	0.8712	1.1883	8.41	539		28.2	1.46	1.17	2.4	2.0	0	0

注：1. 在 1∶5 型 RE-Co 化合物中，对于重稀土元素，Co 含量比化学计量比偏高；

2. a、c 为晶胞参数；d_x 为理论密度；T_C 为居里温度；T_{sr}为自旋重取向温度；M_S 为饱和磁化强度；$\mu_0 M_S$ 为饱和磁极化强度；$\mu_0 H_a$ 为磁晶各向异性场；易磁化方向为磁化场与 c 轴夹角。

对于稀土过渡金属族金属间化合物，过渡金属次晶格的磁晶各向异性在居里温度以下随温度升高的变化缓慢，而稀土次晶格的磁性各向异性情况则很不一样，随着温度的升高而迅速衰减，在低温阶段各级晶场项均有贡献，在中温阶段仅最低级（第二级）项起作用，高温阶段稀土次晶格对磁晶各向异性的贡献消失。室温下，稀土次晶格各向异性主要是二级项起作用。在同一种晶体结构的稀土过渡族金属间化合物中，Ce、Pr、Nd、Tb、Dy、Ho 化合物的稀土次晶格具有相同的易磁化方向，而 Pm、Sm、Er、Tm、Yb 化合物的稀土次晶格也具有相同的易磁化方向，但第一类与第二类的稀土次晶格的各向异性行为刚好相反。如果前者为单轴各向异性，则后者便为平面各向异性；反之，则相反。在 1∶5 或 2∶17 稀土钴化合物中，只有 Sm 化合物能制备永磁体，而 Nd 化合物不能；在 2∶14∶1 结构稀土铁化合物中则正好相反，可以用 Pr 或 Nd 化合物制备永磁体，而不是 Sm 化合物。第三类是球形 Gd、Lu 稀土离子，4*f* 电子为半满壳层或满壳层，对磁体各向异性没有贡献。

RE_2Fe_{17}化合物在室温下均为平面各向异性，所以与永磁无缘。但如果部分原子被置换或引入间隙原子，则各向异性类型可以发生改变。

复习思考题

4-1　三价稀土离子能级图能读出哪些信息，有什么特点？

4-2　稀土离子荧光光谱的类型有哪些，又有哪些特点？

4-3　根据荧光强弱，通常稀土离子可分为哪三类？

4-4　稀土离子、原子、合金的磁性特点有哪些？

5 三价稀土元素化合物

5.1 稀土氧化物

5.1.1 氧化物的制备和结构

稀土元素的氧化物(RE_2O_3)可由灼烧其含氧酸盐($RE(NO_3)_3$、$RE_2(SO_4)_3$、$RE_2(CO_3)_3$、$RE_2(C_2O_4)_3$ 等，但 $REPO_4$ 例外）和氢氧化物得到。或让稀土金属与氧直接化合来制备。但对于 Ce、Pr、Tb，灼烧氢氧化物和含氧酸盐，只能得到 CeO_2、Pr_6O_{11}、Tb_4O_7；Ce 以 +4 价存在，Pr 和 Tb 是以混合价态的非化学计量形式存在。Ce、Pr、Tb 的高价氧化物可还原得到三价氧化物。

RE_2O_3 具有 A、B、C 及 H、X 五种结构，如图 5-1 所示，由金属离子的大小和生成的温度决定。

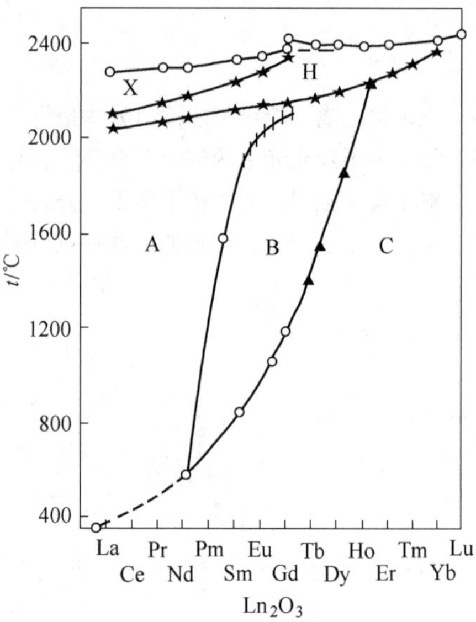

图 5-1 RE_2O_3 同质多晶的相图

A 型 RE_2O_3 为六方晶系，RE^{3+} 是 7 配位的，6 个 O^{2-} 成八面体地围绕着 RE^{3+} 离子，另 1 个 O^{2-} 处在八面体的一个面上。La_2O_3、Ce_2O_3、Pr_2O_3、Nd_2O_3 常以 A 型存在。

B 型 RE_2O_3 为单斜晶系，RE^{3+} 也是 7 配位的，其中 6 个 O^{2-} 是八面体排布的，余下的 1 个 O^{2-} 与 RE^{3+} 的键要比其他的键长。Sm_2O_3 以 B 型存在。

C 型为体心立方晶系，是在 CaF_2 型结构中移去了 1/4 的阴离子，RE^{3+} 是 6 配位的。Y_2O_3 和 $(Eu \sim Lu)_2O_3$ 常以 C 型存在。在氟化钙型结构中，每个金属离子被 8 个氧包围，它们分布在一个立方体的 8 个角顶上。每个氧原子又被分布在四面体角顶上的 4 个金属原子所包围。C 型 RE_2O_3 的结构和 CaF_2 结构类似，这可能说明为什么 C 型的 RE_2O_3 容易与高价铈、镨、铽的氧化物（它们都是氟化钙型结构的）生成混合晶体。

H 型为六方晶系，除 Lu 和 Sc 以外，其他稀土氧化物在高于 2250K 时都可转变为 H 型。而 C 型的立方晶系的 Lu_2O_3 和 Sc_2O_3 却可一直稳定至熔融。

X 型为立方晶系，主要是铈组稀土氧化物的高温构型。

CeO_2、PrO_2、TbO_2 具有氟化钙型的结构。

铈、镨、铽的氧化物还形成一系列不定组成的有缺陷的结构，其组成、颜色和相应结构见表 5-1，它们取决于合成时氧的平衡分压和加热过程。稀土氧化物各具不同颜色，其颜色变化规律与 +3 价稀土离子的颜色基本一致，只是由于离子极化而导致颜色加深。

表 5-1 稀土氧化物的组成、颜色和结构

氧化物	颜 色	晶 系	氧化物	颜 色	晶 系
$LaO_{1.5}$	白	六方	$ErO_{1.5}$	粉	体心立方
$CeO_{1.5}$	白	六方			单斜
$CeO_{1.714}$	蓝黑	斜方	$PrO_{1.818}$	黑	单斜
$CeO_{1.778}$	深蓝		$PrO_{1.826}$	黑	面心立方
$CeO_{1.8}$	深蓝		$PrO_{1.833}$	黑	单斜
$CeO_{1.818}$	深蓝		PrO_2	黑	面心立方
CeO_2	浅黄	面心立方	$NdO_{1.5}$	浅蓝	立方
$PrO_{1.5}$	黄	体心立方			体心立方
	浅绿	六方	$PmO_{1.5}$		体心立方
$PrO_{1.65}$	黑	体心立方			单斜
$PrO_{1.714}$	黑	斜方	$SmO_{1.5}$		体心立方
$PrO_{1.778}$	黑	三斜			单斜
$PrO_{1.8}$	黑	单斜	EuO	深红	岩盐
$GdO_{1.5}$	白	体心立方	$EuO_{1.33}$	黑	单斜
	白	单斜	$EuO_{1.5}$	白	体心立方
$TbO_{1.5}$	白	体心立方		白	单斜
	白	单斜	$TmO_{1.5}$	白	体心立方
$TbO_{1.714}$	褐	斜方			单斜
$TbO_{1.809}$		三斜	$YbO_{1.5}$	白	体心立方
$TbO_{1.818}$	深褐	三斜			单斜
$TbO_{1.833}$		单斜	$LuO_{1.5}$	白	体心立方
$TbO_{1.95}$	深褐	面心立方			单斜
$DyO_{1.5}$	白	体心立方	$YO_{1.5}$	白	体心立方
	白	单斜			单斜
$HoO_{1.5}$	白	体心立方	$ScO_{1.5}$	白	体心立方
		单斜			

5.1.2 稀土氧化物的性质

稀土氧化物不溶于水和碱溶液，但能溶于无机酸（除 HF 和 H_3PO_4 外）生成相应的盐。高温灼烧的 Ce、Pr 和 Tb 的氧化物，难溶于酸，为使溶解加速，可加入少量的还原剂（如 H_2O_2），或加入少许的 F^-，最后加热到 H_2O_2 分解或使 HF 逸出。

氧化物在空气中能吸收 CO_2 和水分生成碱式碳酸盐。在 800℃进行灼烧可得到无碳酸盐的氧化物。氧化物可以与水结合生成氢氧化物，例如用水热法，令水蒸气与氧化物一起加热，可以得到 $RE(OH_3)$ 和 $REO(OH)$。

稀土氧化物和其他金属氧化物可以相互作用生成复合氧化物，其类型见表 5-2。人们从中探找出很多的新型材料，如钙钛矿型的 $YAlO_3$ 可作为激光晶体的基质；$LaCrO_3$ 可作为氧化气氛中的加热元件，温度可至1800℃；$LaCoO_3$、$LaMnO_3$ 可用作催化剂。石榴石型的 $Y_3Al_5O_{12}$（YAG）可作为激光晶体和 Ce^{3+} 激活的白光 LED 用发光粉的基质；$Y_3Fe_5O_{12}$（YIG）可作为微波材料和磁光材料；$Gd_3Ga_5O_{12}$（GGG）可以作为磁光石榴石单晶薄膜外延的衬底材料。锆英石型的 Eu^{3+} 激活的 YVO_4 可作为高压汞灯中调整光色的红光发光材料。

表 5-2　稀土的复合氧化物

ABO_3（钙钛矿类型）	$REAlO_3$，$RECrO_3$，$RECoO_3$，$REGaO_3$，$REFeO_3$，$REMnO_3$，$RENiO_3$，$RETiO_3$，$REVO_3$，$Ba(RE,Nb)O_3$
$A_3B_5O_{12}$（石榴石类型）	$RE_3Al_5O_{12}$，$RE_3Gd_5O_{12}$，$RE_3Fe_5O_{12}$
ABO_4（锆英石类型）	$REAsO_4$，$REPO_4$，$REVO_4$
ABO_4（白钨矿类型）	$REGeO_4$，$RENdO_4$，$RETaO_4$
$A_2B_2O_7$（烧绿石类型）	RE_2SnO_7，RE_2ZrO_7

氧化物的反应活性取决于加热的程度。制备氧化物时应尽可能在低温下灼烧以便获得最高活性。

稀土氧化物的一些性质见表 5-3。RE_2O_3 的热稳定性和 CaO、MgO 的相当，熔点和沸点较高。氧化物磁矩与相应的三价离子的磁矩相近。

表 5-3　稀土氧化物的一些性质

氧化物	RE^{3+} 的基态	实测磁矩（以 μ_B 计）	熔点/℃	沸点/℃	热力学函数(298.15K)/kcal · mol^{-1}		
					$\Delta H_形$	$\Delta S_形$	$\Delta G_形$
La_2O_3	$^1S_0$	0.00	2256	3620	428.7	70.04	407.82
Ce_2O_3	$^2F_{5/2}$	2.56	2210 ± 10	3730	430.9	73.50	409.00
Pr_2O_3	$^3H_4$	3.55	2183	3760	435.8	70.5	414.80
Nd_2O_3	$^4I_{9/2}$	3.66	2233	3760	432.37	71.12	411.17
Pm_2O_3	$^5I_4$	(2.83)	2320	—	—	—	—
Sm_2O_3	$^6H_{5/2}$	1.45	2269	3780	433.89	70.65	412.82
Eu_2O_3	$^7F_0$	3.51	2291	3790	392.3	76.0	369.6
Gd_2O_3	$^8S_{7/2}$	7.90	2339	3900	433.94	68.3	413.4
Tb_2O_3	$^7F_0$	9.63	2303	—	445.6	71.0	424.4
Dy_2O_3	$^6H_{15/2}$	10.5	2228	3900	446.8	73.5	424.9
Ho_2O_3	$^5I_8$	10.5	2330	3900	449.5	71.9	428.1
Er_2O_3	$^4I_{15/2}$	9.5	2344	3920	453.59	71.86	432.16
Tm_2O_3	$^3H_6$	7.39	2341	3945	451.4	72.4	429.8
Yb_2O_3	$^2F_{7/2}$	4.34	2355	4070	433.68	70.32	412.72
Lu_2O_3	$^1S_0$	0.00	2427	3980	448.9	71.9	427.5
Y_2O_3	$^1S_0$	0.00	2376	—	448.9	—	—
Sc_2O_3	$^1S_0$	0.00	2403 ± 20	—	—	—	—

注：1cal = 4.184J。

5.2 稀土含氧酸盐

5.2.1 稀土硝酸盐

稀土氧化物、氢氧化物、碳酸盐或稀土金属与硝酸作用均可生成硝酸盐，在溶液中蒸发结晶可得到水合硝酸盐。

水合硝酸盐的组成为$RE(NO_3)_3\cdot nH_2O$，其中$n=3$、4、5、6，以六水合物最为常见，轻稀土的$La(NO_3)_3\cdot 6H_2O$、$Ce(NO_3)_3\cdot 6H_2O$、$Pr(NO_3)_3\cdot 6H_2O$、$Sm(NO_3)_3\cdot 6H_2O$均为三斜晶系。

无水硝酸盐可用氧化物在加压下与N_2O_4在150℃反应来制备，或者用N_2O_4的乙酸乙酯溶液与稀土金属直接反应制取。

稀土硝酸盐在水中的溶解度很大，25℃时可达到2mol/L以上，且随温度升高而增大（见表5-4）。稀土硝酸盐易溶于无水胺、乙醇、丙酮、乙醚及乙腈等极性溶剂中，并可用磷酸三丁酯及其他萃取剂萃取。

表5-4 稀土硝酸盐在水中的溶解度

$La(NO_3)_3$-H_2O体系		$Pr(NO_3)_3$-H_2O体系		$Sm(NO_3)_3$-H_2O体系	
温度/℃	溶解度（无水盐，质量分数）/%	温度/℃	溶解度（无水盐，质量分数）/%	温度/℃	溶解度（无水盐，质量分数）/%
5.3	55.3	8.3	58.8	13.6	56.4
15.8	57.9	21.3	61.0	30.3	60.2
27.7	61.0	31.9	63.2	41.1	63.4
36.3	62.6	42.5	65.9	63.8	71.4
48.6	65.3	51.3	69.9	71.2	75.0
55.4	67.6	64.7	72.2	82.8	76.8
69.9	73.4	76.4	76.1	86.9	83.4
79.9	76.6	92.8	84.0	135.0	86.3
98.4	78.8	127.0	85.0		

稀土硝酸盐的稀溶液是典型的1∶3型电解质，它像氯化稀土一样，在0.01mol/L溶液中的电导遵循昂萨格方程式。在无限稀释情况下，迁移数随镧系元素原子序数的增大而下降。

稀土硝酸盐热分解时放出O_2、NO、NO_2，最后转变为氧化物。不同稀土硝酸盐转变为氧化物的最低温度见表5-5。稀土硝酸盐与碱金属或碱土金属硝酸盐可形成复盐，如$La(NO_3)_3\cdot 2NH_4NO_3$、$Y(NO_3)_3\cdot 2NH_4NO_3$、$Ce(NO_3)_3\cdot 2KNO_3\cdot 2H_2O$和$La(NO_3)_3\cdot 3Mg(NO_3)_2\cdot 24H_2O$等。

表 5-5　不同稀土硝酸盐转变为氧化物的最低温度

硝酸盐	氧化物	温度/℃
$Sc(NO_3)_3$	Sc_2O_3	510
$Y(NO_3)_3$	Y_2O_3	480
$La(NO_3)_3$	La_2O_3	780
$Ce(NO_3)_3$	CeO_2	450
$Pr(NO_3)_3$	Pr_6O_{11}	505
$Nd(NO_3)_3$	Nd_2O_3	830
$Sm(NO_3)_3$	Sm_2O_3	750

5.2.2　稀土硫酸盐及硫酸复盐

5.2.2.1　稀土硫酸盐

水合硫酸盐（$RE_2(SO_4)_3 \cdot nH_2O(n=8,9)$）可通过将稀土氧化物、氢氧化物或碳酸盐溶于稀硫酸中来制备。无水硫酸盐则由稀土氧化物与略过量的浓硫酸反应、水合硫酸盐的高温脱水或酸式盐的热分解产生。稀土水合硫酸盐的物理性质列在表 5-6 中。

表 5-6　稀土水合硫酸盐的物理性质

硫酸盐	结晶常数					密度 /g·cm^{-3}
	晶系	a/nm	b/nm	c/nm	β	
$La_2(SO_4)_3 \cdot 9H_2O$	六方	1.098		0.813		2.821
$Ce_2(SO_4)_3 \cdot 9H_2O$	六方	1.0997		0.8018		2.831
$Ce_2(SO_4)_3 \cdot 8H_2O$	斜方	0.9926	0.9513	1.7329		2.87
$Pr_2(SO_4)_3 \cdot 8H_2O$	单斜	1.3690	0.683	1.8453	102°52′	2.82
$Nd_2(SO_4)_3 \cdot 8H_2O$	单斜	1.3656	0.680	1.8426	102°38′	2.856
$Pm_2(SO_4)_3 \cdot 8H_2O$	单斜	1.3620	0.679	1.8390	102°29′	2.90
$Sm_2(SO_4)_3 \cdot 8H_2O$	单斜	1.3590	0.677	1.8351	102°20′	2.930
$Eu_2(SO_4)_3 \cdot 8H_2O$	单斜	1.3566	0.6781	1.8334	102°14′	2.98
$Gd_2(SO_4)_3 \cdot 8H_2O$	单斜	1.3544	0.6774	1.8299	102°11′	3.031
$Tb_2(SO_4)_3 \cdot 8H_2O$	单斜	1.3502	0.6751	1.8279	102°09′	3.06
$Dy_2(SO_4)_3 \cdot 8H_2O$	单斜	1.3491	0.672	1.8231	102°04′	3.11
$Ho_2(SO_4)_3 \cdot 8H_2O$	单斜	1.3646	0.670	1.8197	102°00′	3.149
$Er_2(SO_4)_3 \cdot 8H_2O$	单斜	1.3443	0.668	1.8164	101°58′	3.19
$Tm_2(SO_4)_3 \cdot 8H_2O$	单斜	1.3428	0.667	1.8124	101°57′	3.22
$Yb_2(SO_4)_3 \cdot 8H_2O$	单斜	1.3412	0.665	1.8103	101°56′	3.286
$Lu_2(SO_4)_3 \cdot 8H_2O$	单斜	1.3400	0.664	1.8088	101°54′	3.30
$Y_2(SO_4)_3 \cdot 8H_2O$	单斜	1.3471	0.670	1.8200	101°59′	2.558

无水稀土硫酸盐容易吸水，溶于水时放热。硫酸盐的溶解度随温度升高而下降，这是稀土硫酸盐的特点之一，因此易于重结晶。在 20℃时，稀土硫酸盐的溶解度由 Ce 至 Eu

依次降低，由 Gd 至 Lu 依次升高（见表5-7）。

表5-7 稀土硫酸盐 $RE_2(SO_4)_3 \cdot 8H_2O$ 在水中的溶解度

稀土元素	在100g水中所溶解的质量/g	
	20℃	40℃
La	3.8	1.5
Ce	23.8	10.3
Pr	12.74	7.64
Nd	7.00	4.51
Sm	2.67	1.99
Eu	2.56	1.93
Gd	2.87	2.19
Tb	3.56	2.51
Dy	5.07	3.34
Ho	8.18	4.52
Er	16.00	6.53
Tm	—	—
Yb	34.78	22.99
Lu	47.27	16.93
Y	9.76	4.9

稀土硫酸盐在1000℃左右热分解为相应的氧化物。其过程是首先脱水生成无水盐，温度升高时进一步分解生产氧基硫酸盐，最后生成氧化物：

$$RE_2(SO_4)_3 \cdot nH_2O \xrightarrow{155 \sim 260℃} RE_2(SO_4)_3 + nH_2O$$

$$RE_2(SO_4)_3 \xrightarrow{800 \sim 850℃} RE_2O_2SO_4 + 2SO_3 \uparrow$$

$$RE_2O_2SO_4 \xrightarrow{1050 \sim 1150℃} RE_2O_3 + SO_3 \uparrow$$

5.2.2.2 稀土元素的硫酸复盐

稀土硫酸盐与碱金属或碱土金属硫酸盐能形成硫酸复盐。稀土和碱金属的硫酸复盐可用 $RE_2(SO_4)_3 \cdot M_2SO_4 \cdot nH_2O(n=0,2,8)$ 表示，轻稀土硫酸复盐的溶解度较重稀土硫酸复盐的为小，利用这种差异可把稀土元素分成三组：难溶性的铈组：La 至 Nd，Sm；微溶性的铽组：Eu 至 Dy；可溶性的钇组：Ho 至 Lu，Y。

在温度升高时，复盐的溶解度也减小，且随 $NH_4^+ \rightarrow Na^+ \rightarrow K^+$ 的次序减小。硫酸稀土复盐遇碱金属的氢氧化物可发生反应生成稀土氢氧化物，工业上称之为复盐碱转化。稀土硫酸盐溶于浓硫酸可生成酸式硫酸盐 $RE(HSO_4)_3$，硫酸浓度增大则溶解度变小。

5.2.3 稀土碳酸盐

在可溶性稀土盐的稀溶液中加入略过量的碳酸铵，即可生成稀土碳酸盐沉淀。

从水溶液中沉淀出的稀土碳酸盐通常含有水分子，轻稀土碳酸盐通常含有8个水分子，中重稀土碳酸盐通常含有2个水分子。稀土碳酸盐在水中的溶解度在10^{-5} ~ 10^{-7}mol/L范围内，数据见表5-8。

表5-8 25℃下稀土碳酸盐在水中的溶解度 (mol/L)

碳 酸 盐	溶 解 度	碳 酸 盐	溶 解 度
$La_2(CO_3)_3$	1.02×10^{-6}	$Gd_2(CO_3)_3$	7.4×10^{-6}
$Ce_2(CO_3)_3$	$0.7\sim1.0\times10^{-6}$	$Dy_2(CO_3)_3$	6.0×10^{-6}
$Pr_2(CO_3)_3$	1.99×10^{-6}	$Er_2(CO_3)_3$	2.10×10^{-6}
$Nd_2(CO_3)_3$	3.46×10^{-6}	$Yb_2(CO_3)_3$	5.0×10^{-6}
$Sm_2(CO_3)_3$	1.89×10^{-6}	$Y_2(CO_3)_3$	1.54×10^{-6}
$Eu_2(CO_3)_3$	1.94×10^{-6}		2.52×10^{-6}

稀土水合碳酸盐均属斜方晶系，它们能和大多数酸反应；稀土碳酸盐在900℃时热分解为氧化物，在热分解过程中，存在着中间的碱式盐$RE_2O(CO_3)_2$和$RE_2O_2CO_3$。稀土碳酸盐与碱金属碳酸盐可以生成稀土碳酸复盐，溶解度随原子序数的递增而增大。

5.2.4 稀土草酸盐

将草酸加到稀土盐的溶液中，生成草酸盐沉淀：

$$2RE^{3+} + 3H_2C_2O_4 + nH_2O \longrightarrow RE_2(C_2O_4)_3 \cdot nH_2O\downarrow + 6H^+$$

或者用稀土中性溶液与草酸甲酯回流水解，利用均相沉淀的方法制备稀土草酸盐：

$$2RE^{3+} + 3(CH_3)_2C_2O_4 + 6H_2O \longrightarrow RE_2(C_2O_4)_3\downarrow + 6CH_3OH + 6H^+$$

生成的沉淀一般带有结晶水，对于La ~ Er、Y，水合数为10；对于Tm ~ Lu、Sc，水合数为6。

草酸盐的晶体结构数据见表5-9，它们属于单斜或三斜晶系。

表5-9 稀土草酸盐及草酸复盐的晶格常数

草 酸 盐	晶系	晶 格 常 数					
		a/nm	b/nm	c/nm	α/(°)	β/(°)	γ/(°)
$Sc(C_2O_4)_3\cdot6H_2O$	三斜	0.9317	0.8468	0.9489	93.04	106.50	86.27
$Y_2(C_2O_4)_3\cdot10H_2O$	单斜	1.109	0.957	0.961		118.4	
$La_2(C_2O_4)_3\cdot10H_2O$	单斜	1.181	0.961	1.047		119.0	
$Ce_2(C_2O_4)_3\cdot10H_2O$	单斜	1.1780	0.9625	1.0401		119.01	
$Pr_2(C_2O_4)_3\cdot10H_2O$	单斜	1.1254	0.9633	1.0331		114.52	
$Nd_2(C_2O_4)_3\cdot10H_2O$	单斜	1.1678	0.9652	1.0277		118.92	
$Pm_2(C_2O_4)_3\cdot10H_2O$	单斜	1.157	0.961	1.027		118.8	
$Sm_2(C_2O_4)_3\cdot10H_2O$	单斜	1.1577	0.9643	1.0169		118.87	
$Eu_2(C_2O_4)_3\cdot10H_2O$	单斜	1.1089	0.9635	1.0120		114.25	
$Gd_2(C_2O_4)_3\cdot10H_2O$	单斜	1.1516	0.9631	1.008		118.82	
$Tb_2(C_2O_4)_3\cdot10H_2O$	单斜	1.0997	0.9611	1.0020		114.11	

续表 5-9

草酸盐	晶系	晶格常数					
		a/nm	b/nm	c/nm	α/(°)	β/(°)	γ/(°)
$Dy_2(C_2O_4)_3 \cdot 10H_2O$	单斜	1.1433	0.9615	0.9988		118.76	
$Ho_2(C_2O_4)_3 \cdot 10H_2O$	单斜	1.1393	0.9906	0.9955		118.75	
$Er_2(C_2O_4)_3 \cdot 10H_2O$	单斜	1.1359	0.9616	0.9940		118.72	
$Er_2(C_2O_4)_3 \cdot 6H_2O$	三斜	0.9644	0.8457	0.9836	93.54	105.99	85.05
$Tm_2(C_2O_4)_3 \cdot 6H_2O$	三斜	0.9620	0.8458	0.9808	93.44	106.12	85.13
$Yb_2(C_2O_4)_3 \cdot 6H_2O$	三斜	0.9611	0.8457	0.9778	93.33	106.24	85.29
$Lu_2(C_2O_4)_3 \cdot 6H_2O$	三斜	0.9597	0.8455	0.9758	93.42	106.27	85.41

所有草酸盐在水中的溶解度都很小，轻稀土可以定量地用草酸盐从溶液中沉淀出来。一些草酸盐的溶解度见表 5-10。在一定酸度条件下，草酸盐的溶解度随镧系原子序数的增大而增加。在碱金属草酸盐的溶液中，轻、重稀土的溶解度有明显的区别。重稀土草酸盐的溶解度明显增加，因为生成了草酸根的配合物：$RE(C_2O_4)_n^{3-2n}$（$n=1$，2，3）。如需溶解草酸盐，可将草酸盐与碱溶液一起煮沸而将它转化为氢氧化物沉淀，然后将它溶解在酸中。

表 5-10 稀土草酸盐在水中的溶解度（按无水盐计） (g/L)

$RE_2(C_2O_4)_3 \cdot 10H_2O$	溶解度	$RE_2(C_2O_4)_3 \cdot 10H_2O$	溶解度
La	0.62	Sm	0.69
Ce	0.41	Gd	0.55
Pr	0.74	Yb	3.34
Nd	0.74		

稀土草酸盐热分解时生成碱式碳酸盐和氧化物，完全转化为氧化物的温度约在 800 ~ 900℃。

5.2.5 稀土磷酸盐

在 pH 值为 4 ~ 5 的稀土溶液中加入磷酸钠可得到稀土磷酸盐沉淀。该法制备的磷酸盐通常含有水，分子式是 $REPO_4 \cdot nH_2O$（$n=0.5 \sim 4$）。

La ~ Gd 的 $REPO_4$ 属于单斜晶系，其中 $LaPO_4$、$CePO_4$ 和 $NdPO_4$ 各有两种晶态，另一晶态为六方晶系。Tb ~ Lu 和 Y 的 $REPO_4$ 属于四方晶系。水合磷酸盐主要有两种晶态，La ~ Dy 的水合磷酸盐属于六方晶系，Ho ~ Lu 的水合磷酸盐属于四方晶系。

稀土磷酸盐在水中溶解度较小，如 $LaPO_4$、$GdPO_4$、$LuPO_4$ 的溶解度分别为 0.017g/L、0.0092g/L、0.013g/L；但它可溶于浓酸，遇强碱则会转化成相应的稀土氢氧化物。用类似于稀土磷酸盐的制备方法，也可得到稀土焦磷酸盐。稀土焦磷酸盐的组成为 $RE_4(P_2O_7)_3$，在水中的溶解度为 $10^{-2} \sim 10^{-3}$g/L，见表 5-11。

表 5-11　稀土焦磷酸盐在水中的溶解度（25℃）

盐的组成	饱和溶液的 pH 值	溶解度/$g\cdot L^{-1}$	盐的组成	饱和溶液的 pH 值	溶解度/$g\cdot L^{-1}$
$La_4(P_2O_7)_3$	6.50	1.2×10^{-2}	$Gd_4(P_2O_7)_3$	7.00	9.0×10^{-3}
$Ce_4(P_2O_7)_3$	6.80	1.1×10^{-2}	$Dy_4(P_2O_7)_3$	6.93	9.4×10^{-3}
$Pr_4(P_2O_7)_3$	6.87	1.05×10^{-2}	$Er_4(P_2O_7)_3$	6.90	9.9×10^{-3}
$Nd_4(P_2O_7)_3$	6.95	9.8×10^{-3}	$Lu_4(P_2O_7)_3$	6.80	1.15×10^{-2}
$Sm_4(P_2O_7)_3$	6.95	9.5×10^{-3}	$Y_4(P_2O_7)_3$	7.00	7.0×10^{-3}

5.2.6　稀土高氯酸盐

稀土氧化物与高氯酸（浓度 1：1）的水溶液反应可以得到水合高氯酸盐。水合高氯酸盐的组成为 $RE(ClO_4)_3\cdot nH_2O$，$n=8$（RE = La、Ce、Pr、Nd、Y）和 $n=9$（RE = Sm、Gd）。它们在水中的溶解度较大，在空气中易吸水。加热水合高氯酸盐可以分步地脱去水，在 250 ~ 300℃范围内开始分解，分解产物为 REOCl。

5.3　稀土氢氧化物

往稀土盐的溶液中加入氨水或碱，可沉淀出氢氧化物 $RE(OH)_3$，在热溶液中可使沉淀聚沉。温度高于 200℃时，氢氧化物 $RE(OH)_3$ 将转变成脱水的氢氧化物 REO(OH)（晶格常数见表 5-12），温度再高则进一步脱水生成氧化物。晶型的氢氧化物属于六方晶系。

表 5-12　REO(OH) 的晶格常数

化合物	a/nm	b/nm	c/nm	β/(°)
LaO(OH)	0.6382	0.3929	0.4417	108.0
CeO(OH)	—	—	—	—
PrO(OH)	—	—	—	—
NdO(OH)	0.624	0.3805	0.439	108.1
SmO(OH)	0.613	0.377	0.436	108.6
EuO(OH)	0.610	0.373	0.434	108.9
GaO(OH)	0.606	0.371	0.434	108.9
TbO(OH)	0.604	0.369	0.433	109.0
DyO(OH)	0.598	0.364	0.429	109.0
HoO(OH)	0.596	0.363	0.429	109.0
ErO(OH)	0.593	0.362	0.427	109.2
TmO(OH)	0.589	0.359	0.425	109.3
YbO(OH)	0.588	0.358	0.425	109.4
LuO(OH)	0.584	0.355	0.423	109.5
YO(OH)	0.592	0.363	0.429	109.1

在不同盐的溶液中氢氧化物开始沉淀的 pH 值略有不同。由于镧系收缩，三价镧系离

子的离子势 Z/r 随原子序数的增大而增加，所以开始沉淀的 pH 值随原子序数的增大而降低，见表 5-13。

表 5-13 $RE(OH)_3$ 的物理化学性质

氢氧化物	颜色	沉淀的 pH 值			RE（OH）$_3$ 浓度积（25℃）	晶格常数/nm	
		硝酸盐	氯化物	硫酸盐		*a*	*c*
$La(OH)_3$	白	7.82	8.03	7.41	1.0×10^{-19}	0.652	0.386
$Ce(OH)_3$	白	7.60	7.41	7.35	1.5×10^{-20}	0.650	0.382
$Pr(OH)_3$	浅绿	7.35	7.05	7.17	2.7×10^{-20}	0.645	0.377
$Nd(OH)_3$	紫红	7.31	7.02	6.95	1.9×10^{-21}	0.642	0.367
$Sm(OH)_3$	黄	6.92	6.83	6.70	6.8×10^{-22}	0.635	0.365
$Eu(OH)_3$	白	6.82	—	6.68	3.4×10^{-22}	0.632	0.363
$Gd(OH)_3$	白	6.83	—	6.75	2.1×10^{-22}	0.630	0.361
$Tb(OH)_3$	白	—	—	—	—	0.628	0.357
$Dy(OH)_3$	黄	—	—	—	—	0.626	0.356
$Ho(OH)_3$	黄	—	—	—	—	0.624	0.353
$Er(OH)_3$	浅红	6.75	—	6.50	1.3×10^{-23}	0.6225	0.351
$Tm(OH)_3$	绿	6.40	—	6.21	2.3×10^{-24}	0.621	0.349
$Yb(OH)_3$	白	6.30	—	6.18	2.9×10^{-24}	0.620	0.346
$Lu(OH)_3$	白	6.30	—	6.18	2.5×10^{-24}	—	—
$Y(OH)_3$	白	6.95	6.78	6.83	—	0.6245	0.353

稀土氢氧化物不溶于水，但能溶于酸生成盐，其碱性随着原子序数的增加而逐渐减弱。胶状的氢氧化物有足够的碱性，可从空气中吸收二氧化碳而生成碳酸盐。

三价铈的氢氧化物不稳定，只能在真空条件下制备。在空气中将被缓慢氧化，在干燥情况下很快变成黄色的四价铈的氢氧化物。如果溶液中有次氯酸盐或次溴酸盐，则在氢氧化物沉淀时就会很快地将三价铈氧化成四价铈。因此，三价铈的氢氧化物是一种强还原剂。

5.4 稀土卤化物

5.4.1 制备

5.4.1.1 无水卤化物的制备

可由稀土金属直接与卤素或卤化汞反应、水合物的脱水、氧化物的卤化等方法来制备。

A 金属的卤化

为了得到纯净的三卤化物，最好采用直接卤化的方法：

$$2RE + 3X_2 \longrightarrow 2REX_3$$

这类反应一般较为激烈。卤化汞和金属反应也可得到无水卤化物：

$$2RE + 3HgX_2 \longrightarrow 2REX_3 + 3Hg$$

B 水合物的脱水

由水合物直接加热，往往不能获得纯的无水卤化物，在加热时会水解生成卤氧化物：

$$REX_3 \cdot nH_2O \xrightarrow{\triangle} REOX + 2HX + (n-1)H_2O$$

因此，水合卤化物的脱水要在脱水剂存在的条件下进行。在稀土卤化物溶液中加入过量的卤化铵进行脱水是较好的方法，每摩尔的 $RECl_3$ 加入 6mol 的 NH_4Cl，在碘化物溶液则每摩尔的 REI_3 加入 12mol 的 NH_4I，将溶液蒸干，并将产物在真空下缓慢加热到 200℃除去所有的水分，再把温度升高到 300℃，升华除去多余的卤化铵，可得纯净的稀土卤化物。

C 氧化物的卤化

可以用 NH_4F、HF、F_2、ClF_3、BrF_3、SF_4、SF_6、CCl_2F_2、CCl_3F 等氟化剂在高温下与氧化物作用来制备无水的氟化物，例如：

$$RE_2O_3 + 6HF \longrightarrow 2REF_3 + 3H_2O\uparrow$$

可以用 CCl_4、HCl、NH_4Cl、Cl_2、SCl_2、S_2Cl_2 等在高温下与稀土氧化物作用得到无水稀土氯化物，例如：

$$RE_2O_3 + 3CCl_4 \longrightarrow 2RECl_3 + 3COCl_2$$

$$RE_2O_3 + 3CCl_4 \longrightarrow 2RECl_3 + 3Cl_2 + 3CO$$

$$RE_2O_3 + 3Cl_2 + 3C \longrightarrow 2RECl_3 + 3CO$$

（C 作为还原剂，防止生成氯氧化物）

$$RE_2O_3 + 6HCl + 3C \longrightarrow 2RECl_3 + 3CO + 3H_2$$

$$RE_2O_3 + 6NH_4Cl \longrightarrow 2RECl_3 + 3H_2O + 6NH_3$$

（高温下反应，过量的卤化铵随 N_2 或 He 气流或通过真空升华而除去）

5.4.1.2 水合卤化物的制备

将稀土氧化物或碳酸盐直接溶解在氢卤酸中或将无水卤化物直接溶解于水中来制备水合卤化物。氟化物可由可溶性化合物（如 $RE(NO_3)_3$）与氢氟酸作用来制备，为了改善产品的粒度，可采用氢氟酸盐（如氢氟酸铵）加氨水等碱性化合物为沉淀剂来制备，也可将溶液中稀土转型为碳酸盐、氢氧化物、草酸盐等难溶于水的化合物与氢氟酸或氟化铵作用来制备。

卤化物除了氟化物外都有较大的溶解度，并且在蒸发时倾向于过饱和，不易用直接蒸发的方法析出纯净的水合物。氯化物和溴化物可在蒸发它们的溶液时，通入卤化氢（防止水解）来制备饱和溶液，然后蒸发浓缩析出水合物。此法对于碘化物的制备效果较差。

稀土水合卤化物的水合数是不相同的，多介于 5 ~9 之间。水合氟化物的组成一般为：$REF_3 \cdot H_2O$。

5.4.1.3 卤氧化物的制备

蒸发卤化物的水溶液和水合卤化物脱水时都会发生水解而产生卤氧化物。

5.4.2 性质

无水卤化物和卤氧化物的物理性质和热焓数据见表 5-14 和表 5-15。一系列无水氯化物在水中的溶解焓和水合物在水中的溶解焓见表 5-16。碘化物的溶解焓数据也见表 5-16。

表 5-14 稀土卤化物的物理常数

化学式	熔点/℃	沸点/℃	结晶学数据				密度/$g \cdot cm^{-3}$	热力学数据/$kJ \cdot mol^{-1}$		
			结构	晶格常数/nm				$\Delta H_{形成}$	$\Delta H_{熔化}$	$\Delta H_{气化}$
				a_0	b_0	c_0				
LaF_3	1490		六方	0. 7186		0. 7352	5. 936	(−1762. 3)		
CeF_3	1437	2327	六方	0. 7112		0. 7279	6. 157	(−1741. 3)		
PrF_3	1395	2327	六方	0. 7075		0. 7238	6. 14	(−1728)	33	259
NdF_3	1374		六方	0. 7030		0. 7200		(−1715)		259
SmF_3	1306	(2327)	六方	0. 6956		0. 7120	6. 925	(−1695)	33	
EuF_3	1276	(2277)	六方	0. 6916		0. 7091	7. 088	(−1636)		
GdF_3	1231	(2277)	六方	(0. 7064)		(0. 6900)				
TbF_3	1172	(2277)	六方	(0. 7035)		(0. 6875)			33	251
DyF_3	1154	(2227)	六方	(0. 7010)		(0. 6849)		(−1665)		251
			斜方	0. 6460	0. 6909	0. 4376	7. 465			
HoF_3	1143	(2227)	六方	0. 6833		0. 6984	7. 829			
			斜方	0. 6404	0. 6875	0. 4379	7. 644	(−1653)	33	251
ErF_3	1140	(2277)	六方	(0. 6952)		(0. 6797)				
			斜方	0. 6352	0. 6848	0. 4380	7. 814	(−1640)	33	251
TmF_3	1158	(2223)	六方	0. 6763		0. 6927	8. 220	(−1635)		
			斜方	0. 6283	0. 6811	0. 4408	7. 971		33	251
YbF_3	1157	(2227)	六方	(0. 6987)		(0. 6745)		(−1573)		
			斜方	0. 6216	0. 6786	0. 4434	8. 168			
LuF_3	1182	(1427)	六方	(0. 687)		(0. 672)			33	251
			斜方	0. 6181	0. 6731	0. 4446	8. 44	(−1640)	33	251
$LaCl_3$	852	2700	六方	0. 7483		0. 4364	3. 848	(−1070. 7)	54	
$CeCl_3$	802	1925	六方	0. 7450		0. 4315		(−1057. 7)		
$PrCl_3$	786	1905	六方	0. 7422		0. 7275		(−1054. 8)	50. 6	218. 8
$NdCl_3$	760							−1027. 6	50. 2	216. 7
$SmCl_3$	678		六方	0. 7378		0. 4171		−1016. 7	33	
$EuCl_3$	623	分解	六方	0. 7369		0. 4133		−975. 7		
$GdCl_3$	602	(1577)	六方	0. 7363		0. 4105		−1004. 5	40. 1	188. 3
$TbCl_3$	588	(1547)						(−1008. 3)	29. 3	188. 3
$DyCl_3$	654	(1627)	单斜	0. 691	1. 197	0. 640		(−987. 4)	29. 3	188. 3
$HoCl_3$	720	(1507)	单斜	0. 685	1. 185	0. 639		−974. 8	29. 3	184. 1
$ErCl_3$	776	(1497)	单斜	0. 680	1. 179	0. 639		−884. 5	32. 6	184. 1
$TmCl_3$	821	(1487)	单斜	0. 675	1. 173	0. 639		−958. 1	37. 6	184. 1
$YbCl_3$	854	分解	单斜	0. 673	1. 1365	0. 638		−956. 8	37. 6	
$LuCl_3$	892	(1477)	单斜	0. 672	1. 160	0. 639		−953. 5	37. 6	179. 9

续表 5-14

化学式	熔点/℃	沸点/℃	结晶学数据				密度/g·cm⁻³	热力学数据/kJ·mol⁻¹		
			结构	晶格常数/nm						
				a_0	b_0	c_0		$\Delta H_{形成}$	$\Delta H_{熔化}$	$\Delta H_{气化}$
$LaBr_3$	783							(−974.8)	54.4	
$CeBr_3$	772	1705						(−953.9)		
$PrBr_3$	693	1547						−941.4	47.3	188.3
$NdBr_3$	684							−933	45.2	195.8
$SmBr_3$	664	1645						(−903.7)		
$EuBr_3$	(705)	分解						(−849.4)		
$GdBr_3$	785	(1487)						(−895.4)	36.4	184.1
$TbBr_3$	(830)	(1483)						(−882.8)	37.6	184.1
$DyBr_3$	881	(1473)						(−874.5)	37.6	184.1
$HoBr_3$	914	(1467)						(−866.1)	41.8	179.9
$ErBr_3$	950	(1457)						(−857.7)	41.8	179.9
$TmBr_3$	(955)	(1437)						(−849.3)	41.8	179.9
$YbBr_3$	940	分解						(−774)	41.8	
$LuBr_3$	960	(1407)						(−836.8)	41.8	115.7
LaI_3	761		斜方	0.437	1.401	1.004	2.246	−790.7		
CeI_3	761	1397	斜方	0.4341	1.400	1.0015	2.273	−774	51.8	
PrI_3	733	1377	斜方	0.4309	1.398	0.9958	2.309	−635.9	53.1	171.5
NdI_3	775		斜方	0.4284	1.3979	0.9948	2.342	(−664.8)	40.5	171.5
SmI_3	820		六方	0.7490		2.080	3.141	(−728)	37.6	
EuI_3	(880)	分解						(−665.3)		
GdI_3	931	(1377)	六方	0.7539		2.083	3.138	−771.3	41.8	167.4
TbI_3	955	(1327)	六方	0.7526		2.0838	3.155	(−707.1)	41.8	167.4
DyI_3	955	(1317)	六方	0.7488		2.0833	3.210	−694.5	41.8	171.5
HoI_3	1010	(1297)					3.240	−686.1	41.8	171.5
ErI_3	1020	(1277)	六方	0.7451		2.078	3.279	−677.8	41.8	167.4
TmI_3	(1015)	(1257)	六方	0.7415		2.078	3.321	−576.5	41.8	167.4
YbI_3	(1030)	分解	六方	0.7434		2.072	3.331	(−598.3)	41.8	
LuI_3	1045	(1207)	六方	0.7395		2.071	3.386	−556.7	45.9	159

表 5-15 稀土氟氧化物和氯氧化物的物理常数

REOF			REOCl				
化学式	结构	a/nm	化学式	结构	a/nm	c/nm	$\Delta H_{形成}$(25℃)/kJ·mol⁻¹
LaOF	斜方	0.7132	LaOCl	PbFCl	0.4119	0.6883	12.96
	立方	0.5756					
CeOF	立方	0.5703	CeOCl		0.4080	0.6831	—

续表 5-15

REOF			REOCl				
化学式	结构	a/nm	化学式	结构	a/nm	c/nm	$\Delta H_{形成}$(25℃)/kJ·mol^{-1}
PrOF	斜方	0.7016	PrOCl		0.4051	0.6810	96.15
	立方	0.5644					
NdOF	斜方	0.6953	NdOCl		0.4018	0.6782	93.05
	立方	0.5595					
SmOF	斜方	0.6865	SmOCl		0.3982	0.6721	87.69
	立方	0.5519					
EuOF	斜方	0.6827	EuOCl		0.3965	0.6695	—
GdOF	斜方	0.6800	GdOCl		0.3950	0.6672	79.49
TbOF	斜方	0.6758	TbOCl		0.3927	0.6645	84.51
					0.3911	0.6620	—
HoOF	立方	0.5523	HoOCl		0.3893	0.6602	—
					0.388	0.658	—
YOF	立方		YOCl		0.3903	0.6597	—

表 5-16 稀土卤化物在水中的溶解焓 (kJ/mol)

元素	无水氯化物(25℃)	水合氯化物(25℃)		无水碘化物(20℃)
		$6H_2O$	$7H_2O$	
La	-137.7	-44.6	-28.00	-201
Ce	-143.9		-28.9	-205
Pr	-149.4	-38.06	-23.91	-209
Nd	-156.9	-38.21		-216
Pm	-161.9			
Sm	-166.9	-36.04		-233
Eu	-170.3	-36.45		
Gd	-181.6	-38.15		-252
Tb	-192.5	-39.97		
Dy	-209	-41.73		-253
Ho	-213.4	-43.58		-256
Er	-215.1	-44.95		-257
Tm	-215.9	-46.53		-262
Yb	-215.9	-48.18		
Lu	-218.4	-49.62		-276
Y	-224.7	-46.24		-268
Sc		-31.8		

无水的稀土氟、氯、碘化物各有两种结构。氟化物是六方和正交（斜方）；氯化物是六方和单斜；碘化物是六方和正交（斜方）。

无水氯化物的溶解焓为负值，一般随三价镧系离子半径的减小而减小。

碘化物的溶解焓与氯化物的一样，随三价镧系离子半径减小而减小，碘化物的溶解焓较相应氯化物的更负。

除了氟化物外，卤化物在水中均有较大的溶解度（见表5-17），并且溶解度随温度升高而增大（见表5-18）。氟化物在水中是难溶的，它们的溶度积 K_{sp} 为：

$$K_{sp} = c_{RE^{3+}} \cdot c_{F^-}^3$$

表5-17 稀土三氯化物在水中的溶解度（25℃） （mol/kg）

氯 化 物	溶 解 度	氯 化 物	溶 解 度
$LaCl_3 \cdot 7H_2O$	3.8944	$TbCl_3 \cdot 6H_2O$	3.5795
$CeCl_3 \cdot 7H_2O$	3.748	$DyCl_3 \cdot 6H_2O$	3.6302
$PrCl_3 \cdot 7H_2O$	3.795	$HoCl_3 \cdot 6H_2O$	3.739
$NdCl_3 \cdot 7H_2O$	3.9307	$ErCl_3 \cdot 6H_2O$	3.7840
$SmCl_3 \cdot 7H_2O$	3.6414	$YbCl_3 \cdot 6H_2O$	4.0028
$EuCl_3 \cdot 7H_2O$	3.619	$LuCl_3 \cdot 6H_2O$	4.136
$GdCl_3 \cdot 6H_2O$	3.5898	$YCl_3 \cdot 6H_2O$	3.948

表5-18 不同温度下稀土三氯化物在100kg水中溶解度 （kg）

三氯化物	溶 解 度					
	-10℃	0℃	10℃	25℃	30℃	50℃
YCl_3		43.3	43.4	43.5	44.0	45.2
$LaCl_3$	47.4	47.2	48.2	48.8	49.8	51.6
$NdCl_3$	49.1	49.2	49.3	49.7	50.5	52.2
$GdCl_3$	48.4	48.2	48.3	48.7	49.3	50.8
$ErCl_3$		50.7	51.0	51.3	51.6	52.5
$LuCl_3$		52.6	54.2	54.2	54.6	55.1

已报道的 K_{sp} 数据略有差别，表5-19列出了三组数据。

表5-19 稀土三氟化物在水中的溶度积

三 氟 化 物	pK_{sp}		
	数据1	数据2	数据3
LaF_3	18.9	20.2	17.1
CeF_3	19.2	20.8	17.1
PrF_3	18.9	20.2	17.0
NdF_3	18.6	19.9	17.1
SmF_3	17.9	19.3	16.0
EuF_3	17.2	18.5	15.4

续表 5-19

三 氟 化 物	pK_{sp}		
	数据 1	数据 2	数据 3
GdF_3	18.6	18.1	15.3
TbF_3	16.7	18.0	14.9
DyF_3	16.3	17.6	14.6
HoF_3	15.8	17.2	14.6
ErF_3	15.5	16.8	14.5
TmF_3	15.8	17.1	14.6
YbF_3	15.0	16.3	14.6
LuF_3	15.0	16.4	14.6

部分稀土卤化物在无水溶剂中的溶解度列于表 5-20，在甲醇和乙醇中的溶解度都较大，一般随醇碳链的增长而下降；在醚、二氧六环和四氢呋喃中其溶解度较小；在磷酸三丁酯中有相当大的溶解度。

表 5-20 部分稀土氯化物在醇中的溶解度 (mol/kg)

氯 化 物	溶 解 度		
	MeOH	EtOH	iPrOH
YCl_3	4.38	2.92	0.91
$LaCl_3$	2.45	1.26	0.004
$NdCl_3$	2.75	1.36	0.04
$SmCl_3$	3.33	1.97	0.23
$GdCl_3$	4.21	2.43	0.32
$DyCl_3$	4.00	2.85	1.14
$ErCl_3$	4.53	3.41	0.84
$YbCl_3$	4.90	4.26	0.80

在稀溶液中，氯化物和溴化物都是典型的 1∶3 电解质。在稀溶液中的电导遵守昂萨格方程式，活度系数与德拜-休克尔理论推导的结果相符。

水合卤化物在热分解时易伴随有水解反应，因此水合物脱水不能得到纯净的无水卤化物。

水合氟化物在空气中脱水后有少量的氟氧化物；在惰性气氛或真空中可以定量地除去氟化物中的水分，水合氟化稀土最好是在氟化氢、氟化铵存在的环境下脱水。

水合氯化物在惰性气氛中脱水可以得到组成接近于 $RECl_3$ 的化合物，但严格无氧是困难的。轻稀土水合氯化物在氮气气氛中脱水可得到 $RECl_3 \cdot nH_2O$（$n=3, 2, 1$），重稀土水合氯化物在氮气中脱水可得到 $RECl_3 \cdot nH_2O$（$n=4, 1$）的中间水合物。

水合溴化物的热分解与水合氯化物的热分解相似，轻稀土水合溴化物生成 $REBr_3 \cdot H_2O$、$REBr_3$ 和 REOBr；由重稀土水合溴化物生成 $REBr_3$- REOBr 混合物、REOBr 和 RE_2O_3。

5.5 稀土盐类和氢氧化物的溶解度

三价稀土化合物的 Cl^-、Br^-、I^-、NO_3^-、CH_3COO^-、ClO_3^-、BrO_3^-、CNS^- 的盐能溶于水。但像 F^-、OH^-、CO_3^{2-}、$C_2O_4^{2-}$、CrO_4^{2-}、PO_4^{3-} 等阴离子与稀土离子生成的化合物，由于离子间引力增大，因而溶解度降低了。

轻、重稀土盐的溶解度有较大的差别，因此可用于铈组和钇组的分离，例如曾利用硫酸复盐 $RE_2(SO_4)_3 \cdot M_2SO_4 \cdot nH_2O$（$M = Na^+$、$K^+$、$NH_4^+$）在溶解度上的差异，对稀土元素分组。稀土盐在水中的溶解度差异见表 5-21。

表 5-21 稀土盐在水中的溶解度差异

阴 离 子	铈组（$Z = 57 \sim 63$）	钇组（$Z = 64 \sim 71$）
OH^-	难溶	难溶
F^-	难溶	难溶
PO_4^{3-}	难溶	难溶
Cl^-、Br^-、I^-、ClO_4^-、BrO_3^-、NO_3^-、CH_3COO^-、$C_2H_6SO_4^-$、CNS^-	可溶	可溶
SO_4^{2-}（碱金属复盐）	在碱金属硫酸盐中难溶	溶解在碱金属硫酸盐中
CO_3^{2-}	难溶，不溶在碳酸盐的溶液中	难溶，溶在碳酸盐的溶液中
$C_2O_4^{2-}$	难溶，不溶在草酸盐的溶液中	难溶，溶在草酸盐的溶液中

相邻元素的相应盐的溶解度相差很小，但随原子序数的递变，溶解度逐渐变化，使镧系两头元素的相应盐的溶解度有十分明显的差别。

5.6 其他稀土化合物

5.6.1 稀土硫化物

5.6.1.1 稀土硫化物的制备

A 稀土一硫化物（RES）

制备方法有：

（1）单质之间反应。在封管中将两种单质按一定比例混合，令温度慢慢上升，然后保持于1000℃，可得到一硫化物。

$$RE + S \longrightarrow RES$$

（2）用铝还原倍半硫化物。将铝与倍半硫化物混合物保持在 1000 ~ 1200℃，产生中间产物 RE_3S_4，并在 1.333Pa 真空下继续加热至 1500℃，即产生一硫化物，而副产物硫化铝 Al_2S_3 则升华分出。

$$9RE_2S_3 + 2Al \longrightarrow 6RE_3S_4 + Al_2S_3\uparrow$$

$$3RE_3S_4 + 2Al \longrightarrow 9RES + Al_2S_3\uparrow$$

(3) 金属氢化物与倍半硫化物反应。将金属氢化物与倍半硫化物在 1800 ~ 2200℃ 和 1.333×10^{-2} ~ 1.333×10^{-3} Pa 压力下反应也可得到一硫化物。

$$2CeH_3 + 2Ce_2S_3 \longrightarrow 6CeS + 3H_2 \uparrow$$

(4) 熔盐电解倍半硫化物。例如将 $CeCl_3$ 和 Ce_2S_3 溶解在 NaCl-KCl 低共熔混合物中，在 800℃ 时进行电解。最初的还原产物是金属铈，随后铈溶解在熔盐中将倍半硫化物还原。

$$Ce_2S_3 \longrightarrow Ce_3S_4 \longrightarrow CeS$$

EuS 不能用上述方法制备。但 H_2S 和 $EuCl_3$ 反应可生成 EuS。

$$2EuCl_3 + 3H_2S \longrightarrow 2EuS + 6HCl + S$$

B 稀土四硫化三物（RE_3S_4）

制备方法有：

(1) 硫化物与倍半硫化物反应。在石墨坩埚中，1500 ~ 1600℃ 下将硫化物与倍半硫化物进行反应。

$$RES + RE_2S_3 \longrightarrow RE_3S_4$$

(2) 用铝还原倍半硫化物。先将反应物加热至 1100 ~ 1200℃，再加热至 1500℃，蒸出 Al_2S_3，留下 RE_3S_4。

$$9RE_2S_3 + 2Al \longrightarrow 6RE_3S_4 + Al_2S_3 \uparrow$$

(3) 金属氢化物和倍半硫化物反应。在硫化氢的气氛中，将混合物加热至 400℃，然后将产品在真空中加热至 2000℃，可得四硫化三物，本法适用于制备 Ce_3S_4。

$$2CeH_3 + 8Ce_2S_3 \longrightarrow 6Ce_3S_4 + 3H_2 \uparrow$$

(4) 铕的相应化合物的制备是用 EuS 和硫黄，在封闭管中温度保持 600℃，经数天，即得 Eu_3S_4。

$$3EuS + S \longrightarrow Eu_3S_4$$

钐的相应化合物是将倍半硫化物或二硫化物在真空中加热至 1800℃ 来制备。

$$3Sm_2S_3 \longrightarrow 2Sm_3S_4 + S$$

C 稀土倍半硫化物（RE_2S_3）

在石墨舟中，以干燥的 H_2S 气与 RE_2O_3 进行反应，在 500℃ 先生成硫氧化物，继续把温度升至 1250 ~ 1300℃，即得 RE_2S_3。

$$3H_2S + RE_2O_3 \longrightarrow RE_2S_3 + 3H_2O$$

也可在 600℃（或更高些温度）真空中将二硫化物热分解来制备 RE_2S_3。

$$2RES_2 \longrightarrow RE_2S_3 + S$$

D 稀土二硫化物（RES_2）

通过 RE_2S_3 和 S（硫黄）反应来制备。反应要在封管中进行，并于 600℃ 加热数天，可得 RES_2。

$$RE_2S_3 + S \longrightarrow 2RES_2$$

E 稀土硫氧化物（RE_2O_2S）

制备方法有：

(1) 稀土氧化物和倍半硫化物直接反应。在混合物中含过量 20% 的硫化物。真空下于1350℃反应3h，冷却后用10%醋酸与多余的硫化物反应以除去过剩的硫化物。

$$2RE_2O_3 + RE_2S_3 \longrightarrow 3RE_2O_2S$$

（2）稀土氧化物与H_2S反应。将稀土氧化物与H_2S在550～600℃下反应，所得的产品中含有一些硫化物，可用10%醋酸浸泡除去硫化物杂质。

$$RE_2O_3 + H_2S \longrightarrow RE_2O_2S + H_2O$$

铕的硫氧化物要用摩尔比为EuS：0.5S的硫化物、硫和氧化物反应来制备。

（3）倍半硫化物在500℃与水蒸气反应发生部分水解，可得硫氧化物。在反应中用氢气作水蒸气的载体，并控制水蒸气的比例，即得到硫氧化物。

$$RE_2S_3 + 2H_2O \longrightarrow RE_2O_2S + 2H_2S$$

5.6.1.2　稀土硫化物的性质

稀土硫化物的熔点较高（见表5-22）。RE_2S_3在熔点时有较高的蒸气压。RE_3S_4比RE_2S_3的挥发性小，但Sm_3S_4低于熔点时于1600℃开始挥发。

表5-22　稀土硫化物的熔点　（℃）

硫化物		La	Ce	Pr	Nd	Sm	Gd	Dy	Er	Y
倍半硫化物	γ	2080	2060	1795	2010	1780	1885	1490		
	β	1915	1700	1775						
	δ							1470	1730	1600
一硫化物			2450							
四硫化三物		>2000	>2000	>2000	>2000	1800				

稀土硫化物在高温时分解，如Sm_2S_3在1800℃分解，留下Sm_3S_4；Y_2S_3在1700℃分解为Y_5S_7；Yb_2S_3在1000℃分解为Yb_5S_7；RES_2高于600℃时在真空中分解为RE_2S_3。稀土硫化物在空气中加热200～300℃时，开始氧化为碱式硫酸盐。例如，Ce、Pr、Nd、Sm的二硫化物、硫氧化物都可氧化为碱式硫酸盐（温度要高于600℃）。硫化物比硒化物、碲化物容易被氧化。

稀土硫化物在空气中是稳定的，但在室温下、湿空气中略有些水解，放出硫化氢。

稀土硫化物不溶于水，容易与酸反应放出硫化氢，但酸对RE_3S_4和RE_2O_2S的反应较慢。

5.6.2　稀土氮化物

5.6.2.1　稀土氮化物的制备

氮化物常用下述制备方法：

（1）金属与氮气直接化合。在电弧炉中，把金属加热至800～1200℃，通入氮气进行反应，可得REN。其反应为：

$$2RE + N_2 \longrightarrow 2REN$$

（2）稀土氢化物与氮气或氨作用。前者反应温度为900～1000℃；后者氮化迅速，反应温度为600～800℃（La～Sm）或1000～1200℃（Gd～Lu）。

（3）把金属铕和镱溶解在液氨中，先形成$RE(NH_3)_6$，然后缓慢地变为$RE(NH_2)_2$，再在真空条件下，温度高于100℃，产生三价的氮化物 EuN 和 YbN。

5.6.2.2 稀土氮化物的性质

化合物中金属离子一般均为三价态，而 Eu 和 Yb 有呈二价态的。Ce 可以四价态存在于化合物中，在正常条件下，Ce 在黄铜色的 CeN 中几乎是四价态的。

REN 都具有立方晶系 NaCl 型的结构。REN 的晶格常数随稀土元素原子半径减小而减小。大多数稀土氮化物是半金属的导体，ScN、GdN、YbN 等氮化物具有半导体的特性。

REN 的熔点都是相当高的，高于2400℃（见表5-23）。

表5-23 稀土氮化物的熔点

氮化物	LaN	CeN	PrN	NdN	GdN
熔点/℃	2450	2560	2570	2560	2900

REN 等化合物的生成焓列在表5-24中。

表5-24 稀土氮化物的生成焓

氮化物	YN	LaN	CeN	NdN	LuN
ΔH_f/kcal·mol^{-1}	71.5	72.0	78	73	72.2

注：1cal=4.184J。

REN 在高温时是稳定的。REN 在湿空气中会水解，放出氨。它们能溶于酸中。与碱作用时，将水解生成氢氧化物并放出氨。

5.6.3 稀土硼化物

5.6.3.1 稀土硼化物的制备

用合成的方法得到 REB_n 化合物，其中 $n=2$、3、4、5、6、12。研究得较多的是 REB_4 和 REB_6。它们的制备方法如下：

（1）在熔化的硼酸盐浴中电解稀土氧化物。加入碱金属或碱土金属氟化物以降低熔盐的黏度和熔点，电解是在石墨坩埚中，950～1000℃的温度下，以3～15V的电压进行。以石墨坩埚为阳极，水冷的碳棒或铂棒作阴极。产品的含硼量高于 REB_6 中的硼量，在阴极可能有单质硼出现。此法的产率较低。

（2）用碳还原稀土氧化物和硼的气化物。本法的缺点是在反应温度下氧化硼会挥发，粗产品中会混有碳。

$$RE_2O_3 + 4B_2O_3 + 15C \longrightarrow 2REB_4 + 15CO$$

（3）以碳化硼还原稀土氧化物。在稀土氧化物中加入硼和碳或碳化硼，然后将混合物制成团块，在1500～1800℃于真空中或氢气中加热，反应如下：

$$RE_2O_3 + 3B_4C \longrightarrow 2REB_6 + 3CO$$

（4）用单质硼还原稀土氧化物。还原反应为1500～1800℃，在硼化锆或钼容器中进行。反应中氧化硼会挥发损失。其还原反应为：

$$2RE_2O_3 + 22B \longrightarrow 4REB_4 + 3B_2O_2(g)$$

$$2RE_2O_3 + 30B \longrightarrow 4REB_6 + 3B_2O_2(g)$$

此法不能用于制备 YbB_4，因为金属镱有较高的蒸气压。ErB_6 也不能用此法制备，因在此反应温度下 ErB_6 相对 ErB_4 和 B 来说是不稳定的。

此法也可用于制备 REB_{12}。

（5）两种单质直接化合。将稀土金属和单质硼按配比混合，制作成团块，在真空或氩气中加热到 1300～2000℃，可得到硼化物。

5.6.3.2 稀土硼化物的性质

A 稀土元素的六硼化物

除了钷外的 REB_6 均已合成得到，它们属于立方晶系，CsCl 型。金属原子占据立方体的每一角顶，硼则位于立方体的中心。RE—B 键是金属键，因为它们都有很高的电导率，其电阻率与稀土金属的电阻率相近。

REB_6 的熔点均高于 2000℃，见表 5-25。

表 5-25 稀土硼化物的一些性质

六硼化物			四硼化物			
元素	晶格常数 a/nm	熔点/℃	元素	晶格常数/nm		熔点/℃
La	0.4153	2715	La	0.730	0.417	1800
Ce	0.4141	2187	Ce	0.7205	0.409	
Pr	0.4130	2610	Pr	0.720	0.411	
Nd	0.41260	2610	Nd	0.7219	0.4102	
Sm	0.41333	2580	Sm	0.7147	0.40696	
Eu	0.4178	2660	Eu			
Gd	0.41078	2510	Gd	0.7144	0.40479	
Tb	0.41020	2340	Tb	0.7118	0.40286	
Dy	0.40976	2200	Dy	0.7101	0.40174	
Ho	0.4096	2180	Ho	0.7086	0.40079	
Er	0.4101	2185	Er	0.7071	0.40337	
Tm	0.4110		Tm			
Yb	0.41468	2370	Yb	0.701	0.400	
Lu	0.411	2170	Lu	0.698	0.393	
Sc	0.443		Sc	0.77	0.364	
Y	0.4113		Y	0.709	0.401	2800

REB_6 受热时会分解，其反应为：

$$REB_6 \longrightarrow RE + 6B$$

$$REB_6 \longrightarrow REB_4 + 2B$$

对于蒸气压较高的稀土金属来说，其 REB_6 按生成 RE 式进行分解；对于蒸气压较低的稀土金属，REB_6 按生成 REB_4 进行，但也有例外。

REB_6 能溶于王水、硫酸和硝酸的混合液（微热的条件下），也能溶于硝酸（微热的条件下）、氢氧化钠和过氧化氢的混合液及 15% 的氢氧化钠溶液中。

B 稀土元素的四硼化物

REB_4 均属于四方晶系，它们的晶格常数随镧系离子的半径减小而减小，见表5-25。它们有较高的熔点，如 YB_4 的熔点为2800℃，LaB_4 的熔点为1800℃。

5.6.4 稀土碳化物

稀土元素能生成三种主要类型的碳化物：RE_3C、RE_2C_3 和 REC_2。它们的制备方法如下：

（1）稀土氧化物和碳反应。将稀土氧化物和碳放在坩埚中，在氩气氛中加热至2000℃进行反应。当碳略过量时，可生成二碳化物。

$$RE_2O_3 + 7C \longrightarrow REC_2 + 3CO$$

（2）稀土金属和碳反应。将稀土金属和所需的碳混合压球，放在钽坩埚中加热熔化，可制得碳化物。

（3）稀土金属的氢化物和石墨反应。稀土金属的氢化物和石墨混合，再在真空中加热至1000℃，也可得到碳化物。

Sm ~ Lu 和 Y 的 RE_3C 具有面心立方的 Fe_4N 型的化合物的结构。La ~ Ho 和 Y 的 RE_2C_3 具有体心立方结构。镧系元素和Y的 REC_2 具有体心四方的 CaC_2 型结构。

RE_2C_3 和 REC_2 具有金属的导电性。磁矩数值表明，除了镱、钐、铕外，其他稀土元素在 REC_2 中呈三价。

REC_2 的熔点一般高于2000℃。La_2C_3、Pr_2C_3 和 Nd_2C_3 的熔点分别为1430℃、1557℃、1620℃。所有的稀土碳化物在室温下遇水都水解，生成稀土氢氧化物和气体产物。RE_3C 水解得到甲烷和氢的混合物。La_2C_3 和 REC_2 与水反应得到乙炔，伴随有氢和少量的碳氢化合物。

5.6.5 稀土硅化物

稀土元素的硅化物有 RESi、$RESi_2$、RE_5Si、RE_3Si_5、RE_6Si 和 RE_3Si_2 等类型。它们的制备方法如下：

（1）在熔化的硅酸盐浴中电解稀土氧化物。电解质为硅酸钙、氟化钙和氯化钙混合物，电解条件为温度1000℃和电压8 ~ 10V，在阴极生成稀土硅化物。

（2）用硅还原稀土氧化物。将反应物磨细并湿匀放在刚玉舟中，在真空中加热1100 ~ 1600℃，可得到 $RESi_2$。其反应为：

$$RE_2O_3 + 7Si \longrightarrow 2RESi_2 + 3SiO\uparrow$$

此法曾用于制备轻或中稀土的二硅化物。

（3）单质直接化合。将单质硅和金属粉末混合制作成团块，在真空中熔化，可制得 $RESi_2$。曾用此法制备 $LaSi_2$。

$RESi_2$ 有几种结构。轻、中稀土二硅化物在低温时为正交晶系，高温时为四方晶系；重稀土（Er ~ Lu）的二硅化物为六方晶系。

$RESi_2$ 的熔点在1500℃左右（例如，YSi_2 为1520℃，$LaSi_2$ 为1520℃，$CeSi_2$ 为1420℃，$NdSi_2$ 为1525℃，$EuSi_2$ 为1500℃，$GdSi_2$ 为1540℃，$DySi_2$ 为1550℃等）。其电

阻率比相应金属的电阻率大，电阻温度系数为正，但在500℃时电阻率的温度系数变为负。它们容易与盐酸、氟氢酸作用，并与 $Na_2CO_3-K_2CO_3$ 的低共熔物作用而被分解。

5.6.6　稀土氢化物

稀土氢化物可由稀土金属与 H_2 直接反应来制备，产物常为 REH_2。

$$RE + H_2 \longrightarrow REH_2$$

多数稀土金属还可生成 REH_3，并生成非整比氢化物。氢化物的存在范围见表5-26。

表5-26　稀土氢化物的存在范围

第一组 氟化钙型	第二组 氟化钙型	第二组 六方型	第三组 正交型
$LaH_{1.95\sim3}$	$YH_{1.90\sim2.3}$	$YH_{2.77\sim3}$	$EuH_{1.86\sim2}$
$CeH_{1.8\sim3}$	$SmH_{1.92\sim2.55}$	$SmH_{2.59\sim3}$	$YbH_{1.80\sim2}$
$PrH_{1.9\sim3}$	$GdH_{1.8\sim2.3}$	$GdH_{2.85\sim3}$	
$NdH_{1.9\sim3}$	$TbH_{1.90\sim2.15}$	$TbH_{2.81\sim3}$	
	$DyH_{1.95\sim2.08}$	$DyH_{2.86\sim3}$	
	$HoH_{1.95\sim2.24}$	$HoH_{2.95\sim3}$	
	$ErH_{1.86\sim2.13}$	$ErH_{2.97\sim3}$	
	$TmH_{1.99\sim2.41}$	$TmH_{2.76\sim3}$	
	$LuH_{1.85\sim2.23}$	$LuH_{2.78\sim3}$	

5.6.6.1　氢化物的结构

稀土氢化物按其结构可分为三组。第一组是La、Ce、Pr、Nd的氢化物。它们的二氢化物具有立方系结构，与三氢化物可生成连续固溶体。第二组是Y、Sm、Gd、Tb、Dy、Ho、Er、Tm和Lu的氢化物，它们具有氟化钙型结构，三氢化物为立方系结构。第三组是Eu和Yb的二氢化物，属于正交系结构，类似于碱土金属氢化物。氢化物的晶格常数列于表5-27中。

表5-27　稀土氢化物的晶格常数

氢化物	晶　系	晶格常数/nm	氢化物	晶　系	晶格常数/nm
LaH_2	面心立方	$a=0.5663$	HoH_2	面心立方	$a=0.5165$
CeH_2	面心立方	$a=0.5580$	ErH_2	面心立方	$a=0.5123$
PrH_2	面心立方	$a=0.5515$	TmH_2	面心立方	$a=0.5090$
NdH_2	面心立方	$a=0.5496$	LuH_2	面心立方	$a=0.5033$
YH_2	面心立方	$a=0.5205$	EuH_2	正交	$a=0.6254$，$b=0.3806$，$c=0.7212$
ScH_2	面心立方	$a=0.4783$	YbH_2	正交	$a=0.5904$，$b=0.3580$，$c=0.6794$
SmH_2	面心立方	$a=0.5363$	LaH_3	面心立方	$a=0.5604$
GdH_2	面心立方	$a=0.5303$	CeH_3	面心立方	$a=0.5539$
TbH_2	面心立方	$a=0.5246$	PrH_3	面心立方	$a=0.5486$
DyH_2	面心立方	$a=0.5201$	NdH_3	面心立方	$a=0.542$

续表 5-27

氢化物	晶　系	晶格常数/nm	氢化物	晶　系	晶格常数/nm
YH_3	六方	$a=0.3672$，$c=0.6659$	HoH_3	六方	$a=0.3642$，$c=0.6560$
SmH_3	六方	$a=0.3782$，$c=0.6779$	ErH_3	六方	$a=0.3621$，$c=0.6526$
GdH_3	六方	$a=0.373$，$c=0.671$	TmH_3	六方	$a=0.3599$，$c=0.6489$
TbH_3	六方	$a=0.3700$，$c=0.6658$	LuH_3	六方	$a=0.3558$，$c=0.6443$
DyH_3	六方	$a=0.3671$，$c=0.6615$	$YbH_{2.55}$	面心立方	$a=0.5192$

5.6.6.2　压力-组成等温图

氢和稀土金属的作用可用压力-组成等温图来表示（见图 5-2），*AB* 段为氢在金属中的溶解，溶解度随氢压而增大，到 *B* 点开始生成氢化物，*BC* 平台为金属与氢化物共存区，压力保持恒定不变，称为 *T* 时的平台压力，到 *C* 点金属完全生成 REH_2。*CD* 线为氢在 REH_2 中的溶解，到 *D* 开始生成 REH_3。*DE* 为 REH_2 和 REH_3 共存，也有它自身的平台压力，到 *E* 时完全生成 REH_3。

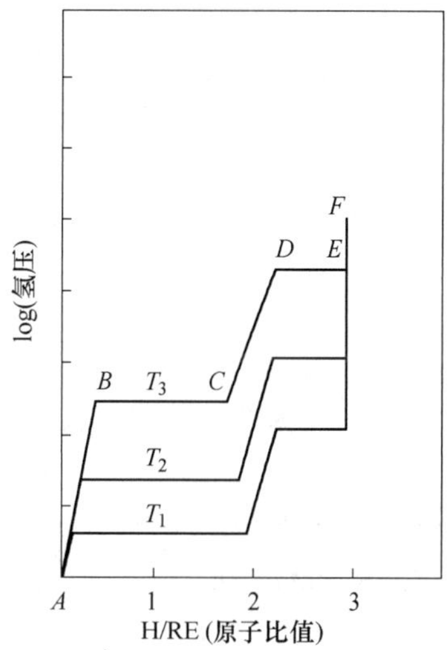

图 5-2　稀土金属-氢体系的压力-组成图

在高温时，稀土和氢体系的相图较复杂，除了金属相变外，还会发生氢化物的相变。

5.6.6.3　氢化物的热力学性质

稀土氢化物的一般热力学数据可从氢化物的相平衡的氢气压力测量而得到。热力学关系为：

$$\Delta G^{\ominus}=\Delta H^{\ominus}-T\Delta S=-RT\ln K$$

平衡的氢气压与平衡常数的关系是：

$$K=1/p$$

式中，*K* 为氢化物的平衡氢气压。

$$\Delta G_f=\Delta H_f-T\Delta S_f=RT\ln p$$

因此，对于 REH_2 型的氢化物可根据此式由实验求出热力学数据。对于其他类型氢化物则采用其他方法求出。稀土二氢化物的热力学数据列在表 5-28 中，数据是从二氢化物的分解压力数值计算得到的。

表 5-28　稀土二氢化物的热力学数据

二 氢 化 物	$-\Delta H_{形}/kcal\cdot mol^{-1}$	$-\Delta S_{形}/kcal\cdot(mol\cdot℃)^{-1}$	$-\Delta G_{形}/kcal\cdot mol^{-1}$
La	49.6	35.7	39.0
Ce	49.3	35.6	38.7
Pr	49.8	35.0	39.4
Nd	50.5	34.8	40.1
Sm	48.2	32.6	38.5
Gd	46.9	31.7	37.5
Tb	50.9	33.8	40.8

续表 5-28

二氢化物	$-\Delta H_{形}$/kcal·mol^{-1}	$-\Delta S_{形}$/kcal·(mol·℃)$^{-1}$	$-\Delta G_{形}$/kcal·mol^{-1}
Dy	52.7	35.8	42.0
Ho	54.0	36.7	43.0
Er	53.5	36.3	42.7
Tm	53.8	36.3	43.0
Yb	43.3	33.4	33.3
Lu	49.5	36.3	38.7
Y(<900℃)	54.3	34.9	43.9
Y(900℃)	44.4	27.1	—
Sc	48.0	34.8	37.6

注：1cal=4.184J。

5.6.6.4　氢化物的磁性和导电性

A　磁性

轻稀土金属（Ce~Sm）形成氢化物以后，磁性基本不变，重稀土氢化物的磁性比金属的磁性低。镧由于没有 *f* 电子，它形成 LaH_2 时磁性略有下降，LaH_2 是抗磁性的（见表 5-29）。大多数氢化物是反铁磁性的，而 NdH_2 具有铁磁性。

表 5-29　稀土氢化物的磁性

金属或氢化物	磁化率(室温)/emu·mol^{-1}	磁矩(以 μ_B 计)	外斯常数/K	T_C(居里温度)，T_N(尼尔温度)/K
La	0.95×10^4			
LaH_2	0.59×10^4			
LaH_3	-0.20×10^4			
Ce	25×10^4	2.54	-37	$T_N=12.5$
CeH_2	25×10^4	2.50	-16	
$CeH_{2.9}$	23×10^4	2.44	-16	
Pr	49×10^4	3.41	7	$T_N=25$
PrH_2	51×10^4	3.69	-33	
$PrH_{2.7}$	48×10^4	3.36	-34	
Nd	44×10^4	3.33	4	$T_N=19$
NdH_2	50×10^4	3.38	-30.4	$T_N=6.2$
$NdH_{2.7}$	45×10^4	3.41	-39.1	$T_N=3$
Sm	11×10^4			$T_N=106$
SmH_2	11×10^4			
$SmH_{2.9}$	9×10^4			
Eu	3.3×10^6	7.94		$T_N=95$
$EuH_{1.9}$	2.4×10^6	7.0	25	$T_C=16$

续表 5-29

金属或氢化物	磁化率(室温) /emu · mol^{-1}	磁矩 (以μ_B计)	外斯常数/K	T_C(居里温度), T_N(尼尔温度)/K
Gd	2.5×10^7	7.94	302	$T_C=293$
GdH_2	2.5×10^6	7.7	3	$T_N=21$, 30.5
GdH_3	2.15×10^6	7.3	-3	$T_N=3.3$
Tb	1.38×10^7	9.85	230	$T_N=235$
TbH_2	3.5×10^6	9.8	-6	$T_N=16$
$TbH_{3.0}$		9.7	-7	
Dy	9.1×10^6	9.9	160	$T_N=184$
DyH_2	4.65×10^6	10.8	-16	$T_N=5.0$
DyH_3	3.9×10^6	9.5	-2	$T_N=3.5$
Ho	6.5×10^6	10.4	86	$T_N=135$
HoH_2	3.95×10^6	9.9	-5	$T_N=8$
HoH_3	4.25×10^6	10.1	-8	
Er	5.1×10^6	9.9	56	$T_N=88$
ErH_2	3.6×10^6	9.8	-18	$T_N=2.1-2.4$
ErH_3	3.5×10^6	9.5	-19	
Tm	3.65×10^6	7.5	32	$T_N=56$
TmH_2	2.2×10^6	7.6	-40	
TmH_3	2.1×10^6	7.5	-34	
YbH_2	3×10^4			
$YbH_{2.55}$	4×10^5			
YH	1.65×10^6			
$YH_{2.1}$	9.5×10^5			
$YH_{2.8}$	5.5×10^5			

铕和镱的氢化物与其他稀土氢化物有明显的不同。由于它们的 +2 价态的稳定性，EuH_2 磁矩（$7.0\mu_B$）接近于 Eu^{2+} 的磁矩（$7.94\mu_B$），而不像 Eu^{3+} 的磁矩。由于 Eu^{2+} 有 7 个 f 电子，有强磁性。EuH_2 在低温（25K）时变为铁磁性的物质。

B 导电性能

除了 YbH_2 和 EuH_2 外，REH_2 是金属导体。缺氢的 REH_2($REH_{1.8\sim1.9}$) 导电性能比稀土金属要好，见表 5-30。氢化物的电阻小于金属电阻。YbH_2 和 EuH_2 相似于碱土金属氢化物，它们是半导体或绝缘体。YbH_2 在室温时电阻为 $10^7\Omega\cdot cm$，电阻随温度升高而减小。在 150℃时，电阻为 $2.5\times10^4\Omega\cdot cm$，从它的电阻与温度关系来看，它具有半导体的性质。$EuH_2$ 的电阻未见报道。

接近于三氢化物组成时的氢化物由金属导体变为半导体。在 H/RE 大于 2.8 以后，表现出典型的半导体行为。一般认为六方型的稀土三氢物 REH_3 具有半导体性能。

表 5-30　缺氢的二氢化物与相应金属的电阻比值

元　素	La	Ce	Pr	Nd	Gd	Dy	Ho	Er	Lu	Y
$\rho_{REH_{2-\delta}}/\rho_M$	0.28 0.31	0.44	0.37	0.37 0.39	0.35 0.34	0.28	0.23	0.23 0.19	0.16 0.17	0.27

5.6.6.5　稀土合金氢化物

稀土与过渡金属或碱金属生成金属间化合物，它们与氢能生成氢化物，而具有吸氢能力。

A　稀土与过渡金属合金的氢化物

稀土与 Fe、Co、Ni 形成 REM_5 型化合物，具有六方 CaCu 型结构，并能生成正交系的氢化物。其中，研究最多的是 $LaNi_5$ 体系的化合物（发现不少于 6 个，见表 5-31），小于 50% 原子 La 时有两个相。它们都有吸氢性能，$LaNi_5$ 是较优良的吸氢材料。在 $LaNi_5$ 体系的压力-组成等温线图（见图 5-3）中，在 21℃时氢化物组成接近于 $LaNi_5$-H_6，分解压力约为 2.533×10^5Pa。在高压下还能继续吸收氢，如在 23℃、131.72×10^5Pa 时，氢化物的组成为 $LaNi_5H_{7.8}$。用金属-氢体系的压力-组成图的平台来计算生成焓是 −30.125kJ/mol。

表 5-31　La-Ni 体系的化合物及其氢化物

化　合　物	结　　构	相应氢化物
LaNi	正交（CrB 型）	$LaNiH_{2.6}$、$LaNiH_{3.0}$、$LaNiH_{3.6}$
$LaNi_2$	立方（$MgCu_2$ 型）	$LaNi_2D_{4.10}$、$LaNi_2H_{4.5}$
$LaNi_3$	菱形（$PuNi_3$ 型）	$LaNi_3H_{5.3}$、$LaNi_3H_5$
La_2Ni_7	六方（Ce_2Ni_7 型）	$La_2Ni_7H_{11.3}$、$La_2Ni_7H_{10}$
$LaNi_5$	六方（$CaCu_5$）	$LaNi_5H_{6.5}$、$LaNi_5H_{7.8}$

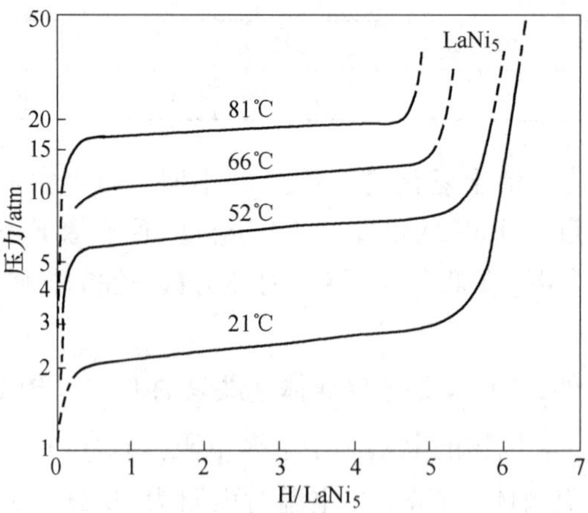

图 5-3　$LaNi_5$-H_2 体系的压力-组成等温线（1atm = 101325Pa）

在 $LaCo_5$-H_2 体系的压力-组成等温图中，有 2 个平台，说明有 $LaCo_5H_{3.35}$ 和 $LaCo_5H_{4.3}$ 的氢化物相。在 1301.72×10^5Pa 时，$LaCo_5H_{>8}$、$SmCo_5$ 的氢化物的极限组成为 $SmCo_5H_3$。

$CeCo_5$-H_2 体系相似于 $SmCo_5$-H_2 体系。

EuH_2 和金属 Ru 在 800℃、1.01×10^5Pa 下生成 Eu_2RuH_6。该化合物的电阻表明其具有半导体的性质，磁化率表明服从 Curie-Weiss 定律，$\Theta=43K$。Yb_2RuH_6 的化合物已合成得到，与 Eu_2RuH_6 有相似的结构和性质，为氟化钙型。

金属氢化物作为储氢材料已有广泛研究。$LaNi_5$ 是常用的储氢材料，储氢能力大于 190 ~ 200cm^3/g。$LaNi_5$ 为铁灰色，在空气中因氧化而自燃。$LaNi_5$ 吸氢、放氢迅速，可反复使用。

B　稀土与锂、镁合金的氢化物

LiH 与 EuH_2 在氢气氛下反应生成 $LiEuH_3$。它是固液异组成的化合物，在 760℃ 时熔化，还可能生成 $LiEu_2H_5$。

La、Ce、Pr、Nd 与 Mg 的合金都能吸收大量的氢气，La_2Mg_{17} 的氢化物组成为 $La_2Mg_{17}H_{12}$。

复习思考题

5-1　各种稀土盐类在水中的溶解度倾向如何，轻稀土和重稀土元素是否有区别？

5-2　稀土卤化物有哪些主要性质？

5-3　稀土氧化物有几种结构，分别有什么特点，又有哪些性质？

5-4　在稀土分离冶炼的哪些环节中，本章介绍的化合物性质有所应用？

6 二价和四价稀土元素化学

稀土元素一般都能生成反映ⅢB族元素特征的+3价氧化态。在一定条件下，它们还能生成+2价和+4价氧化态。由于稀土元素的电子结构和热力学及动力学因素，其中钐、铕、铥、镱等较其他稀土元素更易呈+2价氧化态，而铈、镨、铽和镝等可呈+4价氧化态。本章将介绍稀土元素的+2价和+4价氧化态的重要化合物、离子的溶液化学和稳定性。

6.1 二价稀土元素化学

6.1.1 二价稀土化合物

6.1.1.1 氧化物

EuO是目前得到的最稳定的低价稀土氧化物。YbO和SmO不易制备。

A 制备方法

EuO是用Eu_2O_3为原料，以金属镧或金属铕为还原剂进行还原而得到。以Eu_2O_3与金属Eu的反应最为适宜，反应在钽或钼的容器中进行，温度在800～2000℃间，最后蒸馏除去过量的金属。此外，也可令稀土的氯氧化物和氢化锂在600～800℃和真空下进行反应，以获得低价的氧化物。Eu_2O_3与石墨的混合物，在温度升高到1300℃时，也可生成EuO。

在液氨体系中，在-33℃或更低的温度下，将金属镱与氧气作用，或在低压下于200～300℃使金属和氧反应可制备YbO。

B 性质

EuO是一种暗红色的固体，晶型为NaCl型，晶格常数a为0.514nm；在干或湿的空气中均无明显反应。其$\Delta_f H^\ominus$、$\Delta S^\ominus$和$\Delta_f G^\ominus$分别为-519.6kJ/mol、83.7J·mol/K和-562.7kJ/mol。

6.1.1.2 氢氧化物

$Sm(OH)_2$、$Eu(OH)_2$和$Yb(OH)_2$分别是绿色的、黄色的和淡黄色的固体，其中以$Eu(OH)_2$较为稳定。

$Eu(OH)_2$可用10mol/L的NaOH和金属Eu反应来制备。在Eu^{2+}的溶液中加入NaOH溶液，在100℃和真空条件下可以得到$Eu(OH)_2 \cdot H_2O$沉淀。

$Sm(OH)_2$、$Eu(OH)_2$和$Yb(OH)_2$极易氧化，甚至在惰性气氛中也被氧化，形成三价氢氧化物。

$Eu(OH)_2$和$Sr(OH)_2$、$Ba(OH)_2$同晶，属于正交晶系，晶格常数$a=0.6701$nm，$b=0.6197$nm，$c=0.3652$nm。

6.1.1.3 含氧酸盐

A 硫酸盐

稀土（Ⅱ）的硫酸盐可通过向相应的二价稀土溶液中加入其他的硫酸盐沉淀出来。稀土硫酸盐的颜色与溶液中相应的二价稀土离子的颜色相近。稀土硫酸盐像硫酸钡一样，难溶于水。

$SmSO_4$ 和 $EuSO_4$ 属于正交晶系；$YbSO_4$ 是六方晶系，与 $CePO_4$ 同晶。它们的晶格常数见表6-1。

表6-1 二价硫酸盐和碳酸盐的结构

化合物	颜 色	晶 系	晶格常数/nm		
			a	*b*	*c*
$SmSO_4$	橙黄	正交	0.845	0.538	0.691
$EuSO_4$	白	正交	0.832	0.534	0.682
$SrSO_4$	白	正交	0.8359	0.5352	0.6866
$BaSO_4$	白	正交	0.8870	0.5453	0.7511
$SmCO_3$	橙褐	正交	0.858	0.597	0.509
$EuCO_3$	黄	正交	0.845	0.605	0.510
$YbCO_3$	淡绿	正交	0.813	0.587	0.498
$CaCO_3$	白	正交	0.7968	0.5741	0.4958
$SrCO_3$	白	正交	0.8414	0.6029	0.5107
$BaCO_3$	白	正交	0.8835	0.6549	0.5256

在湿空气中，二价稀土硫酸盐易被氧化为三价态化合物。

B 碳酸盐

把其他碳酸盐加入二价稀土溶液中可析出稀土碳酸盐。沉淀出的碳酸盐颜色与溶液中相应的二价离子的颜色相近。

稀土碳酸盐（$SmCO_3$、$EuCO_3$、$YbCO_3$）均属于正交晶系碳酸钙的结构，晶格常数见表6-1。

稀土碳酸盐也极易被湿空气和水所氧化，一般 $EuCO_3$ 可保存在封管中。

C 草酸盐

硫酸铕（Ⅱ）和饱和草酸铵溶液反应，可以得到草酸铕(Ⅱ)，$EuC_2O_4·H_2O$ 呈红褐色，与草酸锶同晶，不溶于水，但能溶于酸而被分解。

D 磷酸铕

按比例向 Eu（Ⅱ）溶液中加入磷酸盐溶液，可得到 $Eu_3(PO_4)_2$ 沉淀。$Eu_3(PO_4)_2$ 呈浅绿色,晶体结构和 $Sr_3(PO_4)_2$ 相似。

6.1.1.4 卤化物

钕（$4f^4$）、钷（$4f^5$）、钐（$4f^6$）、铕（$4f^7$）、镝（$4f^{10}$）、铥（$4f^{13}$）和镱（$4f^{14}$）的二氯化物、二溴化物和二碘化物，钐、铕和镱的二氟化物，以及镧、铈、镨和钆的二碘化物都是已知的。

A 制备方法

二卤化物是以三卤化物为原料，用氢气（或 $LiBH_4$）、稀土金属、锌或镁等为还原剂，在一定温度下进行还原反应制备：

$$2REX_3 + H_2 \longrightarrow 2REX_2 + 2HX$$

$$2REX_3 + RE \longrightarrow 3REX_2$$

$$2REX_3 + Zn \longrightarrow 2REX_2 + ZnX_2$$

$$2REX_3 + Mg \longrightarrow 2REX_2 + MgX_2$$

其中以三卤化物与相应的稀土金属反应最为常用，因为此法可以得到所有已知的二卤化物，而且产品纯度最高。

此外，利用三卤化物在高温高真空条件下热分解可得到相应的二卤化物，如：

$$2REX_3 \xrightarrow{\text{真空、高温}} 2REX_2 + X_2$$

或用稀土金属与卤化汞反应，也能得到二卤化物：

$$RE + HgX_2 \xrightarrow{300 \sim 400℃} REX_2 + Hg$$

生成的汞和剩余 HgX_2 可蒸馏除去，但该法并不能用来制备所有的二卤化物，且有局限性。二卤化物的一些制备情况见表 6-2。

表 6-2 稀土二卤化物的制备方法

方法	制备得到的化合物
三卤化物的稀土金属还原	钐、铕、镱的二氯化物，二溴化物，钐和镱的二氟化物，镧、铈、镨、钕、钆、镝和铥的二碘化物
三卤化物的氢还原	钐、铕、镱的二氯化物，二溴化物和二碘化物及铕的二氟化物
三卤化物的锌还原	钐、铕、镱的二氯化物
三卤化物的镁还原	钐的二氯化物
三卤化物的碳还原	钐的二氟化物
三卤化物的热分解	铕的二氟化物，钐的二碘化物
稀土金属还原卤化汞	铥和镝的二碘化物

B 性质

a 二卤化物的结构

二卤化物的结构和晶格常数及配位数见表 6-3。钐、铕、铥、镱等二卤化物的结构与碱土金属卤化物是同晶的。氟化物在正常条件下具有 CaF_2 结构，8 个氟原子位于以金属为中心的立方体的 8 个顶角，金属的配位数为 8。氯化物在正常条件下有两种结构，一种是 $PbCl_2$ 结构，金属处在一个三棱柱的中心，6 个氯原子处在三棱柱的 6 个角顶，另有 3 个氯原子处在三棱柱的 3 个垂直面的中心方向上，金属的配位数为 9，形成了三帽三棱柱结构；另一种是 SrI_2 结构，金属的配位数为 7，4 个氯在金属下方的一个四方形的 4 个角顶上，另 3 个氯在金属上方的一个三角形的三个角顶。二溴化物具有 $SrBr_2$、SrI_2、CdI_2 和 EuI_2 的结构，配位数一般为 6～8。

表 6-3 稀土元素二卤化物的性质

化合物	颜色	晶格类型	晶格参数/nm	配位数	熔点/℃
SmF_2	紫红	萤石型	$a_0=0.5869$	8	
EuF_2	浅黄绿	萤石型	$a_0=0.5840$	8	
YbF_2	浅灰	萤石型	$a_0=0.5599$	8	
$NdCl_2$	暗绿	$PbCl_2$ 型	$a_0=0.906$ $b_0=0.759$ $c_0=0.450$	9	841
$SmCl_2$	红棕	$PbCl_2$ 型	$a_0=0.8993$ $b_0=0.7556$ $c_0=0.4517$	9	855
$EuCl_2$	白	$PbCl_2$ 型	$a_0=0.8965$ $b_0=0.7533$ $c_0=0.4511$	9	731
$DyCl_2$	黑	SrI_2 型	$a_0=1.338$ $b_0=0.706$ $c_0=0.676$	7	721
$TmCl_2$	暗绿	SrI_2 型	$a_0=1.310$ $b_0=0.693$ $c_0=0.668$	7	718
$YbCl_2$	浅黄绿	SrI_2 型	$a_0=1.3139$ $b_0=0.6948$ $c_0=0.6698$	7	702
$SmBr_2$	红棕	$SrBr_2$ 型 $PbCl_2$ 型	$a_0=0.9506$ $b_0=0.7977$ $c_0=0.4754$	8/7 9	669
$EuBr_2$	白	$SrBr_2$ 型	$a_0=1.1574$ $c_0=0.7098$	8/7	683
$YbBr_2$	黄	$CaCl_2$ 型	$a_0=0.663$ $b_0=0.693$ $c_0=0.437$	6	673
NdI_2	深紫	$SrBr_2$ 型		8/7	562
SmI_2	深绿	EuI_2 型		7	520
EuI_2	棕绿	EuI_2 型	$a_0=0.762$ $b_0=0.823$ $c_0=0.788$ $\beta=98°$	7	580
		SrI_2 型	$a_0=1.512$ $b_0=0.818$ $c_0=0.783$	7	

续表 6-3

化合物	颜色	晶格类型	晶格参数/nm	配位数	熔点/℃
DyI_2	深紫	$CdCl_2$ 型	$a_0 = 0.7445$ $\alpha = 36.1°$	6	659
TmI_2	黑	CdI_2 型	$a_0 = 0.4520$ $c_0 = 0.6967$	6	756
YbI_2	黑	CdI_2 型	$a_0 = 0.4503$ $c_0 = 0.6972$	6	772

由于镧系收缩，镧系离子（Ⅱ）的半径随原子序数的增加而递减，它们的配位数也随之减少。在阴离子体积增大时，同一金属的配位数随氯、溴、碘的次序而降低，但氟化物例外，金属的配位数是 8，较氯化物的配位数低。

b 二卤化物的磁性

稀土二卤化物的磁性有两类：

（1）磁矩（或磁化率）与 RE^{2+} 的基态理论磁矩相符。铕和镱的二卤化物以及钕的二氯（碘）化物都属于这一类。如 EuX_2 的磁矩接近于 Eu^{2+} [Xe]$4f^7$ 的基态$^8S_{7/2}$的理论值（$7.94\mu_B$）；YbX_2 是抗磁性的，因为 Yb^{2+}[Xe]$4f^{14}$的基态$^1S_0$ 的理论磁矩为 $0\mu_B$；$NdCl_2$ 和 NdI_2 磁矩为 $2.8\mu_B$，接近于 Nd^{2+}[Xe]$4f^4$ 的基态$^5I_4$ 的理论磁矩（$2.68\mu_B$）。SmX_2 在室温时的磁矩为 $3.5\mu_B$，虽与 Sm^{2+} 或 Eu^{3+} 的[Xe]$4f^7$ 的基态$^8F_0$ 的理论磁矩（$0\mu_B$）不相符，但其数值与 Eu^{2+} 的实测磁矩相近。其原因是基态与低激发态的能差较小，即使在常温下，体系的离子也可能部分处于低激发态上，单纯从基态的 J 值计算的磁矩已经与实测磁矩不一致。

（2）磁矩（或磁化率）与 RE^{3+} 的基态理论值相近。La、Ce、Pr、Gd 的二碘化物的磁矩（或磁化率）接近于相应的 RE^{3+} 的理论磁矩。如 LaI_2，若为 La^{2+} 的话，它的理论磁矩应为 $2.54\mu_B$，但在室温时，它是抗磁性的，这与 La^{3+} 的磁性相符。

c 二卤化物的价态

二卤化物中稀土离子的不同价态不仅表现在磁性上，而且在导电性方面也体现了这种差别。

（1）盐型二卤化物。其中稀土离子呈二价态（Eu^{2+}），组态为 [Xe]$4f^{n+1}$，具有典型二价离子的性质，离子式可表示为 $Eu^{2+}(X^-)_2$，称盐型二卤化物。属于此类的化合物有 Sm、Eu 和 Yb 等二卤化物及 Nd 的二氯化物和二碘化物等。

（2）金属型二卤化物。化合物中稀土离子呈现三价离子或金属的性质，组态为 [Xe]$4f^n5d^1$，离子形式为 $RE^{3+}(e)(X^-)_2$，其中一个处于由部分的金属 $5d$ 轨道和部分的阴离子外层轨道所组成的导带中，表现出与金属相似的一些性质。例如 LaI_2 有较高的电导，室温时的电阻率为 $64 \times 10^{-6}\Omega \cdot cm$，与金属 La 的导电性相近，并有金属光泽。La、Ce、Pr 和 Gd 的碘化物均属于此类化合物，它们也呈现 RE^{3+} 的磁性，熔点均比盐型的二碘化物高。

La、Ce、Pr 和 Gd 的二碘化物属于金属型的化合物，Nd、Sm、Eu、Dy、Tm 和 Yb 的二卤化物则属于盐型化合物。

d 二卤化物的化学性质

稀土元素的二氯化物、二溴化物和二碘化物在空气和水中不稳定，能迅速被氧化成三价化合物，并放出氢气。$NdCl_2$、$DyCl_2$ 和 $TmCl_2$ 与 H_2O 的作用十分激烈，放出 H_2 并生成 $RE(OH)_3$ 沉淀。

6.1.2 二价稀土离子的溶液化学

在溶液中，Sm^{2+} 呈血红色、Eu^{2+} 呈淡黄色、Yb^{2+} 呈淡黄色，但不稳定。相对而言，Eu^{2+} 较为稳定，可在溶液中保持相当长的时间。

溶液中二价离子（Sm^{2+}、Eu^{2+}、Yb^{2+}）可采用汞阴极电解还原三价离子或钠汞齐还原三价离子的方法而得到。Eu^{2+} 还可用锌还原或电解还原 Eu^{3+} 的方法来制备。

6.1.2.1 氧化还原性

二价稀土离子的氧化还原电位为：$E^{\ominus}_{Eu^{3+}/Eu^{2+}} = -0.35V$，$E^{\ominus}_{Yb^{3+}/Yb^{2+}} = -1.15V$，$E^{\ominus}_{Sm^{3+}/Sm^{2+}} = -1.55V$。$Sm^{2+}$ 的还原能力最强，Yb^{2+} 次之，相对来说 Eu^{2+} 较稳定。

在溶液中二价离子均易被氧化为相应的三价离子，其反应为：

$$2Eu^{2+} + 2H^{+} \longrightarrow 2Eu^{3+} + H_2\uparrow$$

当有 O_2 时，氧化反应加快，发生如下反应：

$$O_2(g) + 2H^{+}(l) + 2Eu^{2+}(l) \longrightarrow 2Eu^{3+}(l) + H_2O_2(l)$$

$$O_2(g) + 4H^{+}(l) + 4Eu^{2+}(l) \longrightarrow 4Eu^{3+}(l) + 2H_2O(l)$$

6.1.2.2 热力学性质

由于 Sm^{2+} 和 Yb^{2+} 在溶液中极不稳定，对其溶液化学研究较少，只测得 Eu^{2+} 水合作用的有关热力学数据，如：$\Delta_f H(Eu^{2+}, 水) = (-527.6 \pm 8)kJ/mol$，$\Delta_f G(Eu^{2+}, 水) = (-539.7 \pm 12)kJ/mol$，$\Delta S(Eu^{2+}, 水) = (-8.4 \pm 40)J/(mol \cdot K)$。

6.1.2.3 盐的溶解度

RE^{2+} 与碱土金属 M^{2+}（尤其 Ba^{2+}）的性质相似，它们的氢氧化物溶于水，硫酸盐难溶于水，这与 RE^{3+} 的性质不同。这些差异可用于稀土元素的相互分离。

Eu^{2+} 还与一些阴离子形成难溶化合物，从溶液中沉淀出来，如硼酸盐、碳酸盐、磷酸盐、铬酸盐、硫酸盐、亚硫酸盐、亚磷酸盐、柠檬酸盐和焦磷酸盐等。

6.1.2.4 磁性与光谱性质

溶液中 Eu^{2+} 的磁化率（$26.25 \times 4\pi m^3/kg$ 单位）与三价钆离子的磁化率（$26.1 \times 4\pi m^3/kg$ 单位）一致，说明在溶液中肯定存在 Eu^{2+}。

Sm^{2+}、Eu^{2+} 和 Yb^{2+} 的溶液也存在 $f \rightarrow d$ 跃迁的光谱，其特点是强度较大（摩尔消光系数在 200～2000），个别峰出现在可见区且谱带较宽。

6.1.3 二价态稀土元素的稳定性

6.1.3.1 第三电离能在镧系系列中的变化

镧系元素的第三电离能是指 $Ln^{2+}([Xe]4f^{n+1}) \rightarrow Ln^{3+}([Xe]4f^{n}) + e$ 时所需的能量，即二价离子（气态）失去一个电子为三价离子（气态）所需的能量。其数值在一定程度上可用于判断二价镧系离子的氧化稳定性。根据镧系离子的第三电离能的高低，二价离子的氧化稳定性次序应为：

$$La < Ce < Pr < Nd < Pm < Sm < Eu \gg Gd < Tb < Dy > Ho > Er < Tm < Yb$$

在镧系元素的第三电离能（I_3）（见表6-4）与原子序数的关系中，Eu 和 Yb 的第三电离能（I_3）较其他的镧系元素大，而 La 和 Gd 的 I_3 相邻元素小。这反映了具有半充满 *f* 亚层的 Eu(Ⅱ) 和具有全充满 *f* 亚层的 Yb(Ⅱ) 有相对氧化稳定性，而 La(Ⅱ) 和 Gd(Ⅱ) 易失去一个电子，具有全空 *f* 亚层的 La(Ⅲ) 和具有半充满 *f* 亚层的 Gd(Ⅲ) 的结构，因此，相对来说，Gd(Ⅱ) 和 La(Ⅱ) 是极不稳定的。I_3 在镧系中的变化可分为两个系列来说明。粗略地说，I_3 随 La 至 Eu，和随 Gd 至 Yb 而增大。但在前一系列中的 Pr、Nd 和 Pm 与后一个系列中的 Dy、Ho 和 Er 间的变化很小，出现不规则的现象。

表 6-4　稀土元素的第三电离能

元　素	热力学循环/J			光谱计算/J	
	数据 1	数据 2	数据 3	数据 4	数据 5
La	3.072×10^{-18}	3.072×10^{-18}	3.072×10^{-18}	3.072×10^{-18}	3.072×10^{-18}
Ce	3.204×10^{-18}	3.216×10^{-18}	3.221×10^{-18}	3.236×10^{-18}	3.236×10^{-18}
Pr	3.460×10^{-18}	3.466×10^{-18}	3.469×10^{-18}	3.463×10^{-18}	3.463×10^{-18}
Nd	3.556×10^{-18}	3.535×10^{-18}	3.534×10^{-18}	3.547×10^{-18}	3.500×10^{-18}
Pm	—	—	—	3.575×10^{-18}	3.530×10^{-18}
Sm	3.793×10^{-18}	3.793×10^{-18}	3.793×10^{-18}	3.753×10^{-18}	3.716×10^{-18}
Eu	3.988×10^{-18}	3.993×10^{-18}	4.026×10^{-18}	3.956×10^{-18}	3.950×10^{-18}
Gd	3.300×10^{-18}	3.327×10^{-18}	3.319×10^{-18}	3.305×10^{-18}	3.280×10^{-18}
Tb	3.508×10^{-18}	3.466×10^{-18}	3.523×10^{-18}	3.510×10^{-18}	3.478×10^{-18}
Dy	3.668×10^{-18}	3.675×10^{-18}	3.702×10^{-18}	3.651×10^{-18}	3.652×10^{-18}
Ho	3.701×10^{-18}	3.654×10^{-18}	3.687×10^{-18}	3.659×10^{-18}	3.652×10^{-18}
Er	3.620×10^{-18}	3.639×10^{-18}	3.663×10^{-18}	3.643×10^{-18}	3.643×10^{-18}
Tm	3.812×10^{-18}	3.806×10^{-18}	3.827×10^{-18}	3.793×10^{-18}	3.793×10^{-18}
Yb	4.053×10^{-18}	4.008×10^{-18}	3.998×10^{-18}	4.009×10^{-18}	4.009×10^{-18}

总的来说，镧系元素的第三电离能是相当低的，因此它们的二价离子容易被氧化为三价离子。

6.1.3.2　二价态的氧化反应的自由能变化

以 $LnCl_2$ 的氧化反应为例给以说明。$LnCl_2$ 的氧化反应为：

$$2LnCl_2(s) + Cl_2(g) \longrightarrow 2LnCl_3(s)$$

其自由能见表6-5，在镧系中的变化次序为：

$$La < Ce < Pr < Nd < Sm < Eu \gg Gd < Tb < Dy > Ho > Er < Tm < Yb$$

这一次序与镧系元素的第三电离能所预示的结果一致，说明镧系中自由能的变化与镧系元素第三电离能的变化有一定的关系。

表 6-5 镧系氯化物氧化反应的自由能

元素	La	Ce	Pr	Nd	Pm	Sm	Eu	Gd	Tb	Dy	Ho	Er	Tm	Yb
$\Delta_r G^\ominus$ /kJ · mol^{-1}	-640	-536	-377	-322	-285	-176	-88	-569	-397	-297	-314	-356	-259	-134

6.1.3.3 镧系金属在三氯化物中的溶解度

镧系金属可溶解在相应的三氯化物中。溶解过程发生如下反应，即：

$$Ln(s) + 2Ln^{3+}(熔) \longrightarrow 3Ln^{2+}(熔)$$

其溶解能力与歧化反应的 $-\Delta_r G^\ominus$ 有关，因此也可以估计 Ln^{2+}（熔）歧化反应的稳定性，和镧系元素的二价态相对于三价态的稳定性。

镧系金属在相应三氯化物中的溶解度次序为：

$$La < Ce < Pr < Nd < (Pm) < Sm、Eu \gg Gd < Tb < Dy > Ho > Er < Tm、Yb$$

这基本上与第三电离能的次序一致。金属 Eu 和金属 Yb 在三氯化物中的溶解度较大，说明 Eu 和 Yb 的二价态要比其他镧系元素稳定。

6.2 四价稀土元素化学

6.2.1 四价稀土化合物

6.2.1.1 氧化物

稀土元素中只有铈、镨和铽有纯的四价氧化物 REO_2，并形成一系列组成在 RE_2O_3 和 REO_2 之间的化合物，它们还与碱金属氧化物形成复合氧化物。

A 二氧化物

a 制备

CeO_2 可由三价的草酸盐、碳酸盐、硝酸盐、氢氧化物在空气中灼烧得到。PrO_2 和 TbO_2 不能采用三价草酸盐等在空气中灼烧的方法（因草酸盐等灼烧只能得到 Pr_6O_{11} 或 Tb_4O_7），而要用 Pr_6O_{11} 或 Tb_4O_7 与氧作用来制备。

PrO_2 可由 Pr_6O_{11} 在纯氧（1.013×10^5Pa）中、320℃下氧化 2 天得到 PrO_2，或用 Pr_6O_{11} 在水中煮沸，歧化为 $Pr(OH)_3$ 和 PrO_2，再以浓醋酸溶解 $Pr(OH)_3$ 分离出 PrO_2。

TbO_2 的制备要在 350℃时，用原子氧与 Tb_4O_7 作用，或 Tb_4O_7 由热盐酸和醋酸的混合酸催化，歧化成 TbO_2。由 Tb_2O_3 在 $HClO_4·H_2O$ 中，303.9×10^5Pa 下加热也能形成 TbO_2。

b 性质

二氧化物的性质包括：

（1）氧化性。四价氧化物都是强氧化剂，它们有相当高的氧化还原电位：

$$CeO_2(s) + 4H^+ + e \longrightarrow Ce^{3+} + 2H_2O \qquad E^\ominus = 1.26V$$

$$PrO_2(s) + 4H^+ + e \longrightarrow Pr^{3+} + 2H_2O \qquad E^\ominus = 2.5V$$

$$TbO_2(s) + 4H^+ + e \longrightarrow Tb^{3+} + 2H_2O \qquad E^\ominus = 2.3V$$

它们在稀酸中较稳定；在浓酸中将放出氧，变为三价离子。它们能将浓 HCl 氧化，

放出 Cl_2，把 Mn^{2+} 氧化为 MnO_4^-。

四价氧化物的氧化还原电位取决于体系中的 H^+ 浓度，酸度降低，电位下降。在碱性溶液中，它们是稳定的，氧化还原电位明显降低，如：

$$PrO_2(s) + 2H_2O + e \longrightarrow Pr(OH)_3(s) + OH^- \qquad E^{\ominus} = 0.5V$$

（2）热稳定性。CeO_2 相对于 PrO_2 和 TbO_2 来说，其热稳定性较高，800℃时可保持不变，在980℃时失去一些氧。PrO_2 和 TbO_2 分解温度比较低。在空气中 PrO_2 和 TbO_2 加热到350℃即失去氧变为 Pr_6O_{11} 和组成接近于 $TbO_{1.8}$ 的氧化铽。

氧化物的生成焓数据列在表6-6中，其中 $\Delta_r H^{\ominus}$ 是由 RE_2O_3 的氧化为 REO_2 反应的热焓：

$$2RE_2O_3(s) + O_2(g) \longrightarrow 4REO_2(s)$$

这表明 CeO_2 较 PrO_2 和 TbO_2 有更高的稳定性。

表6-6　稀土氧化物的热力学数据（298.15K）

RE	$1/2\Delta_f H^{\ominus}(RE_2O_3,固)/kJ \cdot mol^{-1}$	$1/2\Delta_f H^{\ominus}(REO_2,固)/kJ \cdot mol^{-1}$	$\Delta_r H^{\ominus}/kJ \cdot mol^{-1}$
Ce	−899.97	−1090.35	−190.37
Pr	−913.78	−974.45	−60.66
Tb	−932.61	−971.52	−38.91

（3）物理性质。铈、镨、铽的二氧化物属于立方晶系的氟化钙型的结构，它们的晶格常数列在表6-7中，氧化物的磁矩接近于 RE^{4+} 的基态磁矩。

表6-7　稀土二氧化物的一些性质

氧化物	颜色	晶格常数 a_0/nm	配位数	结晶半径/nm	磁矩（以 μ_B 计）
CeO_2	淡黄	0.54109	8	0.111	
PrO_2	黑	0.53932	8	0.110	2.47～2.51
TbO_2	暗褐	0.5220	8	0.102	7.9

B　复合氧化物

CeO_2、Pr_6O_{11}、Tb_4O_7 和碱性金属过氧化物在氧气流中加热，可制得 M_2REO_3（M：碱金属，RE：Ce、Pr、Tb）的复合氧化物。其中大部分属于立方晶系，NaCl型结构的颜色呈黄色或红褐色。

CeO_2、Pr_6O_{11}、Tb_4O_7 与 $BaCO_3$ 在氧气流中加热至900℃也可以制得 $BaCeO_3$、$BaPrO_3$ 和 $BaTbO_3$。$BaCeO_3$ 呈白色，为正交晶系结构，$BaPrO_3$ 呈黄色，为正交晶系结构，$BaTbO_3$ 呈白色，为单斜晶系结构，在这些结构中氧呈八面体围绕金属（稀土）离子，金属与氧的平均距离M—O分别为224pm、222pm、215pm。

6.2.1.2　四价铈的含氧酸盐

四价铈的含氧酸盐有：

（1）磷酸盐。从水溶液中可沉淀出Ce(Ⅳ)的磷酸盐。它不溶于4mol/L HNO_3。

（2）碘酸盐。Ce的碘酸盐也可从溶液中离析出来，它不溶于6mol/L HNO_3。由于磷酸盐和碘酸盐不溶于酸，因此可用于Ce(Ⅳ)和其他三价稀土的分离。

（3）草酸盐。由于草酸的还原性，Ce(Ⅳ）的草酸盐是不太稳定的，易产生 Ce(Ⅲ）的草酸盐。$Ce(C_2O_4)_2$ 是难溶的，当与（$(NH_4)_2C_2O_4$ 作用时，形成 $(NH_4)_4[Ce(C_2O_4)_4]$ 配合物而分解。

（4）硝酸盐。纯的 $Ce(NO_3)_4$ 尚未制得，但可与碱金属、碱土金属形成硝酸配合物，如 $(NH_4)_2[Ce(NO_3)_6]$。$(NH_4)_2[Ce(NO_3)_6]$ 是可溶性的化合物，在溶液和晶体中 NO_3^- 都以双齿配位到 Ce^{4+}，在溶液中以 $[Ce(NO_3)_6]^{2-}$ 的络离子形式存在。

（5）硫酸盐。CeO_2 与浓 H_2SO_4 作用可生成 $Ce(SO_4)_2$。在溶液中它不稳定。当溶液中加入 H_2SO_4 时，可使 $Ce(SO_4)_2$ 稳定；在酸性溶液中 $Ce(SO_4)_2$ 可氧化 H_2O_2。

$$2Ce(SO_4)_2 + H_2O_2 \longrightarrow Ce_2(SO_4)_3 + H_2SO_4 + O_2\uparrow$$

硫酸铈（Ⅳ）还与碱金属硫酸盐或硫酸铵形成复盐，如 $Ce(SO_4)_2\cdot 2(NH_4)_2SO_4\cdot 2H_2O$。

6.2.1.3 卤化物

在四价稀土卤化物中，仅得到四氟化物和氟或氯的配合物。

A 四氟化物

a 四氟化物的制备

用 $CeCl_3$、CeO_2、CeF_3(或 $CeF_3\cdot 1/2H_2O$）等为原料进行氟化反应，可得到 CeF_4。反应条件见表 6-8。氟化反应所用的氟化剂有 F_2、ClF_3、XeF_3 等。在溶液中有四价铈离子与 HF 作用，也可得到氟化物，但含有水，要使该水合物 $CeF_4\cdot H_2O$ 脱水来制备无水四氯化铈是困难的，因为在脱水时，绝大部分 $CeF_4\cdot H_2O$ 分解为 CeF_3。

TbF_4 可用三价化合物氟化反应来制备。制备 PrF_4 比较困难，通过下述反应：

$$Na_2PrF_6(s) + 2HF(l) \longrightarrow 2NaHF_2(l) + PrF_4(s)$$

可得 PrF_4，但纯度仅 40%。若在氟的气氛中制备，可以提高 PrF_4 的纯度。

表 6-8 稀土四氟化物的制备方法

目标化合物	起始原料	反应温度/℃
CeF_4	$CeF_3 + F_2$	
	$CeO_2 + F_2$	350 ~ 500
	$CeF_3 + F_2$	300 ~ 350
	$Ce + F_2$	
	$CeF_3\cdot 1/2H_2O + F_2$	350
	$CeF_3 + ClF_3$	300 ~ 450
TbF_4	$TbF_3 + F_2$	320
	$Tb + F_2$	
	$TbF_3 + ClF_3$	300 ~ 450
	$TbF_3 + XeF_2$	300 ~ 350

b 四氟化物的结构与性质

Ce、Pr、Tb 的四氟化物是白色的，具有正交 UF_4 的结构，金属离子与位于四方反棱柱角顶上的 8 个氟原子配位，晶格常数见表 6-9。

表 6-9 稀土四氟化物的晶格常数

化 合 物	a_0/nm	b_0/nm	c_0/nm	β/(°)
CeF_4	1.258	1.058	0.828	126
PrF_4	1.247	1.054	0.818	126.4
TbF_4	1.210	1.030	0.790	126
HfF_4	1.166	0.982	0.760	126.1

四氟化物易被还原，在溶液中，它们可被还原为三价离子，放出氧气。例如 CeF_4、TbF_4 缓慢地溶解于稀硝酸中时，得到 Ce^{3+} 或 Tb^{3+}，并放出氧气。

Ce、Pr、Tb 的四氟化物的分解压力不同。CeF_4 在 500℃ 下，氟的分解压力为 66.66Pa；在 700℃下，不与氧作用；温度为 800 ~ 950℃时，在真空中也很少分解，这说明 CeF_4 是相当稳定的。但 TbF_4、PrF_4 在较低温度下就分解失氟。TbF_4 在室温和真空下就有相当大的分解压力。

CeF_4 能被还原性的气体还原，如 CeF_4 在 350℃时可被 H_2、NH_3 和 H_2O(g) 还原为 CeF_3；高温时，与 H_2O(g) 生成 CeO_2；CeF_4 和 CeO_2 在 400℃时产生 CeF_3 和 O_2。

B 氟的配合物

Ce、Pr、Nd、Tb、Dy 的四价离子可形成 M_3LnF_7 和 M_2LnF_6 类型的氟的配合物，如：K_3CeF_7、Na_3PrF_7、K_3TbF_7、Li_2PrF_6、$SrTbF_6$、$BaPrF_6$ 等。磁性及其他性质表明，在配合物中，它们是以四价态存在的。

a Ce、Pr、Tb 的配合物

Ce、Pr、Tb 的这类配合物均无色，但在热氟气氛中镨的配合物是黄色的。Rb_3LnF_7 和 $CsLnF_7$(Ln = Ce、Pr、Tb) 的化合物属于立方晶系结构，Na_3LnF_7 是四方晶系结构。配合物的磁矩（Ce 的配合物是反磁性的，Pr 的配合物磁矩在 2.1 ~ 2.4μ_B，$CsTbF_7$ 的磁矩为 7.4μ_B）接近于相应四价离子的基态磁矩。

Ce 的配合物在湿空气或水中缓慢分解，得到水合二氧化铈。Pr 的配合物被湿空气和水分解而还原为三价镨。$CsTbF_7$ 在湿空气中却是稳定的，在水中也没有明显的变化。

b Nd 和 Dy 的配合物

光谱和磁矩数据证实了在 Cs_3NdF_7 和 Cs_3DyF_7 的配合物中有四价态的 Nd 和 Dy 存在。在 Cs_3NdF_7 光谱中，有与 Nd^{3+} 的基态 $^3H_4 \to {}^3H_5, {}^3H_6$ 的能级跃迁相应的光谱（能量较低）和配体→金属的电荷跃迁光谱（25000cm^{-1}，宽带）。Cs_3DyF_7 的光谱在 25700 ~ 74600cm^{-1}范围内有 6 个吸收峰，相当于 Dy^{4+} 的 ^7F 基态→^7F 激发态的跃迁。磁性测量也表明在配合物中存在 Nd^{4+} 或 Dy^{4+}，但不是纯的四价化合物，如 Cs_3DyF_7 的有效磁矩在 Dy^{3+} 的基态磁矩 9.7μ_B 和 Dy^{4+} 的基态磁矩 10.6μ_B 之间。这是由于 Nd^{4+} 和 Dy^{4+} 极易被还原的缘故，不易得到纯的四价态配合物。

6.2.2 四价稀土离子的水溶液化学

所有能形成 +4 价的镧系元素中，只有 Ce(Ⅳ) 能在溶液中稳定地存在，Pr(Ⅳ)、Tb(Ⅳ) 在水溶液中能否存在的问题，曾有不少争议。在水溶液中，Ce^{4+} 的颜色一般为黄色或淡黄，Pr^{4+} 的颜色一般为黄色或棕黄，Tb^{4+} 的颜色一般为红棕色。

6.2.2.1 氧化还原稳定性

A 氧化还原电位

铈的氧化还原电位 $E_{Ce^{4+}/Ce^{3+}}$ 相当高，但由于 Ce^{4+} 在溶液中易于水解、聚合并有络合作用，因此 $E_{Ce^{4+}/Ce^{3+}}$ 随溶液中酸度和酸根性质而变化，见表6-10。

表6-10 $E_{Ce^{4+}/Ce^{3+}}$ 与介质的浓度和性质的关系 （V）

酸度/mol · L^{-1}	$HClO_4$	HNO_3	H_2SO_4	HCl
1	1.7	1.61	1.44	1.28
2	1.71	1.62	1.44	
4	1.75	1.61		
6	1.82	1.56	1.43	
8	1.87		1.42	

在溶液中，Ce^{4+} 将与阴离子形成稳定性不同的络离子，如在 H_2SO_4 介质中：

$$Ce^{4+} + HSO_4^- \longrightarrow CeSO_4^{2+} + H^+$$

$$K_1 = \frac{c_{CeSO_4^{2+}} c_{H^+}}{c_{Ce^{4+}} c_{HSO_4^-}} = 3500$$

$$CeSO_4^{2+} + HSO_4^- \longrightarrow Ce(SO_4)_2 + H^+$$

$$K_2 = \frac{c_{Ce(SO_4)_2} c_{H^+}}{c_{CeSO_4^{2+}} c_{HSO_4^-}} = 200$$

$$Ce(SO_4)_2 + HSO_4^- \longrightarrow Ce(SO_4)_3^{2-} + H^+$$

$$K_3 = \frac{c_{Ce(SO_4)_3^{2-}} c_{H^+}}{c_{Ce(SO_4)_2} c_{HSO_4^-}} = 20$$

在 $HClO_4$ 介质中，Ce^{4+} 水解，存在着 $Ce(OH)^{3+}$ 和 $CeOCe^{6+}$ （离子强度为2的 $HClO_4$ 溶液）等离子。

$$Ce^{4+} + H_2O \longrightarrow Ce(OH)^{3+} + H^+$$

$$K = \frac{c_{Ce(OH)^{3+}} c_{H^+}}{c_{Ce^{4+}}} = 5.2$$

$$2Ce(OH)^{3+} \longrightarrow CeOCe^{6+} + H_2O$$

$$K = \frac{c_{CeOCe^{6+}}}{c^2_{Ce(OH)^{3+}}} = 16.5$$

只有在浓 $HClO_4$ 溶液中，四价铈以 $[Ce(H_2O)_n]^{4+}$ 状态存在于溶液中。

在 HNO_3 介质中也存在各种络合离子，如：

$$Ce^{4+} + NO_3^- + H_2O \longrightarrow Ce(NO_3)(OH)^{2+} + H^+$$

因此，溶液中所含的酸的性质及浓度将影响 Ce^{4+} 的浓度及其氧化还原电位 $E_{Ce^{4+}/Ce^{3+}}$。在 $HClO_4$ 介质中，由于 ClO_4^- 的络合能力很弱，溶液中主要存在水解平衡，因此当溶液中 $HClO_4$ 浓度提高时，将抑制 Ce^{4+} 的水解，使溶液中保持较高的 Ce^{4+} 的浓度，因此 $E_{Ce^{4+}/Ce^{3+}}$ 将随溶液中 $HClO_4$ 浓度的提高而提高。在 H_2SO_4 溶液中，由于 Ce^{4+} 与 HSO_4^- 的络合平衡存在，Ce^{4+} 浓度随 H_2SO_4 浓度的增加而降低，因此使 $E_{Ce^{4+}/Ce^{3+}}$ 下降。在低酸度或中性或碱性溶液中，由于 Ce^{4+} 将强烈的水解、聚合，其 Ce^{4+} 浓度将明显降低，$E_{Ce^{4+}/Ce^{3+}}$ 也随之下降。因此 $E_{Ce^{4+}/Ce^{3+}}$ 将随溶液的 pH 值而变化，如图 6-1 所示。

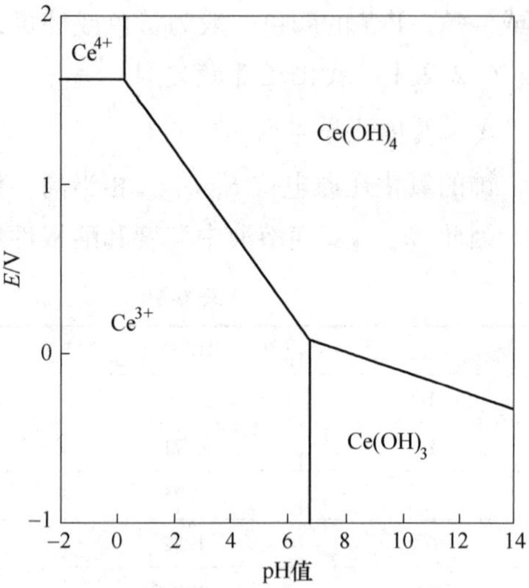

图 6-1　铈的氧化还原电位 $E_{Ce^{4+}/Ce^{3+}}$ 与溶液的 pH 值关系

在 pH < 6.7 时，在 $Ce(OH)_4$ 沉淀的条件（Ce^{4+} 在 pH ≈ 1 时开始沉淀）下，存在下列平衡：

$$Ce(OH)_4\downarrow + 4H^+ + e \longrightarrow Ce^{3+} + 4H_2O$$

$$E = E^{\ominus} + 0.059\lg\frac{a_{Ce(OH)_4}a_{H^+}^4}{a_{Ce^{3+}}a_{H_2O}^4}$$

$$= E^{\ominus} + 0.059\lg\frac{a_{H^+}^4}{a_{Ce^{3+}}} \quad (6\text{-}1)$$

$$Ce(OH)_4 \longrightarrow Ce^{4+} + 4OH^-$$

$$K_{sp} = a_{Ce^{4+}}a_{OH^-}^4 \quad (6\text{-}2)$$

$$H_2O \longrightarrow H^+ + OH^-$$

$$K_w = 10^{-14} = a_{H^+}a_{OH^-} \quad (6\text{-}3)$$

$$Ce^{4+} + e \longrightarrow Ce^{3+}$$

$$E_1 = E_1^{\ominus} + 0.059\lg\frac{a_{Ce^{4+}}}{a_{Ce^{3+}}} \quad (6\text{-}4)$$

将式（6-2）、式（6-3）代入式（6-4）得：

$$E_1 = E_1^{\ominus} + 0.059\lg\frac{K_{sp}}{a_{Ce^{3+}}a_{OH^-}^4}$$

$$E_1 = E_1^{\ominus} + 0.059\lg\frac{K_{sp}a_{H^+}^4}{a_{Ce^{3+}}K_w^4} \quad (6\text{-}5)$$

在同一体系中式（6-5）= 式（6-1）

$$E^{\ominus} + 0.059\lg\frac{a_{H^+}^4}{a_{Ce^{3+}}} = E_1^{\ominus} + 0.059\lg\frac{K_{sp}a_{H^+}^4}{a_{Ce^{3+}}K_w^4}$$

$$E^{\ominus} = E_1^{\ominus} + 0.059\lg\frac{K_{sp}}{K_w^4} = 1.61 + 0.059\lg\frac{10^{-54.8}}{(10^{-14})^4} = 1.68\text{V}$$

设 $a_{Ce^{3+}} = 1$，则

$$E = 1.68 + 0.059\lg a_{H^+}^4 = 1.68 - 0.237\text{pH}$$

所以当溶液的 pH 值提高时，$E_{Ce^{4+}/Ce^{3+}}$ 下降，故在低酸度、中性或碱性的溶液中，Ce(Ⅲ) 容易被氧化为 Ce(Ⅳ)。

B　氧化还原性

从 $E_{Ce^{4+}/Ce^{3+}}$ 电位与体系酸度的关系可知，在酸性溶液中，Ce^{4+} 有相当强的氧化能力，相反地，在弱酸性或碱性溶液中，Ce^{3+} 却易氧化为 Ce^{4+}。

在酸性溶液中，Ce^{4+} 与 H_2O 发生氧化反应，放出氧气，Ce^{4+} 变 Ce^{3+}：

$$2Ce^{4+} + 2H_2O \longrightarrow 2Ce^{3+} + O_2 + 4H^+$$

因此，虽在分析上把 Ce^{4+} 的溶液作为标准溶液，但它在酸性溶液中实际上是亚稳的。因为水的氧化还原作用在动力学上受控制，所以高铈溶液仍可作为氧化还原滴定的标准液。在弱酸或碱性介质中，由于 Ce^{4+} 的水解沉淀，因此 Ce(Ⅲ) 易被氧化剂（如 H_2O_2、O_2、$KMnO_4$ 等）氧化为 Ce(Ⅳ)。

在溶液中 Ce^{4+} 与 Cl^- 的氧化还原反应也取决于体系的酸度。在酸性介质中，Ce^{4+} 能把 Cl^- 氧化为 Cl_2：

$$2Ce^{4+} + 2Cl^- \longrightarrow 2Ce^{3+} + Cl_2$$

在弱酸性或碱性溶液中，Cl_2 也能把 Ce(Ⅲ) 氧化为 Ce(Ⅳ)，因此在生产中常用 Cl_2 气作为 Ce（Ⅲ）的氧化剂。

在稀 $HClO_4$ 溶液中，Ce^{4+} 也能把 Mn^{2+} 氧化为 MnO_4^-。但在稀 H_2SO_4 溶液中，MnO_4^- 却能把 Ce^{3+} 氧化为 Ce^{4+}，Mn(Ⅶ) 被还原为 Mn(Ⅱ)。

Pr^{4+} 和 Tb^{4+} 均有很强的氧化性，能迅速地把水氧化，放出氧气，而被还原为 Pr^{3+} 或 Tb^{3+}。含 Pr(Ⅳ) 和 Tb(Ⅳ) 的氧化物（Pr_6O_{11} 和 Tb_4O_7）溶于酸后，得到的是 Pr^{3+} 和 Tb^{3+} 的溶液。

四价态的 Pr 和 Tb 被还原为三价态。在溶液中要得到 Pr^{4+} 和 Tb^{4+} 是相当困难的，在电解氧化 Pr^{3+} 的 HNO_3 溶液中，已发现有 Pr^{4+}，或把 Pr_6O_{11} 溶解在浓 HNO_3、H_2SO_4 中，溶液中也有 Pr^{4+} 存在。

6.2.2.2 四价铈离子的水解性能

Ce^{4+} 极易水解，在溶液的 pH 值接近 1 时即开始水解，产生 $Ce(OH)_4$ 沉淀。$Ce(OH)_4$ 的溶度积为 $10^{-54.8}$。

$Ce(OH)_4$ 开始沉淀的 pH 值与 $RE(OH)_3$ 有相当大的差别，利用此性质，可将铈从其他稀土元素中分离出来。

6.2.3 四价态稀土元素的稳定性

稀土元素的四价氧化态的稳定性应由它们的还原反应自由能数据进行判断，但它们的各类反应都没有完整的数据。根据稀土元素的第四电离能 I_4 和有关的电极电位 $E^{\ominus}_{Ln^{4+}/Ln^{3+}}$（见表6-11）及化合物的性质判断，稀土元素四价氧化态的稳定性次序估计为：Ce > Pr > Nd > Pm > Sm > Eu > Gd≪Tb > Dy > Ho-Er-Tm > Yb > Lu。所以 Ce(Ⅳ) 和 Tb(Ⅳ) 及 Pr(Ⅳ) 相对于其他元素的四价态来说是稳定的，其中 Ce(Ⅳ) 最为稳定。

表6-11 稀土元素的标准电极电位 $E^{\ominus}_{Ln^{4+}/Ln^{3+}}$ 和第四电离能

元 素	电极电位/V		第四电离能/J	
	测定值	计算值	数据1	数据2
Ce	+1.74	+1.8	5.888×10^{-18}	5.888×10^{-18}
Pr	+3.2 ±0.2	+3.4	6.244×10^{-18}	6.244×10^{-18}
Nd	+5.0 ±0.4	+4.6	6.458×10^{-18}	6.478×10^{-18}

续表 6-11

元素	电极电位/V		第四电离能/J	
	测定值	计算值	数据 1	数据 2
Pm		+4.9	6.518×10^{-18}	6.548×10^{-18}
Sm		+5.2	6.570×10^{-18}	6.604×10^{-18}
Eu		+6.4	6.772×10^{-18}	6.818×10^{-18}
Gd		+7.9	7.027×10^{-18}	7.072×10^{-18}
Tb	+3.1 ±0.2	+3.3	6.327×10^{-18}	6.327×10^{-18}
Dy	+5.2 ±0.4	+5.0	6.592×10^{-18}	6.649×10^{-18}
Ho		+6.2	6.784×10^{-18}	6.812×10^{-18}
Er		+6.1	6.804×10^{-18}	6.802×10^{-18}
Tm		+6.1	6.818×10^{-18}	6.806×10^{-18}
Yb		+7.1	6.993×10^{-18}	7.001×10^{-18}
Lu		+8.5	7.239×10^{-18}	7.239×10^{-18}

复习思考题

6-1 有哪些重要二价、四价稀土化合物，与三价稀土化合物有何区别？

6-2 描述二价、四价稀土化合物稳定性顺序，Ce 的氧化还原电位与 pH 值关系如何？

7 稀土配合物化学

稀土配合物化学是稀土科技领域里的一个重要分支。在稀土学科里，稀土元素有机化学、溶液化学和生物无机化学等都与稀土配合物化学有密切的联系。

稀土配合物化学的发展可划分为几个阶段。

从20世纪40~60年代，人们主要集中研究与稀土元素分离技术有关的配合物问题，例如寻找用于离子交换分离的新淋洗剂以及用于溶剂萃取分离的新萃取剂等，包括测定平衡常数和分配比。重点放在合成含O和含O、N的胺基多酸配体以及研究它们与稀土元素生成的配合物上。

自20世纪50年代末开始，人们对稀土元素的高效发光化合物和激光材料产生了兴趣。研究工作逐渐从溶液配位化学转移到固体配位化学上，开始对稀土离子的一些不平常的电子性质和它们形成高配位数配合物的倾向进行研究，并发现稀土元素也能与非氧的其他配位原子配位，使人们对稀土配合物化学的认识深化了一大步。

20世纪60年代以后，三价稀土离子的配合物化学研究发展很快，人们对稀土离子与强螯合型的阴离子含氧配位体的配合物和中性配位体与稀土离子的配合物都有集中研究。

近些年来，稀土配合物化学的研究方兴未艾，除了合成各种新的配合物外，在合成方法上也有许多新进展，而且对这些新配合物提出了不同的应用路径。

我国对稀土配合物也进行了大量的研究工作，如在应用稀土配合物于萃取分离稀土元素、稀土溶液配合物、稀土催化配合物等领域都开展了大量有意义的研究工作。

本章内容主要集中在稀土元素配合物的共性知识，不具体涉及特定类型的化合物，特定类型化合物的内容众多，专业性强，感兴趣的读者可参看相关论著。

7.1 稀土元素配合物的制备方法

随着稀土配合物化学的发展，已从最初的含O的配合物发展至目前含C、N和π键的有机和无机配合物及一系列金属有机配合物；从合成结构简单的单齿或双齿配合物发展至合成大环配合物、多核配合物、原子簇配合物及与生物相关的配合物。

稀土配合物的制备可采用如下方法：

(1) 直接反应。稀土盐REX_3在溶剂S中与配体L直接反应或氧化物与酸H_nL直接反应：

$$REX_3 + nL + mS \longrightarrow REX_3 \cdot nL \cdot mS$$

或

$$REX_3 + nL \longrightarrow REX_3 \cdot nL$$

$$RE_2O_3 + 2H_nL \longrightarrow 2H_{n-3}REL + 3H_2O$$

(2) 交换反应。利用配位能力强的配体L′或螯合剂Ch′取代配位能力弱的配体L、X或螯合剂Ch：

$$REX_3 + M_nL \longrightarrow [REL]^{(n-3)-} + [M_nX_3]^{n-3}$$

$$REX_3 \cdot nL + mL' \longrightarrow REX_3 \cdot mL' + nL$$

或
$$RE(Ch)_3 + 3HCh' \longrightarrow RE(Ch')_3 + 3HCh$$

也可利用稀土离子取代铵、碱或碱土金属离子：

$$MCh^{2-} + RE^{3+} \longrightarrow RECh + M^+$$

其中：$M^+ = Li^+$、Na^+、K^+、NH_4^+ 等。

（3）模板反应。在配合物形成过程中，从原料形成配体，如稀土酞菁配合体的合成：

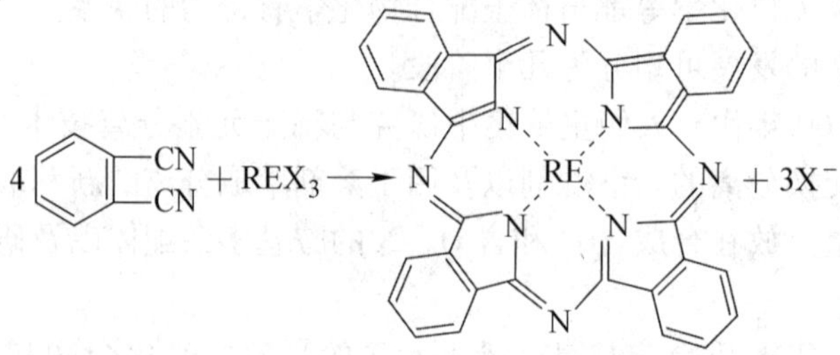

在稀土配合物的合成中，稀土与配体的摩尔比、介质的 pH 值与溶剂的选择是影响其制备的主要因素。常用的溶剂有水、水与有机溶剂组成的混合溶剂或非水溶剂。

使用非水溶剂有如下优点：

1）可防止稀土及其配合物的水解，特别是使用碱度高（$pK_a > 7$）的配体时更为适用。例如，合成含纯氮配体的配合物需在非水溶剂中进行。

2）可用以溶解作为配体的各种有机物和作为稀土原料的稀土有机衍生物。

3）可利用各种方法和在较宽的温度范围内进行合成。

4）可获得固定组成的、不含配位水分子的稀土配合物。

如果配体或配合物是热稳定的，也可在熔融状态下合成。在合成稀土配合物时，所用的稀土与配体的摩尔比将影响所生成配合物的组成和配位数。介质的 pH 值是另外一个重要的因素，因它决定了配合反应及其配合物的形成。特别是在水溶液里合成时，必须控制介质的 pH 值，以避免生成难溶的稀土氢氧化物沉淀。

7.2 稀土元素的配位性能

7.2.1 稀土元素与 *d* 区过渡元素配位性能的差别

稀土元素与 *d* 区过渡元素的根本区别在于大多数稀土离子含有未充满的 4*f* 电子层。由于 4*f* 电子的特性而使稀土元素的配位性能有别于 *d* 区过渡元素。

（1）除了钪、钇、镧和镥外，其余三价稀土离子都含有未充满的 4*f* 电子。由于 4*f* 电子处于原子结构的内层，受到外层 $5s^2$、$5p^6$ 对外场的屏蔽，因而其配位场效应较小，配位场的稳定化能在 4.18kJ/mol 左右。而 *d* 区过渡金属离子的 *d* 电子裸露在外，受配位场的影响较大，配位场稳定化能大于 418kJ/mol。

（2）由于 4*f* 电子云收缩，在配位时贡献小，故与配体之间的成键主要通过静电相互作用，以离子键为主，因配体成键原子的电负性的不同而呈现不同的很弱的共价程度。*d* 区过渡金属离子的 *d* 组态与配体的相互作用很强，可形成具有方向性的共价键。

（3）稀土离子的体积较大，比其他常见的三价离子有较大的离子半径（见表7-1），因此其离子势较小，极化能力也较小，稀土离子与配位原子以静电引力相结合，其键型也将是离子型。随稀土离子半径的减小，配合物的共价性质将随之增加。

表7-1 三价离子的半径

元 素	镧	铈	镨	钕	钷	钐	铕
半径/pm	106.1	103.4	103.1	99.5	97.9	96.4	95.0
元素	钆	铽	镝	钬	铒	铥	镱
半径/pm	93.8	92.3	90.8	89.4	88.1	86.9	85.8
元素	镥	钪	钇	铁	铝	钴	铬
半径/pm	84.8	73	89.2	64	50	63	69

（4）由于稀土离子有较大的体积，从配体排布的空间要求来看，配合物将会有较高的配位数。

（5）从金属离子的酸碱性分类出发，稀土离子属于硬酸类，它们与属于硬碱的配位原子如氧、氟、氮等有较强的配位能力，而与属于弱碱的配位原子如硫、磷等的配位能力则较弱。

稀土元素配合物和 d 区过渡元素配合物在性质上的主要差别见表7-2。

表7-2 稀土和 d 区过渡元素配合物在性质上的比较

配合物性质	稀 土 离 子	第一过渡系离子
金属的价轨道	$4f$	$3d$
离子半径/pm	106～85	75～60
常见的配位数	6、7、8、9	4、6
典型的配位多面体	三棱柱、四方反棱柱、十二面体等	四面体、平面正方形、八面体
成键	弱的金属-配体轨道相互作用	强的金属-配体轨道相互作用
成键方向	在成键方向上选择性较弱	在成键方向上选择性较强
键强	配体按电负性次序：F^-、OH^-、H_2O、NO_3^-、Cl^-与稀土离子成键	键强度一般取决于轨道的相互作用，其强度顺序为 CN^-、NH_2^-、H_2O、OH^-、F^-
溶液配合物	离子型的，配体交换较快	常常是共价型的，配体交换较为缓慢

7.2.2 钇的配位性能

钇虽没有适当能量的 $4f$ 轨道，但因 Y^{3+} 的半径可列在三价镧系离子的系列中，当离子半径成为形成配合物的主要影响因素时，钇的配合物相似于镧系配合物，其性质在镧系配合物中参与递变；当与 $4f$ 轨道有关的性质成为形成配合物的主要影响因素时，钇和镧系元素的配合物在性质上有明显的差异。

7.2.3 钪与镧系元素配合物在性质上的差异

由于钪不仅没有适当能量的 $4f$ 轨道，而且半径也比镧系元素半径小得多，因此钪的配位化学与镧系元素明显不同。

（1）Sc^{3+}的半径较小，并属于 *d* 区过渡元素，*d* 轨道可以参与成键，因此钪的配合物有较大的共价性，例如一些配合物的熔点比镧系元素和钇的同类配合物的熔点较低。以二特戊酰甲烷配合物为例，其熔点分别为：Sc^{3+}约为153℃，La^{3+}为243℃，Lu^{3+}为173℃。

（2）Sc^{3+}半径较小，离子势较大，在水溶液中比较容易水解，所以对配合物的形成来说，水溶液的 pH 值、金属与配体的摩尔比和其他条件都使钪和镧系元素有较大的区别。在碱性或中性溶液中，要有足够的配体才能阻止钪的水解，而镧系元素和钇，除特别弱的配体外，一般可不考虑它们的水解问题。镧系元素和钇可用它们的水合盐在醇溶液中得到弱配位的配合物，但钪的相应配合物则须在无水和非水溶液中与无水配位体相作用才能得到。

（3）在配位数方面，钪（Ⅲ）虽有8配位的配合物，但它的特征配位数像 *d* 区过渡元素一样为6，而镧系元素的配合物一般是高配位数的。

7.3　配　位　数

7.3.1　稀土配合物的配位数和几何构型

稀土元素配合物与 *d* 区过渡元素配合物的最大区别是稀土离子能生成高配位数的配合物。配位数4和6是 *d* 区过渡元素的特征配位数，稀土元素配位数往往大于6，具有7、8、9、10，甚至高达12。配位数11的配合物虽很少见，但也已见报道。

初期人们认为稀土元素主要生成6配位的八面体配合物，随着各种物理测试手段，如电导、红外光谱等在测定配位数方面的应用，尤其是X射线技术和大型计算机在测定固体配合物配位数方面所起的重要作用，使人们认识到大多数稀土配合物的配位数大于6，而配位数为6和6以下的配合物实际上只占少数。

代表性的稀土配合物的配位数和几何构型见表7-3。

表7-3　稀土配合物的配位数和几何构型

氧化态	配位数	实　例	几何构型
+2	6	EuTe、SmO、YbSe	NaCl 型
	6	YbI_2	CaI_2 型
	8	SmF_2	CaF_2 型
+3	3	$RE[N(SiMe_3)_2]_3$（RE = Sc、Y、La、Ce、Pr、Nd、Sm、Eu、Gd、Ho、Yb、Lu）	棱锥体
	4	$Lu(C_8H_9)_4^-$（阴离子是2,6-二甲苯）	变形四面体
	5	$La_2O_2[N(SiMe_3)_2]_4(opph_3)_2$	
	6	$[RE(NCS)_6]^{3-}$、$[Sc(NCS)_2bipy_2]^+$ REX_6^{3-}（$X = Cl^-$、Br^-）	八面体
	7	$Ho(C_6H_5COCHCOC_6H_5)_3·H_2O$	单帽八面体
		$Yb(acac)_3·H_2O$	单帽三棱柱体
		$Dy(DPM)_3·H_2O$	
		CeF_7^{3-}、PrF_7^{3-}、NdF_7^{3-}、TbF_7^{3-}、$Er(DPM)_3·DMSO$	五角双锥

续表 7-3

氧化态	配位数	实　例	几何构型
+3	8	$Y(acac)_3·3H_2O$、$Y(C_5H_5O_2)_3·3H_2O$ $Eu(DPM)_3(PY)_2$	正方反棱柱体
		$Ho(acac)_3·4H_2O$ $RE(HOCH_2COO)_3·2H_2O$	十二面体
	9	$Nd(H_2O)_9^{3+}$ $RE_2(C_2O_4)_3·10H_2O$(RE = La ~ Nd) $RE(C_2O_4)(HC_2O_4)·3H_2O$(RE = Er、Y)	三帽三棱柱体 三帽三棱柱体 单帽正方棱柱体
	10	H[La(EDTA)]·$7H_2O$ $La(NO_3)_3·4DMSO$ $La(NO_3)_3(bipy)_2$ $Gd(NO_3)_3dpac$	双帽正方反棱柱体 基于十二面体的 C_{2v} 双帽十二面体 变形五角双锥
	11	$La(NO_3)_3L$(L = 1,8-萘并-16-冠-5)	
	12	$Ce(NO_3)_6^{3-}$ La(C-18-冠-6)$(NO_3)_3$	二十面体
+4	6	Cs_2CeCl_6	八面体
	8	$Ce(acac)_4$ $(NH_4)_2CeF_6$	阿基米德反棱柱体 变形四方反棱柱（链）
	10	$Ce(NO_3)_4(opph_3)_2$ （含有双齿的 NO_3 根）	
	12	$(NH_4)_2[Ce(NO_3)_6]$	变形的二十面体

从表 7-3 可以看出，一方面，稀土离子配位数是多种多样的，从 3 ~ 12 都有报道，其中配位数 7、8、9 和 10 的较为常见，尤其是 8 和 9；另外，由于配体间的排斥作用，各配位数的几何构型是有限的，但要比 d 区元素多。配位的几何构型取决于金属离子的体积、配体的体积、阴离子的性质和采用的合成方法。

配位数 7 ~ 10 的配合物所取的主要几何构型的对称性见表 7-4，各种理想的几何构型如图 7-1 所示。

表 7-4　配位数为 7 ~ 10 的稀土配合物主要的几何构型及对称性

配 位 数	几 何 构 型	对 称 性
7	五角双锥	D_{5h}
	单帽八面体	C_{3v}
	四角底三角底的单帽三棱柱体	C_s（C_{2v}，C_{3v}）
8	四方反棱柱体	D_{4d}
	十二面体（三角形面的）	D_{2d}
	双帽八面体	D_{3d}
	立方体	O_h
	对称的三帽三棱柱体	D_{3h}

续表 7-4

配位数	几何构型	对称性
8	单帽四方反棱柱体	C_{4v}
	单帽立方体	C_{4v}
10	双帽的四方反棱柱体	D_{4d}
	双帽的十二面体	D_2
	C_{2v}对称性的多面体	C_{2v}

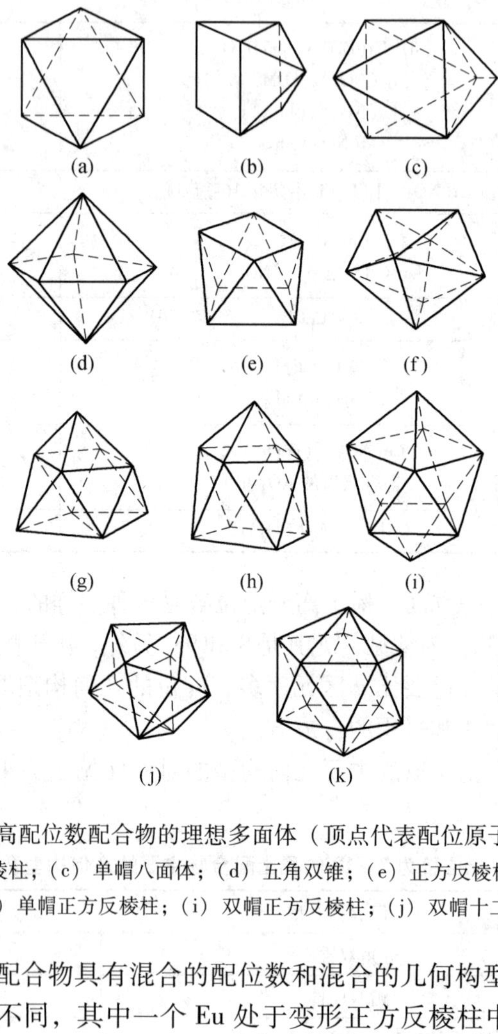

图 7-1　高配位数配合物的理想多面体（顶点代表配位原子的位置）

（a）八面体；（b）单帽三棱柱；（c）单帽八面体；（d）五角双锥；（e）正方反棱柱；（f）三角形的十二面体；（g）三帽三棱柱；（h）单帽正方反棱柱；（i）双帽正方反棱柱；（j）双帽十二面体；（k）二十面体

有些多核稀土元素配合物具有混合的配位数和混合的几何构型，如 $Eu_2(mal)_3 \cdot 8H_2O$，两个 Eu(Ⅲ) 的配位数不同，其中一个 Eu 处于变形正方反棱柱中，另一个 Eu 处于 9 个氧配位的三帽三棱柱中。

稀土配合物的键型特点（以离子型为主）和较大的稀土离子半径是决定配合物高配位数的主要因素。因为没有强的定向键，所以离子半径的大小和配位性质影响着配体的排布，空间因素在配位数方面起着主要作用。在配体与金属离子相对大小许可的条件下，稀土离子几乎都形成 8 或 8 以上配位数的配合物。另一个因素是稀土元素的正常氧化态为 +3，有较高的正电荷，从满足电中性角度来说，也有利于生成高配位数的配合物。

7.3.2 稀土配合物的配位数与离子半径和配体性质的关系

7.3.2.1 配位数与稀土离子半径的关系

当空间因素在稀土配合物的配位数上起主要作用时，稀土离子半径的变化，引起配位数的改变是必然的。稀土离子半径从 La 至 Lu 随原子序数的增加而递减，将会引起一些配合物的配位数减少（主要是一些单齿配体的配合物）。对于一定几何构型来说，稀土离子（Ⅲ）体积的减小，将使配体间的斥力增加。当这种斥力随离子体积减小而变到足够大时，就会使配合物的构型变得不稳定，而趋向于减少配体以降低它们之间的斥力来达到新的平衡，最终生成新的具有稳定结构的配合物。因此随稀土离子半径的减小配位数有降低的倾向。现举如下几例加以说明。

（1）镧系氯化物配合物。镧系氯化物配合物的配位数随原子序数的增加从 9 变为 6，体现在晶格常数的变化上（见表 7-5）。氯化物系列可分为三种类型，La ~ Gd 的氯化物晶格结构是六方晶系，配位数为 9；Dy ~ Lu 氯化物晶格结构是单斜晶系，配位数是 6；Tb 在 Gd 和 Dy 之间，氯化物晶格结构是正交晶系，配位数为 8。

表 7-5 镧系氯化物的晶格常数

氯化物	a/nm	b/nm	c/nm	分子体积/nm^3
六方，配位数为 9				
$LaCl_3$	0.7483		0.4375	0.1061
$CeCl_3$	0.7450		0.4315	0.1037
$PrCl_3$	0.7422		0.4275	0.1019
$NdCl_3$	0.7396		0.4239	0.1004
$PmCl_3$	0.7397		0.4211	
$SmCl_3$	0.7378		0.4171	0.0983
$EuCl_3$	0.7369		0.4133	0.0972
$GdCl_3$	0.7363		0.4105	0.0967
正交，配位数为 8				
$TbCl_3$	0.386	1.171	0.848	0.0964
单斜，配位数为 6				
$DyCl_3$	0.691	1.194	0.640	0.1235
$HoCl_3$	0.685	1.185	0.639	0.1213
$ErCl_3$	0.680	1.179	0.639	0.1198
$TmCl_3$	0.675	1.173	0.639	0.1185
$YbCl_3$	0.673	1.165	0.638	0.1170
$LuCl_3$	0.672	1.100	0.639	0.1168
$\beta = 111°$				

（2）二甲亚砜的稀土配合物。轻稀土的配合物形式为 $Ln(DMSO)_8(ClO_4)_3$，而重稀土的配合物形式是 $Ln(DMSO)_7(ClO_4)_3$ 和 $Ln(DMSO)_6(ClO_4)_3$。在其他一些配合物中发

现了重稀土元素的配位数比轻稀土元素低的倾向。

以上均说明随着稀土离子半径从 La ~ Lu 降低，配位数从轻稀土至重稀土相应地减少。

7.3.2.2　配位数与配体性质的关系

空间因素对稀土配位数起着主要作用，同时配体的体积也影响稀土离子的配位数。表 7-6 给出了卤化物的配位数的变化，说明配体体积增大时会使给定金属离子的配位数变小，其中在钕（Ⅲ）的 F^-、Cl^- 的化合物中，钕的配位数为 9，而在 Br^-、I^- 的化合物中钕的配位数为 8，其他元素也有类似的倾向。在一些由有机配体生成的配合物中，也发现当配体同系物的体积增大或有支链时，由于位阻效应而使配位数减小，如在轻稀土的高氯酸盐的二甲亚砜配合物中，L(配体)：M 为 8：1，而在二丙基亚砜的配合物中 L：M 为 6：1。

表 7-6　稀土卤化物中金属离子的配位数

元　素	不同阴离子时金属离子配位数			
	F	Cl	Br	I
La	9	9	9	8
Ce	9	9	9	8
Pr	9	9	9	8
Nd	9	9	8	8
Pm		9	8	
Sm	8、9	9	8	6
Eu	8、9	9	8	6
Gd	8、9	9	6	6
Tb	8、9	8	6	6
Dy	8、9	6、8	6	6
Ho	8、9	6	6	6
Er	8、9	6	6	6
Tm	8、9	6	6	6
Yb	8、9	6	6	6
Lu	8、9	6	6	6

注：其中阴离子的半径为：F^- 0.134nm，Cl^- 0.18nm，Br^- 0.19nm，I^- 0.223nm。

配体的电荷对配合物的配位数也有影响，中性配体一般可以使金属离子有较大的配位数。当配体的电荷增大时，金属的配位数有降低的倾向。例如在稀土与等电子四面体阴离子（ClO_4^-、SO_4^{2-}、PO_4^{3-} 和 SiO_4^{4-}）和三角形阴离子（NO_3^-、CO_3^{2-}、BiO_3^{3-}）所生成的配合物中随含氧阴离子电荷的增大，稀土配合物中金属的配位数相应降低。

7.4 稀土元素配合物的热力学性质

7.4.1 稀土配合物系列中稳定性的变迁

7.4.1.1 配合物稳定常数的变化

已测得的大量稀土元素配合物的稳定常数，大部分是从水溶液体系中得到的，小部分是从非水介质中获得的。从大量的数据中发现，稀土元素配合物的稳定常数不是完全单一地随原子序数而递变。一般来说，轻稀土元素（Ⅲ）随原子序数的递增和离子半径的减小，同类型配合物的稳定常数平行地递增；而重稀土元素（Ⅲ）配合物稳定常数的变化则依赖于配体，粗略地可分为三种类型：

（1）随着原子序数的增加，离子半径减小，同类型配合物的稳定常数递增；

（2）随着原子序数的增加，从 Gd 至 Lu，同类型配合物几乎不变或变化不大；

（3）随着原子序数的增加，在 Dy 附近，同类型配合物稳定常数先有最大值而后有降低的趋势。

稳定常数的变化情况如表 7-7 和图 7-2 所示。三种类型配合物的配体实例列在表 7-8 中。

表 7-7 1∶1 稀土配合物的稳定常数

元素	$\lg K_{REY}$							
	EDTA	PDTA	BDTA	DBTA	DCTA	DPTA	DHTA	3MDBTA
La	15.50	16.40	(16.3)	16.58	16.26	16.61	16.52	16.41
Ce	15.98	16.79	(16.8)	17.15	16.78	17.13	17.11	16.98
Pr	16.40	17.17	17.49	17.49	17.31	17.48	17.36	17.28
Nd	16.61	17.54	17.70	17.77	17.68	17.76	17.67	15.57
Pm	(16.9)	(17.8)	(18.0)	(18.0)	(18.0)	(18.0)	(17.9)	(17.8)
Sm	17.14	17.97	18.32	18.25	18.38	18.25	18.24	18.12
Eu	17.35	18.26	18.61	18.38	18.62	18.38	18.32	18.30
Gd	17.37	18.21	18.84	18.56	18.77	18.53	18.47	18.44
Tb	17.93	18.64	19.45	19.03	19.50	19.02	18.98	18.97
Dy	18.30	19.05	19.93	19.48	19.69	19.48	19.42	19.39
Ho	(18.6)	19.30	20.27	19.80	(20.2)	19.77	19.72	19.70
Er	18.85	19.61	20.68	20.11	20.68	20.09	19.87	19.97
Tm	19.32	20.08	20.96	20.52	20.96	20.46	20.40	20.38
Yb	19.51	20.25	21.29	20.87	21.12	20.80	20.61	20.65
Lu	19.83	20.56	21.33	20.97	21.51	20.99	20.81	20.79
Y	18.09				19.15			

续表 7-7

元素	$\lg K_{REY}$								
	4MDPTA	HEDTA	MEDTA	BEDTA	DTPA	ME	DE	EDDM	NTA
La	16.45	13.82	11.50	10.81	19.96	16.21	15.63	9.80	10.55
Ce	17.02	14.45	11.87	11.28	(20.9)	(16.9)	15.78	10.42	10.88
Pr	17.82	14.96	12.33	11.70	21.85	17.57	16.13	10.50	11.02
Nd	17.65	15.16	12.51	11.82	22.24	17.88	16.36	10.71	11.17
Pm	(17.9)	(15.4)	(12.7)	(12.0)	(22.5)	(18.2)	(16.7)	(10.9)	
Sm	18.20	15.64	12.86	12.19	22.84	18.40	16.96	11.00	11.25
Eu	18.45	15.62	12.96	12.35	22.91	18.52	17.18	11.04	11.33
Gd	18.48	15.44	12.98	12.40	23.01	18.34	17.02	10.82	11.36
Tb	18.99	15.55	13.35	12.79	23.21	18.52	17.35	11.19	11.50
Dy	19.47	15.51	13.61	13.02	23.46	18.42	17.50	11.08	11.62
Ho	19.71	15.55	13.81	13.26	(23.3)	18.34	17.46	11.04	11.75
Er	19.99	15.61	14.04	13.47	23.18	18.20	17.48	11.05	11.88
Tm	20.40	16.00	14.31	13.65	22.97	18.04	17.56	11.04	12.05
Yb	20.74	16.17	14.43	13.85	23.01	18.06	17.86	10.96	12.20
Lu	20.92	16.25	14.51	13.93	(23.0)	17.96	17.89	11.21	12.30
Y		14.49			22.40	17.54	17.05		11.30

注：括号里的数值为外推数值。

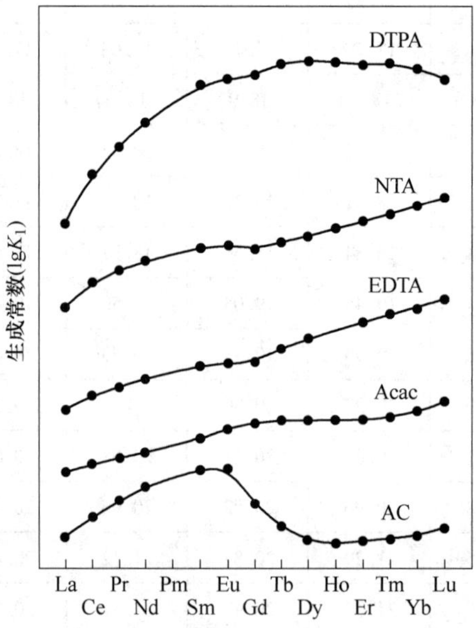

图 7-2 稀土配合物的生成常数与原子序数的关系

表 7-8 三种类型配合物的配体实例

类型	配 体
Ⅰ	EDTA、DCTA、NTA、羟基乙酸、亚胺基二乙酸、α-羟基异丁酸、吡啶二羧酸等
Ⅱ	HAC、acac、异丁酸、HEDTA 等
Ⅲ	DTPA

在稀土配合物稳定常数（$\lg K_{REY}$）与原子序数的变化关系中，有一个不能忽略的现象，即所谓“钆断”现象。在每一配体所生成的稀土配合物系列中，钆附近都有一个不规则的 $\lg K_{REY}$或 ΔG 值。“钆断”现象是指在稀土化合物性质与原子序数的对应变化关系中，在钆附近出现了不连续现象。这种不连续变化从 Sm 开始直至 Dy 都有，并不是只在钆处出现。

“钆断”现象不仅反映在配合物稳定常数的变化上，也反映在其他热力学性质、离子半径、氧化还原电势和晶格能等性质上。

7.4.1.2 配合物稳定性变化的原因

目前，对于稀土配合物稳定性变化的解释只是定性的，有的还不能令人满意。

用简单的静电模型，一般可判断配合物的相对稳定性。对于同一配体的配合物来说，金属离子的离子势是配合物稳定性的决定因素。从理论上说，三价稀土离子配合物的稳定性应随离子半径的递减而呈线性变化，但前文所述在稀土中同类型配合物稳定常数变化的类型Ⅱ和Ⅲ，并不与离子半径的变化有平行的变化关系，可见离子半径并不是决定稀土配合物稳定性变化的唯一因素。配合物中金属配位数的改变、配体的位阻因素、水合程度以及价键成分的变化都可能对稳定常数的变化发生影响。

中心原子配位数的改变是稀土配合物稳定性类型变化的一个重要因素。随着离子半径的减小，稀土离子（Ⅲ）在 Sm ~ Gd 范围内中心原子配位数逐渐发生变化，轻、重稀土离子的配位数往往不同。配位数发生变化后，配合物的类型、晶体结构、配位原子与中心离子间的键长，以及实际离子半径也都随之变化，因此这必给配合物相对稳定性的变迁带来影响。

在水溶液体系中，配体和 H_2O 分子对中心离子的竞争也是不可忽视的，金属离子的水合程度也影响着配合物的稳定性，所以稀土离子水合能力的变化也将影响稀土配合物稳定常数与原子序数之间的相对关系。

7.4.1.3 钇配合物的稳定性

钇配合物的稳定性在镧系中的位置是变化的，有些按离子半径的次序可落在钬、铒附近，而有些则移至轻镧系或移出整个镧系，见表 7-7。对此，可认为当离子半径对配合物稳定性起主要作用时，钇的稳定常数可处在按照离子半径所预期的位置。当其他因素（如稳定化能、键能等）起主要作用时，钇配合物的稳定常数在镧系中位置就可能发生移动。

7.4.1.4 稀土配合物的热焓和熵的变化

从热力学角度来看，配合物的稳定常数应是反应中焓变 ΔH 和熵变 ΔS 的衡量尺度。稀土配合物的焓变和熵变见表 7-9 和图 7-3。它们也是随原子序数而非线性递变，并在钆附近出现不连续的现象。这说明稀土配合物的焓变和熵变也不是受单一因素影响。曾有人用晶体场稳定化能的变化来说明焓变，但不太成功。

表 7-9 1∶1 稀土配合物的生成热焓和熵变

RE^{3+}	NTA (20℃)		EDTA (25℃)		DTPA (25℃)		IB (25℃)		dipic	
	ΔH/kJ·mol^{-1}	ΔS/J·(mol·℃)$^{-1}$	ΔH/kJ·mol^{-1}	ΔS/J·(mol·℃)$^{-1}$	ΔH/kJ·mol^{-1}	ΔS/J·(mol·℃)$^{-1}$	ΔH/kJ·mol^{-1}	ΔS/J·(mol·℃)$^{-1}$	ΔH/kJ·mol^{-1}	ΔS/J·(mol·℃)$^{-1}$
La^{3+}	1.339	204.2	12.241	249.7	21.756	300.4	14.51	78.6	13.075	107.9
Ce^{3+}	0.899	204.2	12.292	254.4	24.068		13.93	77.8	14.840	109.3
Pr^{3+}	2.100	204.6	13.380	256.9	26.986	312.9	12.63	76.9	16.371	109.3
Nd^{3+}	3.359	204.2	15.158	256.7	29.706	313.8	11.88	76.6	16.786	110.8
Sm^{3+}	4.380	205.4	14.012	269.4	33.053	316.7	11.13	75.7	17.920	108.4
Eu^{3+}	4.305	205.4	10.703	282.8	33.053	317.9	12.17	78.6	17.044	111.3
Gd^{3+}	2.619	212.1	7.238	297.9	32.625	320.9	14.43	84.1	14.987	116.3
Tb^{3+}	2.552	220.9	4.661	315.8	32.21	326.4	18.32	94.5	11.250	127.6
Dy^{3+}	1.464	229.3	5.067	326.4	33.053	326.3	21.08	102.5	9.075	135.6
Ho^{3+}	2.272	234.7	5.673	326.3	31.38	330.5	22.22	105.8	8.142	139.9
Er^{3+}	2.481	238.1	7.146	327.6	30.96	331.8	22.97	107.9	7.740	141.4
Tm^{3+}	2.447	241.8	7.829	330.9	27.61	343.1	22.55	106.7	7.673	143.1
Yb^{3+}	1.674	242.7	9.665	331.4	25.9	346.0	22.38	106.0	8.054	142.2
Lu^{3+}	0.753	241.4	10.510	330.9	21.3	358.6	22.38	106.7	9.167	141.8
Y^{3+}	4.297	251.0	2.460	324.3			22.42	106.7	6.016	141.4

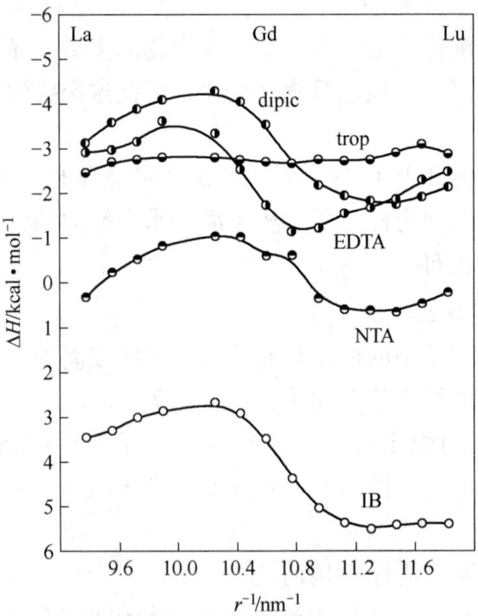

图 7-3 稀土配合物在水溶液中的焓变（1cal = 4.184J）

在水溶液体系中，稀土配合物的焓变可看成是阳离子与配体的键合能和阳离子与溶剂分子（H_2O）的键合能之间差额的一种衡量尺度，并受多种因素所影响。

在水溶液体系中，多数配合物的熵变是主要的，在配合物形成时，体系的质点数改变以及质点的振动形式的变化，都关系到熵值。例如在形成配合物时，金属离子的水合层的破坏程度，将影响到熵值的变化，所以在配合物的形成和解离时引起熵变之外，金属水合层的变化也是一个因素。

为了避免水合作用的影响，可采用非水体系来测定配合物热力学性质的变化。在稀土离子与乙二胺的乙腈（无水）体系中，所测的热力学数据表明（见表7-10），ΔS 是负值，与相应体系水溶液中的大的正熵值相反，但 ΔH 是大的负值，表明焓变是此体系中配合物形成的主要因素，这与水溶液体系不同，在水溶液体系中，水合作用是不可忽视的。

表7-10 稀土高氯盐的乙二胺配合物的热力学数据

RE^{3+}	焓变①/kJ·mol^{-1}				形成常数②				熵变③/J·$(mol·℃)^{-1}$			
	$-\Delta H_1$	$-\Delta H_2$	$-\Delta H_3$	$-\Delta H_4$	$\lg K_1$	$\lg K_2$	$\lg K_3$	$\lg K_4$	ΔS_1	ΔS_2	ΔS_3	ΔS_4
La	72.4	64.8	55.6	46.0	9.95	7.5	6.2	3.3	-63.2	-76.1	-76.9	-92.5
Ce												
Pr	78.2	70.3	56.9	45.2								
Nd	78.6	70.7	57.7	45.6								
Sm	80.75	75.3	56.5	41.4								
Eu	82.8	76.6	58.1	40.58								
Gd	81.6	75.3	58.1	39.7								
Tb	83.3	77.82	54.8	37.6	10.4	8.4	6.2	3.2	-79.5	-102.5	-66.9	-66.1
Dy	83.3	76.9	52.7	38.3								
Ho	83.3	76.1	53.1	41.84								
Er	84.1	78.2	54.8	48.1								
Yb	84.1	78.6	60.2	53.5	11.5	9.3	6.5	3.8	-64.4	-88.3	-79.5	-108.4
Lu	83.7	77.8	59.8	53.5								

① 偏差 ±1.2kJ/mol。② 偏差 ±0.5。③ 偏差 ±12.5J/(mol·deg)。

7.4.2 镧系配合物性质与原子序数关系

7.4.2.1 四分组效应

在镧系元素配合物性质与原子序数的关系中，四分组效应（tetrad effect）是一个客观事实。四分组效应首先是由 Peppard 等人在1969年总结某些镧系离子的液-液萃取体系的分配比或分离因素的变化时提出的。所谓四分组效应是15个镧系元素的液-液萃取体系中，以 $\lg D$（分配比）对 Z（原子序数）作图（见图7-4），能用4条平滑的曲线将图上标出的15个点分成4组，钆的那个点是第二组和第三组的交点。第一组和第二组曲线的延长线在60号和61号元素之间的区域相交，第三组和第四组曲线的延长线在67号与68号元素间的区域相交。

四分组效应即将镧系元素按其性质的相似变化分成四个元素一组的四个分组：

La	Ce	Pr	Nd（第一组）
Pm	Sm	Eu	Gd（第二组）
Gd	Tb	Dy	Ho（第三组）
Er	Tm	Yb	Lu（第四组）

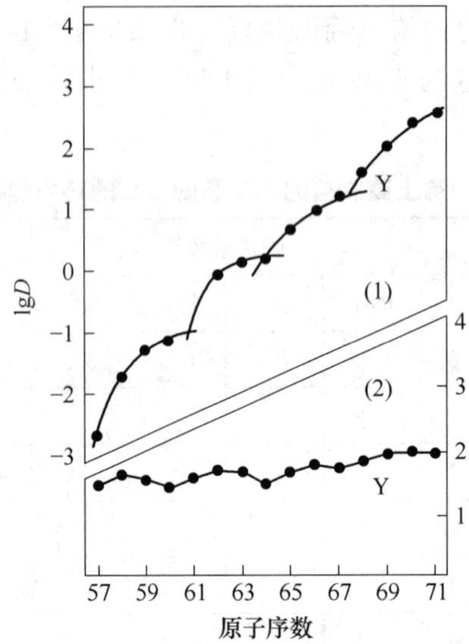

图7-4 分配比与原子序数的关系

现已报道，酸性和中性磷酸酯的萃取剂、螯合萃取剂、亚砜萃取剂等对镧系元素的萃取分配比的对数值与原子序数关系中存在四分组效应，并且该效应也反映在镧系元素配合物的其他性质（如热焓、熵、自由能等）与原子序数的关系中。

镧系元素配合物性质与原子序数关系的四分组效应是镧系元素4*f*电子性质的反映。镧系元素配合物性质与原子序数的图形转折处正是4*f*电子层的1/4、2/4、3/4填充的离子处。Nugent和Jϕrgensen曾从*f*电子的相互作用出发来说明四分组效应，但还不能给予满意的解释。

7.4.2.2 双双效应

在Peppard等提出“四分组效应”之前，1964年，Fidelis等人在用萃取色层研究镧系元素分离因素时发现了“双双效应”(double effect)。“双双效应”是指镧系元素的分离系数与原子序数的关系中分为La～Gd和Gd～Lu两组，每一组中出现两个最大和两个最小值，如图7-5所示。

之后把“双双效应”与三价镧系离子的电子组态和基支谱项联系起来，用电子组态以f^7为中点分为f^0～f^7和f^7～f^{14}两组来说明，每一组中还可以f^3、f^4和f^{10}、f^{11}两对元素为界而进一步划分，在萃取色层分离系数中表现了f^0～f^3，f^4～f^7和f^7～f^{10}，f^{11}～f^{14}元素的相似性。“双双效应”还存在于液-液萃取的分离系数、配合物的稳定性等热力学性质中，并存在于镧系离子（Ⅲ）的其他性质与原子序数的关系中。

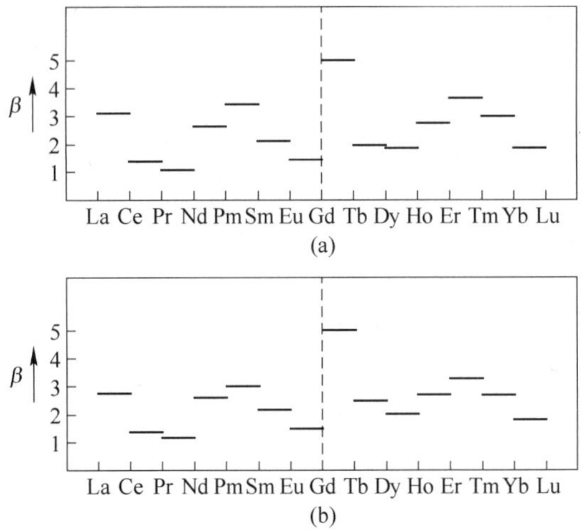

图 7-5 以 HEHφP 和 TBP 为萃取剂时相邻稀土元素的分离系数与原子序数的关系

Fidelis 等人肯定了“双双效应”是镧系元素配合物性质与原子序数关系中的规律，但不同意“四分组效应”这个名称，认为“四分组效应”不能反映整个 f－元素中两个小组进一步划分后的某些不同。之后他们又指出“斜 W 效应”的某些缺点，坚持“双双效应”的合理性。

实际上，无论是“双双效应”还是“四分组效应”都反映了镧系元素性质递变的规律，它们基本上是相同的，只是在表示方法上有所不同而已。

7.4.2.3 斜 W 效应

1975 年，S. P. Sinha 把三价镧系离子的基态 L 和它们的某些物理化学性质联系起来。他在解释镧系离子（Ⅲ）性质随原子序数递变的“四分组效应”时指出：在镧（锕）系中，L 值表现了像“四分组效应”同样的周期性，并且 f 过渡金属离子的性质在四分组的每一组内是线性变化。当分析镧系离子（Ⅲ）基态光谱项或 L 值时，就会发现镧系离子（Ⅲ）基态 L 值以 0(S)、3(F)、5(H)、6(I) 为周期改变（见表 7-11）。其中包括 4 个周期，随着原子序数的递变，以 S、F、H、I；I、H、F、S；S、F、H、I；I、H、F、S 而变化。当以 L 值与原子序数作图时，有 4 段曲线，如图 7-6 所示，其中 Gd 为第二和第三周期所共有，表明了反映镧系离子（Ⅲ）内在特性的参数 L 值随着原子序数的递变是非线性的函数关系。随之提出镧系离子（Ⅲ）的多数性质与 L 作图时，均存在四段形似“斜 W”的直线（如图 7-7 ~ 图 7-11 所示），称之为“斜 W”效应。

表 7-11 镧系离子（Ⅲ）基态 L 和光谱项

元素	La	Ce	Pr	Nd	Pm	Sm	Eu	Gd
	Lu	Yb	Tm	Er	Ho	Dy	Tb	Gd
L 值	0	3	5	6	6	5	3	0
光谱项	^1S	^2F	^3H	^4I	^5I	^6H	^7F	^8S

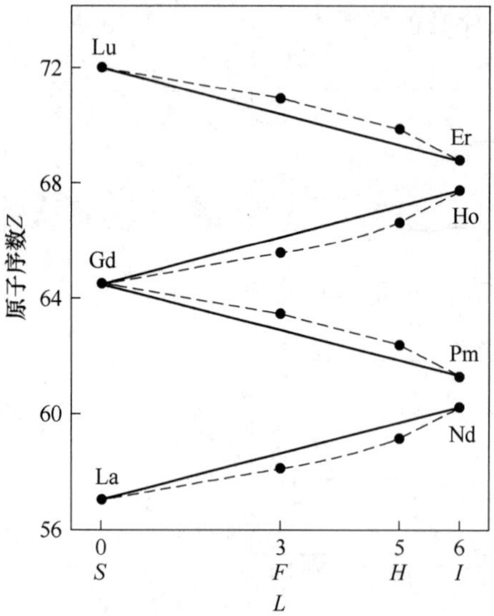

图 7-6 三价镧系离子的基态总轨道角动量量子数 L 与原子序数的关系

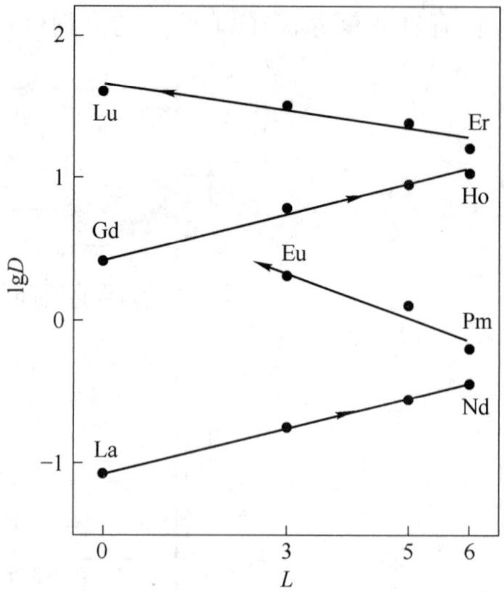

图 7-7 TBP 从 HNO_3 溶液中萃取镧系离子（Ⅲ）的 $\lg D$ 与 L 的关系

（1）分配比与 L 的直线关系。已有大量实例说明，无论是在液-液萃取，离子交换或反相色层的方法中，镧系离子的分配比与其基态 L 值的关系都呈直线函数关系，如图 7-7 ~ 图 7-9 的 $\lg D$ 与 L 的图形所示。不同体系的图形都有四段“斜 W”形状，Gd 并不一定共属于第二和第三段，而往往属于第三段。

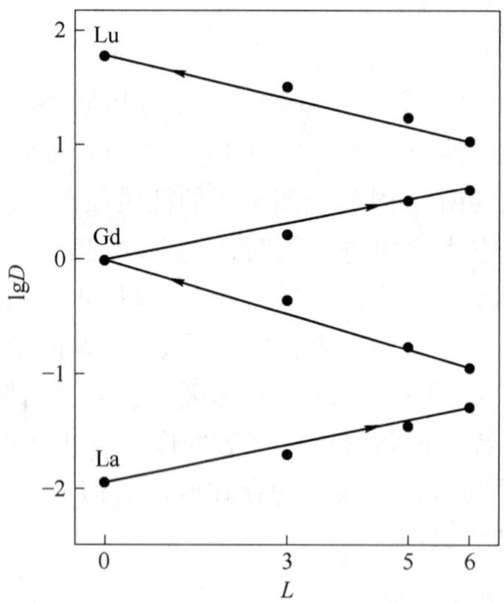

图 7-8 以 α-羟基异丁酸为淋洗剂时的阳离子交换分离镧系离子（Ⅲ）的 $\lg D$ 与 L 的关系

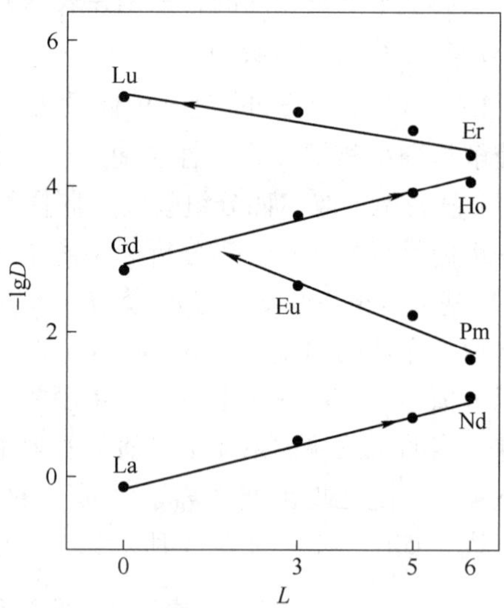

图 7-9 反相色层分离镧系离子(Ⅲ)的 $\lg D$ 与 L 的关系（HEHφP）

（2）生成常数、热焓、熵与 L 值的直线函数关系。镧系配合物的生成常数、热焓、熵等热力学性质与 L 的关系如图 7-10、图 7-11 所示，它们也有类似的“斜 W”图形，虽

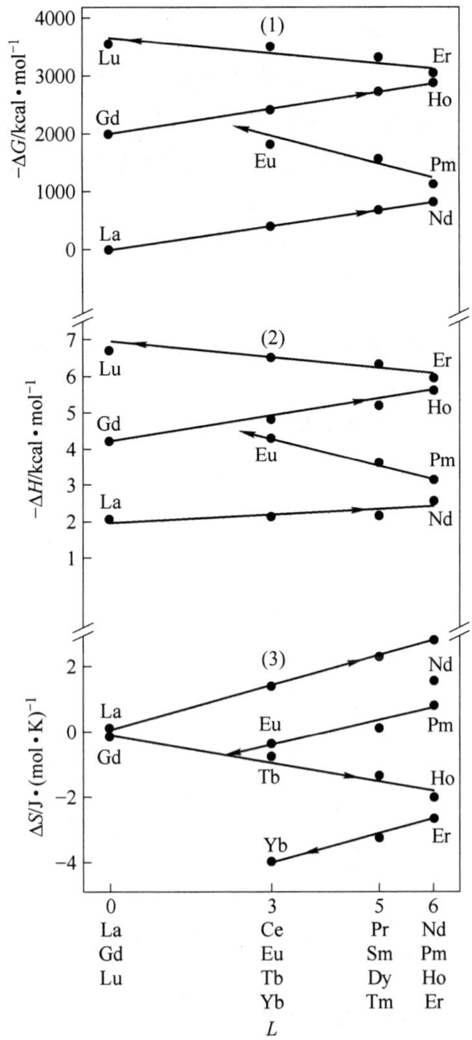

图 7-10 TBP 从 HNO_3 溶液中萃取镧系离子时 ΔG、ΔH、ΔS 与 L 的关系（1cal = 4.184J）

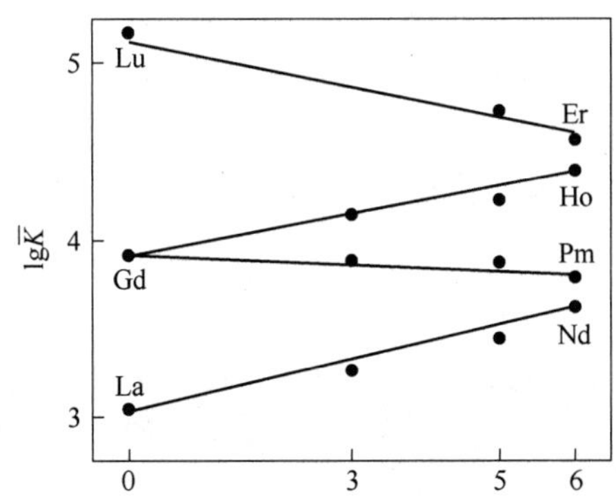

图 7-11 N263-二甲苯溶液从 HNO_3 溶液中萃取镧系离子（Ⅲ）的 $\lg\overline{K}$ 与 L 的关系

有些图形偏离了“斜 W”的形式，但 L 和热力学性质的直线函数关系仍然存在。

表现配合物性质与基态 L 关系的“斜 W 效应”非但在配合物性质上体现出来，而且也反映在镧系元素的其他性质上。例如氧化还原电势、电离能、光谱性质、金属与配位原子间的键的拉伸振动频率以及配合物的晶格常数等性质与 L 的变化关系都有“斜 W”的关系。把这种关系应用在镧系离子的其他价态上也得到了较好的结果。

复习思考题

7-1 稀土元素配位性能与 d 区过渡元素有何差异，Y 与 Sc 的配位性能又有何特点？

7-2 配位数与稀土离子半径、配体性质关系怎样？

7-3 何为钆断现象、四分组效应、双双效应和斜 W 效应？

8 稀土的提取

8.1 提取稀土元素的工业原料及其分类

世界上已知的稀土矿物约有150种之多，而含有稀土元素的矿物有250种以上。在具有工业价值的50～60种稀土矿物中，实际工业应用的矿物却为数不多，约有15种左右。主要有氟碳铈矿-独居石混合型矿、独居石、铈硅石、氟碳铈矿、硅铍钇矿、磷钇矿、褐钇铌矿、褐帘石、铌钇矿、黑稀金矿、钇萤石、氟铈矿、硅钛铈矿、离子吸附型稀土矿等。这些矿物中，大部分矿物还含有百分之几的铀和钍，独居石、方钍石和钍石含量较高。

对常见的稀土矿物，按化学成分，并参照其晶体结构和晶体化学特征，可大致分为五大类：

（1）碳酸盐及氟碳酸盐。含有三角形的碳酸根阴离子基团，如氟碳铈矿、碳锶铈矿等。

（2）磷酸盐及砷酸盐和钒酸盐类。含有孤立的四面体阴离子基团，如独居石、磷钇矿、砷钇矿、钒钇矿等。

（3）氧化物，又可细分为简单和复杂两种类型。简单氧化物类是由单个阴、阳离子组成，阴离子为氧，如方铈石等；复杂氧化物类具有大阳离子、中等大小的及小阳离子的复杂堆积，如褐钇铌矿、黑稀金矿、易解石、铈铌钙钛矿等。

（4）硅酸盐。含有孤立的两两相连的或环状的硅氧四面体基团，如硅铍钇矿、钪钇石、铈硅矿、褐帘石、硅钛铈矿等。

（5）氟化物。由单个阴、阳离子组成，没有阴离子基团，如钇萤石、氟铈矿、氟钙钠钇石等。

稀土矿物中的稀土配分变化较大，若按矿物中稀土的配分不同，可分为两大类：

（1）完全配分型。在这类矿物中，铈组稀土元素和钇组稀土元素含量相差不明显。属于此类矿物的有铈磷灰石、钇萤石等。

（2）选择配分型：

1）富铈组矿物。在这类矿物中，铈组稀土大大超过钇组稀土的含量。如氟碳铈矿-独居石混合型矿、氟碳铈矿、独居石、易解石等。富铈组矿物是目前世界上提取铈组元素的主要工业原料。

2）富钇组矿物。在这类矿物中，钇组稀土含量明显高于铈组稀土含量，如离子吸附型稀土矿、磷钇矿、褐钇铌矿和黑稀金矿等。富钇组矿物是提取钇及钇组元素的主要工业原料。

表8-1列举了主要稀土矿物的大致成分及性状。表8-2列出了几种主要稀土矿物的稀土配分。表8-3列出了世界近年报道的几种稀土矿物的主要配分。

表 8-1 主要稀土精矿的大致成分及性状

矿物名称	化学组成	主要成分/%	颜色	密度 /g·cm^{-3}	硬度	晶型
氟碳铈矿-独居石混合型矿	$REFCO_3$ 与 $CePO_4$ 比例在6∶4~9∶1之间	RE_2O_3 39.11~45.0；ThO_2 0.18~0.23；F 6.11~8.39；Fe_2O_3 11.9~15.44；CaO 7.98~9.93；Ba(Sr)O 8.14~10.48；Nb_2O_5(Ta_2O_5) 0.1~0.125				
独居石	$REPO_4$	RE_2O_3 50~68；富铈组元素，其中 Ce_2O_3 占总稀土的45~55；$P_2O_5$22~31.5；ThO_2 4~12；$U_3O_8$0.1~0.3	红褐色、褐色、黄褐或黄绿色	4.6~5.4	5.0~5.5	单斜晶系
磷钇矿	$REPO_4$	RE_2O_3 约60；富钇组元素，其中 Y_2O_3 占总稀土 52~62；P_2O_5 31.7；UO_2 5.0；Th 约0.2	黄褐、红褐、绿色、黄色或灰白色	4.4~5.1	4.0~5.0	四方晶系
氟碳铈矿	$REFCO_3$	RE_2O_3 约74；富铈组元素，其中 CeO_2 占总稀土的约50；CO_2 19~20.2；Fe 6.0~8.5；ThO_2 0.13~0.17；Nb_2O_5 0.01	蜡黄或红褐色	4.9~5.2	4.0~4.5	三方晶系
氟碳钙铈矿	$Ca(Ce,La)_2\cdot(CO_3)F_2$	RE_2O_3 53~62；富铈组元素，其中 Ce_2O_3 占总稀土约50；CaO 10~12；CO_2 23~24；F 6~7；U、Th 微量	蜡黄、黄褐或褐色	4.2~4.5	4.2~4.0	三方晶系
铈钇矿	$(Ca,Y,Ce,Er)F_{2\sim3}\cdot H_2O$	CeO_2 8~16；Y_2O_3 14~38；CaO 20~33；F 38~42		3.36~3.63	4.0~5.0	CaF_2 与 $\sum YF_3$ 与 $\sum CeF_3$ 形成同型异晶
硅铍钇矿	$Y_2FeBe_2Si_2O_{10}$	RE_2O_3 约50；富钇组元素 $(\sum Y)_2O_3$∶$(\sum Ce)_2O_3$=12∶1~0.75；BeO 9~10；FeO 10~14；SiO_2 23~25；TiO_2 0.3~0.4	黑色或褐绿色	4.0~4.6	6.5~7.0	单斜晶系
褐帘石	$(Ca,Ce)_2\cdot(Al,Fe_3)\cdot Si_3(O\cdot OH)_{13}$	RE_2O_3 约20；富铈组元素，其中 Ce_2O_3 占总稀土55；CaO 10.6；Al_2O_3 17；Fe_2O_3 18；SiO_2 31；$ThO_2$0.25	黑色、褐色或红褐色	3.5~4.2	5.5~6.0	单斜晶系
黑稀金矿	$(Y,U,Th)\cdot(Ti,Nb,Ta)_2O_6$	RE_2O_3 24.8~33.2；富钇组，$(\sum Y)_2O_3$ 占总稀土 60~80；UO_2 11.7；ThO_2 2.4；TiO_2 23；Nb_2O_5 26.7；Ta_2O_5 3.7	黑色或黄褐色	4.9~5.9	5.5~6.5	斜方晶系
褐钇铌矿	$(Y,U,Th)\cdot(Ti,Nb,Ta)O_4$	RE_2O_3 31.36~42.2；富钇组，$(\sum Y)_2O_3$ 占总稀土90以上；Nb_2O_5 2.0~50；Ta_2O_5 0~55；TiO_2 0~6；UO_2 4.0~8.2；ThO_2 0~4.85	黑色、黑褐色或黄褐色	4.5~5.8	5.5~6.5	四方晶系

续表 8-1

矿物名称	化学组成	主要成分/%	颜色	密度 /g·cm^{-3}	硬度	晶型
铌钇矿	$(Y,U,Th)\cdot(Ti,Nb,Ta)_2O_6$	RE_2O_3 9~12;富钇组元素,$(\sum Y)_2O_3$ 总稀土 66;UO_2 4~16;ThO_2 0~4.2;Nb_2O_5 27~47;Ta_2O_5 18~27	黑色、黑褐色、黄色、棕色或红褐色	4.1~5.7	5.0~6.0	斜方晶系
易解石	$(Ce,Th,Y)\cdot(Ti,Nb)_2O_6$	RE_2O_3 18.98~32.36;富铈组元素 $(\sum Ce)_2O_3$ 占稀土总量的 53~90;TiO_2 24.9;ThO_2 约 8.2;UO_2 约 7.2		4.9~5.4	5.0~6.0	斜方晶系
离子吸附型(风化壳淋积型)稀土矿	$[Al_2Si_2O_5(OH)_4]_m\cdot nRE^{3+}$	RE_2O_3 0.03~0.3;有多种类型,主要有:(1)重稀土型:$\sum Y_2O_3$ 占稀土总量40以上;(2)轻稀土型:以 La~Nd 为主;(3)中钇富铕型:Y_2O_3 20~30,Eu_2O_3 0.8~1.0;SiO_2 64~75;Al_2O_3 13~17;K_2O 0.3~5.5;ThO_2 <0.01				

表 8-2 重要稀土矿物的稀土配分 (%)

稀土组分	中国包头矿	中国离子吸附型稀土矿			中国冕宁氟碳铈矿	美国氟碳铈矿	俄罗斯铈铌钙钛矿	澳大利亚独居石	马来西亚磷钇矿
		江西寻乌	江西信丰	江西龙南					
La_2O_3	25.00	38.00	27.56	2.18	31.49	32.00	25.00	23.90	1.26
CeO_2	50.07	3.50	3.23	<1.09	47.69	49.00	50.00	46.30	3.17
Pr_6O_{11}	5.10	7.41	5.62	1.08	4.11	4.40	5.00	5.05	0.50
Nd_2O_3	16.60	30.18	17.55	3.47	12.96	13.50	15.00	17.38	1.61
Sm_2O_3	1.20	5.32	4.54	2.37	1.47	0.50	0.70	2.53	1.16
Eu_2O_3	0.18	0.51	0.93	<0.37	0.26	0.10	0.09	0.05	0.01
Gd_2O_3	0.70	4.21	5.96	5.69	0.66	0.30	0.60	1.49	3.52
Tb_4O_7	<0.1	0.46	0.68	1.13	0.08	0.01	—	0.04	0.92
Dy_2O_3	<0.1	1.77	3.71	7.48	0.22	0.03	0.60	0.69	8.44
Ho_2O_3	<0.1	0.27	0.74	1.60	0.04	0.01	0.70	0.05	2.01
Er_2O_3	<0.1	0.88	2.48	4.26	0.06	0.01	0.80	0.21	6.52
Tm_2O_3	<0.1	0.13	0.27	0.60	0.02	0.02	0.10	0.01	1.14
Yb_2O_3	<0.1	0.62	1.13	3.34	0.05	0.01	0.20	0.12	6.87
Lu_2O_3	<0.1	0.13	0.21	0.47	—	0.01	0.15	0.04	1.00
Y_2O_3	0.43	10.07	24.26	64.97	0.91	0.10	1.30	2.41	61.87

表 8-3 世界近年报道的几种稀土矿配分 (%)

配 分	纳米比亚 Lofdal Dykes	澳大利亚 Mt. Weld	澳大利亚 Nolans	加拿大 Hoidas Lake
La_2O_3	24.4	21.9	20.01	19.8
CeO_2	39	46.4	48.2	45.8
Pr_2O_3	3.9	4.9	5.9	5.8
Nd_2O_3	12.1	17.3	21.5	21.9
Sm_2O_3	2.1	2.5	2.41	2.9
Eu_2O_3	0.7	0.6	0.41	0.6
Gd_2O_3	2.4	1.7	1.01	1.3
Tb_4O_7	0.4	0.2	0.08	0.1
Dy_2O_3	1.9	0.9	0.37	0.4
$Ho_2O_3 \sim Lu_2O_3$	2.4	0.5	0.11	0.2
Y_2O_3	10.8	3.1	0.03	1.3

我国稀土矿物种类众多，提取稀土的工业原料以氟碳铈矿-独居石混合型稀土矿、离子吸附型稀土矿、氟碳铈矿及海滨砂最为重要。

(1) 氟碳铈矿-独居石混合型矿。该矿是氟碳铈矿和独居石的混合型矿物，产于内蒙古白云鄂博，发现于20世纪50年代初，堪称世界第一大稀土矿。稀土的化学成分为氟碳酸盐和磷酸盐。该矿轻稀土所占稀土总量比重较大，质量分数约为98%，其中Ce约占50%，中、重稀土仅占2%左右。该矿除富含稀土元素外，还含有Nb、Fe、Mn等有价元素，为多金属共生矿床矿物，具有重要的综合利用价值。

(2) 离子吸附型稀土矿。离子吸附型稀土矿又称风化壳淋积型稀土矿，20世纪60年代末发现于赣州龙南足洞，尔后相继在福建、湖南、广东、广西等地区均有发现，但以江西比较集中、量大。离子吸附型稀土矿是一种独特的新型稀土矿床，稀土以离子或水合离子状态被风化的高岭土等硅铝酸盐矿物所吸附。一般分为高钇重稀土矿（以龙南矿为代表）、中钇富铕型稀土矿（以信丰矿为代表）、轻稀土型矿（以寻乌矿为代表）。重稀土矿是我国乃至世界重稀土生产的重要工业原料。离子吸附型稀土矿的稀土元素的配分见表8-2。该矿具有放射性元素含量低、开采容易、提取稀土工艺简便、成本低、产品质量好等特点。

(3) 氟碳铈矿。氟碳铈矿为铈氟碳酸盐矿物，常和一些含稀土元素的矿物生在一起，如褐帘石、硅铈石、氟铈矿等。而氟碳铈矿往往就是氟铈矿发生蚀变后形成的。国内氟碳铈矿主要产于四川凉山和山东微山。

凉山（主要分布于冕宁和德昌县）的稀土矿发现、开发、利用始于20世纪80年代初，除氟碳铈矿外，还伴生有重晶石、萤石等矿物，其中80%的稀土集中在氟碳铈矿内。原矿中平均含稀土4.29%，矿物粒度粗，P、Fe、Ca杂质含量低，属易选的稀土矿。

微山稀土矿发现于20世纪70年代初，主要矿物为氟碳铈矿，还有少量的氟碳铈钙矿、石英、重晶石等矿物。原矿品位3.5%～5%，采用地下坑采。稀土矿物粒度粗，有害杂质含量低，可选性能好，La、Ce、Pr、Nd含量之和占稀土总量的98%。

（4）海滨砂矿。在滨海的砂层中，常蕴藏着大量的金刚石、砂金、砂铂、石英以及金红石、锆石、独居石、钛铁矿等稀有矿物。因它们在滨海地带富集成矿，所以称“海滨砂矿”。我国的海滨砂矿较为丰富，分布在南海大部分海岸线及海南岛、台湾岛的海岸线，其中独居石和磷钇矿可作为钛铁矿和锆英石的副产品加以回收利用，品位1%~3%。

8.2 稀土元素提取概况

稀土矿物中的稀土，一般呈难溶于水的碳酸盐、氟化物、磷酸盐、氧化物或硅酸盐等形态，必须通过各种化学反应将稀土转化为溶于水或无机酸的化合物，经过溶解、分离、净化、浓缩或灼烧等工序，制成各种混合稀土化合物（如混合稀土氯化物），作为产品或分离单一稀土的原料。

从稀土精矿中提取稀土元素的工艺要根据矿物的基本物理化学性质、矿物的组成和工业产品的要求来定，主要包括三个阶段：精矿的分解、化合物的分离和净化、稀土金属的制备。

8.2.1 精矿的分解

利用化学试剂与精矿作用，将矿物的化学结构破坏，使稀土元素从伴生的其他元素的基岩中分离出来，将它们富集在溶液或沉淀中，与伴生元素得到初步的分离，这个过程称之为精矿的分解。分为火法分解和湿法分解。

8.2.1.1 火法分解

氟碳铈矿的碳酸钠焙烧法用碳酸钠与精矿在600~700℃下进行反应：

$$2REFCO_3 + Na_2CO_3 \longrightarrow RE_2(CO_3)_3 + 2NaF$$

$$RE_2(CO_3)_3 \longrightarrow RE_2O_3 + 3CO_2$$

使稀土变为可溶于酸的氧化物而被浸出。

氟碳铈矿（或独居石）的氯化法可使在低温下不能进行的分解反应或反应速度较慢的在高温下进行反应，以使精矿分解。精矿和 Cl_2 一般要在还原剂（如C）存在下进行反应：

$$RE_2O_3 + 3C + 3Cl_2 \longrightarrow 2RECl_3 + 3CO$$

$$2CeO_2 + 4C + 3Cl_2 \longrightarrow 2CeCl_3 + 4CO$$

或

$$REPO_4 + 3C + 3Cl_2 \longrightarrow RECl_3 + POCl_3 + 3CO$$

$$REPO_4 + 3CO + 3Cl_2 \longrightarrow RECl_3 + POCl_3 + 3CO_2$$

矿中的稀土转变为氯化物。由于 $RECl_3$ 和杂质氯化物的蒸气压或沸点不同而得到初步分离。

8.2.1.2 湿法分解

利用试剂在水溶液中与精矿作用而使矿物分解的，有酸法和碱法分解，如：

（1）独居石的氢氧化钠溶液分解，以浓 NaOH 溶液在135~140℃下与精矿反应：

$$REPO_4 + 3NaOH \longrightarrow RE(OH)_3 + Na_3PO_4$$

使稀土留在固相中，磷进入溶液。

（2）独居石的硫酸分解，在 230～250℃下，以浓 H_2SO_4 与精矿作用而分解。

8.2.2　化合物的分离和净化

化合物的分离和净化主要包括稀土与非稀土杂质的分离和稀土元素间相互分离两个方面。

稀土与非稀土元素的分离方法有：

（1）利用稀土硫酸复盐的难溶性使之与铁、磷等杂质元素分离。

（2）利用稀土草酸盐的难溶性使之与可溶性的非稀土元素的分离。

（3）利用萃取法，把稀土从杂质元素中分离出来。

（4）利用稀土和非稀土杂质的化学溶解性，把杂质从稀土元素中分离出来，如利用氢氧化稀土和氢氧化铝、氢氧化铁的 K_{SP} 的差异，调节 pH 值使其分离。

稀土元素之间的相互分离是利用稀土元素本身的性质差异而进行分离，目前主要采用如下方法：

（1）采用溶剂萃取法进行稀土元素分组，把镧、铈、钆、镥、钇等元素从稀土元素中分离。

（2）离子交换法可以进行稀土元素的全分离。

（3）高、低价化合物的分离，利用铈或铕等元素的高价或低价化合物与三价稀土化合物的性质差异而进行分离。

8.2.3　稀土金属的制备

由混合稀土化合物或单一稀土化合物制备稀土金属的方法主要有金属热还原法和熔盐电解法。轻稀土元素多采用熔盐电解法，重稀土元素则以金属热还原法为主。

以上各阶段除稀土金属的制备见第 3 章外，其他阶段详细情况见以下章节。

8.3　稀土矿物的分解

8.3.1　氟碳铈矿-独居石混合型矿

氟碳铈矿-独居石混合型矿是我国特有的一种复合型稀土矿物。由于含有高温下十分稳定的稀土磷酸盐矿物（独居石），常温下难以用酸分解，其分解方法目前仅限于浓硫酸高温焙烧和氢氧化钠溶液分解两种，其中 90% 以上的混合型矿由浓硫酸高温焙烧处理。

8.3.1.1　浓硫酸高温焙烧分解法

浓硫酸高温强化焙烧法是将稀土精矿在回转窑内用浓硫酸进行高温分解，使精矿中的铁、锰、钙、钡等转化为难溶性硫酸盐物质，磷、钍生产难溶性的焦磷酸盐，焙烧后的固体料经水浸除去杂质，得到纯净的稀土硫酸盐溶液，再经有机溶剂萃取和盐酸反萃，得到混合氯化稀土溶液。浓缩结晶，可得混合氯化稀土；或直接进行分组分离，制取单一稀土化合物。

A　焙烧过程的分解反应

浓硫酸与混合型稀土精矿在加热的过程中，将首先发生如下一些反应：

$$2REFCO_3 + 3H_2SO_4 \longrightarrow RE_2(SO_4)_3 + 2HF\uparrow + 2CO_2\uparrow + 2H_2O\uparrow$$
$$2REPO_4 + 3H_2SO_4 \longrightarrow RE_2(SO_4)_3 + 2H_3PO_4$$
$$CaF_2 + H_2SO_4 \longrightarrow CaSO_4 + 2HF\uparrow$$
$$Fe_2O_3 + 3H_2SO_4 \longrightarrow Fe_2(SO_4)_3 + 3H_2O\uparrow$$

反应产物 HF 与矿物中的 SiO_2 反应，并存在磷酸脱水变成焦磷酸，焦磷酸与硫酸钍作用生成难溶的焦磷酸钍的反应：

$$SiO_2 + 4HF \longrightarrow SiF_4\uparrow + 2H_2O\uparrow$$
$$2H_3PO_4 \longrightarrow H_4P_2O_7 + H_2O\uparrow$$
$$Th(SO_4)_2 + H_4P_2O_7 \longrightarrow ThP_2O_7 + 2H_2SO_4$$

生成焦磷酸钍的反应趋势随着温度的增加而增强，当焙烧温度超过 200℃时，ThP_2O_7 的生成量明显增加。随着温度的继续增加，将发生以下一些反应：

$$H_2SO_4 \longrightarrow SO_3\uparrow + H_2O\uparrow$$
$$Fe_2(SO_4)_3 \longrightarrow Fe_2O(SO_4)_2 + SO_3\uparrow$$
$$H_4P_2O_7 \longrightarrow 2HPO_3 + H_2O$$
$$Fe_2O(SO_4)_2 \longrightarrow Fe_2O_3 + 2SO_3\uparrow$$

当焙烧温度超过 1000℃时，硫酸稀土进一步分解成碱式硫酸稀土或氧化稀土：

$$RE_2(SO_4)_3 \longrightarrow RE_2O(SO_4)_2 + SO_3\uparrow$$
$$RE_2O(SO_4)_2 \longrightarrow RE_2O_3 + 2SO_3\uparrow$$

由上述反应可以得出：

（1）精矿中的氟碳铈矿、独居石、萤石、铁矿石、硅石等主要成分在 300℃以下即可被硫酸分解，稀土矿物转化成可溶性的硫酸盐，这有利于在浸出过程中回收稀土。

（2）以磷酸盐存在的钍（$Th_3(PO_4)_4$）在 300℃以下首先被硫酸分解成可溶性的硫酸盐，而后硫酸盐与 H_3PO_4 的分解产物焦磷酸和偏磷酸发生反应生成难溶性的 ThP_2O_7 和 $Th(PO_3)_4$。当焙烧温度高于 250℃以上时，硫酸钍生成难溶性化合物的反应趋势增加，在浸出时留于浸出渣的量增加；反之，在 200℃以下时，硫酸钍生成难溶性化合物的反应趋势减小，浸出时随稀土进入溶液的量增加。在工业生产中应根据焙烧产物中钍存在的化学形态及溶解性来确定工艺路线。为防止钍的放射性带来的危害，生产中希望在精矿分解后的第一步浸出工序将钍分离并回收。

（3）提高焙烧温度有利于稀土矿物的分解，但是过高的温度（800℃以上）会使稀土硫酸盐转成碱式硫酸稀土，甚至氧化稀土，将降低稀土的浸出率，这对稀土回收不利。

B 稀土的浸出和净化

采用高温强化焙烧方法时，焙烧产物中钍、钙、铁、磷等杂质均以难溶性的化合物存在，浸出时留于渣中，便于同稀土分离，可使浸出液净化过程简单化。后期则用 MgO 中和余酸及加入 $FeCl_3$ 的方法除去浸出液中少量的磷、铁和钍。

高温硫酸焙烧混合稀土精矿及前处理工艺流程如图 8-1 所示。

（1）浸出。焙烧产物中的稀土已经转变为可溶性的硫酸盐，产物中还含有少量的残余硫酸，浸出时一般不需要加入硫酸，可以直接用水浸出。因为稀土硫酸盐在水中溶解度较低，对于混合铈组稀土，产物中 REO 仅为 40g/L，而且随着温度升高而减小，所以在浸出时，为了保证稀土浸出完全，应有较大的液固比，同时将温度控制在尽可能低。焙烧

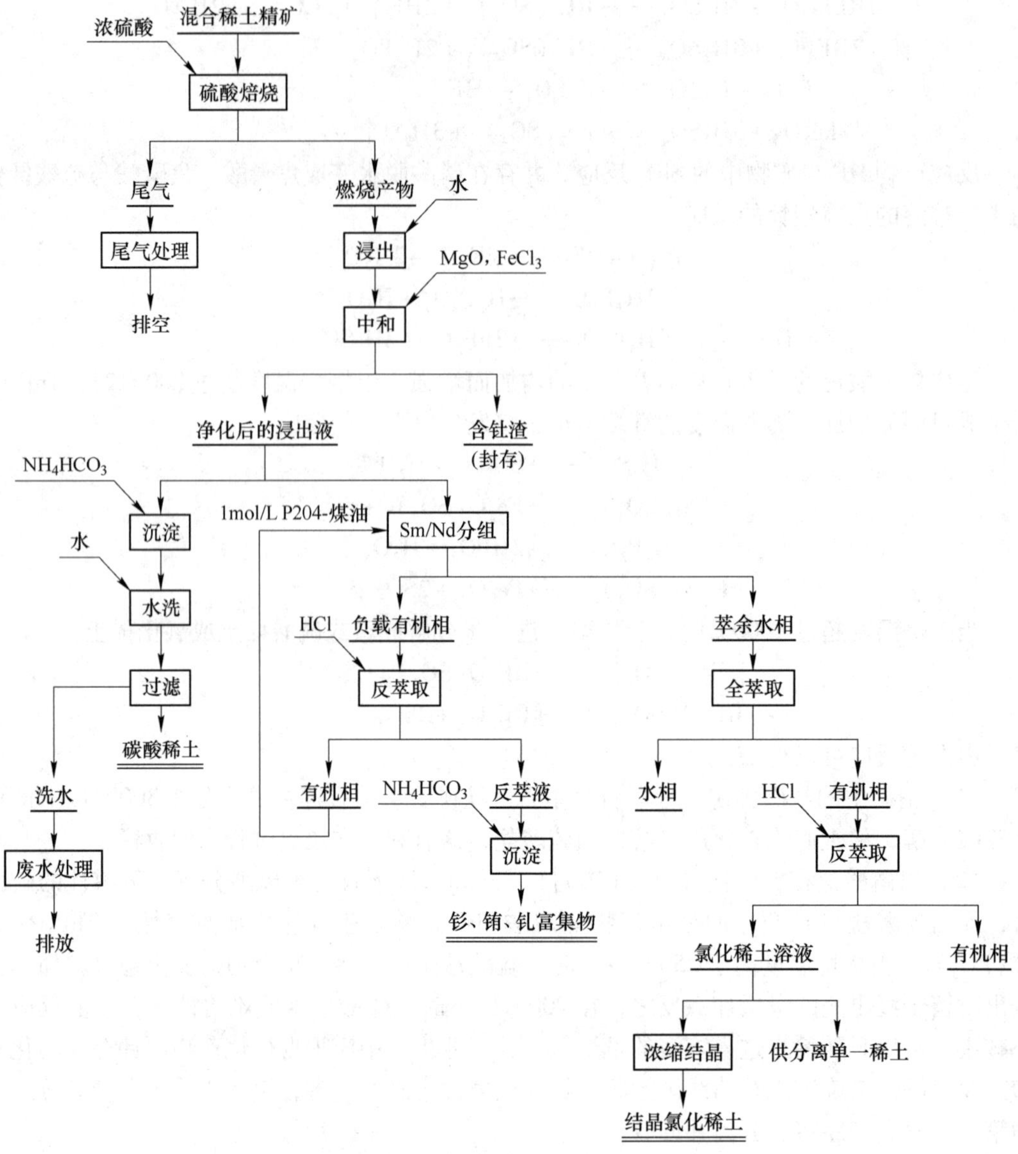

图 8-1 高温硫酸焙烧混合稀土精矿及前处理原则工艺流程

产物出窑后不宜长时间存放，否则将生成溶解速度较慢的含水盐。通常的做法是，将焙烧料直接加水调成浆状，然后经泵打入浸出槽，按固液比 1：(10～15) 搅拌浸出。

(2) 浸出液净化。经高温焙烧的稀土精矿，在浸出时可以除去大部分难溶性的非稀土杂质。为保证稀土的充分浸出，一般控制浸出酸度 0.2mol/L 左右，此条件下稀土的浸出率可达到 95% 以上。但由于浸出酸度过高，浸出液中仍含有少量的 Ca、Fe、P、Si、Al、Ti 和微量 Th，影响后续的萃取分离工艺的进行及混合氯化稀土和碳酸稀土的产品质量。溶液净化方法如下：

1) 在浸出液中加入 $FeCl_3$ 调整 Fe/P = 2～3，使磷生成 $FePO_4$ 沉淀：

$$FeCl_3 + H_3PO_4 \longrightarrow FePO_4 + 3HCl\uparrow$$

2）浸出液中加入 MgO 调整 pH 值为 4.0 ~ 4.5，使浸出液中的 $Fe_2(SO_4)_3$ 和 $Th(SO_4)_2$ 水解成氢氧化物沉淀：

$$Fe_2(SO_4)_3 + 6MgO + 3H_2SO_4 \longrightarrow 2Fe(OH)_3 + 6MgSO_4$$

$$Th(SO_4)_2 + 4MgO + 2H_2SO_4 \longrightarrow Th(OH)_4 + 4MgSO_4$$

浸出液中还含有硅酸和微粒微小的硫酸钙，使过滤和洗涤操作困难，可加入少量的聚丙烯酰胺凝聚剂，促使胶体凝聚，增加过滤速度。

制得纯净的硫酸稀土溶液一般含 RE_2O_3 40g/L、Fe 0.03 ~ 0.05g/L、P 约 0.005g/L、Th < 0.001g/L。可用此溶液生产氯化稀土。

C　由浸出液制备混合稀土产品

净化后的浸出液可以作为稀土分离的原料进入萃取车间逐一分离单一稀土。根据需要也可以制备成结晶混合氯化稀土或混合碳酸稀土。

a　制备结晶氯化稀土

由硫酸稀土溶液制备出结晶氯化稀土，首先将硫酸稀土转化为氯化稀土溶液。转化的方法总体上有固体沉淀-盐酸溶解和溶剂萃取-盐酸反萃两类，后者具有与前工艺衔接方便和进一步净化稀土溶液及生产成本低的优点，是我国在 20 世纪 80 年代稀土提取流程的一次重大革新。

溶剂萃取转型采用羧酸类（环烷酸、脂肪酸）萃取剂，预先用氨皂化，然后直接从硫酸稀土溶液中萃取稀土离子，稀土负载有机相用 6mol/L HCl 溶液反萃稀土，制得氯化稀土溶液。萃余液 pH 值为 7.5 ~ 8.0，含 RE_2O_3 10mg/L 左右，稀土萃取率超过 99%。盐酸反萃液含 RE_2O_3 250 ~ 270g/L，含游离酸 0.1 ~ 0.3mol/L，经蒸发后 REO 浓缩至 450g/L 左右，冷却可得到结晶 $RECl_3 \cdot nH_2O$ 产品。生产上为了提高蒸发的速度，通常采用减压浓缩的方式。利用水流喷射器将蒸发罐内的真空度保持在 6×10^4Pa 时，稀土氯化物溶液的沸点可降到 14℃左右。氯化稀土的主要成分（质量分数,%）为：RE_2O_3 约 46、Fe 0.01，P 0.003，Th 0.0002，SO_4^{2-} < 0.01，Ca 1.25，NH_4^+ 1 ~ 2。

b　制备碳酸稀土

向含 REO 为 40 ~ 60g/L 的浸出液中加入碳酸氢铵（固液均可）产生碳酸稀土沉淀。沉淀出的碳酸稀土用水除去吸附的硫酸盐，过滤后制备出 $RE_2(CO_3)_3 \cdot nH_2O$ 产品。

8.3.1.2　氢氧化钠分解法

氟碳铈矿-独居石混合型矿也可以采用氢氧化钠溶液分解法处理，其工艺流程如图 8-2 所示。

由于精矿中含氟高于独居石，对碱分解设备腐蚀严重，如仍然用独居石分解所用的蒸气夹套加热，设备寿命短，运行极不安全，故生产中用直接加热物料的方式操作。某工厂在钢制的分解槽中插入三根电极，使电流通过精矿和氢氧化钠混合物，利用物料本身的电阻发热，分解精矿，此方法称为电场分解。与夹套加热相比，具有精矿分解率高、能耗低、碱耗低等优点。混合稀土精矿另一特点是含钙比独居石高，直接氢氧化钠分解稀土收率很低，必须在分解前先除钙。

（1）盐酸浸泡除钙。混合型精矿中以萤石（CaF_2）、白云石（$CaCO_3$、$MgCO_3$）、方解石（$CaCO_3$）形态存在的 CaO 大约为 7%，在碱分解中，萤石难以被分解，而其他钙矿

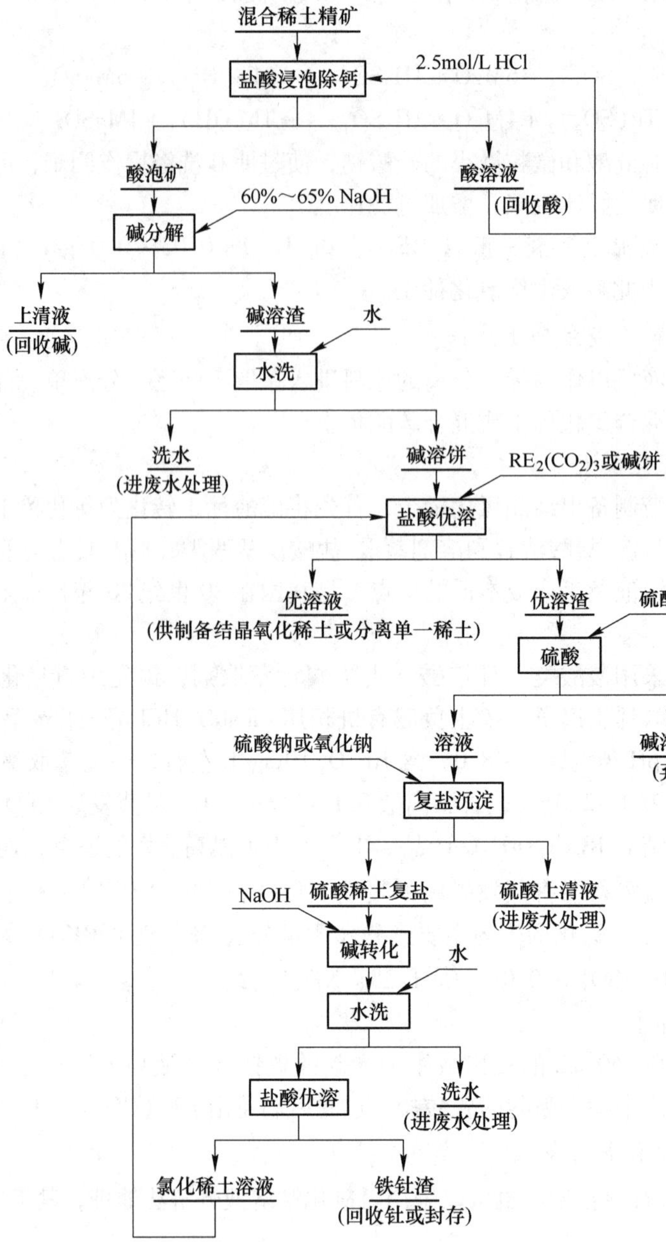

图 8-2 氢氧化钠分解混合稀土精矿原则工艺流程

物的分解产物氢氧化钙易与碱液中的磷酸三钠作用生产难溶的磷酸钙。碱分解后，部分钙以氟化钙和磷酸钙的形式同稀土氢氧化物一起进入酸溶工序。在酸溶工序中，CaF_2、$Ca_3(PO_4)_2$ 被盐酸分解，溶液中出现的 HF 和 H_3PO_4 使 RE^{3+} 生成 REF_3 和 $REPO_4$ 沉淀于渣中，造成稀土损失。

在碱分解前用盐酸先将钙去除可以有效地避免稀土损失。盐酸浸泡除钙过程中稀土矿物的化学形态基本上没有发生变化，因此这一方法也被称为化学选矿除钙。

盐酸浸泡除混合型精矿中钙的化学反应如下：

$$CaF_2 + 2HCl \longrightarrow CaCl_2 + 2HF\uparrow$$

$$3REFCO_3 + 6HCl \longrightarrow 2RECl_3 + REF_3\downarrow + 3H_2O + 3CO_2$$

$$CaCO_3 + 2HCl \longrightarrow CaCl_2 + H_2O + CO_2\uparrow$$

$$RECl_3 + 3HF \longrightarrow REF_3\downarrow + 3HCl$$

被溶解的稀土与溶液中的氢氟酸反应，生成氟化稀土而沉淀在未分解的稀土矿物中。由于 REF_3 的溶度积（$K_{sp}=8\times10^{-16}$）小于 CaF_2 的（$K_{sp}=2.7\times10^{-11}$），因此上述化学反应不断进行。钙的去除率可以达到90%以上，同时稀土的损失量不大（2% ~4%）。除钙后，精矿的稀土品位由50% ~60%上升到60% ~70%，钙小于1%。

（2）氢氧化钠分解。盐酸浸泡除钙后的稀土精矿在60% ~65%的氢氧化钠的溶液中，用三相交流电极加热至160 ~165℃，稀土、钍、酸浸泡过程中未分解的萤石将发生如下反应：

$$REFCO_3 + 3NaOH \longrightarrow RE(OH)_3\downarrow + Na_2CO_3 + NaF$$

$$REPO_4 + 3NaOH \longrightarrow RE(OH)_3\downarrow + Na_3PO_4$$

$$Th_3(PO_4)_4 + 12NaOH \longrightarrow 3Th(OH)_4\downarrow + 4Na_3PO_4$$

$$CaF_2 + 2NaOH \longrightarrow Ca(OH)_2\downarrow + 2NaF$$

$$3Ca(OH)_2 + 2Na_3PO_4 \longrightarrow Ca_3(PO_4)_2\downarrow + 6NaOH$$

与此同时，精矿中的铁、钡等杂质与NaOH反应生成相应的氢氧化物。

碱分解过程中，铈的三价氢氧化物将进一步被氧化为四价氢氧化物，其化学反应式如下：

$$4Ce(OH)_3 + 2H_2O + O_2 \longrightarrow 4Ce(OH)_4$$

分解完成后，沉淀物（碱饼）中除了 $RE(OH)_3$、$Th(OH)_4$、$Ca(OH)_2$、$Fe(OH)_3$ 等难溶性的物质外，还存在过量的NaOH及分解产物NaF、Na_3PO_4 可溶性盐。工业生产中按照固液比1：(10 ~12)，用60 ~70℃水洗涤沉淀物6 ~7次，洗至水pH值为8 ~9，除去可溶性盐，使氢氧化稀土得到初步的净化。分解后的废碱液，仍含有较多的NaOH，需进一步回收利用。

（3）盐酸优溶。经过洗涤的沉淀物（碱饼）加盐酸溶解，使得氢氧化稀土转化为氯化物进入溶液与未分解的矿物及不溶性的杂质分离。与氢氧化稀土同时溶解的还有 $Th(OH)_4$、$Fe(OH)_3$ 和 $Fe(OH)_2$，其化学反应如下：

$$RE(OH)_3 + 3HCl \longrightarrow RECl_3 + 3H_2O$$

$$2Ce(OH)_4 + 8HCl \longrightarrow 2CeCl_3 + 8H_2O + Cl_2$$

$$Th(OH)_4 + 4HCl \longrightarrow ThCl_4 + 4H_2O$$

$$Ca(OH)_2 + 2HCl \longrightarrow CaCl_2 + 2H_2O$$

$$Fe(OH)_2 + 2HCl \longrightarrow FeCl_2 + 2H_2O$$

$$Fe(OH)_3 + 3HCl \longrightarrow FeCl_3 + 3H_2O$$

酸溶后溶液的稀土浓度一般控制在REO =200 ~300g/L，溶液的酸度在pH值为1 ~2。

（4）氯化稀土溶液的净化。酸溶得到的氯化稀土溶液还有 Th^{4+}、Fe^{3+}、Fe^{2+}，基于溶解度和水解pH值的差别，可一一除去。

（5）从优溶渣中回收稀土。优溶渣中尚含有未溶解的精矿和 Th、Fe 等杂质，稀土含量大于 10%，一般采取硫酸全溶解的方法回收稀土。其主要溶解方法如下：

$$2REPO_4 + 3H_2SO_4 \longrightarrow RE_2(SO_4)_3 + 2H_3PO_4$$

$$2REF_3 + 3H_2SO_4 \longrightarrow RE_2(SO_4)_3 + 6HF$$

$$Th(OH)_4 + 2H_2SO_4 \longrightarrow Th(SO_4)_2 + 4H_2O$$

$$2Fe(OH)_3 + 3H_2SO_4 \longrightarrow Fe_2(SO_4)_3 + 4H_2O$$

硫酸溶出的溶液，经硫酸复盐沉淀分离 Fe 等杂质。稀土和钍的硫酸复盐用 NaOH 溶液在 90℃下转化为氢氧化物，而后再经盐酸优溶工序分离稀土和钍。

8.3.2　氟碳铈矿

氟碳铈矿是稀土碳酸盐和氟化物的复合化合物，以轻稀土为主。氟碳铈矿在空气中 400℃以上可分解成稀土氧化物和氟氧化物，在常温下盐酸、硫酸、硝酸溶液可以溶解氟碳铈矿种的碳酸盐。氟碳铈矿易于分解，提取稀土工艺灵活多样，至少有氧化焙烧—盐酸优溶—硫酸浸出法、盐酸—氢氧化钠二步分解法、氧化焙烧—稀硫酸浸出—复盐沉淀、烧碱分解、氧化焙烧—稀硫酸浸出—萃取分离、纯碱焙烧—稀盐酸（稀硝酸）浸出等十种流程。这些工艺按矿物的分解方式可以分为碱分解（包括酸碱联合法）工艺和氧化焙烧两大类。我国氟碳铈矿产地主要是四川省，生产中所采用的方法以氧化焙烧为主。氟碳铈矿在氧化焙烧过程中，分解放出 CO_2，生成稀土氧化物和氟氧化物，三价铈被氧化为四价，难溶的氟碳铈矿转变成可溶性产物。盐酸浸出过程中可以利用三价稀土和四价铈的性质差别而将铈作为氟化物和氧化物富集于渣中，富铈渣中的 CeO_2/RE_2O_3 可达到 85%～90%。以下着重介绍氧化焙烧—盐酸优溶—硫酸浸出法和盐酸—氢氧化钠二步分解法。

8.3.2.1　氧化焙烧—盐酸优溶—硫酸浸出法

图 8-3 所示为氧化焙烧—稀盐酸优溶—硫酸浸出工艺流程。

氟碳铈矿在 390～421℃开始分解，510℃时完全分解，分解反应为：

$$REFCO_3(CeFCO_3) \longrightarrow REOF(CeOF) + CO_2\uparrow$$

由于在敞开式的回转窑中进行，空气中的氧进一步同 CeOF 反应，将三价铈部分氧化：

$$6CeOF + O_2 \longrightarrow 2Ce_3O_4F_3(4CeO_2\cdot CeF_3)$$

当空气中的水分含量较高时，还存在 REOF(CeOF) 的脱除氟反应，同时三价氧化铈又有部分被氧化，这一反应随着温度的升高而增加：

$$2REOF(2CeOF) + H_2O \longrightarrow RE_2O_3(Ce_2O_3) + 2HF\uparrow$$

$$3Ce_2O_3 + O_2 \longrightarrow Ce_6O_{11}(4CeO_2\cdot Ce_2O_3)$$

焙烧和浸出实验表明，焙烧温度越高，铈的氧化率越高，这对利用四价铈和三价稀土之间的化学性质差异是有利的；但稀土的浸出率在焙烧温度超过 500℃后，随温度的升高而降低。因此，实际生产中应选择适当的焙烧温度，兼顾稀土浸出率和铈的氧化率。

焙烧产物中的 CeO_2 难溶于稀盐酸，控制条件，可使非铈稀土（包括三价铈）进入溶液中，CeO_2 留在渣中。因为此过程中优先浸出的是非铈稀土，这种方法也常称为“优溶”。

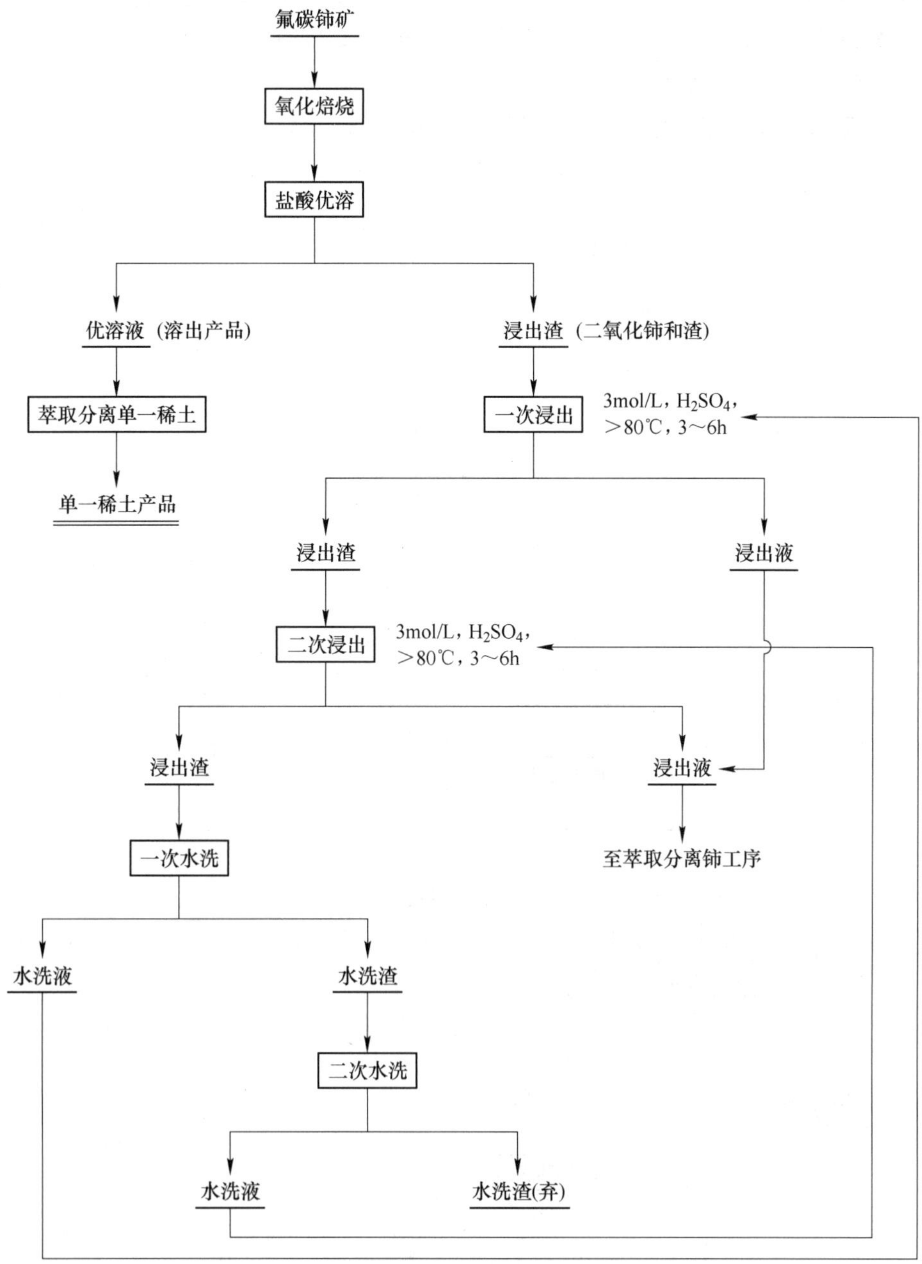

图 8-3 从焙烧产物中盐酸优溶—硫酸浸出回收稀土工艺流程

在优溶中，由于盐酸不断消耗，溶液的 pH 值不断升高，影响浸出，须缓慢补加盐酸。铈产品的纯度与浸出酸度有关，pH 值越小纯度越高，但是铈的回收率减小。盐酸溶解时，Cl^- 具有很强的还原性，可以将 Ce^{4+} 还原为 Ce^{3+} 而溶入浸出液中，影响铈的回收率，这一反应在高温和高酸度下更为明显。

用硫酸两次浸出的目的是获得更高的稀土回收率。由于硫酸浸出液的酸度较高，焙烧产物中的铁和钍与稀土一同进入溶液。用碳酸氢铵沉淀法制取铈产品时，应首先将 Ce^{4+}

还原为 Ce^{3+}，再将 pH 值调整到 4.0～4.5，除去 Fe 和 Th。硫酸浸出液直接用萃取法提取铈可以得到纯度较高的铈产品（CeO_2/REO≥99.99%），并且可以同时回收 Th。

8.3.2.2　盐酸—氢氧化钠二步分解法

先用盐酸溶解除去精矿中的方解石等非稀土碳酸盐矿物，再按图 8-4 所示流程处理氟碳铈矿。

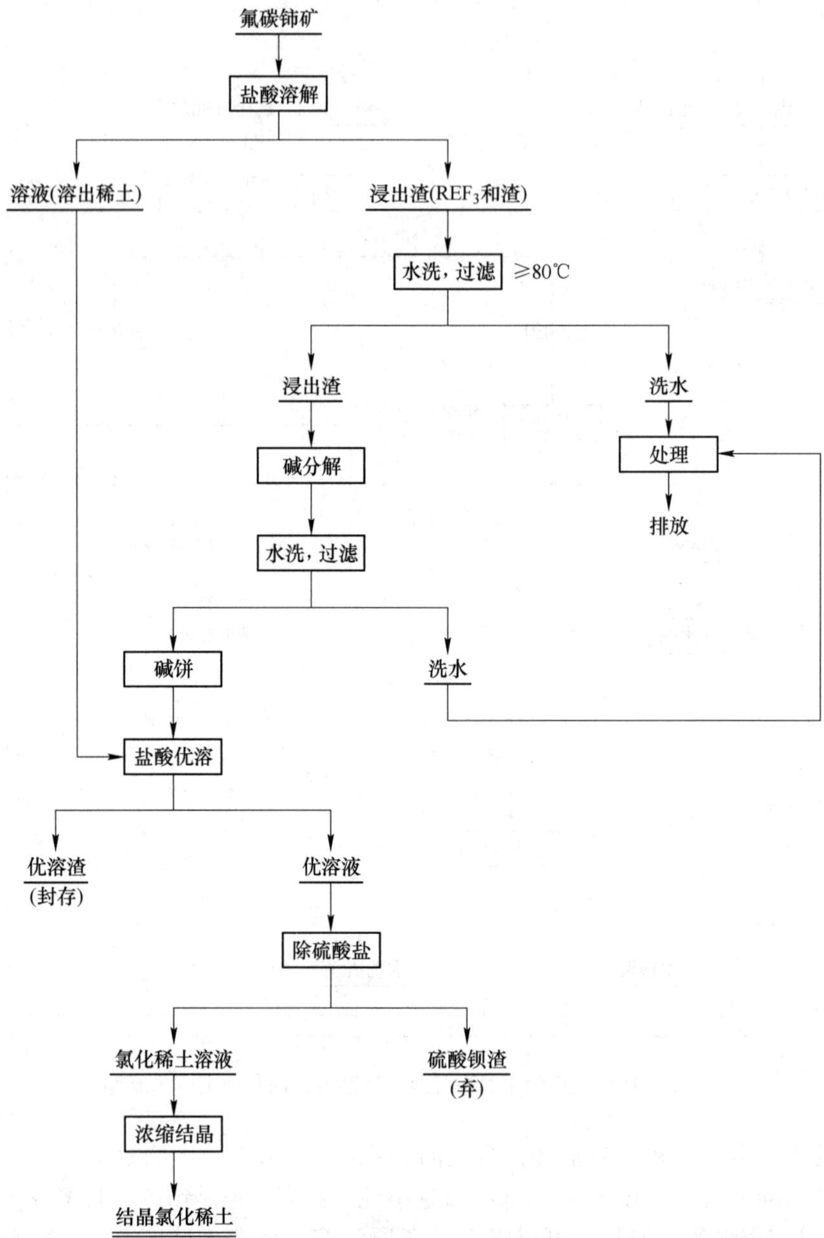

图 8-4　盐酸—氢氧化钠二步分解氟碳铈矿流程

首先用盐酸分解矿物，使矿物中的碳酸盐溶解，分解后 REF_3 进入渣中，水洗涤后，

再用碱分解 REF_3，使其转化为稀土的氢氧化物。

$$3REFCO_3 + 6HCl \longrightarrow 2RECl_3 + REF_3 \downarrow + 3H_2O + 3CO_2 \uparrow$$

$$REF_3 + 3NaOH \longrightarrow RE(OH)_3 + 3NaF$$

碱分解得到的氢氧化物经水洗去 NaF 和过剩的碱，再用盐酸优溶稀土，除去杂质后，经浓缩结晶可以得到氯化稀土产品。除杂后的氯化稀土溶液也可以用于萃取分离单一稀土化合物。

盐酸—氢氧化钠二步法分解工艺简单，无需转换稀土的物质形态可直接制取混合氯化稀土产品，工艺过程碱消耗低，废渣量小；缺点是浓盐酸分解时，温度高、时间长、酸雾大、易腐蚀设备。

8.3.3 离子吸附型稀土矿

8.3.3.1 浸矿的基本原理

离子吸附型稀土矿（又称风化壳淋积型稀土矿）中的稀土大都呈水合或者羟基水合阳离子赋存于风化的高岭石等硅铝酸盐矿物上，其空间分布呈规律性变化。稀土在这些矿物上的吸附可表示为：吸附稀土的高岭石：$[Al_2Si_2O_5(OH)_4]_m \cdot nRE^{3+}$；吸附稀土的多水高岭石：$[Al(OH)_6Si_2O_3(OH)_3]_m \cdot nRE^{3+}$；吸附稀土的白云母：$[KAl_2(AlSi_3O_{12})(OH)_2]_m \cdot nRE^{3+}$。

离子吸附型稀土矿原矿的全相稀土品位一般为 0.03%～0.3%，其中 75%～95% 的稀土元素是以离子相的形态存在，并吸附于黏土矿物上，而余下部分的稀土元素则以水溶相、胶态相、矿物相的形式存在。同时，该类稀土矿物粒度极细，60% 左右的矿粒都小于 0.83mm；约 85% 以上的稀土赋存于粒度小于 1.7mm 的矿粒中。采用常规的物理选矿法无法使稀土富集为相应的稀土精矿，根据离子吸附型稀土矿以离子相稀土为主的特点，我国科技工作者提出了采用电解质离子交换的方法渗滤浸出稀土，即采用电解质溶液直接渗浸的方法，将矿中的离子形态稀土淋洗下来，从而得到稀土溶液。

当电解质溶液同矿物接触时，稀土离子与电解质的阳离子发生交换反应如下（以铵盐为例）：

$$Am \cdot nRE^{3+} + 3nNH_4^+ \longrightarrow Am \cdot [NH_4^+]_{3n} + nRE^{3+}$$

式中，Am 代表风化的硅铝酸盐矿物。

8.3.3.2 浸矿工艺

离子吸附型稀土矿是 1969 年首先在我国江西赣州被发现的一种新型外生稀土矿，前后采用了“七零一矿”、江西稀土矿、离子型稀土矿、南方稀土矿和离子吸附型稀土矿、风化壳淋积型稀土矿等多种命名。离子吸附型稀土矿是我国的特色资源，我国拥有完全的资源开采、提取自主知识产权。

根据离子吸附型稀土矿以离子相稀土为主的特点，采用电解质离子交换浸出稀土的方法，到如今共发展出两代浸出工艺，即第一代池浸工艺和第二代原地浸矿工艺，其间也伴生有堆浸工艺。

20 世纪 70 年代初，江西科研工作者发现采用氯化钠溶液（浓度一般在 7% 左右）能将矿石中的稀土浸泡出来，即将表土剥离后采掘矿土搬运至室内，经筛分后置于木桶内，用氯化钠溶液作为浸矿剂浸出稀土，所获得的浸出液用草酸沉淀稀土。20 世纪 70 年代中期以后，科研工作者将室内桶浸改成了野外池浸，即将采掘的稀土矿填入浸出池内，注入浸矿剂对矿石进行浸泡，浸泡完毕后收集浸出液进行后续处理，几经改善和提高，形成了第一代池浸工艺。之后，采用更加环保高效的浸矿剂硫酸铵，实现了低浓度浸出（浸矿剂浓度 1% ~4%），减轻了浸矿剂对土壤的污染，还提高了浸出过程的选择性，减少了钙、钡等杂质金属离子的浸出。需要指出的是，池浸工艺剥离物与尾矿量大，造成水土流失、堆弃物占用土地、污染破坏矿区环境等问题。

为克服第一代浸矿工艺的缺点，实现绿色高效地开采离子吸附型稀土矿，赣州有色冶金研究所于 20 世纪 80 年代初提出了原地浸矿的设想，经“八五”“九五”期间的重点科技攻关，形成了目前比较成熟的第二代浸矿工艺——原地浸矿工艺。该工艺在离子型稀土矿山进行，通过地表注液井加入浸矿剂，经渗透和离子交换，将矿石中稀土离子浸出并回收。原地浸矿工艺在开采稀土时，不砍伐矿体上方的植被，不剥离表土，不搬运矿石，保护了环境，防止了水土流失，获得了国家产业技术政策的推广使用。

A 池浸工艺

池浸工艺，实为异地提取工艺，即将稀土矿山表土剥离，开挖含矿山体，搬运矿土进入浸矿池，在浸矿池中实现对稀土的浸出。

其主要工艺过程为：将按一定浓度比例配置的电解质溶液作为“浸矿剂”或“洗提剂”加入浸矿池，溶液对池中含“离子相”稀土矿土进行“淋洗”或“洗提”，此时，溶液中活泼离子与稀土离子交换，“离子相”稀土从含矿载体矿物中交换出来，成为新状态稀土。一般用水泥池作浸矿池，池面积在 $12m^2$ 左右，容积一般在 $10 \sim 20m^3$，装矿高度一般在 1.5m 左右，用工业级硫酸铵作浸矿剂，配成 1% ~4% 溶液，注入矿上淋泡，池底接收浸出液，母液经管道或集液沟流入集液池或母液池，然后进入沉淀池；浸矿后废渣从浸矿池中清出，异地排放；通过在沉淀池中加入除杂剂、沉淀剂，可使稀土母液中稀土除杂、沉淀，获得混合稀土；池中上清液经处理后，可返回浸矿池，作“浸矿剂”循环使用；混合稀土经灼烧，可获纯度不小于 92% 的混合稀土氧化物。

池浸工艺存在两个缺点：一是生态环境破坏严重。统计资料表明，采用池浸工艺每生产 1t 稀土产品，采动的地表面积达 $200 \sim 800m^2$，产生的剥离表土和尾砂量达 $1200 \sim 1500m^3$，对生态环境造成了严重的影响。二是资源利用率低。由于浸矿池一般都建在采区附近，从而造成浸矿池下面的矿石无法回收；同时，半山腰以下的矿石基本被丢弃的剥离表土和尾砂掩盖，也无法利用；此外，露采到半风化矿时，往往由于矿石较坚硬、稀土品位较低而丢弃不采。这些因素造成了很大的资源浪费。

B 原地浸矿工艺

原地浸矿工艺是在池浸工艺的基础上，借鉴了低品位铀矿和铜矿的开采经验发展而来的，在不破坏矿区地表植被，不开挖表土与矿体的情况下，将浸矿剂（硫酸铵溶液）由高位水池注入经封闭处理的注液井内，浸矿剂向矿体中的孔隙渗透扩散，并将吸附在黏土矿物上稀土离子交换解吸下来，形成稀土母液流入集液沟内；待稀土浸出完毕，加入顶水使残留在矿体内的硫酸铵及稀土流出，所形成的低浓度母液经处理后予以回用。其工艺流程如图 8-5 所示。

原地浸矿工艺不仅克服了第一代浸矿工艺的环境问题，而且因浸矿剂不但能在风化矿

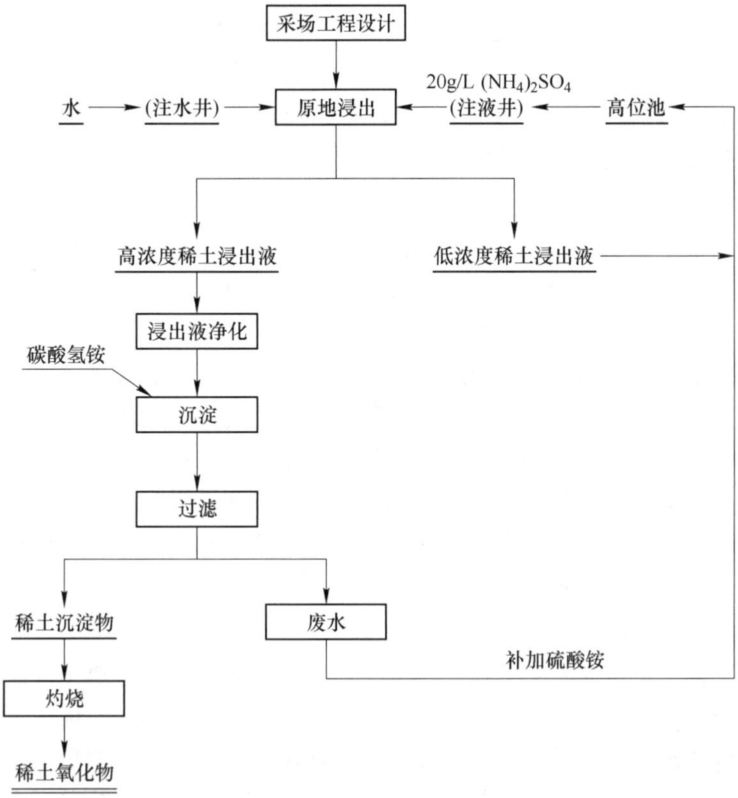

图 8-5 原地浸矿工艺流程

层渗透扩散，还可渗入到半风化层、微风化层乃至花岗岩基岩中使其中的稀土也得到较好的回收，从而大大提高了稀土资源的利用率。此外，原地浸矿过程仅需开挖注液井及铺设注液管道，因而开采工作量比第一代工艺显著降低，矿山的生产能力成倍增长，生产效率成倍提高，生产费用则大大减少。原地浸矿工艺的应用使离子吸附型稀土矿的开发在绿色高效的方向上迈进了一大步，是目前应用效果最好的浸出工艺。

原地浸矿大致包括以下主要过程：

（1）浸矿剂溶液沿注液井中风化矿体的孔裂隙在自然重力及侧压力下进入矿体，并附着在吸附了稀土离子的矿物表面。

（2）溶液在重力作用下，在孔裂隙中扩散，挤出矿体中的孔裂隙水，与此同时，溶液中活泼性更大的阳离子与矿物上的稀土离子发生交换解吸，并使稀土离子进入溶液生成稀土浸出液。

（3）已发生交换作用的稀土浸出液被不断加入的新鲜溶液挤出，与矿物里层尚未发生交换作用的稀土离子发生交换解吸作用。

（4）挤出的地下水及形成的稀土浸出液达到地下水位后，逐渐提高原地浸矿采场的原有地下水位，形成原地浸矿采场的母液饱和层。

（5）饱和层形成的地下水坡度到达一定的高度（$>15°$）时，形成稳定的地下母液径流，流入集液沟中被收集。

（6）浸矿剂注完后，加注顶水挤出剩余在矿体中的浸矿剂和稀土浸出液。

（7）在地面进行湿法冶金处理。

值得指出的是，以 $(NH_4)_2SO_4$ 为浸矿剂的原地浸矿工艺，相比于池浸、堆浸，虽然大大减轻了对山体植被的破坏，但渗漏、残存的 $(NH_4)_2SO_4$ 对地下水及山体表层植物的潜在影响仍然存在，环境问题需要解决。

C 堆浸工艺

堆浸工艺出现于1989年，采用了机械化作业，即利用地形将开采出的离子吸附型稀土矿土筑堆，注入浸矿剂浸泡，滤液草酸或碳铵沉淀，草酸稀土或碳酸稀土一次灼烧即可获得大于90% REO的混合稀土氧化物。

堆浸工艺技术可根据稀土矿的成矿特征，设计采矿方法，可实现多水平作业，依据矿体形状，就地建堆，就地浸出，可大可小，随采随迁，可做到不压矿、不弃矿，充分利用资源，降低运输成本。矿堆高度可根据矿物特性调整，液固比得到有效控制，降低浸矿剂单耗，浸出液稀土浓度相对较高。堆浸工艺对于低品位离子吸附型稀土矿有良好的浸出效果。但堆浸工艺没有从根本上改变采矿时对植被破坏的“搬山运动”，同样存在大量尾矿堆弃，造成水土流失，破坏生态环境问题。

8.3.3.3 浸出液的净化

离子吸附型稀土矿中含有钙、铁、硅等杂质离子，它们与稀土离子性质相近，在浸出过程中会随稀土离子一起进入浸出液，并且在后续的分离作业中会与稀土发生共沉淀，这不仅会导致沉淀的碳酸稀土晶态差，难以过滤、洗涤，而且严重影响稀土产品的质量，因此在对稀土浸出液进行稀土沉淀之前，必须先净化除杂。目前，主要采用中和水解法对浸出液进行净化除杂，即以氨水或碳酸氢铵等碱性物质为中和剂，将其按一定比例添加至浸出液中，并调节pH值至4～5，此时大部分杂质离子将水解成氢氧化物沉淀而被除去（其中铝和铁能基本完全沉淀，硅和钙约沉淀60%，稀土离子也有2%～3%沉淀损失）。此外，还开发了采用硫化物沉淀法、环烷酸萃取法对稀土浸出液进行除杂，这些方法具有除杂率高、稀土损失率小等特点，但因其操作过程较复杂、成本较高而较少在实际生产中应用。

8.3.3.4 从浸出液中提取稀土

净化后的稀土浸出液中稀土的浓度较低（一般为1g/L左右），含有大量的铵离子以及少量杂质离子，因而需要以沉淀的方式将稀土分离出来。

从浸出液中提取稀土早期采用的是草酸沉淀工艺，后来发展为碳酸氢铵沉淀工艺。此外，还根据离子吸附型稀土矿浸出液的特性，相继开发了溶剂萃取法、液膜分离法、氢氧化钠沉淀—浮选法、树脂矿浆法等来分离稀土浸出液中的稀土，取得了较好的分离效果。但这些方法在经济性和环保性方面均不及碳酸氢铵沉淀法，所以，在未来很长的一段时期内，碳酸氢铵沉淀法及草酸沉淀法仍将是从离子吸附型稀土矿浸出液中分离稀土的主要方法。

A 草酸沉淀法

向稀土浸出液中加入草酸溶液，沉淀出草酸稀土：

$$2RE(SO_4)_3 + 3H_2C_2O_4 \longrightarrow RE_2(C_2O_4)_3 + 3H_2SO_4$$

沉淀过程中，浸出液中的 Al、Fe、Si 等非稀土杂质的浓度较高时，将与稀土草酸盐形成复盐，造成稀土回收率及产品纯度降低。特别是含有钙时，为了防止钙形成沉淀，必须控制 pH 值为 1.5 ~2.5。稀土草酸盐经过过滤，水洗去杂质，然后在 800 ~900℃下灼烧得到混合稀土氧化物产品。

草酸沉淀后滤液的 pH 值约为 1.5，可向其中加入碱或石灰水，调整 pH 值为 5.5 ~6.0，使大量草酸以草酸钙沉淀除去，此时滤液含草酸根降至 40μg/L 以下，可返回浸矿。滤渣中含 REO 约 45% ~60%，能直接用作生产稀土硅铁的原料。

该方法的优点是产品纯度高，操作简单；缺点是草酸价格高，消耗大，有毒性，重稀土的草酸盐在母液中的溶解度较大，使稀土的回收率较低。

B 碳酸氢铵沉淀法

用碳酸氢氨作沉淀剂，沉淀反应为：

$$RE_2(SO_4)_3 + 6NH_4HCO_3 \longrightarrow RE_2(CO_3)_3 + 3(NH_4)_2SO_4 + 3CO_2 + 3H_2O$$

所得的沉淀物经过滤、烘干和灼烧便可得混合稀土氧化物产品。该法的特点是沉淀率高，成本低，生产周期短，污染较小；缺点是沉淀过程中易产生絮状沉淀，难以过滤和沉淀产品的纯度低。

复习思考题

8-1 提取稀土元素的工业原料有哪些？

8-2 提取稀土元素的流程是怎么样的？

8-3 浓硫酸高温焙烧分解混合型稀土矿大致的工艺流程是怎样的？

8-4 原地浸矿可用于提取哪种稀土矿物，提取原理、工艺流程是怎样的？

9 稀土元素的分离

稀土元素的分离方法有分级结晶法、分级沉淀法、氧化还原法、溶剂萃取法、离子交换法等。

9.1 分级结晶法

分级结晶法，常基于稀土复盐的溶解度差异进行稀土分离。所采用的复盐需满足下述要求：

（1）各稀土复盐在溶解度上要有较大的差别。

（2）复盐在加热时没有明显的分解现象。

（3）盐类具有较大的溶解度温度系数。

（4）复盐相对分子质量要大，有利于减少稀土的损失。

（5）复盐有较多的结晶水，能形成较大晶体。

（6）加入盐类要容易与稀土分离。

分级结晶法是分离三价稀土元素的经典方法，是根据稀土化合物的溶解度随原子序数递变的性质进行分离的方法。稀土元素在溶液和固相间的分配情况不一样，因而能进行结晶分离。溶解度较大的稀土化合物富集在液相，溶解度较小的稀土化合物富集在固相中。表 9-1 列出了稀土元素和铵、镁、锰的硝酸复盐的相对溶解度。

表 9-1　稀土元素和铵、镁、锰的硝酸复盐的相对溶解度

复　盐	La^{3+}	Ce^{3+}	Pr^{3+}	Nd^{3+}	Sm^{3+}
$RE(NO_3)_3 \cdot 2NH_4NO_3 \cdot 4H_2O$	1	1.5	1.7	2.2	4.6
$2RE(NO_3)_3 \cdot 3Mg(NO_3)_2 \cdot 2H_2O$	1	1.2	1.2	1.5	3.8
$2RE(NO_3)_3 \cdot 3Mn(NO_3)_2 \cdot 24H_2O$	1	1.2	—	1.5	2.5

分级结晶法有蒸发结晶法和过饱和溶液冷却结晶法等。在生产中，这两种方法都曾采用。

分级结晶的操作方法如图 9-1 所示。

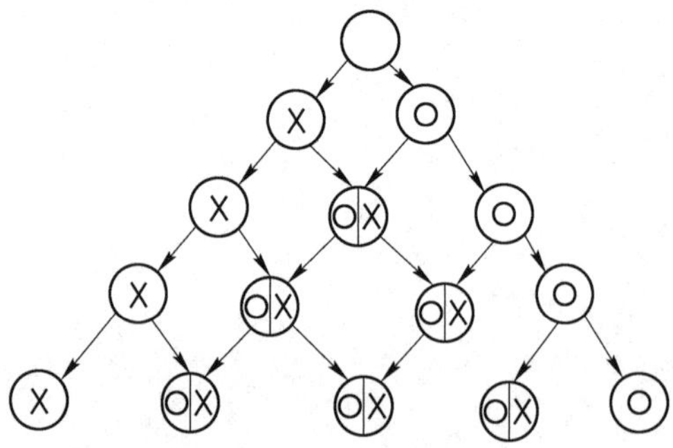

图 9-1　分级结晶法的示意图

操作过程如下：把选定的混合稀土盐的溶液加热蒸发，冷却时有约一半盐结晶停止蒸发；把晶体与母液分离；再把结晶出来的晶体重新溶解在少量的纯溶剂中进行蒸发，直至在冷却时有约一半盐结晶出来。将第一次结晶所得的母液以类似方法做进一步蒸发，直至约有一半盐结晶出来。把上述所得的晶体和溶液分离，并把第一次结晶所得的晶体重新溶解，结晶后，所得的母液和第一次母液重新蒸发所得的晶体混合，把初始溶液分成三份，如图 9-1 中的第三排所表示的三阶样品。再把每一份样品依照上述方式再进行结晶，并把所得的溶液和由邻近溶液结晶所得的晶体混在一起，依此法，每进行一系列蒸发结晶过程，就使份数增加一个，使不易溶的组分富集在最后的晶体里，使易溶的组分富集在最后的溶液里。为了得到最高的产率，要一直进行到没有晶体析出为止。为达到所希望的分离而必须进行的分级次数，决定了所需产品的纯度和分离效率。

分级结晶使不易溶的组分和较易溶的组分处于分级结晶系列的一头一尾。稀土混合物可进一步分级结晶，制备单一稀土化合物。

利用分级结晶方法可以生产纯的氧化镧，例如用硝酸铵复盐分级结晶方法可以制备 $La(NO_3)_3 \cdot 2NH_4NO_3 \cdot 4H_2O$，产品纯度可接近 99.9%。硝酸铵复盐的形成反应为：

$$RE(NO_3)_3 + 2NH_4NO_3 \xrightarrow{4H_2O} RE(NO_3)_3 \cdot 2NH_4NO_3 \cdot 4H_2O$$

在溶液中稀土硝酸铵复盐结晶顺序是 La^{3+}、Ce^{3+}、Pr^{3+}、Nd^{3+}、Sm^{3+}、Gd^{3+}。其中镧的硝酸铵复盐的溶解度最小，在结晶时首先析出。$La(NO_3)_3$ 的浓度范围在 40% ~54%，NH_4NO_3 为 14% ~22%，可从溶液中结晶出 $La(NO_3)_3 \cdot 2NH_4NO_3 \cdot 4H_2O$ 晶体。硝酸镧浓度更大时要析出镧、铵的硝酸盐固溶体。

9.2 分级沉淀方法

分级沉淀法的原理和操作过程与分级结晶法基本相似。

分级沉淀法是用一定量的试剂使稀土元素部分沉淀下来。这样，溶解度较小的稀土化合物先沉淀出来，而溶解度较大的稀土化合物则留在溶液中。每次沉淀分离出 1/2 或 1/3 的稀土化合物，经多次分级沉淀就可达到分离的目的。

分级沉淀的流程如图 9-2 所示。

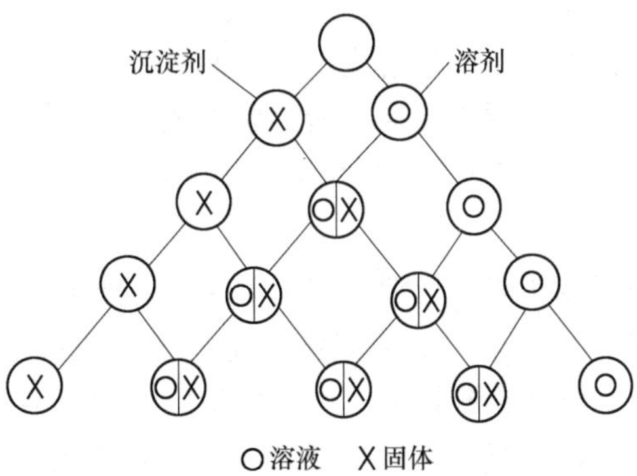

图 9-2 分级沉淀法示意图

分级沉淀法曾广泛采用硫酸复盐沉淀法，也曾采用氢氧化物中和法和草酸盐沉淀法等。

9.2.1　硫酸复盐分级沉淀法

稀土硫酸盐与碱金属硫酸盐能生成各种组成的硫酸复盐，其组成随温度和含量变化如图 9-3 所示。通常条件下生成 $RE_2(SO_4)_3 \cdot Na_2SO_4 \cdot 2H_2O$ 沉淀。

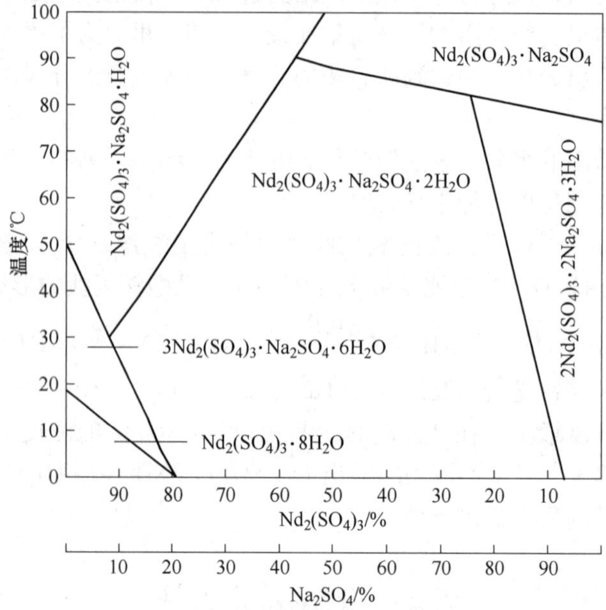

图 9-3　$Nd_2(SO_4)_3$-Na_2SO_4-H_2O 体系相图

稀土硫酸复盐的溶解度随稀土元素原子序数的增大而增大，即从镧至镥逐渐增加。全部稀土元素按硫酸复盐的溶解度可分为三组：

（1）难溶性的铈组稀土元素：镧、铈、镨、钕、钐。

（2）微溶性的铽组稀土元素：铕、钆、铽、镝。

（3）可溶性的钇组稀土元素：钇、钬、铒、铥、镱、镥。

其中轻稀土的硫酸复盐在水中的溶解度很小，而重稀土的硫酸复盐溶解度较大，这就有利于轻、重稀土元素的分离。稀土硫酸复盐溶解度还随着温度的升高而下降。此外，复盐溶解度还取决于复盐种类，在各种复盐中按下列顺序溶解度下降：$(NH_4)_2SO_4 > Na_2SO_4 > K_2SO_4$。

硫酸复盐分级沉淀法仅能粗略的把混合稀土化合物分成铈组、铽组和钇组。

分离操作是将粉末状的硫酸盐（如硫酸钠）加入稀土硫酸盐或硝酸盐的弱酸性溶液中，直至溶液中钕的吸收谱线减弱到消失，此时沉淀出大部分铈组复盐，再将复盐转化为氢氧化物，溶解在酸中，做进一步分离；将得到的母液加热至 95～100℃，再加硫酸钠，直至铽吸收谱线几乎消失，此时大部分铽组元素进入复盐沉淀，大部分钇组留在溶液中。

还有应用乙酸、氨三乙酸、乙二胺四乙酸等络合剂和稀土元素生成不同稳定性的配合物，强化稀土元素的分离方法。例如用乙酸铵作络合剂，在加热下，稀土硫酸复盐溶解在过量的乙酸铵溶液中；然后将溶液的 pH 值逐渐降低，轻稀土硫酸复盐从溶液中沉淀出来。当用含 40% La_2O_3 的稀土原料时，经 21 次分级沉淀，La_2O_3 的纯度可达 97%，回收率达 89%。

9.2.2 氢氧化物分级沉淀法

由于稀土氢氧化物的碱性随原子序数增加而依次下降，因此重稀土元素比轻稀土元素能在较低的 pH 值下沉淀出来（稀土氢氧化物沉淀的 pH 值见表 9-2）。如果控制 pH 值，就可以在沉淀出来的氢氧化物中有较高比例的重稀土元素。因此，经多级沉淀，重、轻稀土可得到一定程度的分离。如原有氧化物中含 La_2O_3 36.5%，经 9 次操作，La_2O_3 纯度可达 97% ~99%，镧的回收率达 90% ~92%。

表 9-2 稀土化合物沉淀的 pH 值、氢氧化物的溶度积

离子(Ln^{3+})	沉淀的 pH 值			$RE(OH)_3$ 在 25℃下的溶度积
	硝酸盐	硫酸盐	氯化物	
La^{3+}	7.82	8.03	7.41	1.0×10^{-19}
Ce^{3+}	7.60	7.41	7.35	1.5×10^{-20}
Ce^{4+}	0.7 ~ 1.0	—	—	—
Pr^{3+}	7.35	7.05	7.17	2.0×10^{-20}
Nd^{3+}	7.31	7.02	6.95	1.9×10^{-21}
Sm^{3+}	6.92	6.83	6.70	6.8×10^{-22}
Eu^{3+}	6.82	—	6.68	3.4×10^{-22}
Gd^{3+}	6.83	—	6.75	2.1×10^{-22}
Tb^{3+}	—	—	—	—
Dy^{3+}	—	—	—	—
Ho^{3+}	—	—	—	—
Er^{3+}	6.75	—	6.50	1.3×10^{-22}
Tm^{3+}	6.40	—	6.21	2.3×10^{-24}
Yb^{3+}	6.30	—	6.18	2.9×10^{-24}
Lu^{3+}	6.30	—	6.18	2.5×10^{-24}
Y^{3+}	6.95	6.78	6.83	—

9.2.3 草酸盐分级沉淀法

三价稀土离子和草酸盐可生成不溶于水和酸的草酸盐[$RE_2(C_2O_4)_3\cdot nH_2O$]：

$$2RECl_3 + 3H_2C_2O_4 + nH_2O \longrightarrow RE_2(C_2O_4)_3\cdot nH_2O\downarrow + 6HCl$$

其中 $n=10$ 或 $n=6$，7，11 等。

十水合稀土草酸盐的溶解度一般在 0.5 ~5mg/L 范围，如图 9-4 所示。轻稀土草酸盐溶解度较小，而重稀土草酸盐溶解度比较大。

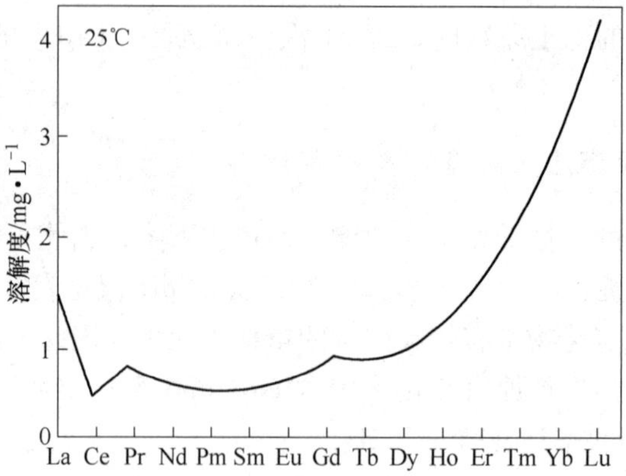

图 9-4 稀土草酸盐的溶解度

沉淀的方法可用均相沉淀法，该法有较好的分离效果；也可采用在草酸盐沉淀时加入络合剂（如氨三乙酸和乙二胺四乙酸）的方法进行分级沉淀。在加入络合剂时，稀土草酸盐的沉淀次序为镧、铈、镨、钕……镥；没有加入络合剂时，草酸盐沉淀次序是不规则的。所以加入络合剂后有利于稀土的分离。

加络合剂的草酸盐沉淀操作是：将稀土草酸盐溶于 EDTA 的铵盐溶液中，生成 $(NH_4)_3[RE(EDTA)C_2O_4]$ 的配合物，再加入 6mol/L 的 HCl，酸化溶液，待溶液出现沉淀为止。第一份沉淀物是镧的富集物，因它的 EDTA 配合物最不稳定，进一步酸化可得镨、钕、钐、铕和重稀土元素的各级富集物。

在草酸盐沉淀时加入络合剂方法的效果较好，如经二次分级沉淀操作，可从混合稀土中分离出纯度为 95% 的镧；分离铈组元素和钇组元素的效果也比硫酸复盐方法好。

9.3 选择性氧化还原法

稀土氧化还原法是基于某些稀土元素易氧化为四价状态（如铈、镨、铽）或易还原为二价状态（如钐、铕、镱），而与其他三价稀土元素在化学性质上有较大差异的特性，来达到分离提纯这些变价元素的目的。

9.3.1 铈的氧化分离法

Ce^{3+} 易氧化成 Ce^{4+} 稳定存在于水溶液中，当溶液 pH 值为 0.8 时 Ce^{4+} 水解生成 $Ce(OH)_4$ 沉淀，而其他 RE^{3+} 水解 pH 值为 6 ~ 8，通过控制 pH 值可达到铈与其他稀土元素分离的目的。

铈的氧化方法很多，工业上常用的氧化剂有空气、氯气、臭氧、过氧化氢、过硫酸铵、溴酸钾、高锰酸钾和电氧化等。由于铈的氧化还原电位随体系酸度的变化而变化，在酸性溶液中 Ce^{4+} 是强氧化剂，所以氧气、氯气和双氧水不能将 Ce^{3+} 氧化为 Ce^{4+}。相反，在弱酸性或碱性溶液中 Ce^{3+} 很容易被氧化。因此，生产中采用哪种氧化剂氧化 Ce^{3+}，主要根据原料性质和对产品 CeO_2 的质量要求而定。

各种氧化剂氧化反应如下：

空气氧化：

$$2Ce(OH)_3 + 1/2O_2 + H_2O \longrightarrow 2Ce(OH)_4\downarrow$$

或

$$2CeCl_3 + 1/2O_2 + 7H_2O \longrightarrow 2Ce(OH)_4\downarrow + 6HCl$$

氯气氧化：

$$2Ce(OH)_3 + Cl_2 + 2H_2O \longrightarrow 2Ce(OH)_4\downarrow + 2HCl$$

或

$$2CeCl_3 + Cl_2 + 2xH_2O \longrightarrow 2Ce(OH)_xCl_{4-x}\downarrow + 2xHCl$$

臭氧氧化：

$$2Ce(OH)_3 + O_3 + H_2O \longrightarrow 2Ce(OH)_4\downarrow + O_2\uparrow$$

过氧化氢氧化：

$$2Ce(NO_3)_3 + 3H_2O_2 + 6NH_4OH \longrightarrow 2Ce(OH)_3(OOH) + 6NH_4NO_3 + 2H_2O$$

$$2Ce(OH)_3(OOH) \xrightarrow{\triangle} 2Ce(OH)_4\downarrow + O_2\uparrow$$

高锰酸钾氧化：

$$3Ce(NO_3)_3 + KMnO_4 + 4H_2O \longrightarrow 3CeO_2 + MnO_2 + KNO_3 + 8HNO_3$$

过硫酸铵氧化：

$$2Ce(NO_3)_3 + (NH_4)_2S_2O_8 + 2HNO_3 \longrightarrow 2Ce(NO_3)_4 + (NH_4)_2SO_4 + H_2SO_4$$

溴酸钾氧化：

$$10Ce(NO_3)_3 + 2KBrO_3 + 12HNO_3 \longrightarrow 10Ce(NO_3)_4 + Br_2 + 2KNO_3 + 6H_2O$$

$$Ce(NO_3)_4 + xH_2O \longrightarrow Ce(OH)_x(NO_3)_{4-x} + xHNO_3$$

目前生产上主要采用湿法空气氧化法和氯气氧化法。

（1）湿法空气氧化法。把稀土氢氧化物调成浆液，其中稀土浓度为50～70g/L，并含有150～300mol/m^3的碱，加热至85℃，通入压缩空气氧化，使$Ce(OH)_3$氧化为$Ce(OH)_4$，其他的$RE(OH)_3$的价态不变。然后过滤，洗涤，再用10%的HNO_3优先溶解其他的$RE(OH)_3$，分离后可得到含有3%～4%的其他稀土的$Ce(OH)_4$和含有少于2%～3%铈的其他稀土溶液。

得到四价铈的氢氧化物溶解在硝酸中，加入硝酸铵以沉淀出硝酸铈(Ⅳ)铵$(NH_4)_2Ce(NO_3)_6$，可借以与其他稀土进一步分离；也可用溶剂萃取的方法，如TBP或P204等萃取剂萃取Ce(Ⅳ)，使铈盐进一步纯化。

（2）氯气氧化法。工业上常用氯气作为氧化剂。把含有三价铈的混合稀土氢氧化物悬浮于水中，通入氯气，可使三价铈氧化为四价铈，悬浮液由弱碱性变为弱酸性。

由于$Ce(OH)_4$的碱性很弱，在弱酸性的溶液中不会溶解，其余的三价稀土氢氧化物逐渐被酸所溶解。故当溶液的pH值为3.5～4.0时，就可使$Ce(OH)_4$留在沉淀中，其余三价稀土进入溶液。

9.3.2 钐、铕、镱的还原分离法

利用二价钐、铕、镱和三价稀土在化学性质（如硫酸盐的难溶性、氢氧化物的碱性较强等）上的差异，可以将它们与其他三价稀土元素分离。

钐、铕、镱的还原方法有锌粉还原法、汞齐还原法和电解还原法等。分别叙述如下。

9.3.2.1 锌粉还原碱度法提取铕

根据氧化还原电位（见表9-3），锌可把铕（Ⅲ）还原为二价铕，而钐（Ⅲ）及其他三价稀土不被还原。还原得到的铕（Ⅱ）的性质与碱土金属（Ⅱ）相似。利用二价铕的硫酸盐的难溶性和氢氧化物的溶解性以及萃取性能的差异性等，可以从三价稀土中分离出来。

表9-3 典型稀土元素和锌的标准氧化还原电位

反　应	电位/V
$La^{3+}+3e \rightarrow La$	-2.52
$Y^{3+}+3e \rightarrow Y$	-2.37
$Pr^{3+}+3e \rightarrow Pr$	-2.46
$Sm^{3+}+e \rightarrow Sm^{2+}$	-1.56
$Eu^{3+}+e \rightarrow Eu^{2+}$	-0.36
$Yb^{3+}+e \rightarrow Yb^{2+}$	-1.15
$Pr^{3+}+e \rightarrow Pr^{2+}$	+2.9
$Ce(OH)^{3+}+H^{+}+e \rightarrow Ce^{3+}+H_2O$	+1.70
$Zn^{2+}+2e \rightarrow Zn$	-0.76

锌粉还原碱度法是首先将Eu(Ⅲ)用锌粉还原，反应如下：

$$2EuCl_3 + Zn \longrightarrow 2EuCl_2 + ZnCl_2$$

再水解沉淀RE(Ⅲ)，Eu(Ⅱ)留在溶液中，从溶液中可得到大于99.9%纯度的氧化铕。

当溶液中$EuCl_2$的含量较高时，也会生成$Eu(OH)_2$沉淀。如果溶液中含有一定量的NH_4Cl，则$Eu(OH)_2$和NH_4Cl反应生成配合物：

$$Eu(OH)_2 + 2NH_4Cl \longrightarrow [Eu(NH_3)_2 \cdot 2H_2O]Cl_2$$

可避免$Eu(OH)_2$沉淀的生成。

由于Eu^{2+}在酸性溶液中很易进行下述反应：

$$Eu^{2+} + H^{+} \longrightarrow Eu^{3+} + 1/2H_2$$

或

$$Eu^{2+} + H^{+} + 1/4O_2 \longrightarrow Eu^{3+} + 1/2H_2O$$

因此反应要在弱酸性的条件下进行且体系要密闭。如以二甲苯或煤油作过滤时的保护层，防止空气氧化Eu(Ⅱ)。

9.3.2.2 汞齐还原法

Sm^{3+}、Eu^{3+}、Yb^{3+}均能在水溶液中被钠汞齐中的钠还原成金属，与汞形成汞齐，从而与溶液中的其他RE^{3+}分开。

汞齐还原法所用的汞齐有钠汞齐、锌汞齐和镉汞齐等。钠汞齐曾经普遍使用，其还原反应为：

$$SmCl_3 + Na\text{-}Hg \longrightarrow SmCl_2 + NaCl + Hg$$

$$SmCl_2 + 2Na\text{-}Hg \longrightarrow Sm\text{-}Hg + 2NaCl$$

$EuCl_3$和$YbCl_3$的反应类似。

用钠汞齐还原法分离钐、铕、镱的过程（以混合轻稀土的分离为例）：当钠汞齐与三氯化物反应后，三价钐、铕被汞齐还原成金属进入汞齐，其他三价稀土元素留在溶液中；然后用盐酸处理Sm-Hg(Eu-Hg)，使钐、铕与汞分开，得到钐、铕的产品。

当用钠汞齐还原Sm^{3+}、Eu^{3+}、Yb^{3+}时，钠汞齐中金属钠与水接触发生水解反应生成NaOH，使溶液碱度提高，产生$RE(OH)_3$沉淀，故还原反应常在柠檬酸、醋酸和磺基水杨酸中进行。

钐、铕混合物可用锌汞齐使铕选择性还原，而与钐分离，或用锌粉还原也可得铕；另一种方法是将二价硫酸盐混合物，以稀硝酸选择性氧化，由于钐易氧化，进入溶液而与铕分离。

9.3.2.3 电解还原法

用电解法还原分离钐、铕、镱时，常用方法有汞阴极电解法、锂汞阴极电解法、多孔石墨电极电解法和离子交换隔膜电解法等。

汞阴极电解是用汞作阴极，白金板作阳极。由于汞阴极上超电压较高，能使铕、镱还原成二价。然后将二价铕、镱与硫酸盐作用生成难溶的硫酸盐沉淀，从混合物中分离出来。铕的电解还原是在中性或弱碱性（pH值为7～9）介质中、室温、阴极电流密度为$0.06A/cm^2$条件下进行的。

应用更高电位的锂汞齐作阴极时，也能使少量的钐、铕得到分离。

近年来提出了多孔石墨电极电解还原制备铕的方法。基本原理是在HCl体系中加入适当的HBr(Br^-加入可起阳极去极化作用，使电解电压稳定，不加入Br^-则Cl^-电解，产生阳极极化，电压不稳定)。发生下述的电解反应：

$$2Eu^{3+} + 2Br^- \longrightarrow 2Eu^{2+} + Br_2$$

在阴极Eu^{3+}被还原为Eu^{2+}，在阳极Br^-被氧化为Br_2。电解时要在惰性气氛保护下，在密闭的体系中连续电解，这样不引入杂质离子，分离效果和环境保护都较好。这是一种有希望的新方法，有待进一步研究，完善工艺，以便获得广泛的应用。

9.4 溶剂萃取法分离稀土元素

溶剂萃取法是物质分离与提纯的基本方法。利用有机溶剂从与其不相混溶的稀土水溶液中把被萃取物稀土提取分离出来的方法称为稀土分离溶剂萃取法，它是一种把物质从一个液相转移到另一个液相的传质过程。不仅要将十几个化学性质极其相近的稀土元素分离出来，而且还必须将稀土元素和伴生的杂质分离开来。

溶剂萃取法的萃取过程与分级沉淀、分级结晶、离子交换等分离方法相比，具有分离效果好、生产能力大、便于快速连续生产、易于实现自动控制等一系列优点，使其成为国内外稀土工业生产中分离提取稀土元素的主要方法，也是分离制备高纯单一稀土化合物的主要方法之一，在工业上已实现纯度高达99.999%的单一稀土产品的制备。

用溶剂萃取法研究稀土的分配规律始于1937年，但很长一段时间没有获得具有实际应用价值的成果。1949年J. C. Walf用磷酸三丁酯（TBP）从硝酸溶液中成功萃取分离Ce^{4+}和其他三价稀土，萃取率达98%～99%。1958年有机溶剂萃取法开始用于稀土粗分离，并于1964～1966年用于氧化铕、氧化钇和氧化镧的提取。20世纪60年代后期，工业生产实现了P204萃取分离稀土元素；70年代初中国科学院上海有机化学研究所成功地在工业规模上合成萃取剂 P507，由于其优良的性质逐步取代 P204 成为稀土分离的主要萃取剂；随后中性磷类萃取剂甲基膦酸二甲庚酯（P350）和仲碳伯胺 N1923 等萃取剂相继问世并用于稀土分离；70 年代后期北京大学提出了用串级萃取理论设计优化的分离工艺，成为稀土湿法冶金的重要里程碑。

目前，溶剂萃取法的实践和理论趋于成熟，稀土新萃取剂、新萃取分离工艺、萃取机理以及萃取化学规律的研究日益受到人们的重视。

9.4.1　溶剂萃取的基本知识

9.4.1.1　基本原理

A　溶剂萃取的特点

溶剂萃取是在两相（液相-液相）间质的传递过程，即物质从一个液相转移到另一个液相的过程，又称为液-液萃取。含有被分离物质的水溶液（水相）与互不混溶的有机溶剂（有机相）接触后，借助于有机溶剂中萃取剂的作用，使一种或几种组分进入有机相，而另一些组分仍留在水相，从而达到分离的目的。这种通过溶剂萃取把溶质从同一溶液的其他组分分离出来的方法，称为溶剂萃取法。如果发生转移的物质为无机物，则称为无机物的溶剂萃取。

溶剂萃取体系是多元两相体系，它由含有无机物的水溶液（水相）和含有有机溶剂（如萃取剂和稀释剂）的有机相所组成。该两相应互不相溶，但难以达到绝对不互溶。萃取反应在两相界面发生，因此具有多相反应的特点。另外，萃取又是多元在两相体系中质的传递过程，或是被萃物（溶质）在两相间的分配过程。

B　溶剂萃取平衡

设溶质为 A，其在水相和有机相中的平衡分配为：

$$A_{水} \rightleftharpoons A_{有}$$

因此，可用相率来概括平衡两相的一般热力学性质，即

$$P + F = C + 2$$

式中，P、F、C 分别为相数、自由度和组分数。

对于一个二元液-液体系来说，只有一个溶质时，其组分数 $C = 3$（含两个溶剂），自由度 $F = 3$。在给定温度和给定压力下，相律为：

$$P + F = C$$

因此，在 $C = 3$ 时，自由度 $F = 1$。此时溶质在第一相中的浓度可以任意改变，但另一相中的浓度随第一相中浓度的变化而变化。当溶质在两相中状态相同时，其浓度比值应是常数，这就是分配定律：

$$K = \frac{c_{A有}}{c_{A水}}$$

式中，K 称为分配常数，它与溶质总量无关，表明溶质在两相中的分配能力。K 越大，则对溶质在有机相中的分配越有利。

分配定律可由平衡两相中溶质的化学位（偏克分子自由能）相等的关系来证明。两相平衡时，溶质在两相中的化学位相等。设两相中化学位分别为 $\mu_{有}$、$\mu_{水}$，在平衡状

态下：

在有机相中： $\mu_{有}=\mu_{有}^{\ominus}+RT\ln a_{有}$

在水相中： $\mu_{水}=\mu_{水}^{\ominus}+RT\ln a_{水}$

式中，a 为活度；μ 为标准化学位。

在平衡条件下：

$$\mu_{有}=\mu_{水}$$

$$\mu_{有}^{\ominus}+RT\ln a_{有}=\mu_{水}^{\ominus}+RT\ln a_{水}$$

$$(\mu_{有}^{\ominus}-\mu_{水}^{\ominus})/RT=\ln a_{水}/a_{有}$$

$$e^{-(\mu_{有}^{\ominus}-\mu_{水}^{\ominus})/(RT)}=a_{有}/a_{水}=c_{有}\gamma_{有}/(c_{水}\gamma_{水})$$

式中，c 为摩尔浓度；γ 为活度系数。当溶质浓度较低时，活度系数 $\gamma_{有}$ 和 $\gamma_{水}$ 都接近于1，$\mu_{有}^{\ominus}$、$\mu_{水}^{\ominus}$ 为常数，故 $c_{有}/c_{水}$ 为常数，即：

$$K=c_{有}/c_{水}$$

这就是热力学的分配定律（能斯特（Nernst）分配定律）。

分配定律仅适用于溶质浓度较低，接近于理想体系，溶质和溶剂不发生化学作用，溶质以同样的分子状态分配在两相中的情况。只有一些非电解质分子（如卤族分子、少数金属卤化物、氧化物和有机化合物）以同一分子状态分配在两相中，它们服从分配定律。大多数金属化合物在萃取过程中伴随化学反应，在两相中其分子状态并不完全相同，因而不服从分配定律。

9.4.1.2 定量描述萃取平衡的几个重要参数

A 分配比

对于无机物的萃取来说，由于被萃物（溶质）在两相中常以几种化学形式存在，如 RE^{3+} 在 HNO_3 溶液中可能以 RE^{3+}、$RE(NO_3)^{2+}$、$RE(NO_3)_3$ 等形式存在，常规方法只能测量其总浓度，而无法测出其中每个状态的浓度，因此为方便起见，一般不采用分配常数，而采用分配比（D）来表示溶质在两相中的分配情况。

当萃取体系达到平衡时，被萃取物在有机相的总浓度与水相中的总浓度之比称为分配比，以 D 表示，则：

$$D=\frac{c_{有,总}}{c_{水,总}}=\frac{c_{1,有}+c_{2,有}+c_{3,有}+\cdots}{c_{1,水}+c_{2,水}+c_{3,水}+\cdots}$$

式中，$c_{1,有}$，$c_{2,有}$，$c_{3,有}$，…和 $c_{1,水}$，$c_{2,水}$，$c_{3,水}$，…分别表示在有机相和水相中不同化学形式的溶质浓度；D 是一个无量纲的量，它随溶质浓度、萃取剂浓度等条件改变而改变。

分配比表示萃取体系达到平衡后，被萃取物在两相中的实际分配情况，因而在萃取的生产和科研中有很大的实用意义。D 可视为在一定条件下金属离子被萃取的能力，D 越大，越容易被萃取。

需要指出的是，分配比 D 与分配常数 K 不同，前者不是一个常数，而是随被萃取物在溶液中浓度、溶液的酸度、萃取剂的浓度、稀释剂的性质以及温度等因素的改变而改变。只有在最简单的萃取体系中，被萃取物在两相中仅以一种相同的分子形式进行分配时，分配比才与分配常数相同。

B 分离系数

分离系数（β）表示两个组分自水相转移到有机相的难易程度的差别，它等于两种被分离组分在同一体系中，在同样萃取条件下分配比的比值，用符号β表示。为了方便，令A表示易萃组分，B表示难萃组分，则

$$\beta_{A/B}=\frac{D_A}{D_B}=\frac{c_{A有}/c_{A水}}{c_{B有}/c_{B水}}$$

式中，D_A为A组分的分配比；D_B为B组分的分配比。

β值的大小表示A和B两个组分分离效果的好坏，β值越大，则分离效果越好，即萃取剂的选择性越高。当$\beta=1$时，则说明两种物质用该萃取剂不能分离。

C　萃取百分率

用D值可以衡量在一定条件下被萃取物被萃入有机相的程度，但不能直接表示出经过萃取后被萃取物有多少量被萃取到有机相。实际的萃取程度可用萃取百分率（q）表示，即被萃取物（溶质）进入有机相的量占被萃物原始总量的百分率。

$$\begin{aligned}q&=\frac{被萃取物在有机相中的量}{被萃取物的原始总量}\times 100\%\\&=\frac{c_{有}\cdot V_{有}}{c_{有}\cdot V_{有}+c_{水}\cdot V_{水}}\times 100\%\\&=\frac{D}{D+\dfrac{c_{水}\cdot V_{水}}{c_{水}\cdot V_{有}}}\times 100\%\\&=\frac{D}{D+\dfrac{V_{水}}{V_{有}}}\times 100\%\end{aligned}$$

定义两相体积之比为相比，用R表示，$R=\frac{V_{有}}{V_{水}}$。则萃取百分率q与分配比D、相比R之间的关系式为：

$$q=\frac{D}{D+\dfrac{1}{R}}$$

该式表明了萃取百分率和分配比、相比的关系。由此可见，分配比D或相比R越大，萃取率越高，即该萃取剂萃取金属离子的能力越强。

D　萃取比

萃取比（E）是萃取平衡时待分离的组分在平衡有机相中的量与其在平衡水相中的量之比。

$$\begin{aligned}E&=\frac{被萃取物在有机相中的量}{被萃取物在萃余液中的量}\times 100\%\\&=\frac{c_{有}\cdot V_{有}}{c_{水}\cdot V_{水}}\times 100\%\\&=D\cdot R\end{aligned}$$

萃取百分率q与萃取比E之间的关系式为：

$$q=\frac{E}{1+E}\times 100\%$$

由上式可看出，当$E=0$时，被萃取物不被萃取。当$E=1$时，被萃取物有一半被萃

取。当 $E=\infty$ 时，被萃取物完全被萃取。所以萃取比也是表示被萃取程度的物理量。

E 萃取饱和容量

在一定温度下，萃取达到平衡时，被萃取物在平衡有机相的浓度（$c_{有}$）与其在平衡水相中的浓度（$c_{水}$）的关系曲线称为萃取平衡线或萃取等温线，如图 9-5 所示。多数萃取体系的萃取平衡线具有类似图 9-5 曲线的形状。其特点是，当有机溶剂浓度一定时，随着水相中金属离子浓度的增加，有机相中金属离子浓度也随着增加，但当有机相中金属离子浓度增加到一定值时，即使水相中金属离子浓度再增大，有机相中的金属离子浓度也不再增加，而是趋于一常数。此时有机相中金属离子的浓度称为萃取剂对该金属离子的饱和容量，单位一般为 mol/L。不同萃取剂在不同条件下具有不同的饱和容量。

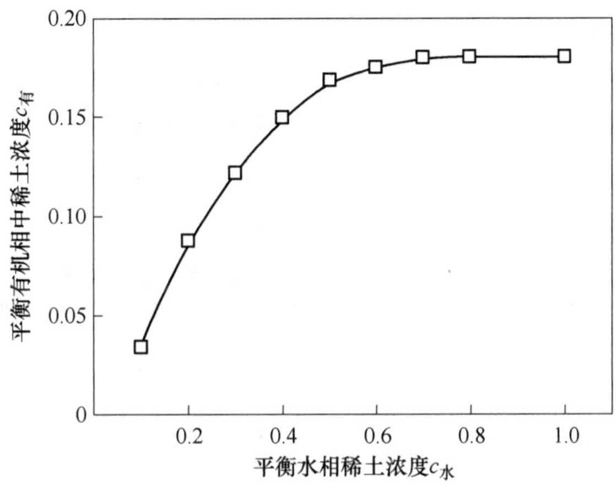

图 9-5 萃取等温线及饱和容量

根据萃取剂的饱和容量可以获知萃合物的组成以及确定萃取所需的相比，所以饱和容量是萃取剂的重要性能之一。

9.4.1.3 萃取剂和稀释剂

萃取剂和稀释剂是有机相的基本组成部分。大部分体系的有机相由萃取剂-稀释剂组成，某些体系有机相中仅含萃取剂，不含稀释剂。还有些体系则由萃取剂-添加剂-稀释剂组成。对金属离子的萃取分离来说，它们的选择十分重要。

A 萃取剂的选择

萃取剂是指能与被萃物（如金属离子）相结合并使被萃物萃入有机相的试剂。在金属离子的分离中，萃取剂的选择主要结合金属离子的萃取分离因素、分配比和萃取剂本身的物理性能来进行。

理想的萃取剂应满足如下的要求：

（1）选择性好，即被分离的元素间有较高的分离系数。

（2）萃取容量高，即一定体积的萃取剂能容纳较多的金属离子。

（3）易于反萃，即要有适当的萃取能力，并非越大越好，能有合适的反萃剂将被萃物反萃入水相。

（4）易于与水相分离，即两相要有较大比重差且不互溶，表面张力要大。

(5) 操作安全，即无毒性，不易燃，不易挥发。

(6) 稳定性好，在萃取或反萃取时不易被酸、碱所分解，对氧化剂、还原剂比较稳定。

(7) 物美价廉，来源充足。

实际上，要找到一种能完全满足以上要求的萃取剂是不可能的，所以要根据具体情况来选择合适的萃取剂。

B 萃取剂的分类

尽管稀土萃取化学与分离工艺研究自20世纪60年代以来一直很活跃，所研究的萃取剂种类很多，但用于工业分离稀土的萃取剂仅十来种。经常用于分离和纯化稀土的萃取剂有P204、P507、C272、TBP、P350、N235、环烷酸等。但目前用于稀土分离工业的主要萃取剂是P507和环烷酸。

萃取剂的分类有多种，按萃取剂官能团的酸碱性质，可以分为酸性、中性和碱性萃取剂三大类。有代表性的萃取剂的名称、结构与物理性质等列于表9-4中。按其组成和结构特点，可分为含氧萃取剂、含磷萃取剂、胺类萃取剂、含硫氧萃取剂及螯合萃取剂等，下面按此类分法进行讲解。

表9-4 常用萃取剂的名称、结构及物理性质

类型	名 称	代号或缩写	结 构 式	相对分子质量	密度 /g·cm^{-3}	水溶性 /g·L^{-1}	表面张力 /N·m^{-1}	闪点 /℃
含磷萃取剂（酸性）	二（2-乙基己基磷酸）	D_2EHPA 或 HDEHP P204	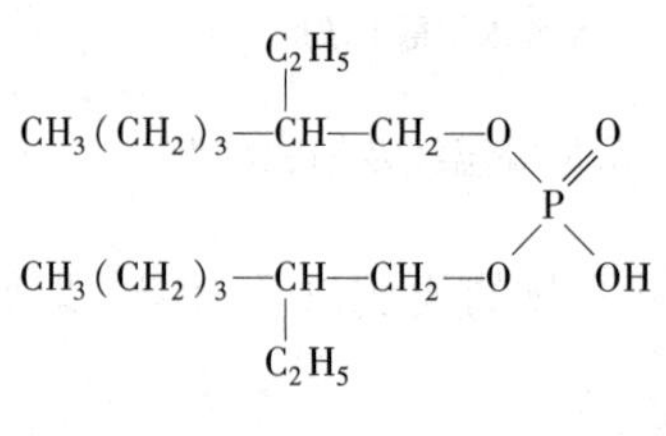	322.43	0.970 (25℃)	0.012 (25℃)	0.0288	206
	2-乙基己基磷酸单（2-乙基己基）酯	EHEHPA 或 HEHEHP P507	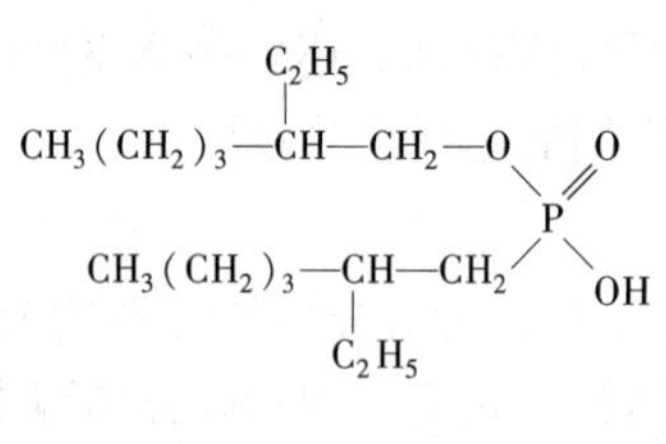	306.4	0.9475	0.029 (25℃)		
	二(2,4,4-三甲基戊基)膦酸	HBTMPP Cyanex272	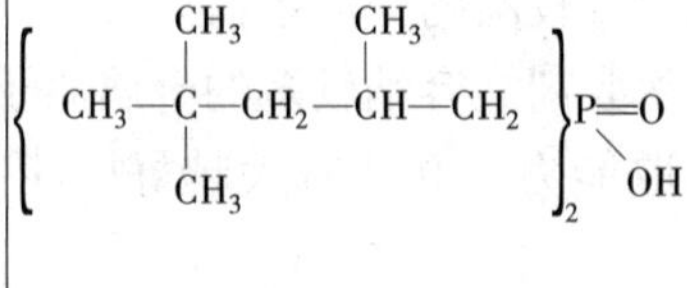	290	0.910	0.038 (25℃)		

续表 9-4

类型	名　称	代号或缩写	结　构　式	相对分子质量	密度 /g·cm^{-3}	水溶性 /g·L^{-1}	表面张力 /N·m^{-1}	闪点 /℃
含磷萃取剂（中性）	磷酸三丁酯	TBP	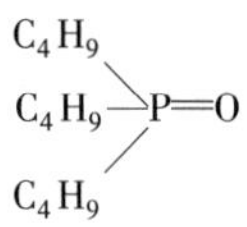	266.37	0.9727（25℃） 0.9760（水饱和）	0.39（25℃）	0.0267	146
	甲基膦酸二甲庚酯	P350	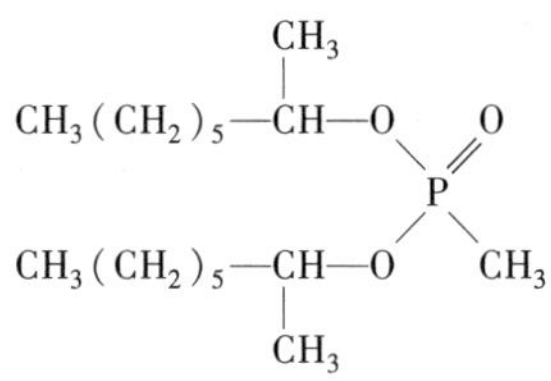	320.3	0.9148	约 0.01（25℃）	0.0289（25℃）	165
	丁基膦酸二丁酯	DBBP	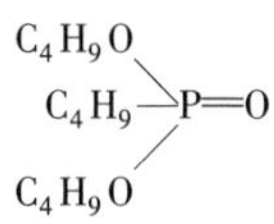	250.3	0.9492	0.68	0.0255	134
含氧萃取剂	环烷酸	Naphthenic acid	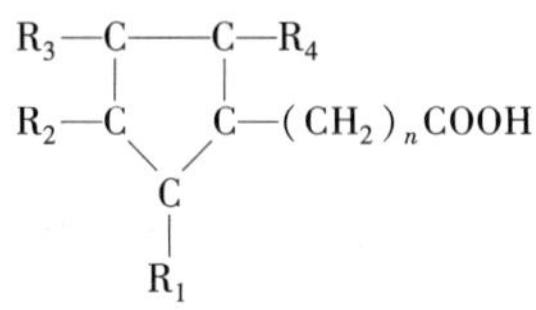 （R_1，R_2，R_3，R_4—烷基或 H）	200 ~ 300	0.9530（20℃）	0.09		200 ~ 300
	异构羧酸	Versatic acid	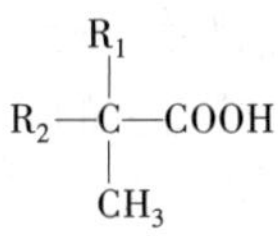		0.920（20℃）	约 0.3		
	异戊醇		$(CH_3)_2CHCH_2CH_2OH$	88.15	0.8129（15℃）	0.0267（25℃）	0.2477（15℃）	45.6
	甲基异丁基酮	MIBK	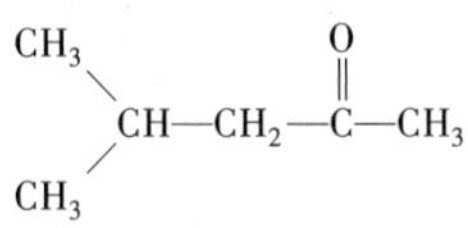	100.16	0.8006	0.02	0.2364	15.6
	仲辛醇	Octanol－2	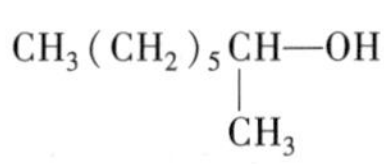	130.22	0.8193（20℃）	0.0008		
含硫氧萃取剂	二正戊基亚砜	DOSO	$(C_5H_{11})S{=}O$	190				
	二正辛基亚砜	DOSO	$(C_8H_{17})S{=}O$	274				

续表 9-4

类型	名　称	代号或缩写	结　构　式	相对分子质量	密度 /g·cm^{-3}	水溶性 /g·L^{-1}	表面张力 /N·m^{-1}	闪点 /℃
胺类萃取剂	伯胺	N1923	$\genfrac{}{}{0pt}{}{R}{R'}\!\!>\!CHNH_2$ $R+R'=C_{16}\sim C_{22}$	280 ~ 300	0.8151	0.0625 (0.5mol/L H_2SO_4)		
	叔胺	N235 Alamine 336, TOA	$(C_nH_{2n+1})_3N$ $n=8\sim10$	387	0.8153 (25℃)	<0.01 (25℃)	2.82 × 10^{-1}	189
	氯化甲基三烷基铵	N263 Aliquat 336	$R_3CH_3N^+Cl^-$ $R=C_8\sim C_{10}$	459.7	0.8951 (25℃)	0.04	3.11 × 10^{-2}	160
螯合萃取剂	2-羟基-5-烷基二苯甲酮肟	N510 Lix-64	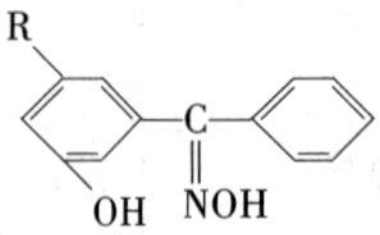	325	1			
	噻吩甲酰三氟丙酮	TTA	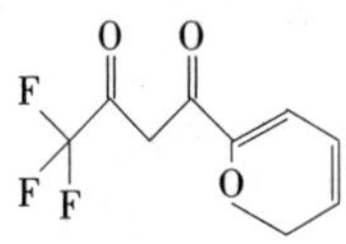	222.18	1.4373			111

注：未标明温度的均指 20℃。

a　含氧萃取剂

醇、醚、酮、醛类化合物和酚、羧酸化合物均属于含氧萃取剂，但从萃取机理上分类，属于两类不同的萃取剂。它们均有萃取金属离子的性能，其萃取机理相同，均是由其分子中氧原子的未公用电子对引起。它们是路易斯碱，通过氧上的未公用电子对，或与强酸结合成鎓盐，或与缺电子原子的化合物结合成配位化合物，或与极性很强的—OH 以氢键缔合，如：

$$\genfrac{}{}{0pt}{}{R}{R}\!\!>\!O: + H^+A^- \longrightarrow \left[\genfrac{}{}{0pt}{}{R}{R}\!\!>\!O:H\right]^+ A^-$$

醚强酸鎓盐

$$\genfrac{}{}{0pt}{}{R}{R}\!\!>\!O: + BF_3 \longrightarrow \genfrac{}{}{0pt}{}{R}{R}\!\!>\!O^+:B^-F_3$$

Lewis 碱 + Lewis 酸配位化合物（加合物）

$$\genfrac{}{}{0pt}{}{R}{R}\!\!>\!O: + HO\longrightarrow M \longrightarrow \genfrac{}{}{0pt}{}{R}{R}\!\!>\!O\cdots HO\longrightarrow M\ (M:金属)$$

强极性的—OH　　　　　氢键缔合

对于这类萃取剂，氧原子的电子云密度是决定其萃取能力的一个重要因素。它们的萃取能力随它们的 Lewis 碱性加大而增强，一般规律为：酮 > 醇 > 醚。

羧酸和酚类萃取剂的萃取机理与上述不同，因为羧酸和酚类是弱酸，它们与金属离子进行阳离子交换。

$$RE^{3+}_{(水)} + 3(HA)_{2(有)} \rightleftharpoons RE(HA_2)_{3(有)} + 3H^+_{(水)}$$

$$nRCOOH_{(有)} + M^{n+}_{(水)} \rightleftharpoons [RCOO]_nM_{(有)} + nH^+$$

这类萃取剂的萃取能力与萃取剂的解离能力和金属离子的结合能力有关。

b 含磷萃取剂

含磷萃取剂又可分为中性磷类萃取剂和酸性磷类萃取剂。

中性磷类萃取剂是指磷酸分子中的三个羟基全部被三个烷氧基置换获得磷酸三烷基酯，或部分被烷基置换，其余被烷氧基置换得到一烷基膦酸二烷基酯和二烷基膦酸一烷基酯，或三个羟基均被烷基置换得到三烷基氧化膦。其分子式如下：

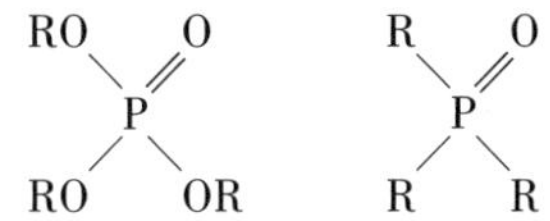

磷酸三烷基酯　　三烷基氧化膦

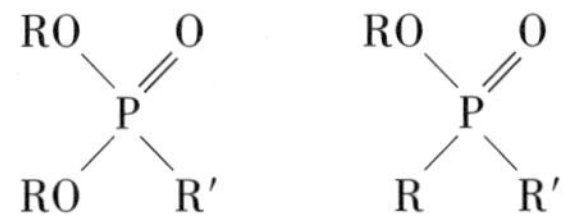

一烷基膦酸二烷基酯　二烷基膦酸一烷基酯

中性磷类萃取剂均含有磷酰基（P═O）。由于 P 与 O 的电负性相差甚大，磷酰基有极性很强的键，其 $P^{\delta+}═O^{\delta-}$ 键的电子云很大程度上偏向于 O，因此中性磷类萃取剂是比中性含氧萃取剂更强的 Lewis 碱，它们以 P═O 基上的 O 直接与金属配位，形成具有一定稳定性的中性配合物从而达到萃取金属离子的目的。

中性磷类萃取剂的萃取性能与 P═O 基中氧原子的电子云密度相关，该基团氧原子的电子云密度越大，则 Lewis 碱性越强，其萃取能力也越强。它们的萃取能力依次为：

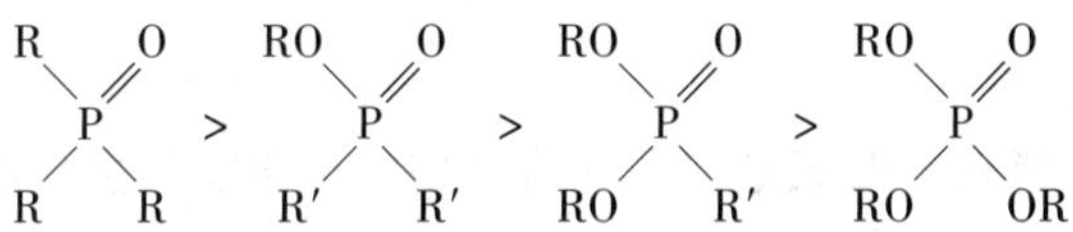

在中性磷酸酯中，当磷酸三烷基酯上的 3 个 RO 逐步被 R 基取代时，由于 R 基的排斥电子的效应，使 P═O 键的极性增强，因而氧原子上的电子云密度逐步增大，萃取金属的能力也相应增强。

酸性磷类萃取剂是由磷酸分子中的 3 个羟基部分被烷氧基取代得到的一烷基磷酸、二烷基磷酸或部分被烷基取代得到的一烷基膦酸和二烷基膦酸，或一个被烷基，另一个被烷氧基置换得到的一烷基膦酸一烷基酯，其相应的结构式为：

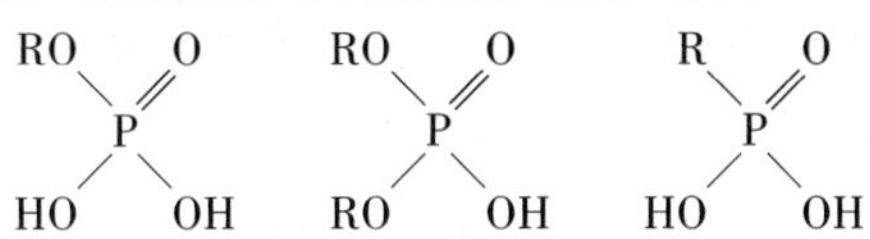

一烷基磷酸　二烷基磷酸　一烷基膦酸

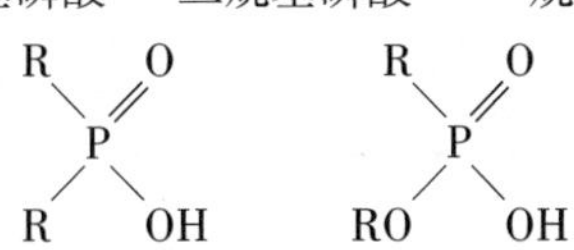

二烷基膦酸　一烷基膦酸一烷基酯

它们是弱酸，在分子中既含一个酸性的 OH 基，可按阳离子交换萃取金属；同时还含一个能直接与金属配位的磷酰基 P＝O 基，可与金属配位。二者是酸性磷类萃取剂萃取金属的特性结构部分。

常用磷类萃取剂及其性能见表 9-4。

c 胺类萃取剂

胺类萃取剂可以看做是氨的烷基取代物，氨分子中 3 个氢逐步被烷基取代，生成伯胺、仲胺、叔胺和季铵盐（式中 R、R′、R″、R‴可以部分相同或全部相同，X^- 代表无机酸酸根）。作为萃取剂的胺类化合物，其相对分子质量在 250 ~ 600 之间，因为相对分子质量较低的胺易溶于水。伯、仲、叔胺上的氮原子含有未共用的电子对而呈弱碱性，与强酸生成稳定的盐。它们都能与金属络阴离子结合而萃取金属。

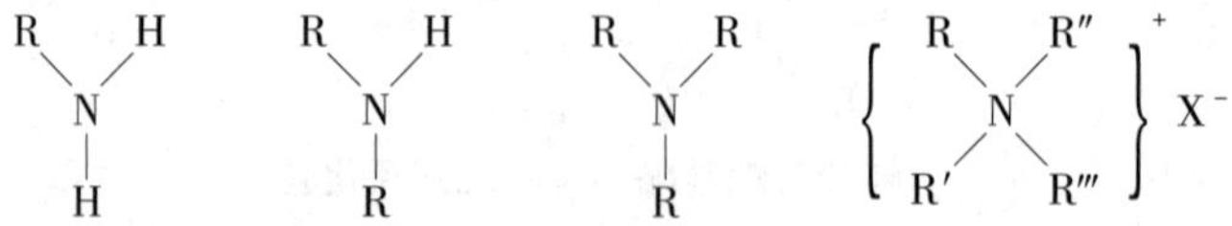

伯胺　　仲胺　　叔胺　　季铵盐

d 含硫、氧萃取剂

含硫、氧萃取剂指亚砜一类的化合物，它们均含有 ＞S＝O 基团，与金属结合形成中性配合物而被萃取进入有机相。简单的亚砜存在如下三种形式：

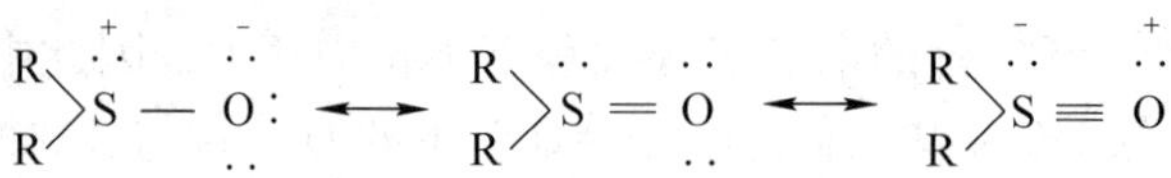

它们以 ＞S＝O 上的 O 或 S 与金属结合。亚砜则以 ＞S＝O 上的 O 与稀土离子结合，形成中性配合物。现已发现二辛基亚砜、二正戊基亚砜、二苯基亚砜和烷基双亚砜等对稀土离子都有一定萃取性能。

e 螯合萃取剂

螯合萃取剂可与金属离子形成电中性的螯合物而被萃取。螯合萃取剂的类型很多，但由于螯合剂价格昂贵，故只在分析上应用，工业上应用甚少。主要的螯合萃取剂及其性能见表 9-4。

C 稀释剂

稀释剂是指在萃取过程中不与被萃物发生化学作用，只改变有机相物理性质的溶剂。它仅起溶剂作用，不改变有机相的化学性质，故又称为惰性溶剂。实际上，完全惰性的溶剂是没有的。

稀释剂的选择，除了满足萃取剂所提及的有关性能要求外，还应不溶于水。烃及取代烃是常用的稀释剂。它们的主要性能列在表 9-5 中。

表 9-5 常用稀释剂的物理性质

类别	化合物	相对分子质量	沸点 /℃	密度（20℃）/$g \cdot cm^{-3}$	η /mPa · s	闪点 /℃	ε
脂肪烃	正己烷	86.18	68	0.6594	0.326	-25.7	1.890
	煤油	—	200 ~ 260	0.7950	—	—	—
	石脑油	—	150 ~ 215	0.7750	—	—	—

续表 9-5

类别	化合物	相对分子质量	沸点 /℃	密度（20℃）/g·cm^{-3}	η /mPa·s	闪点 /℃	ε
芳香烃	苯	78.11	80.1	0.8787	0.652	-10.7	2.284
	甲苯	92.13	110.6	0.8669	0.590	4.4	2.438
	邻二甲苯	106.16	144	0.8968	0.810	27.3	2.568
	间二甲苯	106.16	139	0.8684	0.620	—	2.374
	对二甲苯	106.16	138	—	0.648	—	2.270
环烷烃	环己烷	84.16	80.7	0.7780	1.070(15℃)	-71.2	2.020
取代烃	氯仿	119.38	61.2	1.4892	0.580	不易燃	4.806
	四氯化碳	153.82	76.75	1.5942	0.965	不易燃	2.238
	二硫化碳	76.14	45	1.2628	0.370	不易燃	2.641

9.4.1.4 萃取体系的分类

萃取剂和金属离子的种类有几十种甚至上百种，且相互间的萃取机理也各不相同，因此萃取体系的分类方法也有多种。对于萃取机理不明确的体系常常按照萃取剂的种类分类，例如磷型萃取体系、胺型萃取体系、螯合型萃取体系等。有些体系可以按照萃取体系液相的不同分为酸性、中性萃取体系，或硫酸、盐酸、硝酸萃取体系。最常用的萃取体系分类方法是根据萃取机理或萃取过程中生成的萃合物的性质分类，大致可以分为六类萃取体系：（1）简单分子萃取体系；（2）酸性络合萃取体系；（3）中性络合萃取体系；（4）离子缔合萃取体系；（5）协同萃取体系；（6）高温萃取体系。工业上常用（2）~（5）类萃取体系，我国目前稀土工业上广泛使用的是酸性络合和离子缔合萃取体系。对于工业常用萃取体系的萃取过程化学及萃取机理将在 9.4.3 节和 9.4.4 节中一一讲解。

9.4.2 中性络合萃取体系分离稀土元素

9.4.2.1 中性络合萃取体系的特点

中性磷类萃取剂，醇、醚、酮等含氧萃取剂和亚砜一类萃取剂一般均以中性络合萃取机理萃取稀土离子。其萃取反应的实例如下：

$$La^{3+} + 3NO_3^- + 3TBP_{有} \longrightarrow La(NO_3)_3 \cdot 3TBP_{有}$$

$$Ce^{4+} + 4NO_3^- + 2TBP_{有} \longrightarrow Ce(NO_3)_4 \cdot 2TBP_{有}$$

$$RE^{3+} + 3NO_3^- + 3P350_{有} \longrightarrow RE(NO_3)_3 \cdot 3P350_{有}$$

$$Ce^{3+} + 3CNS^- + 4TOPO_{有} \longrightarrow Ce(CNS)_3 \cdot 4TOPO_{有}$$

根据上述反应，中性络合萃取的特点为：

（1）萃取剂为中性分子，如 TBP、P350、TOPO 等。

（2）被萃物也是中性的化合物，如 $La(NO_3)_3$、$Ce(CNS)_3$ 等。虽然它们在水相中可能以 RE^{3+}、$RE(NO_3)^{2-}$、$RE(NO_3)_2^-$、$RE(NO_3)_3$ 等多种形式存在，但被中性萃取剂萃取的是中性分子 $RE(NO_3)_3$。

（3）萃取剂与被萃物结合成中性萃合物，如 $La(NO_3)_3 \cdot 3TBP$、$Ce(CNS)_3 \cdot 4TOPO$ 等，

从而被萃取进入有机相。

中性络合萃取也被视为不带电荷的萃取剂和稀土化合物结合成溶剂合物，故此类萃取又称做溶剂合萃取。溶剂合萃取通过两种方式进行，即通过配合物的中心离子配位作用，或通过被萃物的质子和萃取剂的氧原子形成氢键而结合。

稀土离子和萃取剂的作用，一般是通过稀土离子与萃取剂的配位原子结合形成中性配合物而被萃取。如上述反应中，中性的磷类萃取剂是通过 P＝O 基上的 O 原子，亚砜通过 $\rangle$S＝O 上的 O 原子与金属配位。

9.4.2.2　中性配合物萃取平衡

根据上述的萃取反应实例，可以用以下通式来表示萃取反应：

$$RE^{3+} + 3X^- + qS_{有} \longrightarrow REX_3 \cdot qS_{有}$$

或

$$RE^{4+} + 4X^- + qS_{有} \longrightarrow REX_4 \cdot qS_{有}$$

式中，X 表示一价阴离子，$q=2, 3, \cdots$。其平衡常数为：

$$K = \frac{c_{REX_3 \cdot qS_{有}}}{c_{RE^{3+}} \cdot c_{X^-}^3 \cdot c_{S_{有}}^q} \tag{9-1}$$

当水相中金属离子以 RE^{3+} 形式，有机相中金属离子以 $c_{REX_3 \cdot qS_{有}}$ 形式存在时，金属离子的分配比可近似地表示为：

$$D = \frac{c_{REX_3 \cdot qS_{有}}}{c_{RE^{3+}}} \tag{9-2}$$

分配比与平衡常数的关系为：

$$D = Kc_X^3 c_{S_{有}}^q \tag{9-3}$$

由分配比和平衡常数的关系可以看出，稀土离子的分配比与萃取平衡常数、平衡水相中酸根的浓度以及有机相中自由萃取剂的浓度的方次成正比。

9.4.2.3　影响分配比和分离系数的因素

为了说明上面提到的各个因素对萃取金属离子的影响，现以 TBP 萃取稀土离子为例进行讨论，这大致可以代表中性络合萃取体系萃取金属离子的一般情况。在一定酸度条件下，TBP 从 HNO_3 溶液中萃取 RE^{3+} 的反应可表示为：

$$RE^{3+} + 3NO_3 + 3TBP_{有} \longrightarrow RE(NO_3)_3 \cdot 3TBP_{有}$$

同时 TBP 也萃取 HNO_3，

$$HNO_3 + TBP_{有} \longrightarrow TBP \cdot HNO_{3有}$$

因此，TBP 萃取酸的能力将影响金属离子的萃取分配比。

而金属离子的分配比与萃取平衡常数的关系可近似地表示为：

$$D = Kc_{NO_3^-}^3 \cdot c_{TBP_{有}}^3 \tag{9-4}$$

$$\lg D = \lg K + 3\lg c_{NO_3^-} + 3\lg c_{TBP_{有}} \tag{9-5}$$

式中，K 表示一定条件下的萃取平衡常数。

由式（9-4）、式（9-5）可看出，金属离子的分配比与萃取平衡常数、NO_3^- 的浓度和自由 TBP 浓度成正比。下面进行影响因素分析。

（1）稀土离子性质的影响。萃取平衡常数的大小直接关系到金属离子的萃取分配比，而其值主要取决于萃取体系中各反应物的性质和体系的温度。在给定温度、萃取剂和介质的情况下，金属离子的性质是影响萃取反应平衡常数和金属离子分配比的主要因素。稀土离子和 TBP 形成配合物的稳定性主要与稀土离子电荷和半径有关。一般来说，金属离子的价态越高，形成的配合物越稳定，四价稀土离子的分配比总比相应三价离子的大，如在 4～5mol/L HNO_3 介质中，TBP 萃取铈（Ⅳ）和三价稀土离子时，铈（Ⅳ）的分配比大于稀土（Ⅲ），它们之间的分离系数大于 50。对于同价离子来说，半径越小，形成的配合物越稳定，分配比随原子序数的增大而增大，即随半径的减小而增大。如在 10mol/L HNO_3 介质中，TBP 萃取镧系元素的次序为：Lu > Yb > Tm > Er > Ho > Dy > Y > Tb > Gd > Eu > Sm > Pm > Nd > Pr > Ce > La。

（2）温度的影响。因为萃取平衡常数是热力学函数，它与温度有关。TBP 从 HNO_3 溶液中萃取 RE^{3+} 的反应为放热反应，ΔH 值均为负值，见表 9-6。它们的分配比将随温度的升高而下降，见表 9-7，分配比和温度的倒数成直线关系。关系如下：

$$\lg D/(1/T) = -\Delta H/(2.303R) \tag{9-6}$$

因此在不同温度下，对相同体系的 $\lg D$ 与 $1/T$ 作图，可求出在温度范围变化不大情况下的萃取反应的热焓 ΔH 值。

表 9-6 在 25℃时 TBP 从 HNO_3(12.5mol/L) 溶液中萃取稀土离子的热焓

稀土离子	La^{3+}	Ce^{3+}	Pr^{3+}	Nd^{3+}	Pm^{3+}	Sm^{3+}	Eu^{3+}	Gd^{3+}
$\Delta H^{\ominus}$/kg·mol^{-1}	-8.999	-8.999	-8.953	-10.501	-12.886	-15.271	-17.279	-17.656
稀土离子	Tb^{3+}	Dy^{3+}	Ho^{3+}	Er^{3+}	Tm^{3+}	Yb^{3+}	Lu^{3+}	
$\Delta H^{\ominus}$/kg·mol^{-1}	-20.166	-21.840	-23.221	-24.811	-26.693	-28.451	-28.785	

注：TBP 未稀释。

表 9-7 分配比与温度的关系

稀土离子	La^{3+}	Nd^{3+}	Gd^{3+}	Er^{3+}	Lu^{3+}
10℃	0.100	0.445	4.03	24.9	69.0
20℃	0.100	0.702	3.43	19.9	55.0
30℃	0.092	0.622	2.83	15.2	40.0
40℃	0.084	0.501	2.09	10.1	24.0

注：TBP 未稀释，水相含有 12.5mol/L HNO_3，$RE^{3+} < 0.4\times10^{-4}mg/cm^3$。

TBP 萃取稀土离子虽然在室温或低于室温时是有利的，但从萃取操作考虑，低于室温时，有机相黏度加大，不易分层，对萃取操作不利，所以萃取一般在室温或稍高于室温时进行。

（3）HNO_3 浓度的影响。从式（9-4）可以看出，分配比与 NO_3^- 浓度的三次方成正比，因此提高体系中的 HNO_3 浓度将有利于分配比的提高。但在萃取体系中，由于 HNO_3 也被 TBP 萃取，因此存在着金属离子和 HNO_3 的竞争萃取，所以 HNO_3 浓度对金属离子分配比的影响比较复杂，如图 9-6 所示。HNO_3 浓度对轻、重稀土分配比的影响也略有不同。由于 HNO_3 存在竞争萃取，RE^{3+} 的分配比与 HNO_3 浓度的关系并不以三次方关系增加。对于轻稀土来说，在一定酸度范围（约 3～10mol/L）内，随着 HNO_3 浓度的增加，分配比下降，在整个酸度（1～16mol/L）范围内，分配比呈“S”形，且镧系原子序数越小，其离子的分配比所呈的“S”形越明显。对于重稀土离子来说，TBP 的萃取能力较强，在分

配比与 HNO_3 浓度的关系中未出现"S"形，但分配比与 HNO_3 浓度也不是三次方的关系。

总的来说，高酸度时，TBP 萃取稀土离子的分配比较大；在低酸度时，TBP 萃取稀土离子的分配比很小，三价稀土甚至难以被萃取；当体系酸度下降时，萃取分配比减少，甚至萃取反应将逆向进行，所以 TBP 萃取分离三价稀土时一般在高酸度（>10mol/L HNO_3）条件下进行。

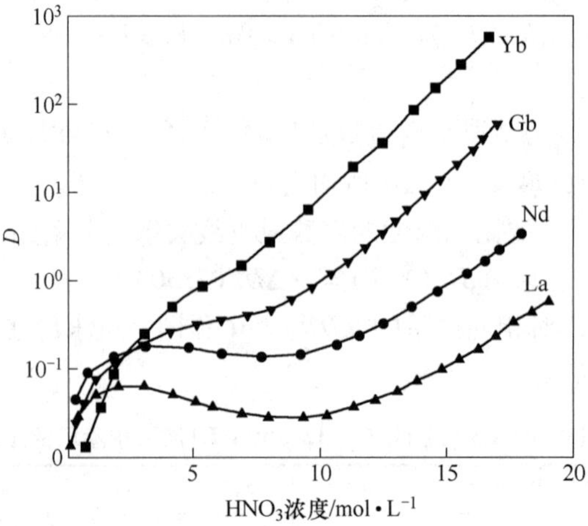

图 9-6 HNO_3 浓度对 TBP 萃取稀土离子（Ⅲ）的分配比的影响

另外，在高酸度条件下，TBP 萃取 RE^{3+} 的机理会发生变化，TBP 以离子缔合机理萃取稀土（Ⅲ）。高酸度时可促使 $H_2[RE(NO_3)_5]$化合物形成，所以酸度高有利萃取。

（4）盐析剂的影响。盐析剂是在体系中加入一种本身不被萃取，但与被萃物的酸根相同，并能使被萃物的萃取效率明显提高的易溶于水的盐类。由于加入盐析剂而提高被萃物萃取率的现象称为"盐析效应"。

在 TBP 萃取 $RE(NO_3)_3$ 的体系中，加入硝酸盐（如碱金属、碱土金属硝酸盐等），一般能提高 RE^{3+} 的萃取率。产生盐析效应的原因为：

1）在体系中加入盐析剂后，体系中的 NO_3^- 浓度增大，因此金属的分配比提高。因为分配比 D 与 NO_3^- 浓度的三次方成正比，所以金属离子的萃取率提高。

2）由于盐析剂的阴、阳离子的水合作用，因此加入后致使体系中自由水分子浓度降低，相对于未加入盐析剂时，被萃物的活度提高，因而也促使金属离子的萃取率增加。也可认为自由水分子浓度降低，抑制了 RE^{3+} 的水合作用，降低了金属离子的亲水性，因而有利于金属离子的萃取。

3）盐析剂还能降低水相的介电常数，抑制水相金属离子的聚合等作用，有利于萃合物的生成，使 D 值增大。

盐析剂的盐析效应与盐析剂的水合能力有关，水合作用越大，盐析作用越强。在阴离子的类型和浓度相同时，阳离子的电荷越高，半径越小，则盐析作用越大。对主族元素来说，有如下次序：$Al^{3+} > Mg^{2+} > Li^+ > Na^+ > NH_4^+ > K^+$。但副族元素并不完全符合上述规律。

对于其他中性络合萃取体系而言，盐析效应均较为明显，盐析剂的加入将促进萃取率的提高，见表 9-8。

表 9-8 盐析剂 $LiNO_3$ 对 P350 萃取 Pr^{3+}、La^{3+} 的影响

$LiNO_3$ 浓度 /mol·L^{-1}	分配比		分离系数 $\beta_{Pr/La}$
	$D_{Pr^{3+}}$	$D_{La^{3+}}$	
1	0.201	0.151	1.33
2	0.426	0.155	2.72
3	0.594	0.186	3.19
4	0.697	0.183	3.81
5	1.28	0.240	5.34
6	1.47	0.254	5.78

注：萃取剂：70% P350—磺化煤油；稀土浓度：$La(NO_3)_3$ 0.6mol/L，$Pr(NO_3)_3$ 0.6mol/L，HNO_3 浓度：0.5mol/L，有机相：水 =2.5：1。

（5）萃取剂浓度的影响。对于所有萃取体系来说，分配比与自由萃取剂浓度的方次成比例。TBP 萃取 $RE(NO_3)_3$，其分配比与平衡的 TBP 浓度的三次方成正比，所以 TBP 浓度越大，分配比越高，如表 9-9 和图 9-7 所示。

表 9-9 TBP 浓度对 Ce^{3+} 的萃取率的影响

萃取剂浓度/%	萃取率/%	萃取剂浓度/%	萃取率/%
150	81.5	50	54.8
70	63.5	25	40.4

注：体系中含有 5.42mol/L 的 $LiNO_3$，稀释剂为苯。

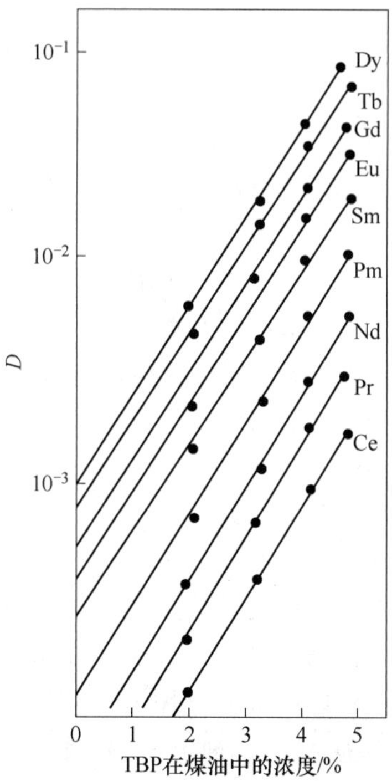

图 9-7 TBP 浓度对稀土离子（Ⅲ）萃取分配比的影响
（水相含 15.6mol/L HNO_3）

增加萃取剂的浓度虽对稀土离子的分配比有利，但对于相邻元素的分离并不一定有利，甚至萃取浓度增加，分离系数反而会下降。所以在稀土离子分离时，一方面要选择分离系数较大时的萃取剂浓度，以便于相邻元素的分离；另一方面萃取剂浓度增加，会使其黏度增大，导致分层速度减慢，不利于萃取操作。因而萃取剂的浓度应适当。在实际操作中一般选择 TBP 的浓度在 60% ~70% 。

当体系中金属离子浓度较低，HNO_3 或 NO_3^- 平衡浓度恒定时，TBP 浓度的变化将引起分配比的改变，其 $\lg D$-$\lg c_{TBP}$将是直线关系，如图 9-7 所示。图中直线的斜率相当于金属结合的 TBP 数，因为在此条件下，$\lg D = \lg K + 3\lg c_{NO_3^-} + q\lg c_{TBP}$的关系为：

$$\lg D = \lg K' + q\lg c_{TBP} \tag{9-7}$$

其中 $\lg K' = \lg K + 3\lg c_{NO_3^-}$。$\lg D$ 与 $\lg c_{TBP}$呈直线关系，直线斜率即为 q。

9.4.3　酸性络合萃取体系分离稀土元素

9.4.3.1　酸性络合萃取体系的特点

β-二酮和喹啉类的萃取剂、酸性磷类萃取剂、羧酸类萃取剂均以酸性络合萃取机理萃取稀土离子，以酸性磷型萃取剂 P204 为例，其萃取反应如下：

$$RE^{3+} + 3(HA)_{2有} \longrightarrow RE(HA_2)_{3有} + 3H^+$$

式中，HA 表示 P204 的单分子，即

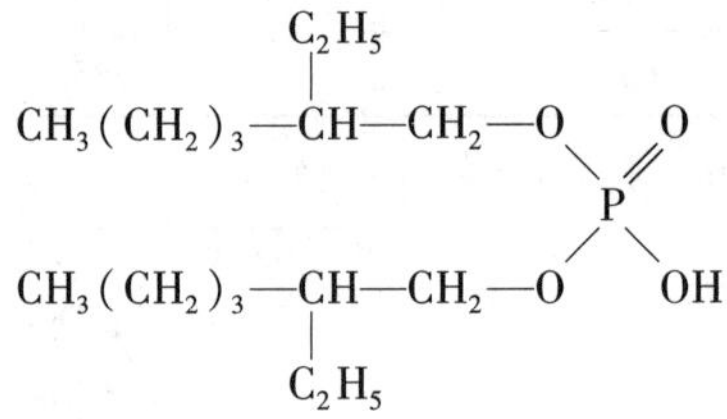

简写为 HA 或：

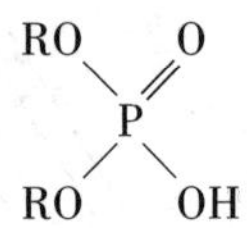

（R：2-乙基己基）

而$(HA)_2$ 表示 P204 的二聚体，在煤油等非极性溶剂中，P204 和 P507 以二聚体形式存在，即

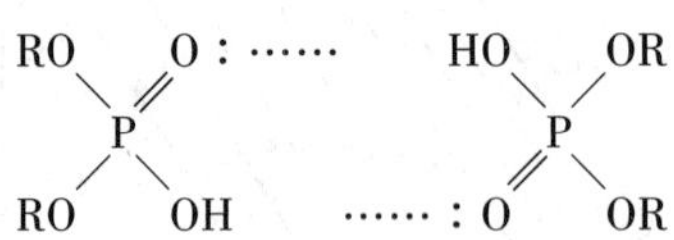

由上述反应可以看出，此类萃取反应的特点是：萃取剂均为有机弱酸，被萃取物为金属阳离子，二者通过下述方式进行阳离子交换反应，形成配合物或盐而被萃入有机相。

$$RE^{3+} + 3(HA)_{2有} \longrightarrow RE(HA_2)_{3有} + 3H^+$$

稀土离子和萃取剂的作用是通过萃取剂上的 H^+ 交换，并与萃取剂上的其他配位原子，如酮基上的 O 原子、磷酰基上的 O 原子等配位形成不同元环的螯合物而发生萃取。稀土离子与一般羧酸作用仅发生 H^+ 的交换，形成盐而萃取。

9.4.3.2 酸性络合萃取平衡

酸性络合萃取平衡可用最简单的酸性络合萃取反应来表示：

$$RE^{n+} + nHA_{有} \longrightarrow REA_{n有} + nH^{+}$$

$$K_{ex} = \frac{c_{REA_{n有}} \cdot c_{H^+}^{n}}{c_{RE^{n+}} \cdot c_{HA_{有}}^{n}} \tag{9-8}$$

一般认为，萃取反应中的萃合物是在水相中形成的，而后萃合物在两相中分配进入有机相，萃取反应可分下述五步进行：

（1）萃取剂 HA 在两相中分配：

$$HA_{水} \rightleftharpoons HA_{有}$$

$$P_{HA}(分配常数) = \frac{c_{HA_{有}}}{c_{HA_{水}}} \tag{9-9}$$

（2）萃取剂在水相中解离：

$$HA \rightleftharpoons H^{+} + A^{-}$$

$$K_{HA}(离解常数) = \frac{c_{H^+}c_{A^-}}{c_{HA}} \tag{9-10}$$

（3）金属化合物的离解：

$$REX_{n} \rightleftharpoons RE^{n+} + nX^{-}$$

（4）金属离子与萃取剂在水相中络合：

$$RE^{n+} + nA^{-} \rightleftharpoons REA_{n}$$

$$K_{REA_n}(络合物稳定常数) = \frac{c_{REA_n}}{c_{RE^{n+}}c_{A^-}^{n}} \tag{9-11}$$

（5）配合物在两相中分配：

$$REA_{n水} = REA_{n有}$$

$$P_{REA_n}(络合物分配常数) = \frac{c_{REA_{n有}}}{c_{REA_{n水}}} \tag{9-12}$$

总反应：

$$RE_{水}^{n+} + nHA_{有} \rightleftharpoons REA_{n有} + nH_{水}^{+}$$

$$K_{ex} = \frac{c_{REA_{n有}}c_{H_水}^{n}}{c_{RE_{水}^{n+}}c_{HA_{有}}^{n}}$$

当水相中 RE^{n+} 不发生水解、聚合和其他络合反应，在有机相中仅以 REA_n 单一形式存在时，可将以上常数代入 K_{ex} 中：

$$K_{ex} = P_{REA_n}K_{REA_n} \cdot \left(\frac{K_{HA}}{P_{HA}}\right)^{n} \tag{9-13}$$

当 REA_n 在水相中的浓度可忽略时，则萃取金属离子的分配比可表示为：

$$D = K_{ex}\frac{c_{HA_{有}}^{n}}{c_{H_水}^{n}} = P_{REA_n}K_{REA_n} \cdot \left(\frac{K_{HA}}{P_{HA}}\right) \cdot \frac{c_{HA_{有}}^{n}}{c_{H_水}^{n}} \tag{9-14}$$

9.4.3.3 半萃取酸度 $pH_{1/2}$

为了比较萃取剂对金属离子的萃取能力大小，引入参数半萃取 pH 值或半萃取酸度

（$pH_{1/2}$）。$pH_{1/2}$表示在两相体积相等、金属离子被萃取一半（即萃取率为50%）、分配比为1时体系的pH值，如图9-8所示。

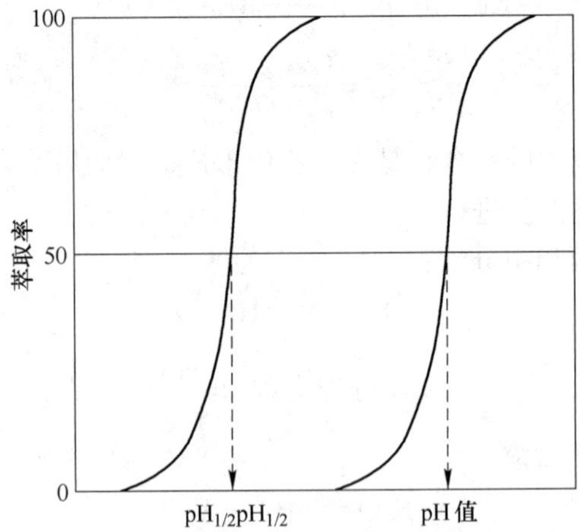

图9-8　溶液的pH值与萃取率的关系

$pH_{1/2}$与萃取平衡常数和萃取分配比的关系可由式（9-14）取对数表示：

$$\begin{aligned}\lg D &= \lg K_{ex} + n\lg c_{HA_{有}} - n\lg c_{H^+} \\ &= \lg K_{ex} + n\lg c_{HA_{有}} + n\text{pH} \end{aligned} \tag{9-15}$$

$$-\frac{\lg K_{ex}}{n} = \text{pH} + \lg c_{HA_{有}} - \frac{\lg D}{n} \tag{9-16}$$

当 $D=1$ 时：

$$-\frac{\lg K_{ex}}{n} = pH_{1/2} + \lg c_{HA_{有}} \tag{9-17}$$

如 c_{HA}是定值，设 $c_{HA}=1.00$，

$$-\frac{\lg K_{ex}}{n} = (pH_{1/2})_{1.00} \tag{9-18}$$

这表示各金属离子在此条件下$pH_{1/2}$为定值。平衡常数越大，$pH_{1/2}$越低。

把式（9-17）代入式（9-16），得：

$$pH_{1/2} = \text{pH} - \frac{\lg D}{n}$$

$$\lg D = n(\text{pH} - pH_{1/2}) \tag{9-19}$$

$pH_{1/2}$越低，分配比越大，所以$pH_{1/2}$可以预示着同价金属离子的萃取能力。如环烷酸萃取RE^{3+}时，在稀土元素中，Y的$pH_{1/2}$最高（见表9-10），分配比最小，即在萃取时Y最难被萃取，因而可用环烷酸把它从其他稀土中萃取分离出来。

表9-10　环烷酸萃取稀土离子的$pH_{1/2}$

RE^{3+}	La	Ce	Pr	Nd	Pm	Sm	Eu	Gd
$pH_{1/2}$	3.95	3.89	3.78	3.74	4.1	3.73	3.62	3.76
RE^{3+}	Tb	Dy	Ho	Er	Tm	Yb	Lu	Y
$pH_{1/2}$	—	3.73	3.97	3.84	3.92	4.02	—	4.30

由式（9-19）也可计算出不同价态的金属离子在体系 pH 值变化时分配比的变化，见表9-11。当体系的 pH 值较 $pH_{1/2}$ 大一个单位时，一价离子的分配比将增加 10 倍，二价、三价、四价离子的分配比将分别增大 100、1000 和 10000 倍。因此体系的 pH 值变化，对于不同价态金属离子的分离具有重要意义。

表 9-11 不同价态离子的萃取率和分配比

项 目	一 价		二 价		三 价		四 价	
	萃取率/%	分配比	萃取率/%	分配比	萃取率/%	分配比	萃取率/%	分配比
$pH_{1/2}-1.0$	9.1	0.1	1.0	0.01	0.1	0.001	0.01	0.0001
$pH_{1/2}-0.5$	24.1	0.32	9.1	0.1	3.1	0.032	1.0	0.01
$pH_{1/2}$	50.1	1.0	50.1	1.0	50.0	1.0	50.0	1.0
$pH_{1/2}+0.5$	75.9	3.2	90.9	10.0	96.9	32	99.0	100
$pH_{1/2}+1.0$	90.9	10	99.0	100	99.9	10^3	99.99	10^4

9.4.3.4 影响分配比和分离系数的因素

由式（9-14）可以看出，萃取的分配比与下列因素有关：

（1）所形成的配合物的分配常数越大，越有利于萃取。易溶于有机相，而不溶于水相的配合物才能完全地被萃取；易溶于水，而不溶于有机相的配合物不能被萃取。

（2）形成的配合物越稳定，即配合物稳定常数越大则越易于萃取。

（3）萃取剂的酸性越强，在水中越易离解，即 K_{HA}越大，越易于萃取。但萃取剂的分配常数越大，对萃取越不利。

（4）在不影响有机相流动性的情况下，萃取剂浓度越大，萃取越完全。

（5）水相酸度越大，分配比越低，越不利于甚至不被萃取。

从实际应用来看，选择萃取条件时，除了考虑金属离子的分配比外，还应从相邻元素的分离系数大小来考虑，所以讨论影响因素时，要从金属离子分配比和分离系数出发，有时考虑分离系数比考虑分配比更为重要。现以 P204 萃取 RE^{3+} 为例。

P204 是二（2-乙基己基磷酸），在非极性溶剂中可形成二聚体，萃取稀土离子时，以二聚体与金属离子作用，萃取机理如下：

$$RE^{3+}+3(HA)_{2有}\longrightarrow RE(HA_2)_{3有}+3H^+$$

$$K_{ex}=\frac{c_{RE(HA_2)_{3有}}\cdot c^3_{H^+}}{c^3_{(HA)_{2有}}\cdot c_{RE^{3+}}}$$

当水相中稀土离子仅以 RE^{3+} 状态存在，有机相中以$[RE(HA_2)_3]$存在时，分配比与 K_{ex}的关系可近似表示为：

$$D=K_{ex}c^3_{(HA)_{2有}}/c^3_{H^+} \tag{9-20}$$

$$\lg D=\lg K_{ex}+3\lg c_{(HA)_{2有}}-3\lg c_{H^+}=\lg K_{ex}+3\lg c_{(HA)_{2有}}+3pH \tag{9-21}$$

在同一萃取体系萃取时，两元素的分离系数为：

$$\beta=\frac{D_1}{D_2}=\frac{K_{ex1}}{K_{ex2}}$$

即它与两元素的萃取平衡常数有关。

A 金属离子的影响

萃取平衡常数不但影响金属离子分配比的大小，也关系到相邻两元素的分离系数。由于稀土离子配合物的稳定性主要取决于金属离子的电荷和半径，因此对于同价的稀土离子来说，其半径的变化将引起稀土配合物相对稳定性的变化。由于稀土离子的半径随原子序数的增大而减少，因此 RE^{3+} 和 P204 形成的配合物的稳定性或其萃取平衡常数随着原子序数递增而递增，见表 9-12。分配比也随原子序数递增而递增，并出现四分组效应，见表 9-13 和图 9-9。但是相邻元素的分离系数并不随原子序数增加而增大。首尾元素的分离系数 $\beta_{Lu/La}$ 高达 3×10^5，平均分离系数：

$$\bar{\beta}=\sqrt[14]{3\times10^5}=2.46$$

表 9-12 P204 萃取 RE^{3+} 的萃取平衡常数

元素	Pm	Sm	Eu	Tb	Dy	Ho	Er	Yb	Lu	Y
$\lg K_{ex}$	−1.73	−0.93	−0.83	0.40	0.88	1.25	1.72	2.27	2.94	1.63

注：有机相：0.05mol/L P204(按单体计算)-甲苯溶液；水相：1.0mol/L 的（HNO_3+NaNO_3）。

表 9-13 P204 萃取 RE^{3+} 的分配比和分离系数

RE^{3+}	Y^{3+}	La^{3+}	Ce^{3+}	Pr^{3+}	Nd^{3+}	Pm^{3+}	Sm^{3+}	Eu^{3+}
D	1.00	1.3×10^{-4}	3.6×10^{-4}	5.4×10^{-4}	7.0×10^{-4}	1.9×10^{-3}	5.9×10^{-3}	0.013
$\beta_{(Z+1)/Z}$		2.8	1.5	1.3	2.7	3.2	2.2	1.6
RE^{3+}	Gd^{3+}	Tb^{3+}	Dy^{3+}	Ho^{3+}	Er^{3+}	Tm^{3+}	Yb^{3+}	Lu^{3+}
D	0.019	0.10	0.28	0.62	1.4	4.9	14.7	39.4
$\beta_{(Z+1)/Z}$		5.3	2.8	2.2	3.0	3.5	3.0	2.0

注：底液为 $HClO_4$，Y^{3+} 的 D 为 1.00。

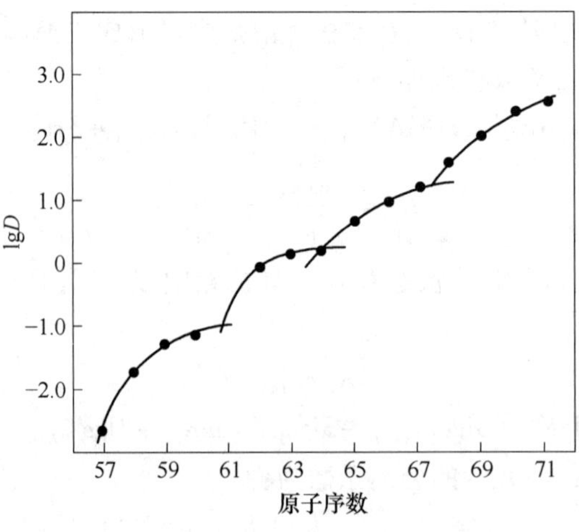

图 9-9 P204 萃取镧系元素的四分组效应（25℃）

金属离子的电荷也是影响稀土配合物稳定性的因素之一。稀土离子的电荷越大，P204 对其萃取能力越强。在相同条件下，Ce^{4+} 的分配比比 Ce^{3+} 大得多，RE^{3+} 和 Eu^{2+} 的分配比也有相当大的差别，其分离系数 $\beta_{RE^{3+}/Eu^{2+}} \approx 5.2 \times 10^3$，所以 P204 用于不同价态元素间的分离是很有利的。

B　酸度的影响

水相的酸度对金属离子的萃取分离十分重要，酸度直接关系到金属离子的分配比和分离系数，在给定萃取剂和金属离子的条件下，体系酸度的选择将是稀土离子萃取分离的关键。

P204 萃取稀土离子的反应机理随体系酸度而变化，由酸性络合萃取机理转变为溶剂合（中性络合）萃取机理。在低酸度范围内，以酸性络合萃取进行。现主要讨论在低酸度条件下，酸度对稀土离子的分配比和分离系数的影响。

由式（9-21）可以看出，在给定萃取剂浓度的条件下，随着溶液的 pH 值提高，分配比增大，$\lg D$-$\lg c_{H^+}$ 成直线关系，如图 9-10 所示，斜率为 −3。随着体系 pH 值的升高，D 将随 pH 值的三次方增加，即 pH 值增大一个单位，分配比将增加 1000 倍，可见酸度的影响之大。一般来说，在高 pH 值条件下，金属离子的分配比较大，但考虑到金属离子的水解和相邻元素的分离系数等，在实际萃取分离时，不能采用过高 pH 值条件，而必须在适当的 pH 值范围内。

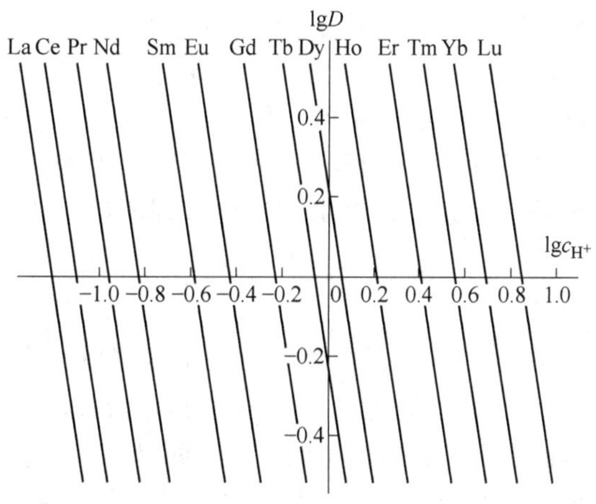

图 9-10　P204 萃取稀土离子（Ⅲ）的 $\lg D$ 与 $\lg c_{H^+}$ 的关系

（有机相：1mol/L P204-甲苯溶液；水相：0.05mol/L $RECl_3$ 溶液）

由图 9-10 可看出，同一酸度下，各稀土元素的分配比随原子序数的增加而增大，利用此图可以确定两相邻元素分离时的水相酸度。从相邻元素的分离系数考虑，体系酸度较低时，相邻两元素的萃取率都很高，甚至都定量被萃取，所以不利于二者的分离。有时提高体系酸度，反而有利两元素分离。由于体系酸度变化而引起的相邻元素的分离系数的变化规律比较复杂，见表 9-14，所以每一对相邻元素分离时，所选体系的酸度也不同。一般而言，轻稀土元素分离时采用的体系酸度较重稀土元素略低些，因为轻稀土元素与 P204 的络合能力比重稀土弱，其 $pH_{1/2}$ 较高。

表 9-14 在硝酸介质中 P204 萃取稀土元素的分离系数

元素对	Ce/La	Pr/La	Nd/Pr	Sm/Nd	Gd/Sm	Dy/Gd	Y/Dy	Er/Dy	Yb/Er
0.3mol/L	3.3	4.2	约1	5.6	4.1	8.0	6.2	2.4	
0.5mol/L	4.4	3.8	约1	4.4	3.5	13.8			
0.7mol/L					6.2	14.5	3.9	4.3	12.9
1.0mol/L					8.6	14.5	4.2	5.2	10.4

由于 P204 与 RE^{3+} 反应（$RE^{3+} + 3(HA)_{2有} \longrightarrow RE(HA_2)_{3有} + 3H^+$）为阳离子交换反应，随着萃取的进行，体系中 H^+ 浓度逐渐提高，平衡水相 pH 值下降，分配比减小，因而萃取到一定程度时，萃取将受到抑制。因此，为了维持平衡水相 pH 值，在实际操作中，有机相在使用前往往需用氨水或氢氧化钠溶液进行皂化处理，使之部分变成铵盐或钠盐。铵（钠）盐占酸性萃取剂量的百分数称之为皂化度。有机酸（如 P204、P507）与无机碱（氨水或氢氧化钠）生成皂盐的反应称为皂化反应。以 NaOH 皂化有机相为例：

钠皂反应： $NaOH + (HA)_{2有} \longrightarrow NaHA_{2有} + H_2O$

萃取剂皂化后的萃取反应为：

$$RE^{3+} + 3NaHA_{2有} \longrightarrow RE(HA_2)_{3有} + 3Na^+$$

这样，当皂化后的有机相萃取稀土时，交换下来进入水相的是 Na^+ 而不是 H^+，从而使萃取过程中体系酸度变化较小或基本不变，保证了反应的顺利进行。当然，不同的体系需控制不同的皂化度。皂化度过低自然不利于稀土离子的定量萃取；但皂化度过高，又会生成胶冻状沉淀物，影响分相，破坏过程的连续进行。一般 P507 的皂化度不能超过 50%，工业上 1.5mol/L P507 皂化度多为 36% 左右。

P204、P507 等萃取剂在萃取 RE^{3+} 过程中，由于 H^+ 浓度控制萃取反应的进行，因此酸性络合萃取体系在分离稀土元素的每个工艺过程（即萃取、洗涤、反萃取）中体系的酸度选择都十分重要。

C 萃取剂浓度的影响

由式（9-21）可见，分配比 D 与自由萃取剂的浓度 $(HA)_2$ 的三次方成正比，因此，当水相料液稀土浓度一定时，增加萃取剂总浓度，自由萃取剂浓度也相应增加，故稀土离子的分配比随之增大，从而有利于金属离子的萃取。同时，在一定的分配比条件下，提高萃取剂浓度，可提高体系所需的酸度，因而可以在较高酸度条件下进行金属离子的萃取，这对易水解的金属离子萃取十分有利。但从稀土元素分离和实际操作考虑，一般不采用高浓度的 P204 溶液，浓度约为 1mol/L 左右，而 P507 浓度则一般采用 1.5mol/L 左右。

D 温度的影响

在多数情况下，稀土元素的分配比随温度的升高而降低。P204 萃取轻稀土的分配比与温度的关系见表 9-15。50℃时分配比要比 10℃时分配比低几倍，比如 La、Ce、Pr、Eu 和 Gd 各低 2.55、1.9、1.88、2.8、2.96 倍。在 10～50℃的温度范围内，$\lg D$-$1/T$ 为直线关系：

$$\lg D/\frac{1}{T} = -\Delta H^{\ominus}/(2.303R)$$

直线斜率为 $-\Delta H^{\ominus}/(2.303R)$，因而可以求出萃取反应的热焓值。另外，温度对于两元素分离系数的影响并不一致，$\beta_{Ce/La}$、$\beta_{Pr/Ce}$随温度升高而增大，$\beta_{Gd/Eu}$却与之相反，随温度升高而减小。

表 9-15 温度对稀土元素的分配比和分离系数的影响

温度/℃	分配比					分离系数		
	La	Ce	Pr	Eu	Gd	Ce/La	Pr/Ce	Gd/Eu
10	0.0500	0.200	0.379	15.00	24.0	4.40	1.72	1.60
25	0.0341	0.165	0.294	9.90	15.6	4.84	1.78	1.57
35	0.0270	0.136	0.251	7.59	11.8	5.04	1.34	1.55
50	0.0196	0.105	0.202	5.31	8.11	5.36	1.92	1.53

9.4.4 离子缔合萃取体系分离稀土元素

9.4.4.1 离子缔合萃取体系的特点

有机的伯、仲、叔胺和季铵盐及含氧的醇、醚、酮和酯等均能以离子缔合方式萃取金属离子，如：

$$RE(NO_3)_6^{3-} + 3/2(R_4N^+NO_3^-)_{2有} \rightleftharpoons 3R_4N^+ \cdot RE(NO_3)_{6有}^{3-} + 3NO_3^-$$

$$FeCl_4^- + [H_3O\cdot 3H_2O\cdot 6(C_2H_5)_2O]_{有}^+ \rightleftharpoons [H_3O\cdot 3H_2O\cdot 6(C_2H_5)_2O^+ + FeCl_4^-]_{有}$$

该类萃取的特点是：萃取剂为碱性萃取剂，被萃取物为金属的络阴离子，质子化的萃取剂阳离子与金属的络阴离子以离子对方式结合。

从生成离子对的特点来看，离子缔合萃取可包括两类：一是金属的络阴离子和萃取剂的阳离子结合而萃取，如胺盐萃取和锌盐萃取。二是金属阳离子和萃取剂的阴离子结合而萃取，如羧酸萃取剂的萃取。在萃取过程中，在形成离子对的同时，还存在阴离子和阳离子的交换过程，所以这两种萃取又称为阴离子交换萃取和阳离子交换萃取。

阳离子交换萃取已在酸性络合萃取一节中作过讨论，本节仅讨论阴离子交换萃取的离子缔合萃取。

离子缔合萃取的主要萃取剂是含氮、氧的Ⅴ族和Ⅵ族元素的有机化合物：氮、氧、磷、硫、砷、锑等作配位原子的有机化合物。其中以含氮、氧的萃取剂最为常见。

含氮萃取剂是胺类化合物，它以胺盐与金属络阴离子交换，形成离子缔合体进行萃取，含氧萃取剂以锌盐与金属络阴离子交换，也形成离子缔合体而萃取。下面将分别对胺盐和锌盐体系进行阐述。

9.4.4.2 胺盐离子缔合萃取体系萃取平衡

A 胺萃取酸

胺是弱碱，萃取酸为其基本性质，能与之生成胺盐。

$$R_3N_{有} + HX \longrightarrow R_3NH^+X_{有}^-$$

式中，R_3N 为叔胺；HX 为酸。

伯、仲、叔胺萃取酸的机理相似。

$$2R_3N_{有} + H_2SO_4 \longrightarrow (R_3NH^+)_2SO_{4有}^{2-}$$

$$(R_3NH^+)_2SO_{4有}^{2-} + H_2SO_4 \longrightarrow 2R_3NH^+HSO_{4有}^-$$

形成胺盐后还能萃取过量的酸，而被萃取的酸容易被水反萃，因此可以用水来回收酸。

胺盐还能与其他酸根和碱进行交换反应：

$$R_3NH^+X^-_{有} + Y^- \longrightarrow R_3NH^+Y^-_{有} + X^-$$

$$R_3NH^+X^-_{有} + OH^- \longrightarrow R_3N_{有} + X^- + H_2O$$

胺盐与酸根的交换次序是：$ClO_4^- > NO_3^- > Cl^- > HSO_4^- > F^-$。与碱交换后，使胺盐变为游离胺。

B　胺萃取金属离子

胺萃取金属离子时，首先与酸形成胺盐，然后胺盐与金属络阴离子交换，以离子缔合体方式被萃入有机相。萃取反应可能以两种方式进行：

$$(m-n)R_3NH^+X^-_{有} + MX_m^{(m-n)-} \longrightarrow (R_3NH^+)_{m-n} \cdot MX_{m有}^{(m-n)-} + (m-n)X^-$$

或

$$(m-n)R_3NH^+X^-_{有} + MX_n \longrightarrow (R_3NH^+)_{m-n} \cdot MX_{m有}^{(m-n)-}$$

式中，M 为金属离子；n 为金属价态。

上式为阴离子交换反应，下式为加合反应。一般来说，当水相 X^- 浓度较大时则交换反应机理占优势。这两种反应的机理虽不同，但萃取剂和金属离子都以离子缔合体方式进行萃取。

季铵盐萃取剂可以直接与金属络阴离子交换，进行萃取。

9.4.4.3　影响胺盐萃取的影响因素

要定量表示胺盐的萃取比较困难，因为胺盐在有机相中聚合，难以确定萃取剂在有机相中的化学形式；同时胺盐萃取是在酸度或阴离子浓度较高的条件下进行，在大量电解质情况下，金属离子的形式也比较复杂，估算金属离子活度系数十分困难，所以难以用简单的关系定量地表示胺盐萃取与各因素的关系。

为了说明一些因素对胺盐萃取稀土离子的影响，现以季铵盐 N263 萃取稀土离子为例。N263 是氯化三烷基甲胺的代号，分子式为 $R_3CH_3N^+ \cdot Cl^-$，其中烷基含 $C_8 \sim C_{12}$，平均相对分子质量约 450，季铵盐含 95%，叔胺 5%。N263 的组成和性能大致与国外常用的 Aliquat336 相近。它可以与硝酸交换，转化为硝酸的季铵盐：$R_3CH_3N^+ \cdot NO_3^-$，然后萃取稀土离子：

$$RE(NO_3)_6^{3-} + 3/2(R_3CH_3N^+ \cdot NO_3^-)_{2有} \longrightarrow 3R_3CH_3N^+ \cdot RE(NO_3)_{6有}^{3-} + 3NO_3^-$$

其中，体系的酸度、盐析剂浓度和阴离子性质等均会影响稀土离子的萃取。

A　酸度的影响

在萃取体系中，除了稀土离子的萃取反应外，还存在下述反应：

$$RE^{3+} + 6NO_3^- \longrightarrow RE(NO_3)_6^{3-}$$

$$R_3CH_3N \cdot NO_{3有} + H_3O^+ + NO_3^- \longrightarrow R_3CH_3N \cdot NO_3 \cdot H_3O \cdot NO_{3有}（四离子缔合体）$$

所以酸度对金属离子萃取的影响会比较复杂。

从上述反应分析，酸度增加，有利于 $RE(NO_3)_6^{3-}$ 的生成，因此也有利于金属离子的萃取。而 $R_3CH_3N^+ \cdot NO_3^- \cdot H_3O^+ \cdot NO_3^-$ 的形成，将减少体系中 $RCH_3N \cdot NO_3$ 的浓度，这对萃取金属离子不利。从萃取反应来看，酸度增加，也不利于萃取反应的进行。综合以上各因素的作用，实际萃取表明，在一定酸度范围内，酸度的增加对稀土的萃取是不利的，见表 9-16。

表 9-16 硝酸浓度对 N263 萃取稀土离子的影响

HNO_3 浓度 /mol·L^{-1}	萃取率/%		
	Ce^{3+}	Eu^{3+}	Y^{3+}
0.02	97.0	62.4	16.6
0.20	95.6	51.1	9.4
0.40	92.6	36.5	6.0
0.80	78.2	19.0	2.6
1.00	71.0	14.2	1.8
1.20	54.3	10.0	1.4

B 盐析剂的影响

由于盐析效应，在 N263 萃取体系中添加盐析剂有利于稀土离子萃取，见表 9-17。

表 9-17 盐析剂对 Eu^{3+} 的萃取率的影响

$Al(NO_3)_3$		$LiNO_3$		NH_4NO_3	
浓度/mol·L^{-1}	萃取率/%	浓度/mol·L^{-1}	萃取率/%	浓度/mol·L^{-1}	萃取率/%
0.6	2.2	0.6	3.6	1.0	4.8
1.2	12.2	1.2	18.9	2.0	16.6
2.4	62.1	2.4	74.5	3.1	33.6
3.6	92.7	3.7	95.9	4.1	51.1
4.8	98.8	4.9	99.5	5.1	67.1
				7.1	88.8
				8.2	94.0

C 阴离子的影响

由于不同阴离子与稀土离子形成络合离子的稳定性不同，镧系元素的稳定性次序也不相同，因此萃取序列（分配比与原子序数的关系）有不同变化，使某些稀土离子容易从其他稀土中分离出来。图 9-11 所示为在 $LiNO_3$ 和 NH_4CNS 体系中，从 N263 为萃取剂时分配比与原子序数的关系。稀土在 $LiNO_3$ 体系中为“倒序”萃取序列，而在 NH_4CNS 体系中则为“正序”萃取序列。钇在两个序列中处于不同位置，在 $LiNO_3$ 体系中介于 Tm 和 Yb 之间，而在 NH_4CNS 体系中，则处于 Nd 和 Sm 之间，因此分别在 $LiNO_3$ 和 NH_4CNS 体系中以 N263 进行萃取，钇就很容易从稀土中分离出来。

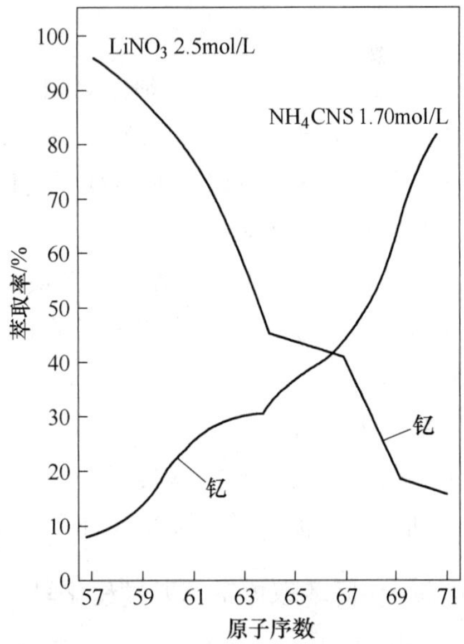

图 9-11 N263-NO_3^- 和 N263-CNS^- 萃取稀土（Ⅲ）时萃取率与原子序数的关系

当其他络合剂存在时，也会使稀土离子的萃取次序发生变化，如 N263 对轻稀土萃取序列：

La > Pr > Nd > Sm；加入 DTPA 以后，由于 DTPA 与轻稀土离子的络合次序为 Sm > Nd > Pr > La，故使得相邻元素的分配比差距增大，分离系数增加，如 Pr-Nd 的分离系数高达 5.8（以二甲苯为稀释剂），这是其他萃取体系难以达到的。

D 萃取剂浓度的影响

萃取剂浓度越大对金属离子分配比越有利，见表 9-18，但从相邻元素分离来看，萃取剂浓度增加，分离系数往往下降。

表 9-18 萃取剂浓度对 Nd^{3+} 的分配比的影响

萃取剂浓度/$mol \cdot L^{-1}$	0.95	0.70	0.50	0.30	0.10
D_{Nd}	34.3	20.1	11.1	3.03	0.50

9.4.4.4 鎓盐萃取

通过形成鎓离子的萃取剂与金属的络阴离子结合形成鎓盐而被萃取，即为鎓盐萃取。鎓盐的生成与胺盐的情况相似，但胺中的氮原子和质子的结合能力要比含氧萃取剂中的氧原子强。萃取时鎓盐要在强酸条件下形成，而胺盐可在稀酸条件下形成。

鎓盐萃取时主要有以下反应：

（1）金属离子形成络阴离子：

$$M^{n+} + mX^- \longrightarrow MX_m^{(m-n)-}$$

（2）萃取剂形成鎓离子（以醚为例）：

$$R_2O_{有} + H^+ \longrightarrow R_2OH^+_{有}$$

（3）金属络阴离子与萃取剂的鎓离子形成离子缔合体而被萃取：

$$(m-n)R_2OH^+_{有} + MX_m^{(m-n)-} \longrightarrow (R_2OH^+)_{m-n} \cdot MX_{m有}^{(m-n)-}$$

因此影响鎓盐萃取的因素主要有金属离子和萃取剂的性质以及相应的萃取酸度条件等。

A 被萃取的金属离子

被萃取的金属离子必须以络阴离子的形式存在。络阴离子的稳定性越大越有利于萃取，且络阴离子的亲水性越差越好。一般来说，金属离子宜在 HF、HCl、HBr、HI、HCNS、HNO_3 介质中进行萃取，而不宜于高价含氧酸介质中进行萃取。

B 萃取剂的碱性

鎓盐形成的能力取决于含氧萃取剂的碱性，萃取剂的碱性越强越有利，其次序为：醚 < 醇 < 酸 < 酯 < 酮 < 醛。形成鎓离子的亲水性越差越好，这就要求萃取剂有适当的相对分子质量。

C 萃取条件

鎓盐萃取一般要在高酸度条件下进行，以保证最大限度生成金属络阴离子和有机阳离子，所以金属离子的萃取率受体系酸度影响较大。

9.4.5 协同萃取体系萃取过程化学

9.4.5.1 协同萃取的基本概念

当两种或两种以上萃取剂的混合物萃取某一金属离子或其化合物时，如果其分配比显著大于单一萃取剂在相同条件下单独使用时的分配比之和，这种现象称为协同效应，这种萃取体系称为协同萃取体系。如果混合萃取剂对金属离子的萃取分配比显著小于单一萃取剂在相同条件下使用时的分配比之和，这种现象称为反协同效应。

设 D_1 和 D_2 为萃取剂单独萃取金属离子的分配比，D_{12} 为混合萃取剂萃取金属离子的分配比。当 $D_{12} > D_1 + D_2$ 时，此萃取体系具有协同效应；当 $D_{12} < D_1 + D_2$ 时，此萃取体系具有反协同效应；当 $D_{12} = D_1 + D_2$ 时，此萃取体系无协同效应。无协同效应的萃取体系为理想的混合萃取体系，其中两种萃取剂在体系中互不作用，它们与被萃物不生成含有两种萃取剂的协萃配合物。

9.4.5.2　协同萃取图和协同萃取系数

图 9-12 所示为 TTA + TBP 混合萃取剂萃取 UO_2^{2+} 的协同萃取图。它是在温度、金属离子浓度、萃取剂总浓度等条件确定时，改变萃取剂的摩尔分数 x_S（$x_S = c_S/(c_{HA} + c_S)$，c_S 代表 TBP 浓度，c_{HA} 代表 TTA 浓度，但 $c_{HA} + c_S$ 为定值），测定不同 x_S 时的分配比，以 $\lg D$-x_S 作图而获得。

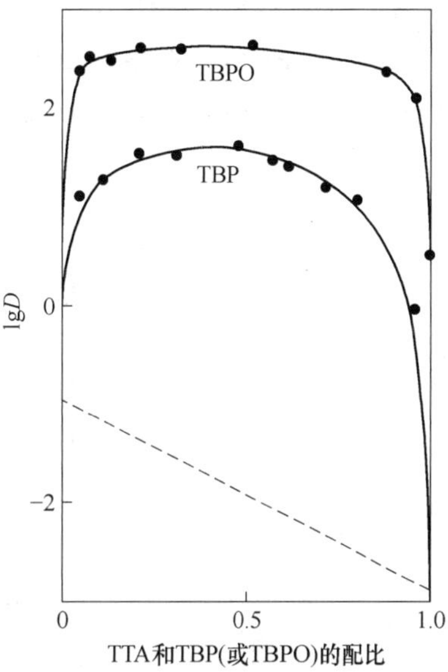

图 9-12　TTA 和 TBP（或 TBPO）协同萃取 UO_2^{2+} 的协萃图

协同萃取系数 $R = D_{12}/(D_1 + D_2)$ 表示混合萃取剂萃取时的分配比和单一萃取剂萃取时的分配比之和的比值。因此，$R > 1$ 时，此萃取体系具有协同效应；$R < 1$ 时，此萃取体系具有反协同效应；$R = 1$ 时，此萃取体系无协同效应。

9.4.5.3　酸性与中性络合协同萃取体系的协萃机理

目前对酸性萃取剂（包括酸性磷类萃取剂、螯合萃取剂等）和中性萃取剂的协萃机理研究得相对较多，本节仅叙述酸性和中性萃取剂的协萃机理，主要有三类：

（1）加合机理。当酸性萃取体系中加入中性萃取剂时，由于中性萃取剂与金属配位形成加合物，如 $Eu(TTA)_3TBP$，以满足金属的最大配位数和配体的几何构型，因而形成的加合物较稳定，使萃取分配比有显著提高，产生协同效应。

加合物形成的一般反应可表示为：

$$M^{n+} + nHA_{有} + qS_{有} \longrightarrow MA_n \cdot qS_{有} + nH^+$$

$$K_{ex} = \frac{c_{MA_n \cdot qS_{有}} \cdot c_{H^+}^n}{c_{M^{n+}} \cdot c_{HA_{有}}^n \cdot c_{S_{有}}^q}$$

这仅代表形成一个加合物的最简单情况。有时体系中还形成两个或两个以上的加合物，如 TTA 和 TOPO 的协萃体系中，萃取剂与 Eu^{3+} 形成 $Eu(TTA)_3TOPO$、$Eu(TTA)_3 \cdot 2TOPO$ 加合物。

（2）取代机理。在酸性萃取体系中，由于中性萃取剂的加入而取代萃合物中的酸性萃取剂，形成混合配合物。由于取代下来的酸性萃取剂继续萃取金属离子，并生成混合配合物，如 $MA_n(HA)_{n-q}S_q$，比原来的配合物 $MA_n(HA)_n$ 更稳定，因而产生协同效应，分配比提高，其反应为：

$$MA_n(HA)_{n有} + qS_{有} \longrightarrow MA_n(HA)_{n-q} \cdot S_{q有} + qHA_{有}$$

(3) 降低萃合物的亲水性。由于中性萃取剂的加入而取代含水的萃合物中的水分子，使萃合物的亲水性降低甚至丧失，因而可提高萃取效率，并产生协同效应。其反应为：

$$M(HA_2)_n(H_2O)_{x有} + qS_{有} \longrightarrow M(MA_2)_n(H_2O)_{x-q}S_{q有} + qH_2O$$

9.4.5.4 混合萃取剂协同萃取稀土离子

A TTA 和 S（TBP、DOPO、TOPO 等）协同萃取 Eu^{3+}

TTA 和 TBP 等中性络合萃取剂的协同萃取体系属于酸性络合和中性络合协萃体系。这些混合萃取剂和 Eu^{3+} 以加合机理形成加合物，产生协同效应，如图 9-13 所示。

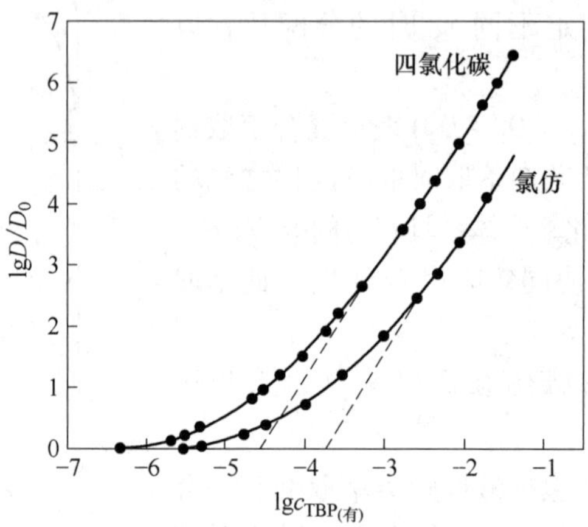

图 9-13 TTA 萃取铕（Ⅲ）的分配比与加入 TBP 的浓度关系

（$\lg D/D_0 = \lg[1 + k_{1有} c_{TBP有} + k_{2有} c^2_{TBP有}]$，$D$ 为混合萃取剂萃取时的分配比）

协萃反应为：

$$Eu(TTA)_{3有} + S_{有} \longrightarrow Eu(TTA)_3S_{有}$$

$$k_1 = \frac{c_{Eu(TTA)_3S_{有}}}{c_{Eu(TTA)_{3有}} \cdot c_{S_{有}}}$$

$$Eu(TTA)_{3有} + 2S_{有} \longrightarrow Eu(TTA)_3 \cdot 2S_{有}$$

$$k_2 = \frac{c_{Eu(TTA)_3 \cdot 2S_{有}}}{c_{Eu(TTA)_{3有}} \cdot c^2_{S_{有}}}$$

在体系中形成两种加合物，加合物的形成常数见表 9-19。加合反应平衡常数的大小与中性络合萃取的萃取剂碱性和稀释剂的性质有关。中性络合萃取的萃取剂的碱性越强，加合反应的平衡常数越大，协萃效应越明显。但由于 TTA 萃取剂价格昂贵，关于此类体系在工业上的应用鲜有报道。

表 9-19 $Eu(TTA)_3$ 和中性萃取剂的加和反应形成常数

金属螯合物	中性萃取剂	平衡常数			
		氯仿溶剂		四氯化碳溶剂	
		$\lg k_1$	$\lg k_2$	$\lg k_1$	$\lg k_2$
$Eu(TTA)_3$	喹啉	3.29	—	3.38	5.16
$Eu(TTA)_3$	TBP	3.63	5.4	5.36	8.96
$Eu(TTA)_3$	TOPO	5.4	7.6	7.49	12.26

B P204 + TBP 对稀土离子的协同萃取

P204 + TBP 体系也属于酸性络合和中性络合协萃体系。此体系对于 RE^{3+} 在原子序数 $Z<64$ 的元素有协同效应，而对于 $Z>64$ 的元素则有反协同效应。其原因可能是由于 $Z<64$ 的元素半径较大，可容纳较多的配位原子，从而形成较稳定的加合物，因而提高了金属离子的萃取分配比，产生协同效应；但是随着原子序数的增大，元素半径减小，配位数较小，而不能容纳更多配位原子，不易生成加合物。且由于 P204 和 TBP 有作用，从而减少了萃取剂的浓度，因而可能使萃取分配比下降。因为 P204 的价格低廉，萃取容量较大，所以此类萃取体系在工业上得到了应用。

另外，近年来，随着新型萃取剂 C272 的研究和应用的推进，C272 + P507 协同萃取铥镱镥重稀土在工业上也得到了应用，该体系降低了平衡水相余酸酸度，提高了分离系数，取得了较好的分离效果。

9.4.6 萃取法在稀土生产上的应用

萃取法在稀土生产中已得到广泛应用，主要用于三个方面：稀土元素的分组、单一稀土的分离以及稀土与非稀土的分离。

9.4.6.1 萃取法用于稀土元素的分组

P204、P507、C272 等酸性磷类萃取剂均可用于稀土元素的分组，且其工艺已成功应用于稀土生产中，其中 P507 是目前稀土分组的主要萃取剂。

P204、P507、C272 等萃取剂萃取 RE^{3+} 的能力均随镧系原子序数的递增而递增，属于“正序萃取”序列，且在其盐酸体系中，相邻稀土元素均有较高的分离系数，如平均分离系数 $\bar{\beta}$ 分别为 2.46（P204）、2.49（P507）、3.24（C272），因此为稀土分组提供了基础。

P204、P507 萃取稀土的反应机理属于酸性络合萃取，根据式（9-21），当体系中萃取剂浓度一定时，$\lg D$-$\lg[H^+]$ 为直线关系，如图 9-10 所示。当 $[H^+]$ 浓度一定时，各元素的分配比随原子序数的增大而增大。当选择适当酸度时，某些稀土元素的分配比大于 1，而另一些则小于 1。在萃取时，分配比大于 1 的重稀土元素萃取进入有机相，而分配比小于 1 的轻稀土元素则留在水相。如选择 $D_{Sm}=1, \lg c_{H^+}=-0.6(c_{H^+}=0.25mol/L)$ 时的水相酸度，萃取时，Sm 及 Sm 以后的重稀土元素（$\lg D>0$ 的元素）将萃入有机相，而 Sm 以前的轻稀土元素则留在水相，这样就可以实现 Nd-Sm 分组。

在实际生产中根据下述条件把稀土分为三组：

（1）Nd-Sm 分组，体系酸度约为 0.3mol/L。Nd 以前的轻稀土离子留在水相，Sm 以后的稀土离子则萃入有机相。

（2）Gd-Tb 分组，体系酸度约为 0.8mol/L。Gd 以前的较轻离子留在水相，而 Tb 以后的较重元素萃入有机相。

生产中通过控制萃取和反萃取过程中的体系酸度，将混合稀土分为三组，其工艺流程如图 9-14 所示。

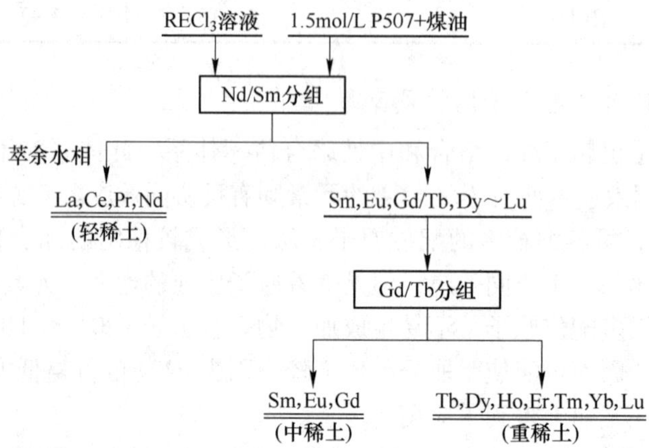

图 9-14 混合稀土分组原则流程

9.4.6.2 萃取法用于单一稀土的分离

目前萃取法已经可以实现对除钷以外的镧系元素和钇等 15 个稀土元素的全分离，并得到纯度大于 99.99% 的产品。萃取法分离镧、铈等稀土元素的生产工艺原理各有异同，现从以下三个方面给以说明：

（1）利用变价元素与三价元素性质差异进行萃取分离：

1）铈的萃取分离。由于铈易氧化成四价铈，故可利用四价铈与 TBP、P204、P6602（三烷基磷酸酯）等萃取剂有较强的络合能力，萃取时，四价铈与三价稀土的分离系数较大（如用 TBP 萃取时，$\beta_{Ce^{4+}/RE^{3+}} \approx 50$，P6602 萃取时，$\beta_{Ce^{4+}/RE^{3+}} > 150$），四价铈很容易从三价稀土中分离出来。萃取工艺中所采用的萃取器的级数较少，在铈的萃取工艺中，分离效率主要取决于铈的氧化率。

2）铕的萃取分离。铕能被还原为 Eu^{2+}。由于 Eu^{2+} 与 RE^{3+} 的价态差别而使它们与萃取剂的络合能力有较大差距，因而在萃取时，它们之间有较大的分离系数（如 P204 萃取时，$\beta_{RE^{3+}/Eu^{2+}} = 5.2 \times 10^3$，P350 萃取时，$\beta_{RE^{3+}/Eu^{2+}} = 1080$），因此铕易于从其他稀土溶液中分离出来。

萃取分离铕的方法有还原萃取法和还原反萃取法。还原萃取法是先将混合稀土溶液中的 Eu^{3+} 还原为 Eu^{2+}，还原剂为锌粉，然后进行萃取，三价稀土进入有机相，二价铕留在水相，因而得到分离。

$$2Eu^{3+} + Zn \longrightarrow Zn^{2+} + 2Eu^{2+}$$

还原反萃取法是把混合的三价稀土（包括 Eu^{3+}）都萃入有机相，然后用锌粉还原

Eu^{3+}，以 HCl 溶液反萃取，即 Eu^{2+} 优先被反萃，进入反萃液与其他稀土分离。

目前采用的萃取工艺主要在 P507-HCl 体系中进行。

（2）利用络合剂络合能力的差别进行萃取分离。该方法是指在萃取体系的水相中加入某种络合剂（如氨羧络合剂），其与金属离子生成配合物的稳定性次序与萃取剂萃取金属离子的分配比次序正好相反，因而其在萃取过程中可起一种“推”“拉”作用，进一步扩大相邻元素间的分离系数，从而使之易于分离。

在络合剂存在时，水相中存在着络合平衡（以 Pr、Nd 和 DTPA 络合平衡为例）。相邻元素的分离系数推导如下：

$$Nd^{3+} + L^{5-} \longrightarrow NdL^{2-}$$

$$K_{NdL^{2-}} = \frac{c_{NdL^{2-}}}{c_{Nd^{3+}} \cdot c_{L^{5-}}}$$

$$Pr^{3+} + L^{5-} \longrightarrow PrL^{2-}$$

$$K_{PrL^{2-}} = \frac{c_{PrL^{2-}}}{c_{Pr^{3+}} \cdot c_{L^{5-}}}$$

式中，L^{5-} 为 DTPA 的酸式解离的阴离子。

在萃取体系中，Pr^{3+} 和 Nd^{3+} 的分离系数可表示为：

$$\beta_{Pr/Nd} = \frac{c_{Pr_{有}}(c_{Nd^{3+}_{水}} + c_{NdL^{2-}_{水}})}{c_{Nd_{有}}(c_{Pr^{3+}_{水}} + c_{PrL^{2-}_{水}})} = \beta'_{Pr/Nd} \cdot \frac{1 + K_{NdL^{2-}} \cdot c_{L^{5-}}}{1 + K_{PrL^{2-}} \cdot c_{L^{5-}}}$$

无络合剂存在时，它们的分离系数为：

$$\beta'_{Pr/Nd} = \frac{c_{Pr_{有}} c_{Nd^{3+}_{水}}}{c_{Nd_{有}} c_{Pr^{3+}_{水}}}$$

当配合物的平衡常数足够大时，上式可简化为：

$$\beta_{Pr/Nd} = \beta'_{Pr/Nd} \frac{K_{NdL^{2-}}}{K_{PrL^{2-}}}$$

当相邻元素和络合剂的络合能力与其萃取分配比次序相反时，则 $\beta_{Pr/Nd} > \beta'_{Pr/Nd}$。所以在某些络合剂存在时，即可扩大相邻元素的分离系数，使其有可能分离。使用络合剂的萃取工艺有 N263-RE$(NO_3)_3$-NH_4NO_3-DTPA 体系分离轻稀土元素，可以获得 99% 以上的 Pr_6O_{11}、Nd_2O_3 和 La_2O_3 产品。

（3）利用个别稀土元素在萃取序列中的位置变化进行萃取分离。在稀土元素中，最典型的是钇，由于它的电子组态中不含有 *f* 电子，与镧系元素在结构性质上有差异，因而可能使它在稀土萃取序列中的位置发生不规则的变化。在正常情况下，按离子半径的大小，钇的分配比在铒附近，但在另一些萃取体系中，钇的分配比会移向轻稀土或移至整个稀土序列之外。利用钇在萃取序列中位置的变化，可采用两步（两种萃取体系）分离以得到纯度较高的钇产品。

N263 萃取稀土时，由于钇在 NO_3^- 和 CNS^- 体系中的萃取位置不同，因此可采用 N263-重溶剂-RE$(NO_3)_3$-$LiNO_3$ 体系和 N263-重溶剂-$RECl_3$-NH_4CNS 体系，分步萃取钇的工艺曾在生产上得到应用，其工艺流程如图 9-15 所示。

随着环烷酸萃取剂在稀土分离工艺上的使用，N263 两步法萃取钇被取代，环烷酸萃取提钇已成为制备钇的主导成熟工艺。由于环烷酸萃取稀土的机理属于酸性络合萃取机

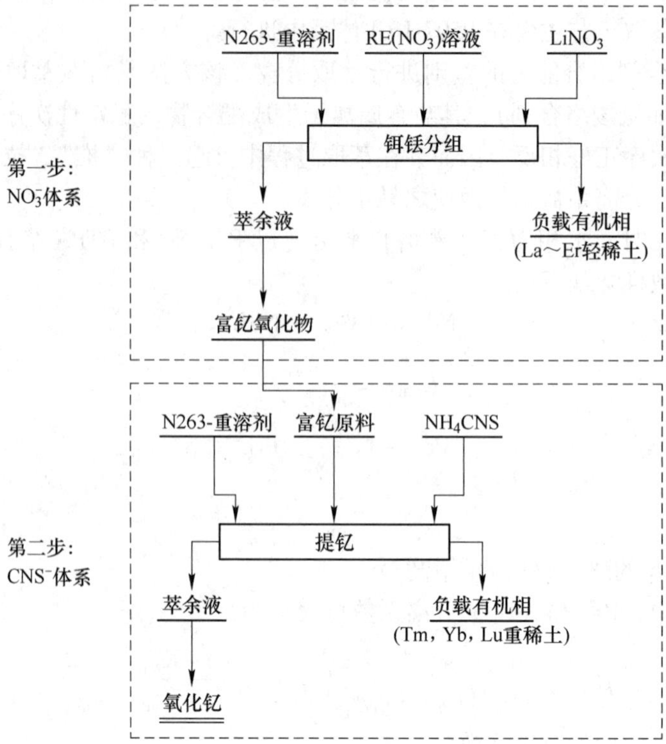

图 9-15 两步法萃取提钇工艺流程

理，因此在给定萃取剂浓度条件下，水相酸度将是影响稀土萃取分离的主要因素。表 9-10 表明钇的 $pH_{1/2}$ 值（4.3）比其他稀土离子的 $pH_{1/2}$ 值都大，在环烷酸萃取序列中，钇的位置在全部镧系元素之后，因此钇较其他稀土难于萃取，所以控制适当的酸度，就可把其他稀土萃入有机相而钇留在水相中。这样，可以直接用一步分馏萃取，实现钇与其他稀土元素的分离而获得高纯钇，从而取代在 NO_3^- 和 CNS^- 体系中两步分离钇的工艺。

在环烷酸萃取分离钇的工艺中，萃取器的级数较多，但可以得到纯度在 99.995% 以上的氧化钇产品，其工艺流程如图 9-16 所示。

制取荧光级氧化钇的关键在于非稀土杂质的分离和粒度要求。荧光级氧化钇中非稀土杂质的要求：$Fe < 0.5 \times 10^{-6}$，$Cu < 0.5 \times 10^{-6}$，$Ca < 7 \times 10^{-6}$，$Ni < 10 \times 10^{-6}$，$Pb < 10 \times 10^{-6}$。为此，可将上述萃余液再转入 P507 体系经过一次分馏萃取，进行捞钇洗钙工艺。由于在该体系中钠、镁、钙等杂质更难萃，从而使其留在萃余液中，而钇被萃入有机相。含钇的有机相经反萃、草酸沉淀、灼烧即可得到荧光级氧化钇。

9.4.6.3 萃取法用于稀土和非稀土的分离

在生产工艺中，稀土元素和非稀土杂质的分离可分为粗分离和精制两部分，常用的方法以沉淀法居多，但萃取法在这方面也得到了一定应用。现举如下三例：

（1）用伯胺从混合型稀土矿的硫酸分解液中分离钍和稀土元素。此工艺分两步进行，先用伯胺（N1923）在硫酸体系萃取钍，稀土留在萃余液。钍在有机相的收率大于 99%。然后用 N1923 在低酸度下萃取稀土而不萃取铁离子的原理，除去萃余液中的铁等非稀土

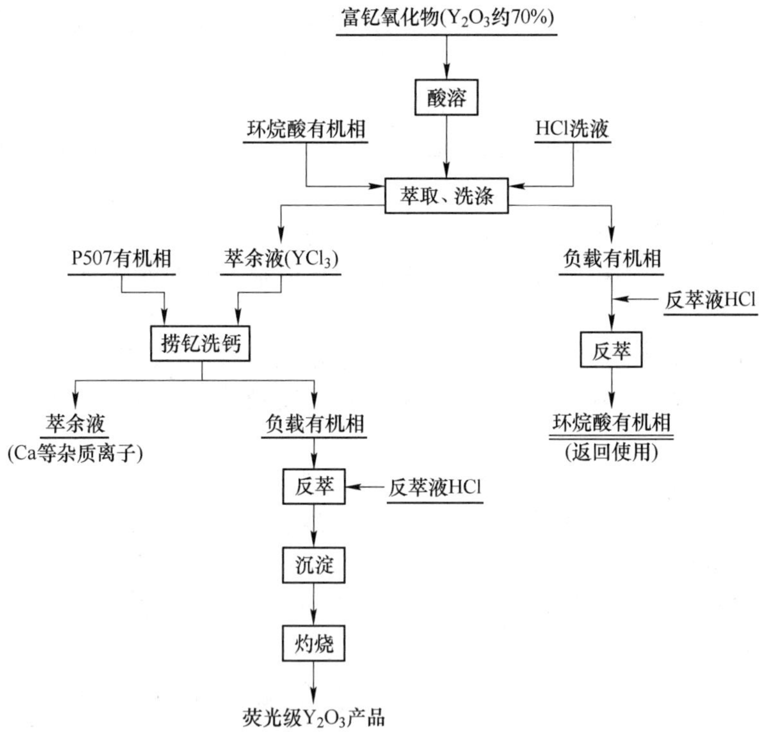

图 9-16　环烷酸提钇原则流程图

杂质。反萃用盐酸，这样将原硫酸稀土溶液转变为氯化稀土溶液。料液中铁离子基本以 Fe^{3+} 存在，可加入铁屑先将其还原为 Fe^{2+}，这样可以把 99% RE_xO_y 萃入有机相。

（2）P204 从离子吸附型稀土矿的浸出液中提取稀土元素，并将稀土分组，得到不同组分的富集物。

（3）N235 已广泛用于稀土料液的除铁，在盐酸体系中，高酸度下将 $FeCl_4^-$ 络阴离子萃入有机相，形成离子缔合体而萃入有机相，稀土由于无法形成络阴离子而留在水相，从而将铁从稀土溶液中分离出去。

9.5　离子交换法分离稀土元素

9.5.1　离子交换法的基本概念

虽然溶剂萃取法在稀土元素分离上得到了广泛应用，但离子交换色层法仍然是稀土元素分离、制备单一稀土元素的重要方法。

9.5.1.1　离子交换反应

离子交换色层技术是以离子交换树脂（阳离子交换树脂或阴离子交换树脂）为固定相，含有稀土离子的溶液或淋洗液为流动相。离子交换反应发生在树脂和溶液之间。树脂上的可解离离子与溶液中电荷相同的离子进行异相交换反应：

$$\underset{\text{(阳离子交换树脂)}}{3RSO_3H} + RE^{3+} \longrightarrow (RSO_3)_3RE + 3H^+$$

溶液中离子被吸附在树脂上。吸附在树脂上的离子亦可被溶液中电荷相同的其他离子置换而解吸下来：

$$(RSO_3)_3RE + 3H^+ \longrightarrow 3RSO_3H + RE^{3+}$$

所以离子交换反应是可逆的平衡反应，也是非均相反应，因此具有非均相反应的特点。

A 离子交换反应步骤

树脂和溶液中的离子交换反应包括如下 5 个步骤：

（1）溶液中的离子向树脂表面扩散，通过围绕树脂表面的液体薄膜边界层，到达树脂表面。

（2）到达树脂表面的离子进入树脂的交联网孔内，在树脂颗粒内部扩散。

（3）扩散进入树脂颗粒内部的离子与树脂中可交换离子（功能基的可离解的离子）发生交换反应。

（4）被交换下来的离子在树脂交联网孔内向树脂表面扩散。

（5）被交换下来的离子从树脂表面向溶液中扩散。

上述五个步骤中的（1）、（2）、（4）、（5）均为扩散过程，（3）是离子交换过程。一般来说，无机离子交换反应是较快的，因此总的离子交换过程受扩散过程控制。

B 离子交换平衡

当离子交换反应中离子的吸附速度和解吸速度相等时，交换反应达到平衡：

$$3RSO_3H + RE^{3+} \underset{\text{解吸}}{\overset{\text{吸附}}{\rightleftharpoons}} (RSO_3)_3RE + 3H^+$$

其平衡常数为：

$$K = \frac{a_{(RSO_3)_3RE}\, a_{H^+}^3}{a_{RSO_3H}^3\, a_{RE^{3+}}}$$

为方便起见，把 $a_{(RSO_3)_3RE}$ 和 a_{RSO_3H} 各以 $\bar{a}_{RE^{3+}}$ 和 $\bar{a}_{H^+}$ 表示，因此

$$K = \frac{\bar{a}_{RE^{3+}}\, a_{H^+}^3}{\bar{a}_{H^+}^3\, a_{RE^{3+}}}$$

平衡常数 K 表示在一定条件下（温度、压力）下，反应物和产物活度间的关系，它不随反应物和产物活度的变化而变化。但是由于交换反应十分复杂，很难从活度关系计算出来，所以往往以浓度代替活度，以表观平衡常数表示：

$$K' = \frac{\bar{c}_{RE^{3+}}\, c_{H^+}^3}{\bar{c}_{H^+}^3\, c_{RE^{3+}}} = K\frac{\gamma_{RE^{3+}}}{\gamma_{H^+}^3}$$

式中，γ 为 RE^{3+} 和 H^+ 的活度系数，它随溶液中金属离子和 H^+ 浓度而变化。

平衡常数取决于溶液中离子的性质和树脂的类型。它的大小可表示树脂对离子的吸附能力或选择性。

9.5.1.2 选择系数和树脂的选择性

为了比较树脂对各种离子的吸附能力，一般以氢型树脂和溶液中离子的交换能力作比较，其表观平衡常数为：

$$nRSO_3H + M^{n+} \rightleftharpoons (RSO_3)_nM + nH^+$$

$$K' = \frac{c_{(RSO_3)_nM}\, c_{H^+}^n}{c_{RSO_3H}^n\, c_{M^{n+}}}$$

它表示平衡时氢型树脂和溶液中离子的浓度关系，即各离子从树脂中置换出 H^+ 的能力，即选择系数，以符号 $K_{M\text{-}H}$ 表示：

$$K_{M\text{-}H}=\frac{\bar{c}_{M^{n+}}c_{H^+}^{n}}{\bar{c}_{H^+}^{n}c_{M^{n+}}} \tag{9-22}$$

为了比较树脂对不同价态离子的吸附能力，可把式（9-22）改写为：

$$RSO_3H+1/nM^{n+}\rightleftharpoons 1/n(RSO_3)_nM+H^+$$

$$K_{M/n\text{-}H}=\frac{c_{(RSO_3)_nM}^{1/n}c_{H^+}}{c_{RSO_3H}c_{M^{n+}}^{1/n}}=\frac{\bar{c}_{M^{n+}}^{1/n}c_{H^+}}{\bar{c}_{H^+}c_{M^{n+}}^{1/n}} \tag{9-23}$$

它表示金属离子从树脂相中置换出 H^+ 的能力。

选择系数可表示树脂的选择性，选择系数越大，树脂对金属离子的选择性越强。树脂对各金属离子选择性强弱的原因还不十分清楚。强酸阳树脂对金属离子选择性的差异可用树脂和金属的相互作用以及金属离子和水的相互作用来解释。

金属离子与树脂的作用是静电引力作用，作用力（或亲和力）的大小与金属离子在溶液中的有效半径（水合离子半径）成反比，与金属离子的电荷成正比。所以有效半径小、电荷多的金属离子，相对来说，树脂对其作用力要大，吸附能力要强。

金属离子对树脂相对亲和力的大小有如下几条经验规律：

（1）在常温、稀溶液中，阳树脂对金属离子的亲和力为：离子电荷高的，亲和力大，如：

$$Th^{4+}>RE^{3+}>Ca^{2+}>H^+$$

离子的有效半径小的，则亲和力也大，如三价稀土离子的半径随 $La^{3+}\rightarrow Lu^{3+}$ 减小，但它们的水合离子半径则从 $La^{3+}\rightarrow Lu^{3+}$ 而增大，树脂对它们的亲和力则随 $La^{3+}\rightarrow Lu^{3+}$ 而减少。

（2）对于 H^+ 或 H_3O^+ 来说，阳离子交换树脂对它们亲和力与树脂功能基的酸度强弱有关。如羧酸型阳离子交换树脂（弱酸型的）对 H^+ 的吸附能力强，其吸附次序为：

$$H^+>Fe^{3+}>Al^{3+}>Ca^{2+}>Mg^{2+}>K^+>Na^+$$

磺酸型阳离子交换树脂（强酸型的）对 H^+ 的吸附能力弱，其吸附次序为：

$$Fe^{3+}>Al^{3+}>Ca^{2+}>Mg^{2+}>K^+>Na^+>H^+$$

（3）在常温、稀溶液中，阴离子交换树脂的选择性与阴离子电荷、水合半径以及它们所形成的相应酸的酸性有关。对于强碱性阴树脂来说，其吸附次序为：

$$SO_4^{2-}>NO_3^-> Cl^->OH^->F^->HCO_3^->HSiO_3^-$$

对于弱碱阴树脂来说，其吸附次序为：

$$OH^->SO_4^{2-}>NO_3^->PO_4^{3-}>Cl^->HCO_3^-$$

（4）在高温、非水溶液或浓溶液中，树脂对离子的亲和力不遵守上述规律。

9.5.1.3 分配比和分离因素

分配比是具有实际意义的参数。它是离子交换达到平衡时，离子在树脂中的总浓度和在溶液中的总浓度的比值，不考虑离子在树脂和液相中的状态，分配比是：

$$D=\frac{c_{(RSO_3)_3RE}}{c_{RE^{3+}}}=\frac{\text{每克树脂中离子的浓度}}{\text{每毫升溶液中离子的浓度}}$$

$$=\frac{\dfrac{\text{树脂中离子的毫摩尔数}}{\text{干树脂的克数}}}{\dfrac{\text{溶液中离子的毫摩尔数}}{\text{溶液的毫升数}}}$$

单位是 mL/g。

分配比是衡量树脂对离子吸附能力的参数。分配比与选择系数的关系可表示为：

$$D=\frac{c_{(RSO_3)_3RE}}{c_{RE^{3+}}}=K_{RE\text{-}H}\frac{c^3_{RSO_3H}}{c^3_{H^+}}=K_{RE\text{-}H}\frac{\bar{c}^3_{H^+}}{c^3_{H^+}}$$

选择系数越大，分配比也越大。分配比还与溶液中 H^+ 浓度成反比。H^+ 浓度越大，分配比越小。

分离因素是两个元素的分配比的比值，是衡量离子交换色层分离两个元素的分离效果的参数：

$$a_{B/A}=\frac{D_B}{D_A}=\frac{\dfrac{\bar{c}_B}{c_B}}{\dfrac{\bar{c}_A}{c_A}}=\frac{\bar{c}_B c_A}{\bar{c}_A c_B}$$

对于相邻的两个稀土元素来说，其分离因素：

$$a_{RE_{Z+1}/RE_Z}=\frac{\bar{c}_{RE^{3+}_{Z+1}}c_{RE^{3+}_Z}}{\bar{c}_{RE^{3+}_Z}c_{RE^{3+}_{Z+1}}}=\frac{K_{Z+1}}{K_Z}$$

K_{Z+1}、K_Z 表示相邻两稀土元素的选择系数。由于相邻稀土元素的性质十分相似，树脂对它们的吸附能力虽有差别，但分配比仍十分接近，a 值接近于 1，见表 9-20。因此相邻稀土元素在离子交换色层分离中，单以稀土离子在树脂上的吸附过程是难以分离的，必须依赖于离子解吸过程中的淋洗作用。

表 9-20 相邻稀土元素的分离因素（采用 KY-2 型的离子交换树脂）

离子对	La-Ce	Pr-Nd	Sm-Eu	Gd-Tb
$a_{RE_Z/RE_{Z+1}}$	1.012	1.011	1.009	1.001
离子对	Dy-Ho	Er-Tm	Yb-Lu	K-Na
$a_{RE_Z/RE_{Z+1}}$	1.020	1.001	1.032	1.42

9.5.1.4 离子交换色层法分离稀土元素的过程

离子交换色层法常采用离子交换柱，以动态交换进行元素分离，它主要包括两个过程：

（1）树脂的吸附。将混合稀土溶液以适当的流速通过树脂柱，离子在树脂柱中自上而下进行交换而被吸附。一般在待分离的离子吸附前，树脂要进行转型，以适应于待分离离子的吸附和解吸。

（2）淋洗。将淋洗剂以适当流速通过树脂柱时，由于淋洗剂的作用，可使吸附在树脂上的离子被解吸下来，得到所需的产品，同时使树脂再生，可循环使用；淋洗剂一般是含有络合剂的溶液，因此在淋洗过程中，由于络合剂对金属离子的络合能力不同，往往加大了相邻稀土元素的分离因素而得到有效的分离。所以淋洗过程是离子交换色层的一个重要步骤。

9.5.2 离子交换色层的类型及应用

在稀土元素分离方面，离子交换色层的淋洗色层和置换色层都有重要意义。

9.5.2.1 淋洗色层

淋洗色层又分为阳离子淋洗色层和阴离子淋洗色层。

A 阳离子淋洗色层

阳离子淋洗色层的特点是树脂先用与淋洗剂相同的电解质溶液进行处理，直至树脂上的阳离子被完全交换下来，再把小量的样品（溶液）加到树脂中，然后用大量的淋洗剂进行淋洗的一种色层技术。它能将样品中的成分完全地分离出来，所以它不但用于单一稀土的制备，也广泛用于稀土元素的定量分析上。

a 分离因素

在吸附过程中，相邻一对稀土元素的分离因素：

$$a_{RE_1/RE_2}=\frac{\bar{c}_{RE_1^{3+}}c_{RE_2^{3+}}}{\bar{c}_{RE_2^{3+}}c_{RE_1^{3+}}} \tag{9-24}$$

根据表9-20，各对相邻稀土元素的 $a\approx1$，因此要通过吸附过程的分离作用使稀土元素分离是极难的。

在淋洗过程中，由于淋洗剂的络合作用，溶液中存在着稀土离子与络合剂的络合平衡：

$$RE_1^{3+}+Y^{3-}\rightleftharpoons RE_1Y \qquad K_{RE_1Y}=\frac{c_{RE_1Y}}{c_{RE_1^{3+}}c_{Y^{3-}}}$$

$$RE_2^{3+}+Y^{3-}\rightleftharpoons RE_2Y \qquad K_{RE_2Y}=\frac{c_{RE_2Y}}{c_{RE_2^{3+}}c_{Y^{3-}}}$$

以上是设 RE^{3+} 和 Y^{3-} 仅形成 1∶1 的配合物，因此溶液中稀土离子的浓度是$[RE_1^{3+}]+[RE_1Y]$和$[RE_2^{3+}]+[RE_2Y]$，它们的分离因素为：

$$a_{RE_1/RE_2}=\frac{\bar{c}_{RE_1^{3+}}(c_{RE_2^{3+}}+c_{RE_2Y})}{\bar{c}_{RE_2^{3+}}(c_{RE_1^{3+}}+c_{RE_1Y})}=\frac{\bar{c}_{RE_1^{3+}}c_{RE_2^{3+}}(1+K_{RE_2Y}c_{Y^{3-}})}{\bar{c}_{RE_2^{3+}}c_{RE_1^{3+}}(1+K_{RE_1Y}c_{Y^{3-}})} \tag{9-25}$$

因为不存在络合剂时，相邻稀土元素的分离因素接近于1，故

$$a_{RE_1/RE_2}=\frac{1+K_{RE_2Y}c_{Y^{3-}}}{1+K_{RE_1Y}c_{Y^{3-}}} \tag{9-26}$$

从而可以看出，在络合剂存在时，相邻稀土元素的分离因素与稀土配合物的稳定常数和络合剂的阴离子浓度有关。当所形成的配合物稳定常数较大时，分离因素还可近似地表示为：

$$a_{RE_1/RE_2}=\frac{K_{RE_2Y}}{K_{RE_1Y}} \tag{9-27}$$

因此，配合物稳定常数的差异将决定相邻稀土元素的分离因素，所以选择使相邻稀土元素的配合物稳定常数差异较大的络合剂为淋洗剂时，就有可能使相邻稀土元素得到分离。因此络合剂的选择对相邻稀土元素分离来说十分重要。

由于所采用的络合剂是弱酸，故体系的酸度将控制着络合剂阴离子的浓度，因为：

$$c_{Y_{总}} = c_{Y^{3-}} + c_{HY^{2-}} + c_{H_2Y^-} + c_{H_3Y}$$

$$c_{Y^{3+}} = \frac{c_{Y_{总}}}{1 + K_1 c_{H^+} + K_1 K_2 c_{H^+}^2 + K_1 K_2 K_3 c_{H^+}^3}$$

所以体系的酸度也影响相邻稀土元素的分离效果。对于所形成的配合物不太稳定的络合剂为淋洗剂时，影响更为明显。

b　淋洗剂

最早用于淋洗色层的淋洗剂是柠檬酸，之后发现羟基乙酸、乳酸（α-羟基丙酸）、α-羟基异丁酸、α-羟基 α-甲基丁酸、酒石酸、磺基水杨酸、乙酸、氨基羧酸盐、硫氰酸铵、三磷酸钠等均可作为稀土元素分离的淋洗剂。其中 α-羟基异丁酸盐、乳酸盐等是较好的淋洗剂，普遍用于稀土元素分析分离中，而且乙酸盐已作为镨-钕混合物离子色层分离淋洗剂。

c　淋洗曲线

淋洗色层的淋洗曲线如图 9-17 所示，它是由淋洗时流出液的体积对淋洗液浓度作图所得的。1955 年 Glueckauf 提出的淋洗曲线可近似地表示为：

$$c = c^* \exp\left[-\frac{N'}{2}\frac{(V^* - V)^2}{VV^*}\right] \tag{9-28}$$

或

$$\lg c = \lg c^* - 0.217N'(V^* - V)^2/VV^*$$

式中，c 为在流出液中 A 的浓度，mmol/mL；c^* 为在流出液中 A 的最大浓度，mmol/mL；V 为在浓度为 c 时流出液的体积，mL；V^* 为在浓度 c^* 时流出液的体积，mL；$N' = N - 1/2N_0$，为开始带的中心至柱底的理论塔板数；N 为理论塔板数[1]，当树脂上负荷少量离子时，$N' \approx N$。式（9-28）表明淋洗液中金属离子的浓度与淋洗液中金属离子的最大浓度和体积及理论塔板数有关。

淋洗液中 A 的最大浓度与树脂上负荷的离子 A 的总量 m（mmol）有关：

$$c^* = \frac{m}{V^*}\left(\frac{N'}{2\pi}\right)^{1/2}$$

因此根据淋洗曲线可算出在给定条件下的理论塔板数：

$$N' = \frac{L}{h} \approx 2\pi\left(\frac{c^* V^*}{m}\right)^2 \approx 8\left(\frac{V^*}{W}\right)^2 \tag{9-29}$$

式中，W 为带的宽度，当 $c = c^*/e = 0.0368c^*$ 时所测量的流出液的体积，mL，即平均带的宽度；L 为树脂床的长度；h 为理论塔板高度（与 L 有相同单位）。

当两个金属离子在离子交换树脂上同时被淋洗时，其分离因素可近似用 V_1^* 和 V_2^* 的比值来表示：

---

[1] 塔板理论应用到离子交换色层中做了三点假设：（1）认为离子交换柱是长度不变的理论塔板的堆积；（2）交换树脂中的溶液和空隙溶液的浓度是恒定的，交换离子在塔板的边界相互平衡；（3）树脂的负荷和淋洗的条件是在任一塔板上分配比的离子为可交换离子的分数，离子的吸附作用是空隙溶液浓度的线性函数，分配比 D 是常数。

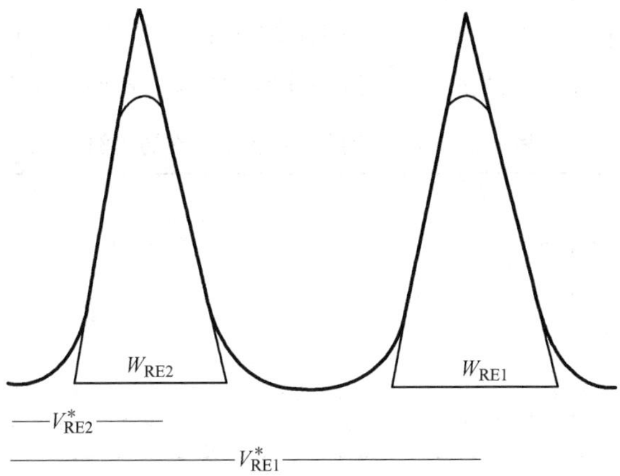

图 9-17 淋洗曲线的示意图

$$a_{1/2}=\frac{D_1}{D_2}=\frac{V_2^* - V_0}{V_1^* - V_0}\approx\frac{V_2^*}{V_1^*} \tag{9-30}$$

式中，V_0 为柱中空隙的体积。

式（9-30）是根据在同一交换柱上，相似两成分的理论塔板数的通用关系得到的，V^* 近似与分配比 D 成比例。

d 淋洗色层分离稀土元素的一般原理

在淋洗过程中，体系主要存在如下平衡：稀土离子与络合剂的络合平衡、稀土离子在树脂上吸附和解吸平衡与稀土配合物和树脂上的另一稀土离子的交换平衡等。当淋洗剂开始流入吸附有混合稀土 RE_1 和 RE_2 的树脂层时，与淋洗剂形成较稳定配合物的 RE_2 离子先进入溶液，另一稀土离子 RE_1 后进入溶液，其反应为：

$$\overline{RE_2^{3+}} + (NH_4)_3Y \longrightarrow RE_2Y + \overline{3NH_4^+}$$

$$\overline{RE_1^{3+}} + (NH_4)_3Y \longrightarrow RE_1Y + \overline{3NH_4^+}$$

随着淋洗液下流，离子交换柱中稀土离子继续进行交换，淋洗液中不稳定的配合物与树脂上生成稳定配合物的离子进行交换，前者取代了后者在交换柱上的位置：

$$RE_1Y + \overline{RE_2^{3+}} \longrightarrow RE_2Y + \overline{RE_1^{3+}}$$

而使后者形成配合物进入淋洗液。这样，在每一次交换平衡后，RE_2^{3+} 在溶液中产生微小的富集。当上述配合物的稳定性不大时，淋洗下来的配合物还能与未负荷的树脂进行交换反应，RE^{3+} 重新被吸附：

$$RE_1Y + \overline{3NH_4^+} \longrightarrow \overline{RE_1^{3+}} + (NH_4)_3Y$$

$$RE_2Y + \overline{3NH_4^+} \longrightarrow \overline{RE_2^{3+}} + (NH_4)_3Y$$

因而上述反应在淋洗过程中重复进行。结果使形成稳定配合物的离子富集在最初收集的流出液中，而形成不太稳定的配合物离子富集在后收集的溶液中，这样两个元素就得到了分离。当条件适宜时，在先流出的离子全收集以后，可以出现空白，而后收集的则是另一种稀土离子 RE_1^{3+}。

e 淋洗色层技术在稀土元素分离上的应用

淋洗色层技术在稀土元素的分析上应用比较普遍，实例见表9-21。在稀土元素制备上已得到应用的实例是以乙酸铵为淋洗剂分离镨、钕和用高温离子交换色层分离钇。

表9-21 淋洗色层分离稀土元素的实例

采用的树脂及淋洗条件	应 用
Zerolit225，87℃时以1mol/L乳酸铵淋洗	Ce-Pr-Nd-Pm-Eu-Y的分离
Dowex50-X_4（<0.074mm（200目）），以0.5mol/L α-HIBA梯度淋洗，pH值为3.5~3.9	单一稀土元素分离（铈除外）
聚苯乙烯磺酸型（<0.074mm（200目）），以0.5mol/L NH_4Ac（pH值为6.1~6.3）采用吸附柱—中柱—下柱淋洗	99.9999%高纯氧化钇中Dy、Tb、Yb、Tm、Er、Ho、Gd及Sm的富集分离，发射光谱测定

（1）以乙酸铵为淋洗剂分离镨、钕。乙酸铵是价格便宜的一种淋洗剂。它与稀土形成的配合物溶解度较大，并且本身的溶解度也较目前生产上常用的另一种淋洗剂EDTA大，所以可用浓度较高的溶液进行淋洗，以缩短淋洗周期。

NH_4Ac与RE^{3+}在溶液中可形成多种络合离子：$REAc^{2+}$、$REAc_2^+$、$REAc_3$、$REAc_4^-$等。其络合能力与稀土的原子序数的关系并没有规律。其淋洗次序可分三段：La~Tb随原子序数递增，洗出序号递减；Tb~Tm随原子序数增大，洗出序号增加；Tm~Lu随原子序数增大，洗出序号减少。整系列的稀土元素的淋洗次序：Dy(Eu、Gd、Lu)—Er—(Tm、Sm、Yb)—Y—Nd—Pr—Lu。

NH_4Ac淋洗时Pr、Nd仍是相邻的淋洗次序，Nd先被淋洗出来。它们的分离因素$a_{Pr/Nd}=1.36$。为了使Pr^{3+}、Nd^{3+}分离，需要NH_4Ac充分淋洗，使解吸和吸附作用反复进行，所以实际工艺中除了吸附柱外，还要一定倍数的分离柱才能得到分离。由于$RE(Ac)_n^{3-n}$的稳定常数较小，可以与未负荷的树脂交换，RE^{3+}重新被吸附，所以可使淋洗作用充分进行。

以NH_4Ac淋洗时，由于Y的淋洗次序靠近Nd，因此所分离的混合物中不应含有Y，否则不能得到纯Nd化合物。Pr、Nd的分离效果还与淋洗剂的浓度和pH值有关，因为它们的分离因素与Ac^-浓度有关。

（2）以乙酸铵为淋洗剂从稀土中分离钇。除了在室温条件下以NH_4Ac为淋洗剂分离钇外，还提出了高温-室温联用提纯钇的工艺。它是基于稀土的淋洗次序随温度而变的现象：

1）0~5℃，Tb—Dy—Gd—Ho—Er—Yb—Sm—Tm—Y—Nd；

2）20℃，Tb—Dy—Gd—Ho—Er—Yb—Sm—Tm—Y—Nd；

3）50℃，Yb—Tm—Er—Ho—Dy—Tb—Gd—Sm—Y—Nd；

4）80℃，Yb—Tm—Er—Ho—Dy—Tb—Gd—Y—Sm—Nd；

5）90℃，Yb—Tm—Er—Ho—Dy—Tb—Y—Gd—Sm—Nd。

在室温时，Y的淋洗次序靠近Nd，随温度提高，Y的淋洗次序提前，在80℃时，提到Gd~Sm间；90℃时移向Tb~Gd之间，因此采用高温淋洗，可以有效地从Y_2O_3中把室温时难以分离的Nd_2O_3分离掉，所以采用高温和室温淋洗的联用方法，可以得到高纯的Y_2O_3产品。

B 阴离子淋洗色层

稀土离子可与一些酸形成络阴离子，被阴离子交换树脂所吸附。利用稀土离子与酸根形成络阴离子的能力和树脂对络阴离子的亲和力差别来分离稀土元素的效果较差，因此这种方法主要用于稀土元素的分组分离和稀土元素与非稀土元素的分离。单一稀土的制备一般不采用阴离子淋洗色层，但它是稀土元素分析中的分离手段之一。

稀土离子在 HCl、HNO_3、H_2SO_4 的介质中，很少被阴离子树脂吸附。当上述介质加入有机溶剂时，阴离子树脂对稀土离子的吸附能力会显著改善。由于稀土络阴离子在酸-有机溶剂体系中更加稳定，因而易被树脂所吸附。

用于阴离子淋洗色层的有机溶剂有甲醇、乙醇、丙醇、丁醇、异戊醇、丙酮、环氧乙烷等。

在阴离子淋洗色层方面，采用 HNO_3-有机溶剂体系较多，并已测得相邻元素的分离因素，见表 9-22。在淋洗剂中加入硝酸盐可使分配比提高，如采用 Amberlite IRA-400 的树脂，在 80% 甲醇和 20% NH_4NO_3 水溶液的体系中 lg$D$ 随 NH_4NO_3 的浓度增加而线性增加。

表 9-22 Dowex1，90%MeOH-10% 1mol/L HNO_3 淋洗时相邻元素的分离因素

离子对	$a_{Z+1/Z}$	离子对	$a_{Z+1/Z}$	离子对	$a_{Z+1/Z}$
Lu-Y	1.0	Dy-Tb	1.1	Pm-Nd	2.6
Yb-Tm	1.0	Tb-Gd	1.3	Nd-Pr	2.2
Er-Ho	1.0	Gd-Eu	1.6	Pr-Ce	1.7
Ho-Dy	1.0	Eu-Sm	1.9	Ce-La	1.7
Tm-Er	1.0	Sm-Pm	2.3		

α-羟基异丁酸、乙二胺四乙酸、氨三乙酸等也被用作淋洗剂，但它们对稀土元素的分离效果都不及阳离子交换色层法。如采用 Dowex1-X_4 的树脂，以 0.0125mol/L 的 α-羟基异丁酸盐，25% 甲醇溶液淋洗时，相邻元素的分离因素从 2.8（La-Ce）至 1.1（Yb-Lu），淋洗次序为：La—Ce—Pr—Nd—Sm—Eu—Gd—Tb—Dy—Ho—Er—Tm—Yb—Lu。以 EDTA 为淋洗剂时，分配比从 La 至 Eu 逐渐增加，从 Eu 至 Lu 逐渐下降，淋洗次序随温度的变化而改变。室温下的淋洗次序为：Lu—Yb—Tm—Er ≈ Y—Ho—La—Dy—Ce—Tb—Pr—Nd—Gd—Pm—Sm—Eu，轻稀土与重稀土有些混合；在 90℃ 时，淋洗次序为：Lu—Yb—Tm—Er—Y—Ho—Dy—Tb—Gd—La—Eu—Sm—Ce—Pm—Pr—Nd，这样轻、重稀土可获得分离。

9.5.2.2 置换色层

置换色层的方法已用于许多稀土元素的制备。它的特点是树脂要预先用吸附能力小于被分离元素的离子来转型，然后将分离的元素加到树脂中，再进行淋洗，淋洗液中金属离子容易置换吸附在树脂上的离子。这种方法不能像淋洗色层那样将被分离的元素完全分离，但可以使分离元素得到不同程度的分离，获得相当纯的单一元素。置换色层的淋洗曲线如图 9-18 所示，两个元素的淋洗曲线有重叠。

置换色层的简单情况是二元混合物（RE_1、RE_2）的分离。分离过程可分三步说明：

(1) 先将树脂用含有吸附能力小于被分离元素的离子（A）进行处理，转为 A 离

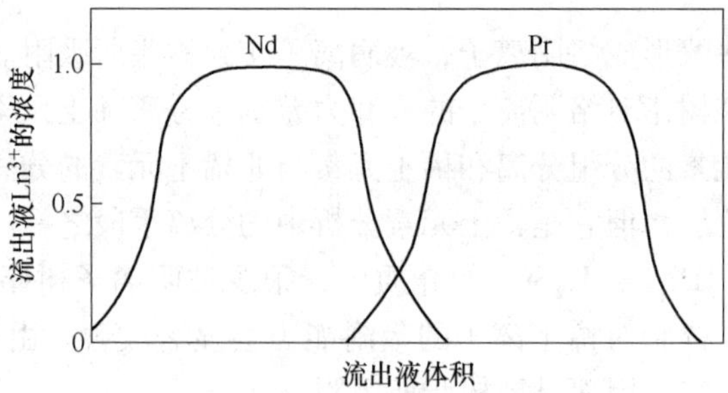

图9-18　置换色层的淋洗曲线示意图

子型；

(2) 再把被分离混合物（RE_1、RE_2）引入树脂，由于 RE_1、RE_2 的吸附能力大于 A 离子吸附能力，因此 RE_1、RE_2 置换树脂上的 A 离子，吸附在树脂上；

(3) 再用含有 D 离子的淋洗剂进行淋洗，因为树脂对 D 的亲和力较大，易把树脂上的 A、RE_1、RE_2 置换下来。在吸附和淋洗过程中，树脂对 RE_1 的吸附能力大于 RE_2，在整个离子交换过程中，将发生下述反应：

$$RE_1^{3+} + \overline{RE_2^{3+}} \longrightarrow \overline{RE_1^{3+}} + RE_2^{3+}$$

因而$\overline{RE_2^{3+}}$将在吸附带的前沿。在 D 离子取代作用下，当 A 被全部淋洗以后，首先淋洗出来的是 RE_2^{3+}，然后是 RE_1^{3+}。当分段收集淋洗液的各部分时，可以得到部分纯的 RE_1^{3+} 和 RE_2^{3+}。

A　分离因素

离子交换分离两个元素的效果依赖两个参数：分离因素和理论塔板高度。

在离子交换体系中，当无络合剂存在时，相邻稀土元素的分离因素接近于1，在络合剂存在时，它们的分离因素将会得到改善，如氨羧络合剂存在时，其分离因素为：

$$a_{RE_1/RE_2} = \frac{c_{RE_2Y^{3-n}}\bar{c}_{RE_1^{3+}}}{c_{RE_1Y^{3-n}}\bar{c}_{RE_2^{3+}}} = \frac{K_{RE_2Y^{3-n}}c_{RE_2^{3+}}c_{Y^{n-}}\bar{c}_{RE_1^{3+}}}{K_{RE_1Y^{3-n}}c_{RE_1^{3+}}c_{Y^{n-}}\bar{c}_{RE_2^{3+}}} = \frac{c_{RE_2^{3+}}\bar{c}_{RE_1^{3+}}K_{RE_2Y^{3-n}}c_{Y^{n-}}}{c_{RE_1^{3+}}\bar{c}_{RE_2^{3+}}K_{RE_1Y^{3-n}}c_{Y^{n-}}} \tag{9-31}$$

式（9-31）忽略了溶液中 RE^{3+} 和 REY_2^{3-2n} 等离子的浓度，因为氨羧络合剂具有 3～5 个—CH_2COO—基和氨基，它们与稀土离子形成了十分稳定的 1∶1 配合物（稳定常数见表 7-7），所以可以忽略溶液中 RE^{3+} 的浓度。氨羧络合剂虽也能与 RE^{3+} 形成 1∶2 等配合物，但相对于 1∶1 配合物来说，可以忽略，如 $\lg K_{Eu(EDTA)_2^{5-}}=3.6$，而 $\lg K_{Eu(EDTA)^-}=17.35$，二级络合常数比一级络合常数小 10^{10} 倍左右，所以在计算时，可忽略二级配合物的形成。由于未加络合剂时，两个相邻元素的分离因素接近于1，因此分离因素可近似的表示为：

$$a_{RE_1/RE_2} = a_0\frac{K_{RE_2Y^{3-n}}}{K_{RE_1Y^{3-n}}} \approx \frac{K_{RE_2Y^{3-n}}}{K_{RE_1Y^{3-n}}} \tag{9-32}$$

分离因素仅与两元素的配合物稳定常数有关。由于配合物的稳定常数不同，因而提高了两元素的分离因素。如以 EDTA 为淋洗剂时，Pr^{3+} 和 Nd^{3+} 的分离因素 $a_{Pr/Nd} = a^0 K_{NdY^-}/K_{PrY^-} = 1.027 \times 10^{0.31} = 2.041$，比未加络合剂时有明显的提高。

B 淋洗剂

由于分离因素取决于两个元素配合物稳定性的差异，因此淋洗剂的选择在置换色层中同样是十分重要的。淋洗剂应满足下列要求：（1）试剂和金属形成的配合物必须易溶于水；（2）试剂在络合作用中要有选择性，即所形成的两元素的配合物稳定性要有差异，差异越大越好；（3）试剂与稀土元素所形成的配合物要有足够的稳定性，以使铵等离子易取代树脂上的稀土离子；（4）试剂中的离子与树脂上的稀土离子交换速度要快。

用于淋洗剂的氨羧络合剂有 NTA、EDTA、DCTA、HEDTA、DTPA 等，其中 EDTA 最为广泛。这些络合剂与稀土元素可形成较稳定的 1∶1 配合物，稳定常数为 $10^{10} \sim 10^{20}$。

C 理论塔板高度

理论塔板高度 $h = L/m$（其中，L 为最前塔板的前沿至最后塔板后沿距离；m 为理论塔板数）。降低理论塔板数高度，即增加理论塔板数。在被分离两元素的分离因素所要求的最小淋洗距离时，理论塔板高度与分离因素和吸附带中的两个元素的含量比值关系为：

$$\lg \frac{(c_{RE_1}/c_{RE_2})_m}{(c_{RE_1}/c_{RE_2})_0} = m\lg a = \frac{L\lg a}{h} \tag{9-33}$$

式中，$(c_{RE_1}/c_{RE_2})_0$ 是吸附带参考点 0 时的 RE_1/RE_2 的浓度比值，$(c_{RE_1}/c_{RE_2})_m$ 是吸附带在理论塔板 m 点的 RE_1/RE_2 的浓度比值。m 是 0 点至 m 点的理论塔板数。

置换色层的柱高可以用以上塔板理论计算。假设在总交叉区域中，某一成分（RE_2）的含量从 99.9 ~ 0.1，$\lg[(c_{RE_1}/c_{RE_2})_m/(c_{RE_1}/c_{RE_2})_0] = 6$，$m = 6/\lg a$，$L = 6h/\lg a$，因此设计交换柱时，保证吸附带的长度大于 $6h/\lg a$，就可以保证纯组分有好的产率。

二元混合物分离时，最短淋洗距离可由式（9-34）计算：

$$v = \frac{1 + \varepsilon N_0}{\varepsilon} \tag{9-34}$$

式中，v 为柱比，指分离柱的树脂总体积和吸附柱树脂的总体积之比，当柱的直径相同时，v 即长度之比；$\varepsilon = a - 1$；N_0 为淋洗出的第一成分在二元混合物中的摩尔分数。

从式（9-34）可以看出，当分离因素远大于 1 时，达到完全分离所需的最短淋洗距离就很短，当分离因素接近于 1 时，达到完全分离所需的最小淋洗距离要很长。此式仅用于理论塔板高度足够小、ε 足够大和两个带的重叠范围相对于它们的长度足够小的情况。

为了提高分离效果，增加理论塔板数是有益的。增加理论塔板数，可以在一定吸附带的条件下，降低理论塔板高度和适当增加柱比。降低理论塔板高度的常用方法是减少树脂颗粒的直径、提高温度、增加反应速度和扩散速度；降低流速，可以有充分的平衡时间，使反应更完全，但要增加淋洗时间；减少树脂交联度，可以增加扩散速度，但树脂的机械强度差。

D 应用实例

a 用 EDTA 淋洗分离稀土元素的原理

在离子交换色层中，EDTA 是普遍采用的、选择性较理想的一种淋洗剂。它可与稀土离子形成相当稳定的配合物，稳定常数见表9-23。由于相邻稀土元素间稳定常数的差异，在淋洗过程中，相邻元素的分离因素提高到2左右，平均分离因素 $a_{(Z+1)/Z}=2.4$，两端元素的分离因素 $a_{Lu/La}\approx10^6$，每对相邻元素的分离因素见表9-24。EDTA与稀土元素的配合物稳定常数随原子序数的增加而增加，因此EDTA淋洗稀土元素的次序是由Lu至La。下面列出了用Dowex50树脂，0.015mol/L、pH=8.4的EDTA溶液在25℃时淋洗稀土元素及二价元素的次序：Co^{3+}、Bi^{3+}、Fe^{3+}、Sc^{3+}、Cu^{3+}、Ni^{2+}、Th^{4+}、Pb^{2+}、Lu^{3+}、Yb^{3+}、Zn^{2+}、Tm^{3+}、Co^{2+}、Er^{2+}、Cd^{2+}、Al^{3+}、Ho^{3+}、Dy^{3+}、Y^{3+}、Tb^{3+}、Gd^{3+}、Eu^{3+}、Sm^{3+}、Fe^{2+}、UO_2^{2+}、Nd^{3+}、Pr^{3+}、Mn^{2+}、Ce^{3+}、La^{3+}、Ca^{2+}、Mg^{2+}、Be^{2+}、Sr^{2+}、Ba^{2+}。

从淋洗剂要求来看，EDTA也有它固有的缺点，EDTA酸的溶解度较小，HCe(EDTA)和HLa(EDTA)的配合物溶解度也较小，易在淋洗的时候沉淀出来堵塞树脂床，因此淋洗剂溶液的浓度和酸度都要控制在一定范围。

表9-23　稀土元素和延缓离子与EDTA配合物的 $\lg K_1$ 值

离子	La^{3+}	Ce^{3+}	Pr^{3+}	Pm^{3+}	Nd^{3+}	Sm^{3+}	Eu^{3+}	Gd^{3+}	Tb^{3+}
$\lg K_1$	15.50	15.98	16.40	16.61	(16.90)	17.14	17.35	17.37	17.93
离子	Dy^{3+}	Ho^{3+}	Er^{3+}	Tm^{3+}	Yb^{3+}	Lu^{3+}	Mg^{2+}	Ca^{2+}	Mn^{2+}
$\lg K_1$	18.30	18.6	18.85	19.32	19.50	19.83	8.69	10.53	13.47
离子	Fe^{2+}	Co^{2+}	Cd^{2+}	Zn^{2+}	Pb^{2+}	Ni^{2+}	Cu^{2+}	Hg^{2+}	Fe^{3+}
$\lg K_1$	14.45	16.10	16.48	16.58	18.2	18.45	18.56	22.15	25.1

注：括号里的数值是内推的。

表9-24　EDTA为淋洗剂时相邻稀土元素的分离因素

相邻离子	$a_{(Z+1)/Z}$	相邻离子	$a_{(Z+1)/Z}$
Lu-Yb	1.6	Eu-Sm	1.5
Yb-Tm	1.8	Sm-Pm	1.8
Tm-Er	2.0	Pm-Nd	1.9
Er-Ho	2.0	Nd-Pr	2.0
Ho-Dy	2.0	Pr-Ce	2.4
Dy-Tb	2.7	Ce-La	3.3
Tb-Gd	3.5	Dy-Y	1.5
Gd-Eu	1.1	Y-Tb	1.5

由于EDTA和 RE^{3+} 可形成相当稳定的配合物，在淋洗时，淋洗剂中的阳离子（如 NH_4^+）易把稀土离子置换下来，因此EDTA淋洗是属于置换色层。淋洗过程存在着下列平衡：

$$\overline{RE_1^{3+}}+3NH_4^++Y^{4-}\longrightarrow RE_1Y^-+\overline{3NH_4^+}$$

$$\overline{RE_2^{3+}}+3NH_4^++Y^{4-}\longrightarrow RE_2Y^-+\overline{3NH_4^+}$$

$$RE_1Y^-+\overline{RE_2^{3+}}\longrightarrow RE_2Y^-+\overline{RE_1^{3+}}$$

由于两相邻元素的配合物稳定常数差异（设 $\lg K_{RE_2}>\lg K_{RE_1}$）和树脂对离子的吸附能力不同（$RE_1>RE_2$），故在每一塔板上进行交换反应时，稳定常数小的离子被稳定常数大的离子所置换而重新吸附在树脂上（见表9-24），每交换一次都使 RE_1 在树脂上更加富集，而 RE_2 在溶液中更富集。每次富集是十分微小的，但当交换次数增多时，就可能使 RE_1 和 RE_2 得到分离。因此为了使这种交换多次进行，必须把淋洗下来的离子重新吸附在树脂上。

淋洗下来的稀土离子以稳定的络离子存在于溶液中，流经末负荷的树脂时，稀土离子难以被树脂吸附，而无阻留地淋洗出来。如何使淋洗下来的以 REY^- 形式存在的稀土离子又重新吸附在树脂上呢？这是EDTA淋洗时要解决的问题。假若把树脂先负荷一种离子，它与EDTA形成络离子的稳定性要比稀土离子与EDTA形成络离子的稳定性更强些，就有可能发生下述交换反应，使稀土离子重新吸附在树脂上：

$$REY^- + \overline{M^{2+}} \longrightarrow MY^{2-} + \overline{RE^{3+}}$$

RE_1^{3+} 和 RE_2^{3+} 的离子交换反应可反复进行，使稀土离子得到分离。由于先负荷在树脂上的 M^{2+} 与淋洗下来的 REY^- 的交换作用，使 RE^{3+} 重新吸附在树脂上，减慢了 RE^{3+} 在淋洗过程中移动速度，因此，对于 RE^{3+} 来说，M^{2+} 起到了延缓作用，这种离子即为延缓离子。

能起延缓作用的离子有 Zn^{2+}、Cd^{2+}、Cu^{2+}、Co^{2+}、Pb^{2+}、Ni^{2+}、Fe^{3+} 等。由它们和EDTA形成的络离子的稳定常数决定，其中 Co^{2+}、Cd^{2+}、Zn^{2+} 只能作为轻稀土离子的延缓离子，Pb^{2+}、Ni^{2+}、Cu^{2+} 只对轻、中及部分重稀土有延缓作用，只有 Fe^{3+} 能作为整组稀土离子的延缓离子。但 Fe^{3+} 易水解，应用受到限制。目前已经得到应用的延缓离子有 Cu^{2+}、Zn^{2+}、Fe^{2+}、Ni^{2+} 等，其中 Cu^{2+} 应用最广。

金属离子的延缓作用受到溶液的pH值和组成的影响。如不同pH值的EDTA溶液淋洗时，二价金属离子和稀土离子的淋洗次序发生移动。在 $pH = 8.0$ 时，淋洗次序是 Yb^{3+}、Zn^{2+}、Tm^{3+}、Co^{2+}、Er^{3+}、Cd^{2+}、Ho^{3+}、Dy^{3+}；在 $pH = 8.65$ 时，淋洗次序是 Yb^{3+}、Tm^{3+}、Zn^{2+}、Er^{3+}、Co^{2+}、Ho^{3+}、Cd^{2+}、Dy^{3+}。pH增高，二价离子的淋洗次序后移。

从二价金属离子和稀土离子的分离因素与淋洗液的酸度、浓度关系可以看出淋洗次序移动的原因。二价金属离子和稀土离子的分离因素：

$$a_{RE^{3+}/M^{2+}} = \frac{\bar{c}_{RE^{3+}} c_{M_T^{2+}}}{\bar{c}_{M^{2+}} c_{RE_T^{3+}}} \tag{9-35}$$

其中 $c_{RE_T^{3+}}$、$c_{M_T^{2+}}$ 分别是三价稀土离子和二价金属离子在溶液中的总浓度，当溶液中EDTA和金属离子形成1∶1配合物时：

$$c_{RE_T^{3+}} = c_{RE^{3+}} + c_{REY^-} + c_{HREY}$$

$$c_{M_T^{2+}} = c_{M^{2+}} + c_{MY^{2-}} + c_{HMY^-} + c_{H_2MY}$$

从有关络合平衡的关系式推导，得出：

$$c_{RE_T^{3+}} = c_{RE^{3+}}[1 + K_{REY^-} c_{Y^{4-}} (1 + K_{HREY} c_{H^+})]$$

$$c_{M_T^{2+}} = c_{M^{2+}}[1 + K_{MY^{2-}} c_{Y^{4-}} (1 + K_{HMY^-} c_{H^+} + K_{HMY^-} K_{H_2MY} c_{H^+}^2)]$$

式中，K_{REY^-}、K_{HREY}、$K_{MY^{2-}}$、K_{HMY^-}、K_{H_2MY} 分别为 REY^-、HREY、MY^{2-}、HMY^-、H_2MY 的配合物生成常数。因此

$$a_{RE^{3+}/M^{2+}} = \frac{\bar{c}_{RE^{3+}} c_{M^{2+}}}{c_{RE^{3+}} \bar{c}_{M^{2+}}} \cdot \frac{1 + K_{MY^{2-}} c_{Y^{4-}} (1 + K_{HMY^-} c_{H^+} + K_{HMY^-} K_{H_2MY} c^2_{H^+})}{1 + K_{REY^-} c_{Y^{4-}} (1 + K_{HREY} c_{H^+})} \quad (9\text{-}36)$$

稀土离子和二价离子在树脂上的交换反应：

$$3\overline{M}^{2+} + 2RE^{3+} \longrightarrow 3M^{2+} + 2\,\overline{RE}^{3+}$$

其选择系数为：

$$K_{RE^{3+}/M^{2+}} = \frac{c^3_{M^{2+}} \bar{c}^2_{RE^{3+}}}{\bar{c}^3_{M^{2+}} c^2_{RE^{3+}}} \quad (9\text{-}37)$$

将式（9-37）代入式（9-36），得：

$$a_{RE^{3+}/M^{2+}} = \sqrt{\frac{K_{RE^{3+}-M^{2+}} \bar{c}_{M^{2+}}}{c_{M^{2+}}}} \cdot \frac{1 + K_{MY^{2-}} c_{Y^{4-}} (1 + K_{HMY^-} c_{H^+} + K_{HMY^-} K_{H_2MY} c^2_{H^+})}{1 + K_{REY^-} c_{Y^{4-}} (1 + K_{HREY} c_{H^+})} \quad (9\text{-}38)$$

从而可以看出，淋洗剂的浓度和酸度变化都会引起 a 变化，淋洗次序发生改变。

由于 $K_{REY^-} \gg 1$，$K_{MY^{2-}} \gg 1$，体系的酸度较低时，忽略 HREY 和 H_2MY 的存在，式（9-38）可简化为：

$$a_{RE^{3+}/M^{2+}} = \sqrt{\frac{K_{RE^{3+}-M^{2+}} \bar{c}_{M^{2+}}}{c_{M^{2+}}}} \cdot \frac{K_{MY^{2-}} (1 + K_{HMY^-} c_{H^+})}{K_{REY^-}} \quad (9\text{-}39)$$

式（9-39）更明显地说明 H^+ 的影响。提高酸度，可增强延缓离子的延缓作用。

除了从延缓离子考虑淋洗剂的酸度和浓度外，还应注意到 EDTA 酸的溶解度和 $HREY \cdot nH_2O$ 和 Cu[CuY] 结晶问题。

b　HEDTA 的淋洗作用

HEDTA（羟乙基乙二胺三乙酸）的铵盐常作为稀土元素分离的淋洗剂。它的轻稀土配合物 RE(HEDTA) 比 EDTA 的配合物 $HLa(EDTA) \cdot 7H_2O$、$HLa(EDTA) \cdot H_2O$、$HCe(EDTA) \cdot H_2O$、$HPr(EDTA) \cdot H_2O$ 更易溶解于水，在这方面要比 EDTA 好。

HEDTA 淋洗 RE^{3+} 和其他金属离子的次序为：Co^{3+}、Bi^{3+}、H^+、Cu^{2+}、Ni^{2+}、$H5HEDTA^{2-}$、Fe^{3+}、Cr^{3+}、Zn^{2+}、Pb^{2+}、Co^{2+}、Cd^{2+}、Lu^{3+}、Yb^{3+}、Th^{4+}、Tm^{3+}、Al^{3+}、Er^{3+}、Ho^{3+}、Dy^{3+}、Tb^{3+}、Eu^{3+}、Gd^{3+}、Sm^{3+}、UO_2^{2+}、Y^{3+}、Nd^{3+}、Pr^{3+}、Ce^{3+}、Mn^{2+}、La^{3+}、Ca^{2+}、Mg^{2+}、Be^{2+}、Sr^{2+}、Ba^{2+}（用 0.018mol/L、pH = 7.4 的 HEDTA 溶液淋洗，温度 25℃）。稀土的淋洗次序除了 Eu^{3+} 与 Gd^{3+} 外，其他均从 Lu→La 的次序。其中中稀土的分离因素接近于 1（见表 9-25），所以 HEDTA 不宜于中稀土分离的淋洗剂；对于轻稀土（La ~ Sm）和重稀土（Ho ~ Lu）而言，HEDTA 可用作淋洗剂。目前 HEDTA 已用作制备高纯 Y_2O_3 和 Lu_2O_3 时的淋洗剂。

表 9-25 HEDTA 等为淋洗剂时 RE^{3+} 的分离因素

离子对	HEDYA	HEDTA	MEDTA	BEDTA
	$a_{(Z+1)/Z}$(25℃)	$a_{(Z+1)/Z}$(92℃)	$a_{(Z+1)/Z}$(25℃)	$a_{(Z+1)/Z}$(25℃)
Lu-Yb	1.3	1.55	1.2	1.2
Yb-Tm	1.6	1.74	1.3	1.3
Tm-Er	2.0	1.55	1.9	1.5
Er-Ho	1.2	1.74	1.7	1.6
Ho-Dy	1.0	1.82	1.6	1.7
Dy-Tb	1.0	1.90	1.8	1.7
Tb-Gd	1.0	2.04	2.3	2.5
Gd-Eu	0.7	1.00	1.1	1.1
Eu-Sm	1.0	1.48	1.3	1.4
Sm-Pm	(1.6)①	(1.8)	(1.5)	(1.5)
Pm-Nd	(1.6)	(1.8)	(1.5)	(1.5)
Nd-Pr	1.8	2.09	1.5	1.4
Pr-Ce	2.8	—	2.9	2.7
Ce-La	5.0	—	2.3	2.4
Sm-Nd	2.6	3.16	2.3	2.4

① 其中 MEDTA 和 BEDTA 为淋洗剂时的分离因素是由相应的 REY 的生成常数估计的，括号里的数值为估计值。

c DTPA 的淋洗作用

DTPA（二乙三胺五乙酸）在水中的溶解度较大，可用于稀土的离子交换分离的淋洗剂，曾用于高速离子交换色层分离镨-钕-钐。但由于下述二点原因，没有把 DPTA 作为常用的淋洗剂。其一是所有的 DPTA 和 RE^{3+} 的配合物都有很高的稳定性，增加了理论塔板的高度，这就要提高温度和在较低的 pH 值下进行操作；其二是重稀土的淋洗次序混在轻稀土中间。在较高温度时淋洗可获得高的分离效果。

5g/L DTPA，pH = 8.74 的溶液淋洗，温度 25℃，在不同淋洗条件时淋洗次序为：Cu^{2+}、Th^{2+}、Ni^{2+}、UO_2^{2+}、Zn^{2+}、Dy^{3+}、Ho^{3+}、Er^{3+}、Yb^{3+}、Sm^{3+}、Y^{3+}、Co^{2+}、Cd^{2+}、Pb^{2+}、Nd^{3+}、Pr^{3+}、Ce^{3+}、La^{3+}、Mn^{2+}、Al^{3+}、Fe^{3+}、Ca^{2+}、Mg^{2+}、Be^{2+}、Sr^{2+}、Ba^{2+}。

0.05mol/L DTPA，pH = 6.0 的溶液淋洗，温度 70℃时：Pu^{4+}、Ga^{3+}、Bi^{3+}、（Fe^{3+}、In^{3+}、Cr^{3+}）、Cu^{2+}、Ni^{2+}、Fm^{3+}、Es^{3+}、Cf^{3+}、Th^{4+}、Sc^{3+}、Co^{3+}、Bk^{3+}、Zn^{2+}、Cd^{2+}、Pb^{2+}、Cm^{3+}、Al^{3+}、（Yb^{3+}、Tm^{3+}、Ho^{3+}、Er^{3+}）、Dy^{3+}、Lu^{3+}、Am^{3+}、Tb^{3+}、（Gd^{3+}、Eu^{3+}）、Sm^{3+}、Y^{3+}、Pm^{3+}、Nd^{3+}、Pr^{3+}、Ce^{3+}、La^{3+}、Mn^{2+}、Be^{2+}、Mg^{2+}、Ca^{2+}、Sr^{2+}、Ba^{2+}。

淋洗剂溶液的 pH 值变化对于稀土之间的分离因素影响并不明显，因为它们之间的分离因素为：

$$a_{RE_2/RE_1} = \frac{(c_{RE_1Y^{2-}} + c_{HREY^-})\bar{c}_{RE_2^{3+}}}{(c_{RE_2Y^{2-}} + c_{HRE_2Y^-})\bar{c}_{RE_1^{3+}}} \approx \frac{K_{RE_1Y}(1 + K_{HRE_1Y^-}c_{H^+})}{K_{RE_2Y}(1 + K_{HRE_2Y^-}c_{H^+})}$$

但对二价来说，$HM(DTPA)^{2-}$的络合离子生成常数比$HRE(DTPA)^-$的生成常数高几个数量级，随 pH 值的变化，相对于三价稀土离子来说，它的淋洗次序有相当的移动。

复习思考题

9-1 稀土元素之间的分离方法有哪些?

9-2 选择性氧化还原法可用于分离哪几个元素，其原理是什么?

9-3 在实际应用中，为什么不能用能斯特分配平衡常数，而应用分配比的概念来表述萃取平衡?

9-4 试述描述萃取平衡的 D、E、β、q 几个参数的物理意义及相互间的关系。

9-5 什么是萃取等温线及萃取剂饱和容量? 饱和容量的用途有哪些?

9-6 按水相与有机相的接触方式，串级萃取的操作方式主要有哪几种，各有什么特点和适用范围?

9-7 以 0.2mol/L TTA 的苯溶液，在 $R=1$ 时从盐酸溶液中萃取少量的 YCl_3，其 $pH_{1/2}=3.20$，问当 pH 值为 2.20 和 4.20 时，分配比 D 各等于多少?

9-8 试述几种萃取体系的萃取机理及特点。

9-9 试拟定以轻稀土型及中钇富铕型南方离子矿为稀土原料，用模糊分组工艺将 15 个稀土元素分成轻、中和重稀土三分组的萃取原则流程。

9-10 离子交换反应步骤有哪些，达到怎样的平衡?

9-11 金属离子对树脂相对亲和力的大小有怎样的经验规律?

9-12 离子交换色层有哪些类型，又有哪些应用?

10 钪元素

10.1 钪的资源

1869 年，门捷列夫根据元素周期律预见到应该存在一个 21 号元素，他称之为“EkaB”（准硼）。1879 年，瑞典化学家尼尔森（Nilson）在研究稀土元素镱时，从黑稀金矿和硅铍钇矿中发现了新的“稀土”，并了解到其碱性比其他稀土氧化物弱，当量低，在性质上与预见的准硼性质符合。由于此元素是首次在斯堪的纳维亚（Scandinavian）半岛的矿物中发现，故尼尔森将其定名为钪（scandium）。

钪在自然界中极为分散，但并不稀少，在地壳中的平均丰度为 0.0036%，属于典型的稀散元素。目前已知的含钪的矿物有 800 多种，而作为钪的独立矿物，目前仅有钪钇石、水磷钪石、铁硅钪矿等少数几种。

（1）钪钇石：$(Sc, Y, Ln)_2Si_2O_7$。天然钪钇石含 33.8%～42.3% Sc_2O_3 和大约 15% $(Y,Ln)_2O_3$，颜色为灰绿色到近黑色，莫氏硬度 6～7，相对密度 3.58。它属单斜晶系，与独居石等矿物共存于伟晶岩中，只产于挪威、马达加斯加、日本和苏联很少几个国家。马达加斯加出产的钪钇石，含 8.4% ZrO_2 而不含钇，称为锆钪钇石或钪石 $(Sc, Zr)_2Si_2O_7$，属斜方体系，相对密度 3.492。

（2）水磷钪石：$Sc(PO_4)\cdot 2H_2O$。此矿物含 39.22% Sc_2O_3、40.35% P_2O_5 和 20.43% H_2O，相对密度为 2.35，硬度为 4，颜色为深蓝到铅灰色，属单斜晶系。其变体是硅磷铍石（kolbeckite），钪被铍和钙部分置换，产于美国和德国。

（3）铁硅钪矿：$Be_3Sc_2Si_6O_{18}$。又作 $Be_3(Sc, Al)_2Si_6O_{18}$，实际含约 14.5% Sc_2O_3、13% BeO，它是绿柱石的变体，含钪、铁及其他稀土元素等，呈蓝色六角形结晶，硬度为 6.5～7，相对密度为 2.77，只在意大利、瑞典和苏联发现过。

（4）硅钪钡镁石：$KBa(Al,Sc)Fe^{2+}Mg_5F_2Si_6O_{20}$。它是无色或带有粉红的紫色，形成的细针形、扇形和纤维结聚达 0.5cm；硬度约为 5，相对密度为 3.41，含钪大约 2.1% Sc_2O_3，在中亚细亚热液矿床中发现过。

（5）钪-锰钽矿：$(Ta,Nb,Sn,Mn,Fe,Sc,\cdots)_2O_4$。属斜方体系，测得相对密度为 5～6，计算为 6.09，颜色为暗灰色，含 5%～6.1% Sc_2O_3。在莫桑比克和马达加斯加的伟晶岩中发现过。

（6）钪-钛硅钇铈矿：$(Ce,La,Ca)_4(Fe^{2+},Sc)(Ti,Fe^{3+})_2Ti_2[O_4/Si_2O_7]_2$。它的相对密度为 4.25，薄的断片是黑色或黑而带红色，含 4.3% Sc_2O_3 和大于 40% Ln_2O_3，存在于哈萨克斯坦的长石-石英-萤石伟晶岩中。

同时，钪广泛分散于其他矿物中，据统计，90% ~95%的钪赋存于铝土矿、磷块岩及钛铁矿中，少部分存在于铀、钍、钨及稀土矿中，部分含钪矿物中钪含量见表10-1。在大多数的含钪矿物中，钪是以类质同象置换赋存的，当处理这些矿物时，钪主要富集于冶炼渣和处理液中，可进一步采用湿法处理回收。目前有工业意义的钪资源主要是处理铁钛矿、黑钨矿和锡石、铝土矿的尾矿、废渣或处理液。

表10-1　部分含钪矿物中钪的含量　（%）

矿物类型	矿物名称	化学式	钪含量
氧化物矿物	锡石	SnO_2	0 ~0.30
	斜锆石	$\beta\text{-}ZrO_2$	0 ~0.07
	方钍石	ThO_2	0 ~0.46
	铌钇石	$(Y,U,Yh)(Nb,Y)_2O_2$	0 ~0.75
	黑钨矿	WO_3	0 ~0.20
	钛铈铁矿	AO_2（式中 A：Fe,Ti,U,Ce,Pb）	0 ~0.05
	钇铀烧绿石	$(Y,Na,Ca,U)_{12}(Nb,Ta,Ti)_2O_6(OH)F$	0 ~0.15
含氧酸盐矿物	钪锰钽矿	$(Ta,Nb,Sn,Mn,Fe,Sc,\cdots)_2O_3$	5.0 ~6.1
	钨锰铁矿	$(Fe,Mn)WO_4$	0 ~0.30
	钨酸锰矿	$MnWO_2$	0 ~0.07
	钨酸铁矿	$FeWO_2$	0 ~0.46
	水磷钪石	$ScPO_4 \cdot 2H_2O$	30.0 ~40.0
	钛铁矿	$FeTiO_3$	0 ~0.20
	钛铁金红石	$(Ti,Fe)O_2$	0 ~0.05
	钇铀烧绿石	$(Y,Na,Ca,U)_{12}(Nb,Ta,Ti)_2O_6(OH)F$	0 ~0.15
硅酸盐矿物	硅钪钡镁石	$KBa(Al,Sc)Fe^{2+}Mg_5F_2Si_6O_{20}$	1.0 ~2.1
	钪钇石	$(Sc,Y)_2Si_2O_7$	33.8 ~42.3
	铌钛硅酸稀金矿	$Sc,(Nb,Ti,Si)_2O_5$	18 ~20
	硅铍钇矿	$YFeBe_2(SiO_4)_2O_2$	0 ~1.2
	褐帘矿	$(Ca,Ce)_2(Al,Fe)_3Si_3O_{12}(O,OH)$	0 ~1.0
	铁云母	$KAl[(Al,Fe)Si_5O_{10}](O,OH)_2$	0 ~0.20
	绿柱石	$Be_3Al_2(Si_6O_{18})$	0 ~0.02
	江西某离子吸附型稀土矿	$(Y^{3+},Ce^{3+},\cdots)[Al_4Si_4O_{10}](OH)_8 \cdot 4H_2O$	0 ~0.05
	铍硅钪矿	$Be_3Sc_2Si_6O_{18}$	12.0 ~14.5
	钪钛硅钇铈矿	$(Ce,La,Ca)_4(Fe^{2+},Sc)(Ti,Fe^{3+})_2Ti_2[O_4,Si_2O_7]_2$	3 ~4.3

全世界钪的储量约为200万吨，主要分布于俄罗斯、中国、塔吉克斯坦、美国、马达加斯加、挪威等国家。国内外钪资源的主要分布列表于10-2和表10-3中。

表 10-2 国外钪资源的主要分布区域和矿藏

国　家	钪资源分布
独联体国家	科拉半岛与俄罗斯地台是最大的钪资源分布区，科拉半岛的磷灰石中含钪 16μg/g，整个矿床储量达 1.6 万吨；俄罗斯地台北部托姆托尔的风化壳淋滤型磷酸盐岩（Sc）矿床中，Sc_2O_3 平均含量为 650μg/g，最高达 1400μg/g
美国	科罗拉多高原的含铀砂岩（Sc）矿床中含 Sc_2O_3 100μg/g；Fairfield 含磷铝石矿床中 Sc_2O_3 含量为 300～1500μg/g，从中发现了水磷矿石和磷铝锶石，已作为矿床开采
马达加斯加，挪威	集中在富含钪钇石的花岗伟晶岩中
澳大利亚	镭山（Radfum Hill）热液铀钛磁铁矿（Sc）矿床中 Sc_2O_3 含量达 3000μg/g

表 10-3 国内钪资源的主要分布区域和矿藏

含钪矿物	钪资源分布
铝土矿和磷块岩矿	主要分布于华北地台（主要包括山东、河南和山西）和扬子地台西缘（主要包括云南、贵州和四川），铝土矿中 Sc_2O_3 含量为 40～150μg/g；贵州开阳磷矿、瓮福磷矿、织金新华磷矿磷块岩的 Sc_2O_3 含量为 10～25μg/g
钒钛磁铁矿	攀枝花钒钛磁铁矿是我国最大型的钒钛铁矿床，其超镁铁岩和镁铁岩的 Sc_2O_3 含量为 13～40μg/g，钪主要赋予于钛普通辉石、钛铁矿和钛磁铁矿中
黑钨矿	华南斑岩型和石英脉型钨矿具有较高的钪含量，黑钨矿的 Sc_2O_3 含量一般为 78～377μg/g，个别达 1000μg/g
稀土矿	华南地区储量巨大的离子吸附型稀土矿中发现了规模较大的富钪矿床，Sc_2O_3 在 20～50μg/g 为伴生钪矿床，大于 50μg/g 为独立钪矿床；白云鄂博稀土铁矿的岩石中 Sc_2O_3 平均含量为 50μg/g
含钪矿物	钪资源分布
其他矿物	广西贫锰矿中含有相当数量的钪，含量约为 181μg/g，以离子吸附形式赋存

10.2 钪的物理化学性质

10.2.1 物理性质

钪的原子序数为 21，电子构型 [Ar] $3d^1 4s^2$，相对原子质量 44.96，原子体积 15.04cm^3/moL，原子半径 0.164nm，密度为 2.989g/cm^3，熔点为 1541℃，沸点为 2836℃；金属钪具有金属光泽，银白色，有两种晶型。在标准状态下为六方密集晶格（hcp）的 α-Sc，其晶格常数为：$a=0.3308$nm，$c=0.5268$nm。当钪金属加热至 1335℃时转变为体心立方晶格（bcc）的 β-Sc。

10.2.2 化学性质

钪是一种很活泼的金属，很容易与酸作用，在空气中很快失去金属光泽，但水的腐蚀较慢，高温下（500～800℃）能被空气中的氧所氧化。金属钪的主要化学反应见表 10-4。

表 10-4 金属钪的主要化学反应

反应物	生成物	反应条件
X_2(F、Cl、Br、I)	ScX_3	室温下缓慢，>200℃燃烧
O_2	Sc_2O_3	室温下缓慢，>150℃燃烧
H_2O+O_2	$Sc_2O_3\cdot xH_2O$	室温下开始作用
S	Sc_2S_3	在硫的沸点反映
N_2	ScN	>1000℃
C	ScC_2	高温
Si	$ScSi_2$	高温
B	ScB_5	高温
H_2	ScH_3	>250℃反应快
H^+(稀 HCl、H_2SO_4)	Sc^{3+}	室温下开始作用
H_2O	$Sc_2O_3\cdot xH_2O$	>150℃反应加快
金属氧化物	金属及 Sc_2O_3	高温

氧化钪是一种最常见的钪化合物，外观为白色粉末，熔点为2370℃，密度为3.86g/cm³。钪的氢氧化物、碳酸盐、硫酸盐、硝酸盐、草酸盐、硫代硫酸盐等化合物经过灼烧处理后均生成白色的氧化钪粉末。经过高温灼烧的氧化钪不易溶于稀酸，但溶于沸的浓硝酸或浓盐酸中。

钪的卤化物较易生成，它们在钪的提取过程中非常重要，是制备金属钪的重要化合物。氟化钪（ScF_3）为白色粉末，熔点1242℃，易溶于过量的氟化物溶液，不溶于水。钪的氯化物、硫酸盐、硝酸盐、高氯酸盐均易溶于水。

钪的不溶化合物很多，以无机化合物形式沉淀的有氢氧化物、硼酸盐、碳酸盐、磷酸盐、次磷酸盐、硫代硫酸盐、硫酸复盐、氟化物、氟硅酸盐、焦磷酸盐和碘酸盐等。可用于沉淀钪的有机物有草酸盐、酒石酸盐、碱式羧酸盐等。钪的有机配合物多用于钪的分离和分析，如 Sc^{3+} 与偶氮胂（Ⅲ）可形成1∶1的紫色配合物，可用于分光光度法测定钪。

钪可与碱金属氟化物、氢氟酸或氟硅酸盐生成氟化钪或氟硅酸钪沉淀，而与 Zr、Al、Fe 和 Mn 等元素分离，是富集钪的主要方法。

氢氧化钪在水中的溶解度为 5×10^{-7}mol/L，比其他稀土氢氧化物的溶解度小。钪的碱性比其他稀土元素弱，但比钍强，氯化钪溶液加入氢氧化钠溶液，在 pH 值为4.90时开始沉淀，在 pH 值为5.45时沉淀基本完全，此时，沉淀的组成为 $Sc(OH)_2Cl\cdot xH_2O$。氢氧化钪于550℃灼烧分解生成氧化钪，其反应为：

$$2Sc(OH)_2Cl\cdot xH_2O = Sc_2O_3\uparrow + 2HCl\uparrow + (x+1)H_2O$$

钪同酒石酸铵作用形成复盐沉淀，该复盐沉淀是分离钪的经典方法，可使钪同大量无机盐、锆、铝、铁、钛、铀及稀土分离。酒石酸复盐在600℃灼烧可生成氧化钪。

钪盐与草酸作用可形成沉淀草酸钪($Sc_2(C_2O_4)_3 \cdot xH_2O$)，加入草酸铵溶液，钪可形成配合物$[Sc(C_2O_4)_3]^{3-}$溶解。

10.3 钪的应用

钪元素及其化合物具有一些优异性能，其在冶金、国防、化工、航天、核能、电光源等方面都有相关应用。然而由于含钪丰富的矿物稀少，钪及其化合物价格昂贵，这使钪的应用受到了限制。目前，碘化钪及钪锆陶瓷在工业中已成熟应用。

10.3.1 冶金方面

钪的熔点比铝高 2.5 倍，而密度相近，故适用于航空、火箭和宇宙飞船的结构材料。钪是有效的合金元素，加到镁或钛基合金中，可使合金有较好的力学、电学、可塑和稳定性能。含 10% ~20% Sc 以及加 6% Ag、10% ~20% Cd 或 5% Y 的镁基合金有很高的强度，例如 Mg-20Sc-6Ag 和 Mg-20Sc-10Cd 两种合金，其最高极限强度为 4.6×10^8Pa。另外钪加到钛基合金或镍、铬和钨基耐高温合金中，可显著提高其抗氧化性。铝中加 10.7% （摩尔分数） Sc 可增强其强度。精炼铝、镁、铜及其他金属时，加钪可除去疤痕和鳞片。

钪还可以作为制热敏特殊合金的添加剂，钪加到钢铁中可改善其性能，它使铸铁中石墨球化的作用比其他稀土元素更有效。用高温电解法使钪渗入基底金属内，使之“钪化”，可形成基底金属的有益涂层组织。

10.3.2 化工方面

碳化钪能显著提高过渡金属碳化物的硬度，加 20% （摩尔分数） ScC 到 TiC 中，可使 TiC 的硬度由 3060kg/mm^2 提高到 5680kg/mm^2，在已知材料中其硬度仅次于金刚石。ScN 的熔点是 2650℃，可用于电工和制作拉 GaAs 和 GaP 等半导体单晶的坩埚。Sc_2O_3 比 BeO、MgO、Al_2O_3 和 ZrO_2 四种常用耐火材料的某些性能还要好，它的热冲击性质超过常用的 MgO、Al_2O_3 和 ZrO_2，可用于火焰喷涂的玻璃组分。Sc_2O_3 加到 ZrO_2 和 Y_2O_3 中，是一种导电耐火材料。氢的正-仲位高温转化时，用金属钪、ScH_2、ScC 或 Sc_2O_3 作催化剂，其活性依此次序逐渐降低。不过，钪及其化合物的活性比钇和铁及其化合物的活性低。Sc_2O_3 可用于乙醇或异丙醇脱水和脱氧，乙酸分解，由 CO 和 H_2 制乙烯，由废盐酸生产氯气，以及 CO 和 N_2O 氧化等反应的催化剂，同时还可作合成氨的铁催化剂的助催化剂。

石油工业是目前工业上应用钪较多的部门之一，含 Sc_2O_3 的 Pt-Al 催化剂可用于重油氢提净、精炼石油，活性氧化铝浸渍 $Zr(NO_3)_2$、$Sc(NO_3)_2$、H_2PtCl_6 和 $RhCl_3$ 后，煅烧制得的催化剂可用于净化汽车废气等高温废气。ScN 是异丙醇和环己烷脱氢以及异丙醇脱水的催化剂。$ScCl_3$ 可用于催化乙烯及丙烯的聚合反应。在异丙基苯裂化时，ScY 沸石催化剂比硅酸铝的活性大 1000 倍。钪也可增进 Pt 或 Pd 催化剂对烯类加氢或碳氢化合物芳香化。国内有人发现环烷酸钪或膦酸酯钪与三异丙基铝或三乙基铝，以及第三组分如 α-乙基己基膦酸酯或乙醇组成的络合催化体系，可以使乙炔、己炔、戊炔等乙炔衍生物聚合，制得顺式结构含量及相对分子质量都较高的聚炔烃。

10.3.3 照明和发光方面

加入碘化钪和碘化钠的汞灯，可产生高效率的近乎太阳光颜色的强光，具有光度好、光色好、节能、寿命长等优点，适用于电视摄像、夜间运动场和展览室等场所的照明。

钪可用作荧光材料的活化剂或基质。用钪和铜作共活化剂，可使 ZnS 荧光物对红外线敏感，且随钪含量的增加其颜色呈现由黄色到橙色。Sc_2O_3、$ScVO_4$ 和 Sc_2O_2S 可作荧光物的基质材料。组成为 $Sc_{1-x}Tb_xP_3O_9$（$x=0.2\sim1.0$）的荧光物发绿光，其中 Tb 若改为 Eu 则发红光。用银和钪混合活化锌镉硫化物的材料，可用于彩色电视机显像管的红色发光材料，含石榴石的荧光物 $Y_{2.92}Ce_{0.08}Sc_{1.5}AlGa_{2.5}O_{12}$ 发绿光。密封有惰性气体和 $\{[(Sc_{1-x}Ln_x)_{1-x}B_x]_{1-y}Eu_y\}O_3$ 荧光物的电灯发红光。钪活化的 MgO-ZnO 固熔体比工业 ZnO-P 荧光物的红色成分多。钪化合物还可用于激光，用 Nd^{3+}、Cr^{3+} 作为激活剂的钆钪镓石榴石[$Nd^{3+},Cr^{3+}:Gd_3(Sc,Ga)_5O_{12}$]是一种高效率的激光器。

此外，含钪的硅酸盐和硼酸盐玻璃的折射率增加，适于作光学玻璃。金属陶瓷活塞环中加 0.03% ~0.5% Sc 可改善其力学性能。钪化合物还可作陶瓷釉料和精细陶瓷的制作，氧化钪可用于生产透光的光学陶瓷的添加剂。

10.3.4 电子学和电工技术方面

Sc_2Se_3 和 Sc_2Te_3 是半导体材料，Sc_2S_3 可作热敏电阻和热电发生器，Sc_2O_3 单晶用于仪器制作中，ScB_6 可作电子管阴极，其热电子发射密度和电子逸出功低，且性能稳定，能耐离子轰击，可在高电场强度和真空度不高的情况下工作。含钪的铁氧体可用于快速转换计算机储存磁芯。少量钪加到钇铁石榴石中可改进磁性。钪代替铁可使磁矩和磁导增强，并使居里温度降低，达到利于在微波技术中应用。有一种磁控开关，其主要部件是单晶钇镓钪铁石榴石薄膜，它能转换通过单晶石榴石薄膜的光，借转换原光径光束的显或隐使信息编码。有一种高熔点金属多孔阴极，其孔洞用发射性活泼的钪酸钡（$3BaO\cdot2Sc_2O_3$）充填。含钪的铌（钼）酸铅（钡）等类钙钛矿型结构的化合物可作介电陶瓷，用于超声波仪器、拾音器和电容器。钪和其他稀土元素可用于制高质量铁基永磁材料。钪还可制作超导材料。

10.3.5 能源和放射化学方面

钪在可控热核反应中也有应用。钪适于作反应堆核燃料部件外壳等的结构材料。硫化钪可作反应堆不含氧的特殊耐火材料。中子发生器通过 $T(d,n)\alpha$ 反应产生中子，用氚化钪靶比用 Zr 或 Ti 的氚化物靶好，氢化钪可用作粒子加速器的靶材。金属钪可作中子过滤器，它能使具有 2keV 的中子通过而阻止其他能量的中子。在高温反应堆 UO_2 核燃料中加少量 Sc_2O_3 可避免 UO_2 变成 U_3O_8，以免发生晶格转变，体积增大和出现裂纹。

在金属-绝缘体-半导体硅光电池和太阳能电池中，钪是最好的阻挡层金属，其效率为 10% ~15%。在 AgO 碱性蓄电池的 AgO 阴极中加 Sc_2O_3 可防止高温蓄电时 AgO 分解释出氧并改进电池效率。含 8% ~16%（摩尔分数）Sc_2O_3 的 ZrO_2 和 Sc_2O_3 粉末在温度 1600℃

加压处理后，可用于化学电池中作固体电解质。含 Sc_2O_3、Al_2O_3 和 ZrO_2 的固体电解质可用作测定平衡氧分压的氧传感元件。以 $SrCeO_3$ 为基础并掺杂有 Sc_2O_3 的烧结氧化物固体电解质，在 H_2O 蒸汽存在下，是质子的导体，故可用这种固体电解质作高温燃料电池，或蒸汽电解槽，适于氢能源的制氢设备，它在温度 800 ~ 1000℃ 能稳定工作。Sc、Sc_2O_3、$ScFe_2$ 和 Mg-Ni-Sc 合金有较好的吸附氢的性能，故可用作储氢材料。由于钪的燃烧热高，可作为宇宙飞船的高效固体燃料。

钪可用以产生钾、钙和钛的人工同位素。放射性同位素 ^{46}Sc 作 γ 射线源和示踪原子可用于科研和生产各个方面，医疗上用它治疗深部恶性肿瘤。钪的氘化物（ScD_3）和氚化物（ScT_3）可用于铀矿体探测器元件。

10.4 钪的提取

国内外提取钪，除了极少数的钪矿外，目前主要是从处理钛、钨、铀、铝等矿的副产品中综合回收，主要途径见表 10-5。钪的提取一般经过三个阶段：（1）富集。从含钪很低的原料中初步富集钪。（2）净化。分离杂质制备工业粗氧化钪。（3）提纯。精炼提纯制取高纯氧化钪。以上三个阶段主要使用的方法包括沉淀法、溶剂萃取法以及离子交换法。

表 10-5 工业中钪的主要回收途径

矿物类型	回收途径
含钛矿	主要从熔炼高钛渣时的氯化烟尘以及生产钛白粉的硫酸盐废液中回收钪
铝土矿	98% 以上的钪富集于赤泥中，Sc_2O_3 含量可达 0.02%，是工业上提钪的好原料
黑钨矿和锡石矿	主要从浸出渣中回收钪
含铀矿	萃取法提铀时，钪同时也被萃取，因易与铀分离而得以回收
离子吸附型稀土矿	从浸出液中回收钪，工艺相对简单，是很有前景的提钪方法

沉淀法是利用钪及钪化合物（氟化物、草酸盐、碳酸盐、硫代硫酸盐、氢氧化物）的化学性质，以及其在溶液中的溶解度不同来实现富集净化的目的。如在含钪的硫酸溶液中，当采用 5% 氨溶液中和到 pH = 5.0 时，钪开始沉淀，pH = 7.5 时终止。因此可以在 pH = 4.5 时首先出去锆、钛和铝铁等杂质，而后在 pH = 8.0 时沉淀富集钪元素。

溶剂萃取技术已成为富集钪的主要方法之一，溶剂萃取法具有操作简单、易于掌握、成本低、富集和分离效果好等特点。常用于钪的萃取操作的萃取剂为磷类萃取剂，如 P204、P507、TBP、P350 等。如 P204-煤油溶液可以除锆、钛、铁，富集钪；TBP 能从 8 ~ 9mol/L HCl 介质中萃取钪、铁和锰，然后采用 3 ~ 4mol/L HCl 反萃钪而与铁、锰分离，从而达到富集净化的目的。部分萃取剂对钪的萃取效果见表 10-6。

离子交换法可用来分离几乎所有的无机离子，同时也能用于许多结构复杂、性质相似的有机化合物的分离，在钪的湿法冶金中也日益得到重视。目前使用的树脂有 Dowex-50、BioRad AG50W、X8 等阳离子交换树脂和 Dowexl、Ab-17 等阴离子交换树脂。

表 10-6 部分萃取剂对钪的萃取效果

有机相	水相	萃取效果
1.5mol/L HDEHP-甲苯	0.1 ~ 1mol/L $HClO_4$	完全
0.4mol/L HDEHP-煤油	28% H_2SO_4	富集近 700 倍
	0.018% Sc_2O_3	完全
0.1mol/L PMBP-异戊醇	pH > 1.5	完全
0.1mol/L TTA-MIBK	pH > 2.2 ~ 5.3	可以 Y，La，Ce，Ba 完全分离

10.4.1 从钪钇石中提钪

钪钇石为硅酸盐矿物，首先应分离大量硅使钪富集。钪钇石难溶于无机酸，酸溶时易形成硅胶，难以过滤。用碱熔融和水浸涂去大量硅后，残渣用酸浸出，经氟化物沉淀等提纯过程，可制得纯钪化合物。该法流程较长，回收率不高。

用过量碳在温度 1800 ~ 2100℃ 还原熔炼钪钇石成碳化物，再用盐酸溶解，进而也能分离提纯。

还可用碳与矿石混合，在温度 800 ~ 850℃ 通氯气氯化，除去低沸点氯化物，再用稀盐酸浸出提制纯钪化合物。或将钪钇石和碳混合，在管状炉中通氯气氯化。设备的一端温度为 900 ~ 1000℃，另一端为 350℃。$ScCl_3$ 沉积在 600 ~ 900℃ 中间带，回收率为 87.5%，未反应的钪残留在渣中，可用通常方法提取。而无水氯化钪，用水溶解和氨沉淀，再煅烧成氧化钪。

还可用氟化物法处理钪钇石。将矿石与 MgF_2 混合，再加 KCl 和盐酸溶液，得到糊状物，在低温加热形成 $MgCl_2$ 和六氟钪酸钾，用水浸出后者，进而回收钪。美国 Ames 实验室将钪钇石与 NH_4HF_2 混合，在 375 ~ 400℃ 干空气中加热，SiO_2 以 SiF_4 形式除去，得到 ScF_3 等金属氟化物，再与钙或镁混合，在钽坩埚中加热到 1400℃ 还原成合金，再溶于盐酸，进而提纯。

10.4.2 从钛铁矿中回收钪

钛铁矿中含钪为 $1\times10^{-4}\%$ ~ $2.35\times10^{-5}\%$，钛磁铁矿含钪为 $1\times10^{-5}\%$ ~ $2.5\times10^{-5}\%$。硫酸法湿法分解钛铁矿制取钛白粉时，钛铁矿中 80% 以上的钪转入二氧化钛的水解母液中，这部分溶液是回收钪的很好原料。此外在火法处理钛铁矿的过程中，约 80% 的钪进入钛渣中，其平均含量为 0.02%。钛渣经过电炉熔炼，高温沸腾氯化处理，此时钪主要富集在氯化烟尘中，这种烟尘也是提取钪的重要原料。

10.4.2.1 钛白水解母液中回收氧化钪

钛白水解母液中平均钪约为 0.02g/L，采用溶剂萃取—沉淀法能较好地回收氧化钪。萃取剂为 0.25mol/L 的 P204 煤油溶液，直接从硫酸体系萃取钪。具体工艺流程如图 10-1 所示。

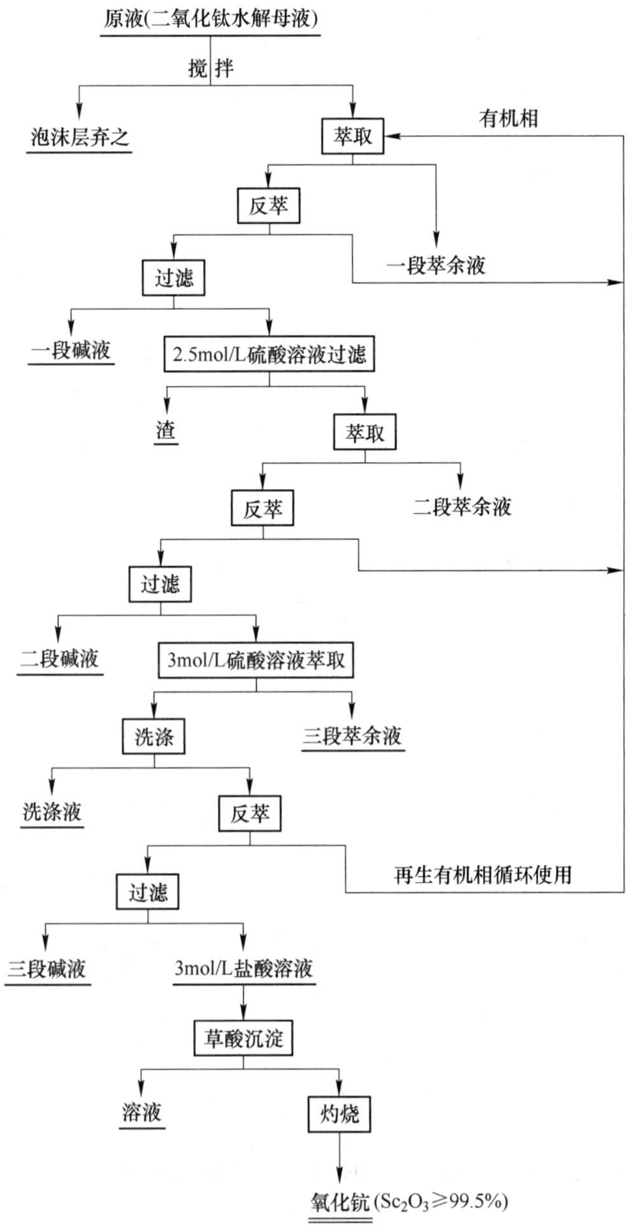

图 10-1　从钛白母液中提取氧化钪的工艺流程

10.4.2.2　氯化烟尘中回收氧化钪

从四氯化钛的氯化烟尘回收钪的工艺流程主要由四个工序组成（见图 10-2）。

（1）盐酸浸出。用盐酸浸出四氯化钛生产过程中的烟尘，钪的浸出率随着温度的升高而升高，但浸出液的酸度对浸出率的影响不大。在液固比为 2∶1 时，浸出率可达到 80%～85%。

（2）P204 溶剂萃取。将浸出液的酸度调整为 2.5mol/L，用 25% P204 + 15% 仲辛醇 + 60% 煤油组成的萃取体系萃取钪，其萃取率可达到 90%。用 4mol/L 盐酸洗涤负载钪的有

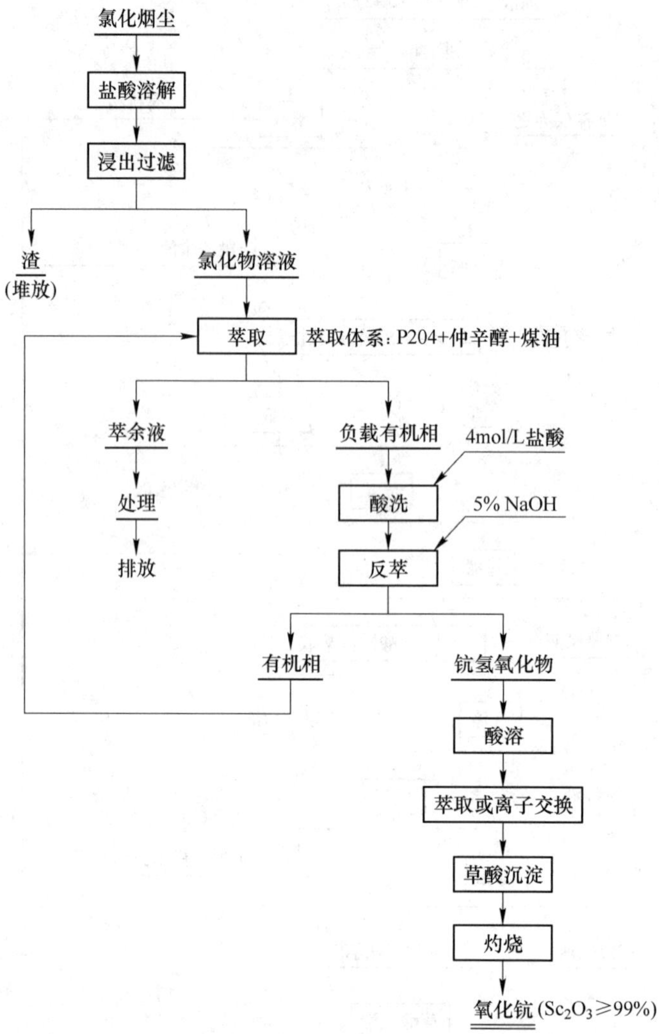

图 10-2　从四氯化钛的氯化烟尘回收氧化钪的工艺流程

机相2～3次，去除杂质，而后以5% NaOH反萃，钪的反萃率接近95%。从反萃液中可回收钪的氢氧化物。

（3）TBP溶剂萃取提纯。该产物中钪的纯度不高，一般须再经过TBP萃取或离子交换分离杂质。钪的氢氧化物用2mol/L盐酸溶解后，TBP萃取或离子交换排除杂质；所得溶液将酸度调配为pH值为1.0～1.5，用精制草酸沉淀；而后在800～850℃下将草酸盐沉淀物烧制得钪的纯度大于98%的氧化物。

（4）草酸沉淀提纯。氧化物再重复三次草酸沉淀的提纯过程，钪的纯度可以达到99.5%以上。全流程中钪的总回收率为60%左右。

此外，有人对含钛物料的氯化冶金烟尘进行了提取氧化钪的研究，以高炉渣生产四氯化钛过程中的烟尘为原料，通过TBP萃取、沉淀、灼烧等工序，获得氧化钪纯度大于99%的产品，钪回收率达到96%，钪的总回收率为60%，其工艺流程如图10-3所示。

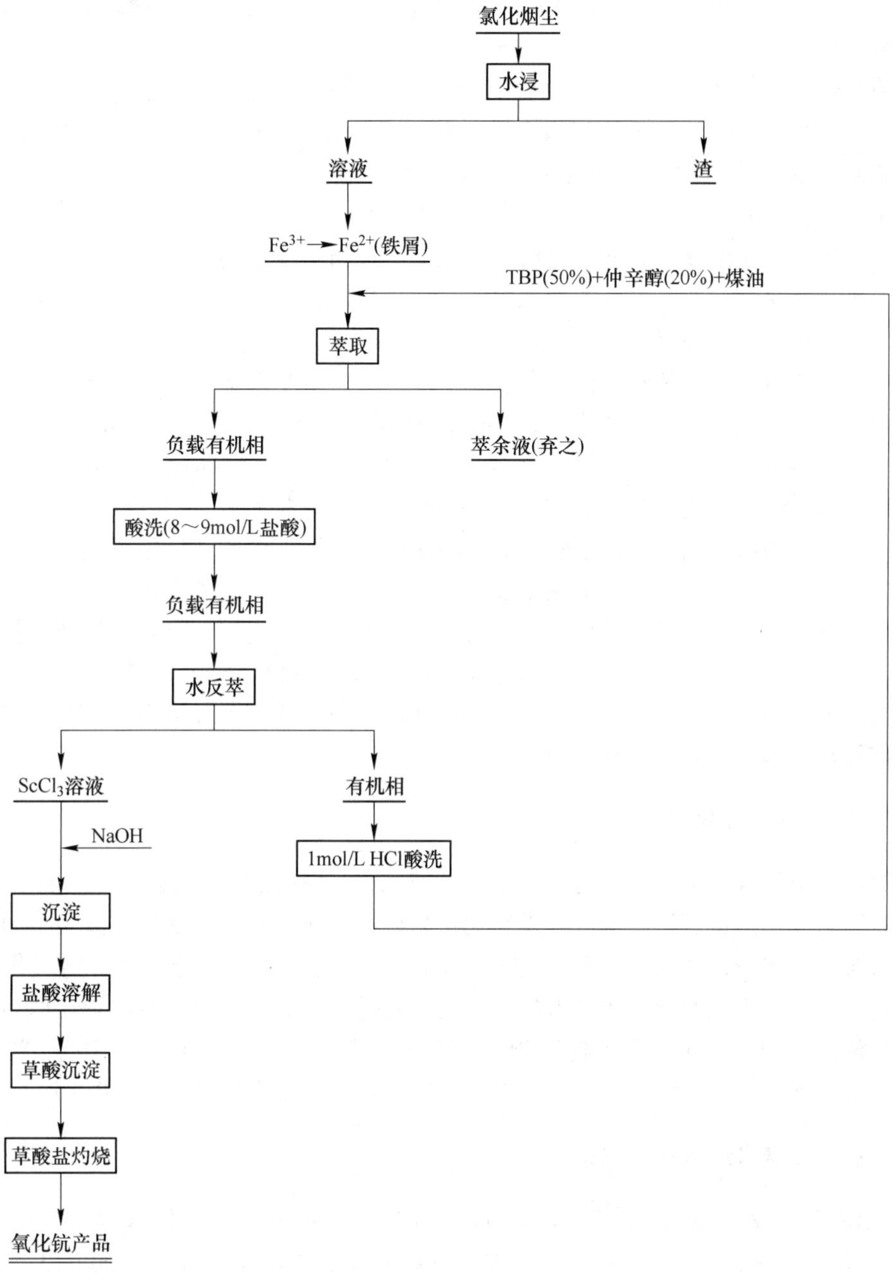

图 10-3 氯化烟尘提钪工艺流程

10.4.3 从铝土矿中回收钪

钪在铝土矿中的含量为 0.001% ~0.1%。世界上铝土矿的开采量巨大，理论上每年可以从中回收 400 ~1600t 的氧化钪，目前大规模处理铝土矿已成为获得钪的主要方式，估计从铝土矿中提取钪的量占从其他金属矿石中提取钪总量的 75% ~85%。在拜耳法和烧结法处理铝土矿进行浸出时，钪很少进入铝酸盐溶液，大于 95% 残留在赤泥中，其钪含量达到 0.02%。目前赤泥中钪的提取技术主要包括还原熔炼—炉渣酸浸工艺和直接酸浸—回收工艺。

还原熔炼—炉渣酸浸工艺的原理是在赤泥中加碳还原使赤泥中铁金属化析出，从而使钪与铁分离，钪进入炉渣。还原熔炼的目的主要是还原回收赤泥中的铁，并为后续钪的提取减少杂质铁的干扰。对炉渣的处理主要有两种方法：一是经碱液（NaOH 或 Na_2CO_3）浸出后钪进入浸出渣（白泥），对白泥进行酸浸或者氯化后形成钪的化合物，再加以回收钪；二是对炉渣直接酸浸后，从浸出液中回收钪。如将干燥后的赤泥经烧结、压团后，在混料机内再与焦炭和石灰石混合或者原料混合后再造块；在电弧炉中进行还原熔炼。赤泥中的 Al、Ti、Zr、Th、Sc 等进入炉渣，Ni、Mo、Nb、V 和 Cr 则大部分被还原进入生铁，少量的 TiO_2 也被还原。炉渣经粉碎后在液固比为 1∶6、温度为 80～90℃、反应时间为 30～60min 条件下用硫酸浸出，浸出液用 5% 的 P204 萃取分离。100% Zr、99.5% Ti 及 100% Th、Sc 和其他稀土进入有机相与其他元素分离，再通过用 10% Na_2CO_3 反萃，反萃液经水解分离出氢氧化钛，灼烧得 TiO_2，水解后的溶液可以用来提钪。

直接酸浸—回收工艺是采用酸浸的方法将钪溶解于溶液中，然后采用相关的方法进行富集回收。这方面的研究较多，如采用盐酸直接溶解平果铝矿的拜耳法赤泥。其工艺包括一次浸出，两次萃取，并且两次萃取均为协同萃取体系。首先用 12mol/L 的纯浓盐酸浸出赤泥，钪的浸出率可达 92.48%。酸浸液第一次萃取时协同萃取剂为 P204 + 仲辛醇，第二次时协同萃取剂为 TBP + 仲辛醇，两次萃取稀释剂均为煤油。萃合物用沉淀法，经过进一步的精炼提纯，得到纯度约为 95.25% 的 Sc_2O_3。

10.4.4　从黑钨矿中回收钪

黑钨矿中钪的含量波动范围很大，在 0.005%～1.0% 之间。我国是钨生产大国，黑钨矿是我国重要的提钪资源。湿法处理黑钨矿精矿时，钪实际上全部留在渣中。湿法处理后的残渣统称为钨渣，含钪一般为 0.1%～0.3%。钨渣的主要成分为铁、锰氧化物和伴生元素铌、钽、稀土以及脉石中含有的铝、钙、镁等。有人对钨渣进行电炉还原熔炼，所得的熔炼渣用水调浆，加工业盐酸在 80～90℃ 溶出 0.5h，加软锰矿做氧化剂，恒温下搅拌 3.5h，抽滤分离出滤液，用溶剂萃取回收钪。具体的工艺流程图如图 10-4 所示。

10.4.5　从钨锰铁冶炼渣中回收钪

在钨锰铁合金的冶炼过程中钪在渣中富集。渣的化学组成为：Sc_2O_3 0.05%～0.06%、TiO_2 4%～5%、Fe 3%～4%、Mn 25%～31%。此种原料中的钪可以用图 10-5 所示的硫酸浸出—P204 萃取方法提取。从钨锰铁冶炼渣中回收钪的工艺流程主要有三个工序：

（1）硫酸浸出。冶炼渣用硫酸浸出，渣酸比 1∶2，钪的浸出率可以达到 85%～88%，浸出液酸度小于 1.25mol/L。浸出液中的化学成分大致为：Sc_2O_3 0.05%～0.1%、TiO_2 4%～7%、Fe 4%～6%、Mn 40%～50%。

（2）P204 溶剂萃取。浸出液用 P204－煤油体系萃取钪，萃取率可达到 95% 以上。负载钪的有机相用高酸洗涤除去杂质，而后用 75℃ 的 5% NaOH 溶液反萃，再经过滤洗涤得到钪的氢氧化物产品。

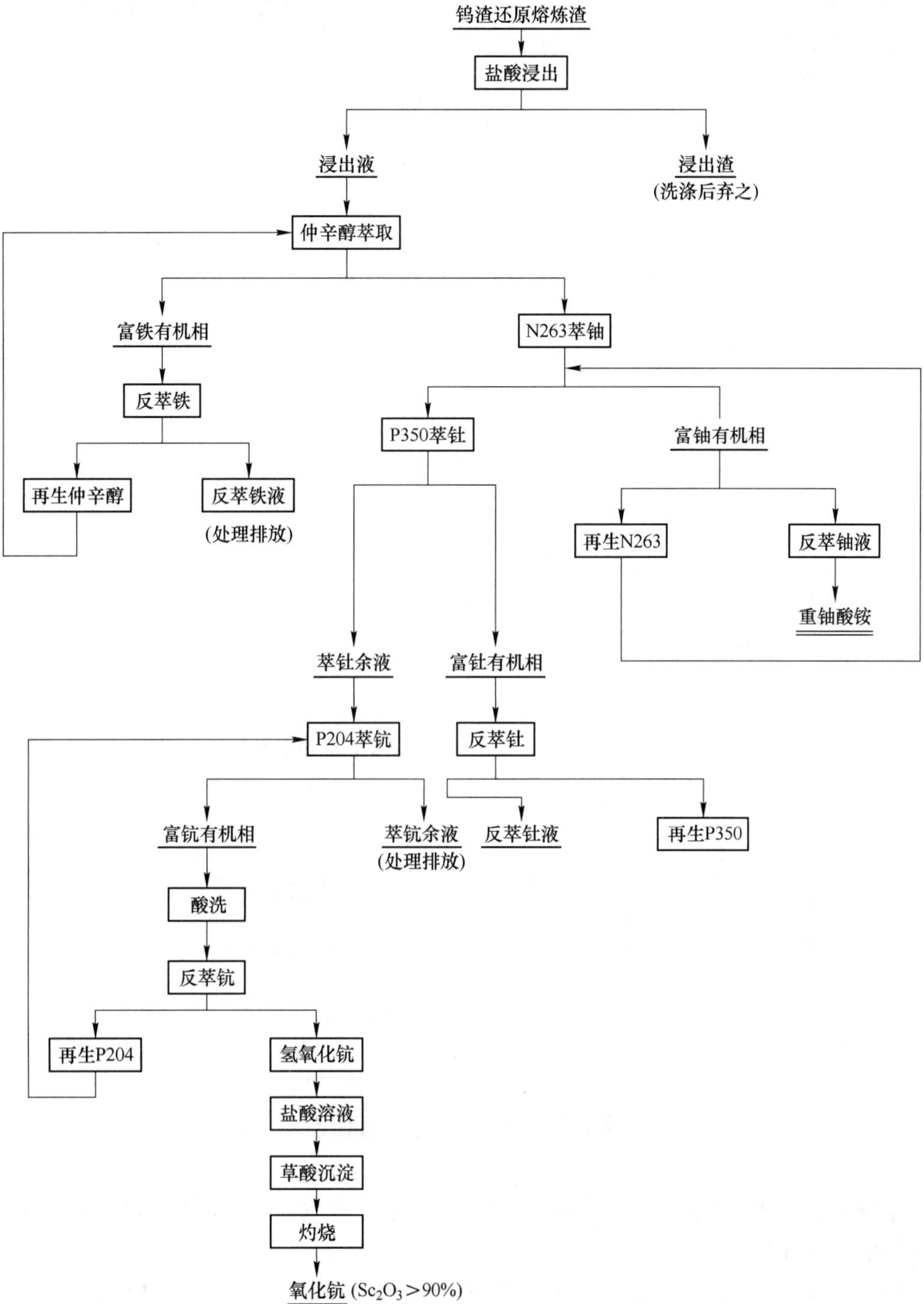

图 10-4 钨渣还原熔炼渣提取钪工艺流程

(3) 草酸沉淀提纯。钪的氢氧化物用盐酸溶解成 pH 值为 1 ~ 1.5 的溶液，用草酸沉淀出草酸钪，在 800 ~ 850℃下灼烧制成含 Sc_2O_3 20% ~ 30% 的氧化物。为了进一步提纯，将此氧化物用盐酸溶解成含 Sc_2O_3 50g/L 的溶液，加热至 70℃，用草酸沉淀出钪的草酸盐，再灼烧得到含 Sc_2O_3 约 70% 的氧化物，如此重复 2 ~ 3 次盐酸溶解—草酸沉淀—灼烧的过程，可以获得 Sc_2O_3 大于 98% 的产品。

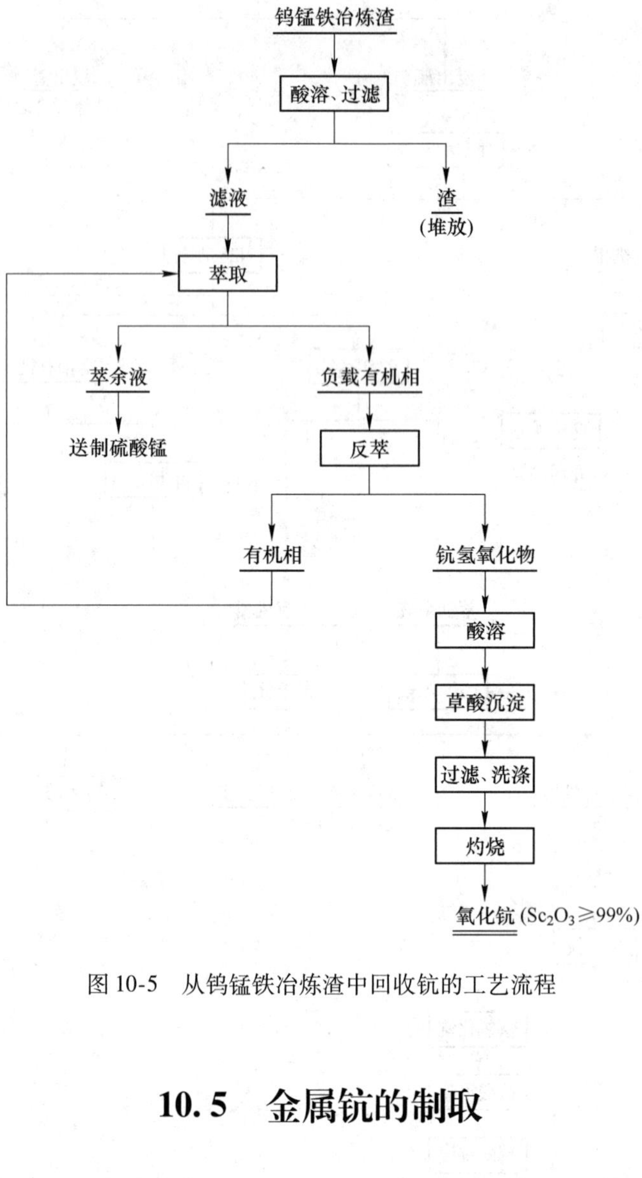

图 10-5　从钨锰铁冶炼渣中回收钪的工艺流程

10.5　金属钪的制取

金属钪是一种活泼金属，易被氧化，因此，需在氩气气氛中进行金属热还原，或用熔盐电解法来制备金属钪。

1937 年 Fiscber 首先通过电解 LiCl-KCl 熔体中的 $ScCl_3$，使钪在锌阴极上析出，之后蒸馏除锌，制得了纯度为 99% 的金属钪。目前，金属钪通常是用金属热还原无水 $ScCl_3$ 或 ScF_3 获得的。目前制得的钪的纯度只能达到 99.98%。制备高纯金属钪的每个步骤都容易带进杂质，所以必须严格操作和用高纯钪化合物原料，要求其杂质含量除了 F、Si、Ca 和 Ta 以外，应小于 $3 \times 10^{-3}\%$。此外对物料含水率的要求也很高，需要在生产金属钪之前首先制备无水的 $ScCl_3$ 或 ScF_3。

10.5.1 无水 $ScCl_3$ 制备

将氯气通过 S_2Cl_2 使其夹带 S_2Cl_2 蒸气，再通入赤热的 Sc_2O_3 和 C 的混合物中，得到的 $ScCl_3$ 再在高温下加碳通入氯气升华提纯，总实收率为 90% ~95%；或用氮气稀释的 CCl_4 蒸气通过温度 700 ~800℃使 Sc_2O_3 进行氯化，再降温到 150 ~200℃，在氮气流中加热到 900 ~950℃使 $ScCl_3$ 升华，得到稳定的混熔无水氯化钪，供制金属之用。

10.5.2 无水 ScF_3 制备

由于 $ScCl_3$ 潮解，不易制备，且用钙还原 $ScCl_3$ 时，$CaCl_2$ 渣在高温下沸腾起泡沫，致使产物呈颗粒分散，故近来多用 ScF_3 制金属钪。将 Sc_2O_3 置于铂舟中，在无水 HF-Ar 混合气氛下，在 600 ~750℃加热 16h 得无水 ScF_3，温度愈高 ScF_3 含氧量越低，但高温时 ScF_3 易蒸发损失。这种处理过程通常可使 ScF_3 中的氧含量降到 $1\times10^{-4}\%$ ~$2\times10^{-4}\%$。氟化钪也可用氟化铵与 Sc_2O_3 混合在温度 300 ~400℃反应制得。

10.5.3 金属热还原 ScF_3 或 $ScCl_3$ 制备金属钪

用钾在低温密封管中还原 $ScCl_3$ 曾得到金属钪和 KCl 的混合物，并测出了金属钪的结晶构造。后来则用 Ca 或 Mg 还原无水 ScF_3 或 $ScCl_3$。

将 $ScCl_3$ 和金属 Ca 在钽坩埚中常压氩气保护下，用高频电炉加热，在温度 700 ~800℃开始反应，在 850℃反应最激烈，反应完毕后在氩气保护下冷却，再用机械分离熔渣 $CaCl_2$，然后在 10^{-3} ~10^{-4} Pa 真空中和温度 1500 ~1600℃升华提纯，可制得纯度约 99% 的金属钪。另一种方法是用 Mg 或在 Zn 存在下用 Ca 还原 $ScCl_3$，制得 Sc-Mg 或 Sc-Zn 合金，再蒸馏除去合金中的镁或锌而得到金属钪。

1960 年初报道了在锌存在下用钙还原 ScF_3 的办法。后来加以改进，将 ScF_3 与过量 10% 的钙混合放在钽坩埚中，在干燥 He 或 Ar 气氛下加热到 1500 ~1600℃还原，得到金属钪熔体，而 CaF_2 渣浮在上面；冷却后分离钪和渣，得到的金属钪含有钙和钽（约 3.5% Ta)，再采用真空蒸馏提纯。为了减少还原时混进钽杂质，可加锌或镁以形成低熔点钪合金，再加 LiF 形成低熔点 LiF-CaF_2 渣，于是可在低温 1100℃进行还原。

两次低温还原法制钪是先在温度 400℃用钾还原 $ScCl_3$，然后加钠并加热到 1000℃还原，此时过量碱金属及其氯化物从钪中蒸出，再将钪压密实和电弧熔化，制得致密的金属钪。

此外，熔盐电解法也能制备金属钪。在 700 ~800℃温度下，以熔融锌作阴极，电解 KCl、LiCl 和 $ScCl_3$ 的熔融态混合物，钪从阴极上析出，然后将锌蒸出，可得纯度为 98% 的金属钪。

10.5.4 金属钪的蒸馏提纯

随着高新技术的发展，对钪的纯度要求越来越高。目前，制备高纯金属钪的方法主要有真空蒸馏法、熔盐电解精炼法、固相电解法和区熔—电迁移精炼法。其中工业中常用的方法是真空蒸馏法，其原理是在一定的温度下依据钪和杂质的蒸气压及蒸发速度的不同来达到钪和杂质分离的目的。粗金属钪的提纯分真空熔炼和升华两步。真空熔炼在温度1550～1600℃进行，以除去过剩的钙、ScF_3 和其他挥发性杂质。这一步骤可除去大部分Ca，但 ScF_3 除去得不完全。下一步是使钪蒸馏升华而留下钽和氧化钪，操作在温度1350℃和压力 10^{-7}Pa 真空中进行，相当于升华速度0.5g/h或大约75g/星期，这种低速升华有利于获得高纯钪。例如在1500℃升华所得金属钪的杂质含量（%）为：C 20×10^{-4}、O_2 98×10^{-4}、F 144×10^{-4}，Fe 25×10^{-4}、Ta 135×10^{-4}。而在1350℃升华中杂质含量（%）为：C 39×10^{-4}、O_2 46×10^{-4}、F 14×10^{-4}、Fe 19×10^{-4}、Ta 3×10^{-4}。目前通过净化提纯，已经能够制得纯度为99.999%左右的金属钪。

10.6 特殊形式钪的制备

10.6.1 薄箔和膜

供核反应研究应用的薄膜厚度为0.0003～0.3mm。其制法是将钪蒸发到铝上，再在NaOH溶液中使铝溶解；也可将钪蒸发到各种基片上。比0.0012mm薄的钪箔是将钪蒸发到碳上，而且在核研究中其碳衬底也不除去。钪膜比0.0012mm厚时，则以钪本身为支撑。其制法是先用镍作基片，继而依次将 $BaCl_2$ 和 Sc 蒸发到它上面，再用水溶解 $BaCl_2$，使 Sc 膜与 Ni 基片分离，从镍上应尽快剥离钪膜，以免钪膜形成针孔，这样可以得到满意的核研究应用的薄膜，但其不适用于光学研究之用。用真空升华钪，可在蓝宝石（Al_2O_3）基底上制备0.0003mm的钪薄膜。Al_2O_3 表面要求严格，需用化学抛光清洗，在温度1000℃空气中烘1h，再在 10^{-5}Pa 真空中和600℃烘烤1h，然后在 10^{-5}Pa 真空中将钪蒸发到 Al_2O_3 上。

10.6.2 单晶

用拉晶法制钪单晶，是在He或Ar气氛下的密封钽坩埚中，将电弧熔化的金属钪拉成单晶，样品再在高真空中和温度1200℃退火5天，但后来发现在 10^{-7}Pa 真空中温度1250℃退火36h后，就有充分的晶粒生长，而不需要这样长的退火时间。

单晶用火花切割法按指定的方向和形状切割，而不能用锯切割，因机械操作会引起孪晶现象而损坏了单晶。

复习思考题

10-1 钪的矿物有哪些，主要应用领域是什么？

10-2 钪的提取工艺主要有哪些？

参考文献

[1] 张若桦. 稀土元素化学 [M]. 天津：天津科技出版社，1987.

[2] 吴炳乾. 稀土冶金学 [M]. 长沙：中南工业大学出版社，1997.

[3] 苏锵. 稀土化学 [M]. 郑州：河南科学技术出版社，1993.

[4] 吕松涛. 稀土冶金学 [M]. 北京：冶金工业出版社，1981.

[5] 李洪桂. 稀有金属冶金学 [M]. 北京：冶金工业出版社，1991.

[6] 盐川二朗，足立吟也，译. 稀土类元素化学 [M]. 法文社，1989.

[7] 徐光宪. 稀土 [M]. 2 版. 北京：冶金工业出版社，1995.

[8] 黄礼煌. 稀土提取技术 [M]. 北京：冶金工业出版社，2006.

[9] 易宪武，黄春辉，王慰. 无机化学丛书第七卷-钪及稀土元素 [M]. 北京：科学出版社，1992.

[10] 吴文远. 稀土冶金学 [M]. 北京：化学工业出版社，2005.

[11] 黄春辉. 稀土配位化学 [M]. 北京：科学出版社，1997.

[12] 刘光华. 稀土材料学 [M]. 北京：化学工业出版社，2007.

[13] 黄小卫，李红卫. 中国稀土 [M]. 北京：冶金工业出版社，2015.

[14] 李梅，柳召刚，吴锦绣，等. 稀土元素及其分析化学 [M]. 北京：化学工业出版社，2009.

[15] Gschneidner K. A. Jr，Eyring L. Handbook on the Physics and Chemistry of Rare Earths [M]. North - Holland Publishing Company，1979.

[16] Moeller T. The Chemistry of the Lanthanides [M]. Pergamon Press，1973.

[17] 刘大星. 萃取 [M]. 北京：冶金工业出版社，1988.

[18] 徐光宪，袁承业，等. 稀土的溶剂萃取 [M]. 北京：科学出版社，1987.

[19] 池汝安，田君. 风化壳淋积型稀土矿化工冶金 [M]. 北京：科学出版社，2006.

[20] 池汝安，王淀佐. 稀土矿物加工 [M]. 北京：科学出版社，2014.

[21] 尹志民，潘清林，姜锋，等. 钪和含钪合金 [M]. 长沙：中南大学出版社，2007.

[22] 王开毅，等. 溶剂萃取化学 [M]. 长沙：中南工业大学出版社，1991.

[23] 徐叙瑢，苏勉曾. 发光学与发光材料 [M]. 北京：化学工业出版社，2004.

[24] 吴声，廖春生，贾江涛. 多组分多出口稀土串级萃取静态优化设计研（Ⅱ）：静态程序设计及动态仿真验证 [J]. 中国稀土学报，2004，22（2）：171～176.

[25] 田君，尹敬群，欧阳克氙. 新型萃取剂 Cyanex272 在稀土溶剂萃取中的研究与应用 [J]. 湿法冶金，1998，(4)：39～43.

[26] 张瑞华，唐华. 新型萃取剂 Cyanex272 在萃取分离稀土中的应用 [J]. 江西有色金属，1998，12（2）：34～37.

[27] 严纯华，吴声，廖春生，等. 稀土分离理论及其实践的新进展 [J]. 无机化学学报，2008，24（8）：1200～1205.

[28] 杨凤丽，邓佐国，徐廷华. 环烷酸萃取钇工艺中存在的问题及优化措施 [J]. 湿法冶金，2005，24（3）：139～142.

[29] 严纯华，廖春生，贾江涛，等. 氟碳铈镧矿稀土萃取分离流程的经济技术指标比较 [J]. 中国稀土学报，1998，16（1）.

[30] 唐定骧，刘余九，张洪杰，等. 稀土金属材料 [M]. 北京：冶金工业出版社，2011.

[31] 张卫平，杨庆山，陈建军. 高纯稀土金属制备方法和发展趋势 [J]. 金属材料与冶金工程，2007，35（3）：61～64.

[32] 王祥生，王志强，陈德宏，等. 稀土金属制备技术发展及现状 [J]. 稀土，2015，36（5）：123～132.

[33] 庞思明，颜世宏，李宗安，等．我国熔盐电解法制备稀土金属及其合金工艺技术进展［J］．稀有金属，2011，35（3）：440～450.

[34] 柯家骏，陆正亚，涂桃枝，等．从钛氯化烟尘中提取氧化钪的研究［J］．稀有金属，1983（2）：1～6.

[35] 尹中林．从平果铝矿的拜耳法赤泥中提取 Sc_2O_3 的初步试验研究［J］．铝镁通讯，1989（3）：15～23.

[36] 傅世业．处理钨渣中钪的分离和提纯［J］．稀土，1983（1）：38，39～42.

[37] 李振民，刘一力，孙菊英，等．世界稀土需求趋势分析［J］．稀土，2017（3）：149～158.